高职高专系列教材

建筑工程施工质量验收与资料管理

Construction Quality Acceptance and Document Management of Building Engineering

王　辉　王迎接　主　编
王毅林　程志华　李　蓓　副主编
张　沛　主　审

中国建筑工业出版社

图书在版编目（CIP）数据

建筑工程施工质量验收与资料管理＝Construction Quality Acceptance and Document Management of Building Engineering / 王辉，王迎接主编. — 北京 ：中国建筑工业出版社，2021. 8（2024. 11重印）
高职高专系列教材
ISBN 978-7-112-26263-2

Ⅰ. ①建… Ⅱ. ①王… ②王… Ⅲ. ①建筑工程－工程质量－工程验收－高等职业教育－教材②建筑工程－工程质量－资料管理－高等职业教育－教材 Ⅳ. ①TU712

中国版本图书馆 CIP 数据核字(2021)第 123703 号

本书基于技能型人才培养的特点，以岗位职业能力构建为核心搭建教材体系。全书共分为两篇。其中，第一篇依据最新国家标准《建筑工程施工质量验收统一标准》GB 50300—2013 及系列相关专业验收规范，系统讲解了建筑工程的地基与基础、主体结构、屋面、装饰装修 4 大分部以及分户工程的质量验收。第二篇基于 2019 年版《建设工程文件归档规范》GB /T 50328—2014、《建设工程监理规范》GB/T 50319—2013、《河南省房屋建筑施工现场安全资料管理标准》DBJ41/T 228—2019，讲解了建筑工程资料的概述、监理文件、施工文件、建筑施工安全管理资料、建筑工程资料管理软件及基本操作等内容。

本书可作为高职高专建设工程管理类、土木建筑类专业教材，也可作为建筑施工企业施工现场管理人员及监理单位相关人员的参考用书。

责任编辑：李笑然　张　晶　吴越恺
责任校对：张惠雯

高职高专系列教材
建筑工程施工质量验收与资料管理
Construction Quality Acceptance and Document Management of Building Engineering
王　辉　王迎接　主　编
王毅林　程志华　李　蓓　副主编
张　沛　主　审

*
中国建筑工业出版社出版、发行（北京海淀三里河路 9 号）
各地新华书店、建筑书店经销
北京红光制版公司制版
建工社（河北）印刷有限公司印刷
*
开本：787 毫米×1092 毫米　1/16　印张：23¾　字数：590 千字
2021 年 9 月第一版　2024 年 11 月第四次印刷
定价：**59.00** 元（含增值服务）
ISBN 978-7-112-26263-2
(37869)

前　言 / PREFACE

本书根据高等职业教育的特点和建筑工程专业人才培养目标，以施工员、质量员、资料员等职业能力的培养为导向，以“必需、够用”为准则，以“培养能力”为本位，结合高职高专建筑工程类专业指导教学计划和教学大纲的要求编写而成。

建筑工程施工质量验收和资料管理是高职院校建设工程管理类专业开设的专业核心课程，重点培养学生的职业核心能力。本书基于建筑工程施工质量验收和资料管理的紧密联系，力求以相关资料内容的填写为载体，做到两者的紧密结合，以提升学生职业综合素养。

本书共分为两篇，第一篇主要讲述建筑工程施工质量验收的标准及方法，参照《建筑工程施工质量验收统一标准》GB 50300—2013、《河南省成品住宅工程质量分户验收规程》DBJ41/T 194—2018 等标准，涵盖地基与基础、主体结构、屋面、建筑装饰装修四大分部工程以及分户验收等内容。第二篇参照 2019 年版《建设工程文件归档规范》GB/T 50328—2014、《河南省房屋建筑施工现场安全资料管理标准》DBJ41/T 228—2019 等标准，系统地讲述了建筑工程资料的分类及组卷、监理文件、施工文件、施工安全管理资料以及资料管理软件的应用五个方面。

本书由河南建筑职业技术学院王辉和河南省伟信招标管理咨询有限公司王迎接担任主编，分别编写了本书第一篇的第一章、第四章和第二篇的第七章内容。河南建筑职业技术学院的王毅林、程志华、李蓓担任副主编，分别编写了本书第二篇第八、九、十一章，第一篇第三章，第一篇第二章、第二篇第十章内容。河南建筑职业技术学院林海羽和宋振庭分别编写了本书第一篇第五章和第六章内容。河南建筑职业技术学院康欢欢和申颖对书稿相关章节进行了资料搜集及汇总，河南建筑职业技术学院张燕针对本书课程思政的内容进行了整理。全书由驻马店市水利工程质量监督站张沛担任主审。

限于编者水平和编写时间，书中难免存在不妥之处，请读者批评指正。

教师可结合下表中的内容导引，针对相关的知识点或案例，引导学生进行思考或展开研讨。

页码	内容导引	展开研讨（思政内涵）	思政落脚点
1	第一章 建筑工程施工质量验收统一标准	对《建筑工程施工质量验收统一标准》GB 50300—2013 进行呈现	有法可依
23	【引例】第二章 建筑地基基础工程施工质量验收	1. 你对建筑地基与基础工程施工质量验收有哪些自己的理解？ 2. 地基与基础工程会形成哪些施工质量验收资料？	知识的实际应用，标准化，专业能力
26	【表 2-3】素土、灰土地基检验批质量验收记录	素土、灰土地基检验批质量验收记录表如何填写？	知识的实际应用，标准化，专业能力
30	【二维码】灌注桩质量验收	1. 灌注桩质量验收都有哪些具体内容？ 2. 简述从此视频的学习中我们能够收获什么验收知识？	知识的实际应用，标准化，专业能力
47	【引例】第三章 主体结构工程施工质量验收	1. 简述出现此问题的原因。 2. 具体的管理措施有哪些？	专业水准，技术发展，实战能力
52	【二维码】钢筋安装检验批质量验收记录	1. 钢筋安装检验批质量验收记录有哪些？ 2. 谈一谈自己的理解	专业水准，职业精神，形式新颖生动
90	【引例】第四章 建筑装饰装修工程质量验收	1. 结合自己的理解分析一下本次事故发生的原因。 2. 简述建筑装饰装修工程质量验收的具体内容	知识的实际应用，专业水准，职业精神
124	【表 4-22】墙面水性涂料涂饰工程的允许偏差和检验方法	1. 墙面水性涂料涂饰工程的允许偏差有哪些？ 2. 对应的检验方法有哪些？	实战能力,专业化，标准化
133	【引例】第五章 屋面工程质量验收	就目前来说我们在屋面工程质量方面应注意什么？	民族自豪感、时代精神、与时俱进
150	【引例】第六章 分户验收	1. 分户验收的标准有哪些？ 2. 生活中自己对分户验收有哪些自己的理解？	标准化,专业化,知识的实际应用

续表

页码	内容导引	展开研讨（思政内涵）	思政落脚点
197	【二维码】资料员的基本要求和职责	1. 资料员的基本职责有哪些? 2. 说一说自己对资料员基本职责的理解	工匠精神，专业能力，职业自豪感
200	【表 7-4】建筑工程文件资料的分类及保存要求	保存单位一般都有哪些?	团队合作，集体主义，行业发展安全意识
214	三、案卷编目	1. 卷内文件页号编制规定有哪些? 2. 卷内目录编制规定有哪些?	科学精神，求真务实
222	二、建筑工程资料的移交	建筑工程资料移交的具体内容有哪些?	团队合作，科学精神，求真务实
255	二、施工进度造价文件常见表格	简述工程开工复工报审表的格式和内容要求有哪些?	集体主义，行业发展安全意识，专业能力
259	二、出厂质量证明文件及检测报告	出厂质量证明文件及检测报告主要包括哪些?	专业能力、爱岗敬业、工匠精神、职业精神
310	第十章 建筑施工安全管理资料	1. 建筑工程安全资料的基本规定有哪些? 2. 安全资料管理的职责有哪些?	行业发展安全意识，专业能力，工匠精神、职业精神
342	第十一章 建筑工程资料管理软件及基本操作	1. 就目前来说建筑工程资料管理软件有哪些? 2. 建筑工程资料管理软件的功能有哪些?	创新发展，科技的力量，专业能力、工匠精神、职业精神

目　录 / CONTENTS

第一篇　建筑工程施工质量验收

第二篇　建筑工程资料管理

第一篇

建筑工程施工质量验收

第一章

建筑工程施工质量验收统一标准

第一节　建筑工程质量验收的术语和基本规定

现行国家标准《建筑工程施工质量验收统一标准》GB 50300—2013 适用于建筑工程施工质量的验收，并作为建筑工程各专业验收规范编制的统一准则。

一、验收术语

在现行国家标准《建筑工程施工质量验收统一标准》GB 50300—2013 中，共给出如下 17 个术语。

1. 建筑工程

通过对各类房屋建筑及其附属设施的建造和与其配套线路、管道、设备等的安装所形成的工程实体。

2. 检验

对被检验项目的特征、性能进行量测、检查、试验等，并将结果与标准规定的要求进行比较，以确定项目每项性能是否合格的活动。

3. 进场检验

对进入施工现场的建筑材料、构配件、设备及器具，按相关标准的要求进行检验，并对其质量、规格及型号等是否符合要求做出确认的活动。

4. 见证检验

施工单位在工程监理单位或建设单位的见证下，按照有关规定从施工现场随机抽取试样，送至具备相应资质的检测机构进行检验的活动。

5. 复验

建筑材料、设备等进入施工现场后，在外观质量检查和质量证明文件核查符合要求的基础上，按照有关规定从施工现场抽取试样送至试验室进行检验的活动。

6. 检验批

按相同的生产条件或按规定的方式汇总起来供抽样检验用的，由一定数量样本组成的检验体。

7. 验收

建筑工程质量在施工单位自行检查合格的基础上，由工程质量验收责任方组织，工程建设相关单位参加，对检验批、分项、分部、单位工程及其隐蔽工程的质量进行抽样检验，对技术文件进行审核，并根据设计文件和相关标准以书面形式对工程质量是否达到合格做出确认。

8. 主控项目

建筑工程中对安全、节能、环境保护和主要使用功能起决定性作用的检验项目。

9. 一般项目

除主控项目以外的检验项目。

10. 抽样方案

根据检验项目的特性所确定的抽样数量和方法。

11. 计数检验

通过确定抽样样本中不合格的个体数量，对样本总体质量做出判定的检验方法。

12. 计量检验

以抽样样本的检测数据计算总体均值、特征值或推定值，并以此判断或评估总体质量的检验方法。

13. 错判概率

合格批被判为不合格批的概率，即合格批被拒收的概率，用 α 表示。

14. 漏判概率

不合格批被判为合格批的概率，即不合格批被误收的概率，用 β 表示。

15. 观感质量

通过观察和必要的测试所反映的工程外在质量和功能状态。

16. 返修

对施工质量不符合规定的部位采取的整修等措施。

17. 返工

对施工质量不符合规定的部位采取的更换、重新制作、重新施工等措施。

二、 基本规定

1. 施工现场应具有健全的质量管理体系、相应的施工技术标准、施工质量检验制度和综合施工质量水平评定考核制度。施工现场质量管理可按现行国家标准《建筑工程施工质量验收统一标准》GB 50300—2013 附录 A 的要求进行检查记录。

2. 未实行监理的建筑工程，建设单位相关人员应履行现行国家标准《建筑工程施工质量验收统一标准》GB 50300—2013 涉及的监理职责。

3. 建筑工程的施工质量控制应符合下列规定：

(1) 建筑工程采用的主要材料、半成品、成品、建筑构配件、器具和设备应进行进场检验。凡涉及安全、节能、环境保护和主要使用功能的重要材料、产品，应按各专业工程施工规范、验收规范和设计文件等规定进行复验，并应经监理工程师检查认可。

(2) 各施工工序应按施工技术标准进行质量控制，每道施工工序完成后，经施工单位自检符合规定后，才能进行下道工序施工。各专业工种之间的相关工序应进行交接检验，并应记录。

(3) 对于监理单位提出检查要求的重要工序，应经监理工程师检查认可，才能进行下道工序施工。

4. 符合下列条件之一时，可按相关专业验收规范的规定适当调整抽样复验，试验数量调整后的抽样复验，试验方案应由施工单位编制，并报监理单位审核确认。

(1) 同一项目中由相同施工单位施工的多个单位工程，使用同一生产厂家的同品种、规格、同批次的材料、构配件、设备。

(2) 同一施工单位在现场加工的成品、半成品、构配件用于同一项目中的多个单位工程。

(3) 在同一项目中，针对同一抽样对象已有检验成果可以重复利用。

5. 当专业验收规范对工程中的验收项目未作出相应规定时，应由建设单位组织监理、设计、施工等相关单位制定专项验收要求。涉及安全、节能、环境保护等项目的专项验收要求应由建设单位组织专家论证。

6. 建筑工程施工质量应按下列要求进行验收：

(1) 工程质量验收均应在施工单位自检合格的基础上进行；

(2) 参加工程施工质量验收的各方人员应具备相应的资格；

(3) 检验批的质量应按主控项目和一般项目验收；

(4) 对涉及结构安全、节能、环境保护和主要使用功能的试块、试件及材料，应在进场时或施工中按规定进行见证检验；

(5) 隐蔽工程在隐蔽前应由施工单位通知监理单位进行验收，并应形成验收文件，验收合格后方可继续施工；

(6) 对涉及结构安全、节能、环境保护和使用功能的重要分部工程，应在验收前按规定进行抽样检验；

(7) 工程的观感质量应由验收人员现场检查，并应共同确认。

7. 建筑工程施工质量验收合格应符合下列规定：

(1) 符合工程勘察、设计文件的要求；

(2) 符合本标准和相关专业验收规范的规定。

8. 检验批的质量检验，可根据检验项目的特点在下列抽样方案中选取：

(1) 计量、计数或计量-计数的抽样方案；

(2) 一次、二次或多次抽样方案；

(3) 对重要的检验项目，当有简易快速的检验方法时，选用全数检验方案；

(4) 根据生产连续性和生产控制稳定性情况，采用调整型抽样方案；

(5) 经实践证明有效的抽样方案。

9. 检验批抽样样本应随机抽取，满足分布均匀、具有代表性的要求，抽样数量应符合有关专业验收规范的规定。当采用计数抽样时，最小抽样数量尚应符合表 1-1 的要求。

检验批最小抽样数量 **表 1-1**

检验批的容量	最小抽样数量	检验批的容量	最小抽样数量
2～15	2	151～280	13
16～25	3	281～500	20
26～90	5	501～1200	32
91～150	8	1201～3200	50

明显不合格的个体可不纳入检验批，但应进行处理，使其满足有关专业验收规范的规定，对处理的情况应予以记录并重新验收。

10. 计量抽样的错判概率 α 和漏判概率 β 可按下列规定采取：

(1) 主控项目：对应于合格质量水平的 α 和 β 均不宜超过 5%；

(2) 一般项目：对应于合格质量水平的 α 不宜超过 5%，β 不宜超过 10%。

第二节 建筑工程质量验收的划分

建筑工程施工质量验收应划分为单位工程、分部工程、分项工程和检验批。

一、 单位工程的划分

单位工程应具有独立的施工条件和能形成独立的使用功能。在施工前可由建设、监理、施工单位商议确定，并据此收集整理施工技术资料和进行验收。

单位工程应按下列原则划分：

(1) 具备独立施工条件并能形成独立使用功能的建筑物或构筑物为一个单位工程；

(2) 对于规模较大的单位工程，可将其能形成独立使用功能的部分为一个子单位工程。

二、 分部工程的划分

分部工程是单位工程的组成部分，一个单位工程往往由多个分部工程组成。当分部工程量较大且较复杂时，为便于验收，可将其中相同部分的工程或能形成独立专业体系的工程划分成若干个子分部工程（表 1-2）。

分部工程应按下列原则划分：

(1) 可按专业性质、工程部位确定；

(2) 当分部工程较大或较复杂时，可按材料种类、施工特点、施工程序、专业系统及类别将分部工程划分为若干子分部工程。

三、 分项工程的划分

分项工程是分部工程的组成部分，由一个或若干个检验批组成。分项工程可按材料、施工工艺、设备类别等进行划分（表 1-2）。按材料划分的砌体结构工程中，可分为砖砌体、混凝土小型空心砖块砌体、填充墙砌体、配筋砖砌体工程。

四、 检验批的划分

检验批可根据施工、质量控制和专业验收的需要，按工程量、楼层、施工段、变形缝进行划分。

多层及高层建筑的分项工程可按楼层和施工段来划分检验批，单层建筑的分项工程可按变形缝等划分检验批；地基基础的分项工程一般划分为一个检验批，有地下层的基础工程可按不同地下层划分检验批；屋面工程的分项工程可按不同楼层屋面划分为不同的检验批；其他分部工程中的分项工程，一般按楼层划分检验批；对于工程量较少的分项工程可划分为一个检验批。安装工程一般按一个设计系统或设备组别划分为一个检验批。室外工程一般划分为一个检验批。散水、台阶、明沟等含在地面检验批中。

按检验批验收有助于及时发现和处理施工中出现的质量问题，确保工程质量，也符合施工实际需要。

建筑工程的分部工程、分项工程划分 **表 1-2**

序号	分部工程	子分部工程	分项工程
1	地基与基础	土方	土方开挖，土方回填，场地平整
		基坑支护	灌注桩排桩围护墙，重力式挡土墙，板桩围护墙，型钢水泥土搅拌墙，土钉墙与复合土钉墙，地下连续墙，咬合桩围护墙，沉井与沉箱，钢或混凝土支撑，锚杆（索），与主体结构组结合的基坑支护，降水与排水
		地基处理	素土、灰土地基，砂和砂石地基，土工合成材料地基，粉煤灰地基，强夯地基，注浆加固地基，预压地基，振冲地基，高压喷射注浆地基，水泥土搅拌桩地基，土和灰土挤密桩地基，水泥粉煤灰碎石桩地基，夯实水泥土桩地基，砂桩地基
		桩基础	先张法预应力管桩，钢筋混凝土预制桩，钢桩，泥浆护壁混凝土灌注桩，长螺旋钻孔压灌桩，沉管灌注桩，干作业成孔灌注桩，锚杆静压桩
		混凝土基础	模板，钢筋，混凝土，预应力，现浇结构，装配式结构
		砌体基础	砖砌体，混凝土小型空心砌块砌体，石砌体，配筋砌体
		钢结构基础	钢结构焊接，紧固件连接，钢结构制作，钢结构安装，防腐涂料涂装
		钢管混凝土结构基础	构件进场验收，构件现场拼装，柱脚锚固，构件安装，柱与混凝土梁连接，钢管内钢筋骨架，钢管内混凝土浇筑
		型钢混凝土结构基础	型钢焊接，紧固件连接，型钢与钢筋连接，型钢构件组装及预拼装，型钢安装，模板，混凝土
		地下防水	主体结构防水，细部构造防水，特殊施工法结构防水，排水，注浆

续表

序号	分部工程	子分部工程	分项工程
2	主体结构	混凝土结构	模板，钢筋，混凝土，预应力，现浇结构，装配式结构
		砌体结构	砖砌体，混凝土小型空心砌块砌体，石砌体，配筋砌体，填充墙砌体
		钢结构	钢结构焊接，紧固件连接，钢零部件加工，钢构件组装及预拼装，单层钢结构安装，多层及高层钢结构安装，钢管结构安装，预应力钢索和膜结构，压型金属板，防腐涂料涂装，防火涂料涂装
		钢管混凝土结构	构件现场拼装，构件安装，柱与混凝土梁连接，钢管内钢筋骨架，钢管内混凝土浇筑
		型钢混凝土结构	型钢焊接，紧固件连接，型钢与钢筋连接，型钢构件组装及预拼装，型钢安装，模板，混凝土
		铝合金结构	铝合金焊接，紧固件连接，铝合金零部件加工，铝合金构件组装，铝合金构件预拼装，铝合金框架结构安装，铝合金空间网格结构安装，铝合金面板，铝合金幕墙结构安装，防腐处理
		木结构	方木和原木结构，胶合木结构，轻型木结构，木结构防护
3	建筑装饰装修	建筑地面	基层铺设，整体面层铺设，板块面层铺设，木、竹面层铺设
		抹灰	一般抹灰，保温层薄抹灰，装饰抹灰，清水砌体勾缝
		外墙防水	外墙砂浆防水，涂膜防水，透气膜防水
		门窗	木门窗安装，金属门窗安装，塑料门窗安装，特种门安装，门窗玻璃安装
		吊顶	整体面层吊顶，板块面层吊顶，格栅吊顶
		轻质隔墙	板材隔墙，骨架隔墙，活动隔墙，玻璃隔墙
		饰面板	石板安装，陶瓷板安装，木板安装，金属板安装，塑料板安装
		饰面砖	外墙饰面砖粘贴，内墙饰面砖粘贴
		幕墙	玻璃幕墙安装，金属幕墙安装，石材幕墙安装，陶板幕墙安装
		涂饰	水性涂料涂饰，溶剂型涂料涂饰，美术涂饰
		裱糊与软包	裱糊，软包
		细部	橱柜制作与安装，窗帘盒和窗台板制作与安装，门窗套制作与安装，护栏和扶手制作与安装，花饰制作与安装

续表

序号	分部工程	子分部工程	分项工程
4	屋面	基层与保护	找坡层和找平层，隔汽层，隔离层，保护层
		保温与隔热	板状材料保温层，纤维材料保温层，喷涂硬泡聚氨酯保温层，现浇泡沫混凝土保温层，种植隔热层，架空隔热层，蓄水隔热层
		防水与密封	卷材防水层，涂膜防水层，复合防水层，接缝密封防水
		瓦面与板面	烧结瓦和混凝土瓦铺装，沥青瓦铺装，金属板铺装，玻璃采光顶铺装
		细部构造	檐口，檐沟和天沟，女儿墙和山墙，水落口，变形缝，伸出屋面管道，屋面出入口，反梁过水孔，设施基座、屋脊，屋顶窗
5	建筑给水排水及采暖	室内给水系统	给水管道及配件安装，给水设备安装，室内消火栓系统安装，消防喷淋系统安装，防腐，绝热，管道冲洗、消毒，试验与调试
		室内排水系统	排水管道及配件安装，雨水管道及配件安装，防腐，试验与调试
		室内热水系统	管道及配件安装，辅助设备安装，防腐，绝热，试验与调试
		卫生器具	卫生器具安装，卫生器具给水配件安装，卫生器具排水管道安装，试验与调试
		室内供暖系统	管道及配件安装，辅助设备安装，散热器安装，低温热水地板辐射供暖系统安装，电加热供暖系统安装，燃气红外辐射供暖系统安装，热风供暖系统安装，热计量及调控装置安装，试验与调试，防腐，绝热
		室外给水管网	给水管道安装，室外消火栓系统安装，试验与调试
		室外排水管网	排水管道安装，排水管沟与井池，试验与调试
		室外供热管网	管道及配件安装，系统水压试验，系统调试，防腐，绝热，试验与调试
		室外二次供热管网	管道及配管安装，土建结构，防腐，绝热，试验与调试
		建筑饮用水供应系统	管道及配件安装，水处理设备及控制设施安装，防腐，绝热，试验与调试
		建筑中水系统及雨水利用系统	建筑中水系统、雨水利用系统管道及配件安装，水处理设备及控制设施安装，防腐，绝热，试验与调试
		游泳池及公共浴池水系统	管道及配件系统安装，水处理设备及控制设施安装，防腐，绝热，试验与调试
		水景喷泉系统	管道系统及配件安装，防腐，绝热，试验与调试

续表

序号	分部工程	子分部工程	分项工程
5	建筑给水排水及采暖	热源及辅助设备	锅炉安装，辅助设备及管道安装，安全附件安装，换热站安装，防腐，绝热，试验与调试
		监测与控制仪表	检测仪器及仪表安装，试验与调试
6	通风与空调	送风系统	风管与配件制作，部件制作，风管系统安装，风机与空气处理设备安装，风管与设备防腐，系统调试、旋流风口、岗位送风口、织物（布）风管安装
		排风系统	风管与配件制作，部件制作，风管系统安装，风机与空气处理设备安装，风管与设备防腐，系统调试，吸风罩及其他空气处理设备安装，厨房、卫生间排风系统安装
		防排烟系统	风管与配件制作，部件制作，风管系统安装，风机与空气处理设备安装，风管与设备防腐，系统调试，排烟风阀（口）、常闭正压风口、防火风管安装

建筑工程质量
验收的划分

第三节　建筑工程质量验收

一、 检验批的验收

检验批是施工过程中条件相同并有一定数量的材料、构配件或安装项目，由于其质量水平基本均匀一致，因此可以作为检验的基本单元，并按批验收。

检验批是分项工程中的最小基本单元，是分项工程、分部工程、单位工程质量验收的基础。检验批验收包括资料检查、主控项目和一般项目检验（表 1-3）。

检验批质量验收合格应符合下列规定：

（1）主控项目的质量经抽样检验均应合格。

（2）一般项目的质量经抽样检验均应合格。当采用计数抽样时，合格点率应符合有关专业验收规范的规定，且不得存在严重缺陷。对于计数抽样的一般项目，正常检验一次、二次抽样可按现行国家标准《建筑工程施工质量验收统一标准》GB 50300—2013 附录 D 判定。

（3）具有完整的施工操作依据、质量检查记录。

检验批质量验收记录 **表 1-3**

<table>
<tr><td colspan="2">单位（子单位）工程名称</td><td></td><td>分部（子分部）工程名称</td><td></td><td>分项工程名称</td><td></td></tr>
<tr><td colspan="2">施工单位</td><td></td><td>项目负责人</td><td></td><td>检验批容量</td><td></td></tr>
<tr><td colspan="2">分包单位</td><td></td><td>分包单位项目负责人</td><td></td><td>检验批部位</td><td></td></tr>
<tr><td colspan="2">施工依据</td><td colspan="2"></td><td>验收依据</td><td colspan="2"></td></tr>
<tr><td rowspan="11">主控项目</td><td colspan="2">验收项目</td><td>设计要求及规范规定</td><td>最小/实际抽样数量</td><td>检查记录</td><td>检查结果</td></tr>
<tr><td>1</td><td></td><td></td><td></td><td></td><td></td></tr>
<tr><td>2</td><td></td><td></td><td></td><td></td><td></td></tr>
<tr><td>3</td><td></td><td></td><td></td><td></td><td></td></tr>
<tr><td>4</td><td></td><td></td><td></td><td></td><td></td></tr>
<tr><td>5</td><td></td><td></td><td></td><td></td><td></td></tr>
<tr><td>6</td><td></td><td></td><td></td><td></td><td></td></tr>
<tr><td>7</td><td></td><td></td><td></td><td></td><td></td></tr>
<tr><td>8</td><td></td><td></td><td></td><td></td><td></td></tr>
<tr><td>9</td><td></td><td></td><td></td><td></td><td></td></tr>
<tr><td>10</td><td></td><td></td><td></td><td></td><td></td></tr>
<tr><td rowspan="5">一般项目</td><td>1</td><td></td><td></td><td></td><td></td><td></td></tr>
<tr><td>2</td><td></td><td></td><td></td><td></td><td></td></tr>
<tr><td>3</td><td></td><td></td><td></td><td></td><td></td></tr>
<tr><td>4</td><td></td><td></td><td></td><td></td><td></td></tr>
<tr><td>5</td><td></td><td></td><td></td><td></td><td></td></tr>
<tr><td colspan="3">施工单位
检查结果</td><td colspan="4">专业工长：
项目专业质量检查员：
年 月 日</td></tr>
<tr><td colspan="3">监理单位
验收结论</td><td colspan="4">专业监理工程师：
年 月 日</td></tr>
</table>

二、 分项工程的验收

分项工程的验收是以检验批为基础进行的。一般情况下，检验批和分项工程两者具有相同或相近的性质，只是批量的大小不同而已。分项工程质量合格的条件是构成分项工程的各检验批验收资料齐全完整，且各检验批均已验收合格（表 1-4）。

分项工程质量验收合格应符合下列规定：

（1）所含检验批的质量均应验收合格；

（2）所含检验批的质量验收记录应完整。

分项工程质量验收记录　　**表 1-4**

<table>
<tr><td colspan="2">单位（子单位）
工程名称</td><td colspan="2"></td><td colspan="2">分部（子分部）
工程名称</td><td colspan="2"></td></tr>
<tr><td colspan="2">分项工程数量</td><td colspan="2"></td><td colspan="2">检验批数量</td><td colspan="2"></td></tr>
<tr><td colspan="2">施工单位</td><td colspan="2"></td><td>项目负责人</td><td></td><td>项目技术负责人</td><td></td></tr>
<tr><td colspan="2">分包单位</td><td colspan="2"></td><td>分包单位项目负责人</td><td></td><td>分包内容</td><td></td></tr>
<tr><td>序号</td><td>检验批名称</td><td>检验
批容量</td><td>部位/区段</td><td colspan="2">施工单位检查结果</td><td colspan="2">监理单位验收结论</td></tr>
<tr><td>1</td><td></td><td></td><td></td><td colspan="2"></td><td colspan="2"></td></tr>
<tr><td>2</td><td></td><td></td><td></td><td colspan="2"></td><td colspan="2"></td></tr>
<tr><td>3</td><td></td><td></td><td></td><td colspan="2"></td><td colspan="2"></td></tr>
<tr><td>4</td><td></td><td></td><td></td><td colspan="2"></td><td colspan="2"></td></tr>
<tr><td>5</td><td></td><td></td><td></td><td colspan="2"></td><td colspan="2"></td></tr>
<tr><td>6</td><td></td><td></td><td></td><td colspan="2"></td><td colspan="2"></td></tr>
<tr><td>7</td><td></td><td></td><td></td><td colspan="2"></td><td colspan="2"></td></tr>
<tr><td>8</td><td></td><td></td><td></td><td colspan="2"></td><td colspan="2"></td></tr>
<tr><td>9</td><td></td><td></td><td></td><td colspan="2"></td><td colspan="2"></td></tr>
<tr><td>10</td><td></td><td></td><td></td><td colspan="2"></td><td colspan="2"></td></tr>
<tr><td>11</td><td></td><td></td><td></td><td colspan="2"></td><td colspan="2"></td></tr>
<tr><td>12</td><td></td><td></td><td></td><td colspan="2"></td><td colspan="2"></td></tr>
<tr><td>13</td><td></td><td></td><td></td><td colspan="2"></td><td colspan="2"></td></tr>
<tr><td>14</td><td></td><td></td><td></td><td colspan="2"></td><td colspan="2"></td></tr>
<tr><td>15</td><td></td><td></td><td></td><td colspan="2"></td><td colspan="2"></td></tr>
<tr><td colspan="8">说明：</td></tr>
<tr><td colspan="4">施工单位
检查结果</td><td colspan="4">项目专业技术负责人：
年　　月　　日</td></tr>
<tr><td colspan="4">监理单位
验收结论</td><td colspan="4">专业监理工程师：
年　　月　　日</td></tr>
</table>

三、 分部工程的验收

分部工程的验收是以所含各分项工程验收为基础进行的。首先，组成分部工程的各分项工程已验收合格且相应的质量控制资料齐全、完整。此外，由于各分项工程的性质不尽相同，因此作为分部工程不能简单地组合而加以验收，尚须进行以下两类检查项目：

（1）涉及安全、节能、环境保护和主要使用功能的地基与基础、主体结构和设备安装等分部工程应进行有关的见证检验或抽样检验。

（2）以观察、触摸或简单量测的方式并结合验收人的主观判断进行观感质量验收，检查结果并不给出“合格”或“不合格”的结论，而是综合给出“好”“一般”“差”的质量评价结果。对于“差”的检查点应进行返修处理。

分部工程质量验收合格应符合下列规定：

（1）所含分项工程的质量均应验收合格；

（2）质量控制资料应完整；

（3）有关安全、节能、环境保护和主要使用功能的抽样检验结果应符合相应规定；

（4）观感质量验收应符合要求。

分部工程质量验收记录见表 1-5。

分部工程质量验收记录 **表 1-5**

单位（子单位）工程名称			子分部工程数量		分项工程数量	
施工单位			项目负责人		技术（质量）负责人	
分包单位			分包单位负责人		分包内容	
序号	子分部工程名称	分项工程名称	检验批数量	施工单位检查结果		监理单位验收结论
1						
2						
3						
4						
5						
6						
质量控制资料						
安全和功能检验结果						
观感质量检验结果						
综合验收结论						
施工单位项目负责人： 年 月 日		勘察单位项目负责人： 年 月 日		设计单位项目负责人： 年 月 日		监理单位总监理工程师： 年 月 日

注：1. 地基与基础分部工程的验收应由施工、勘察、设计单位项目负责人和总监理工程师参加并签字。

2. 主体结构、节能分部工程的验收应由施工、设计单位项目负责人和总监理工程师参加并签字。

四、 单位工程的验收

单位工程质量验收也称质量竣工验收，是建筑工程投入使用前的最后一次验收，也是最重要的一次验收。单位工程质量竣工验收记录见表 1-6。

单位工程质量竣工验收记录 **表 1-6**

<table>
<tr><td colspan="2">工程名称</td><td></td><td>结构类型</td><td colspan="2"></td><td>层数/建筑面积</td><td></td></tr>
<tr><td colspan="2">施工单位</td><td></td><td>技术负责人</td><td colspan="2"></td><td>开工日期</td><td></td></tr>
<tr><td colspan="2">项目负责人</td><td></td><td>项目技术负责人</td><td colspan="2"></td><td>完工日期</td><td></td></tr>
<tr><td>序号</td><td colspan="2">项目</td><td colspan="4">验收记录</td><td>验收结论</td></tr>
<tr><td>1</td><td colspan="2">分部工程验收</td><td colspan="4">共　　分部，经查符合设计及标准规定　　分部</td><td></td></tr>
<tr><td>2</td><td colspan="2">质量控制资料核查</td><td colspan="4">共　　项，经核查符合规定　　项</td><td></td></tr>
<tr><td>3</td><td colspan="2">安全和使用功能核查及抽查结果</td><td colspan="4">共核查　　项，符合规定　　项，
共抽查　　项，符合规定　　项，
经返工处理符合规定　　项</td><td></td></tr>
<tr><td>4</td><td colspan="2">观感质量验收</td><td colspan="4">共抽查　　项，达到“好”和“一般”的　　项，经返修处理符合要求的　　项</td><td></td></tr>
<tr><td colspan="3">综合验收结论</td><td colspan="5"></td></tr>
<tr><td rowspan="2">参加验收单位</td><td>建设单位</td><td colspan="2">监理单位</td><td>施工单位</td><td>设计单位</td><td colspan="2">勘察单位</td></tr>
<tr><td>（公章）
项目负责人：
年　月　日</td><td colspan="2">（公章）
总监理工程师：
年　月　日</td><td>（公章）
项目负责人：
年　月　日</td><td>（公章）
项目负责人：
年　月　日</td><td colspan="2">（公章）
项目负责人：
年　月　日</td></tr>
</table>

注：单位工程验收时，验收签字人员应由相应单位的法人代表书面授权。

单位工程质量验收合格应符合下列规定：

（1）所含分部工程的质量均应验收合格；

（2）质量控制资料应完整（表 1-7）；

单位工程质量控制资料核查记录 **表 1-7**

<table>
<tr><td colspan="2">工程名称</td><td colspan="2"></td><td>施工单位</td><td colspan="4"></td></tr>
<tr><td rowspan="2">序号</td><td rowspan="2">项目</td><td colspan="2" rowspan="2">资料名称</td><td rowspan="2">份数</td><td colspan="2">施工单位</td><td colspan="2">监理单位</td></tr>
<tr><td>核查意见</td><td>核查人</td><td>核查意见</td><td>核查人</td></tr>
<tr><td>1</td><td rowspan="11">建筑与结构</td><td colspan="2">图纸会审记录、设计变更通知单、工程洽商记录</td><td></td><td></td><td rowspan="11"></td><td></td><td rowspan="11"></td></tr>
<tr><td>2</td><td colspan="2">工程定位测量、放线记录</td><td></td><td></td><td></td></tr>
<tr><td>3</td><td colspan="2">原材料出厂合格证书及进场检验、试验报告</td><td></td><td></td><td></td></tr>
<tr><td>4</td><td colspan="2">施工试验报告及见证检测报告</td><td></td><td></td><td></td></tr>
<tr><td>5</td><td colspan="2">隐蔽工程验收记录</td><td></td><td></td><td></td></tr>
<tr><td>6</td><td colspan="2">施工记录</td><td></td><td></td><td></td></tr>
<tr><td>7</td><td colspan="2">地基、基础、主体结构检验及抽样检测资料</td><td></td><td></td><td></td></tr>
<tr><td>8</td><td colspan="2">分项、分部工程质量验收记录</td><td></td><td></td><td></td></tr>
<tr><td>9</td><td colspan="2">工程质量事故调查处理资料</td><td></td><td></td><td></td></tr>
<tr><td>10</td><td colspan="2">新技术论证、备案及施工记录</td><td></td><td></td><td></td></tr>
<tr><td>11</td><td colspan="2"></td><td></td><td></td><td></td></tr>
<tr><td>1</td><td rowspan="9">给水排水与供暖</td><td colspan="2">图纸会审记录、设计变更通知单、工程洽商记录</td><td></td><td></td><td rowspan="9"></td><td></td><td rowspan="9"></td></tr>
<tr><td>2</td><td colspan="2">原材料出厂合格证书及进场检验、试验报告</td><td></td><td></td><td></td></tr>
<tr><td>3</td><td colspan="2">管道、设备强度试验、严密性试验记录</td><td></td><td></td><td></td></tr>
<tr><td>4</td><td colspan="2">隐蔽工程验收记录</td><td></td><td></td><td></td></tr>
<tr><td>5</td><td colspan="2">系统清洗、灌水、通水、通球试验记录</td><td></td><td></td><td></td></tr>
<tr><td>6</td><td colspan="2">施工记录</td><td></td><td></td><td></td></tr>
<tr><td>7</td><td colspan="2">分项、分部工程质量验收记录</td><td></td><td></td><td></td></tr>
<tr><td>8</td><td colspan="2">新技术论证、备案及施工记录</td><td></td><td></td><td></td></tr>
<tr><td>9</td><td colspan="2"></td><td></td><td></td><td></td></tr>
<tr><td>1</td><td rowspan="10">通风与空调</td><td colspan="2">图纸会审记录、设计变更通知单、工程洽商记录</td><td></td><td></td><td rowspan="10"></td><td></td><td rowspan="10"></td></tr>
<tr><td>2</td><td colspan="2">原材料出厂合格证书及进场检验、试验报告</td><td></td><td></td><td></td></tr>
<tr><td>3</td><td colspan="2">制冷、空调、水管道强度试验、严密性试验记录</td><td></td><td></td><td></td></tr>
<tr><td>4</td><td colspan="2">隐蔽工程验收记录</td><td></td><td></td><td></td></tr>
<tr><td>5</td><td colspan="2">制冷设备运行调试记录</td><td></td><td></td><td></td></tr>
<tr><td>6</td><td colspan="2">通风、空调系统调试记录</td><td></td><td></td><td></td></tr>
<tr><td>7</td><td colspan="2">施工记录</td><td></td><td></td><td></td></tr>
<tr><td>8</td><td colspan="2">分项、分部工程质量验收记录</td><td></td><td></td><td></td></tr>
<tr><td>9</td><td colspan="2">新技术论证、备案及施工记录</td><td></td><td></td><td></td></tr>
<tr><td>10</td><td colspan="2"></td><td></td><td></td><td></td></tr>
</table>

续表

序号	项目	资料名称	份数	施工单位		监理单位	
				核查意见	核查人	核查意见	核查人
1	建筑电气	图纸会审记录、设计变更通知单、工程洽商记录					
2		原材料出厂合格证书及进场检验、试验报告					
3		设备调试记录					
4		接地、绝缘电阻测试记录					
5		隐蔽工程验收记录					
6		施工记录					
7		分项、分部工程质量验收记录					
8		新技术论证、备案及施工记录					
9							
1	建筑智能化	图纸会审记录、设计变更通知单、工程洽商记录					
2		原材料出厂合格证书及进场检验、试验报告					
3		隐蔽工程验收记录					
4		施工记录					
5		系统功能测定及设备调试记录					
6		系统技术、操作和维护手册					
7		系统管理、操作人员培训记录					
8		系统检测报告					
9		分项、分部工程质量验收记录					
10		新技术论证、备案及施工记录					
11							
1	建筑节能	图纸会审记录、设计变更通知单、工程洽商记录					
2		原材料出厂合格证书及进场检验、试验报告					
3		隐蔽工程验收记录					
4		施工记录					
5		外墙、外窗节能检验报告					
6		设备系统节能检测报告					
7		分项、分部工程质量验收记录					
8		新技术论证、备案及施工记录					
9							

续表

序号	项目	资料名称	份数	施工单位		监理单位	
				核查意见	核查人	核查意见	核查人
1	电梯	图纸会审记录、设计变更通知单、工程洽商记录					
2		设备出厂合格证书及开箱检验记录					
3		隐蔽工程验收记录					
4		施工记录					
5		接地、绝缘电阻试验记录					
6		负荷试验、安全装置检查记录					
7		分项、分部工程质量验收记录					
8		新技术论证、备案及施工记录					
9							
结论： 施工单位项目负责人： 年　月　日				总监理工程师： 年　月　日			

（3）所含分部工程中有关安全、节能、环境保护和主要使用功能的检验资料应完整；

（4）主要使用功能的抽查结果应符合相关专业验收规范的规定；

（5）观感质量验收应符合要求。

涉及安全、节能、环境保护和主要使用功能的分部工程检验资料应复查合格，这些检验资料与质量控制资料同等重要（表1-8）。资料复查要全面检查其完整性，不得有漏检缺项，其次复核分部工程验收时要补充进行的见证抽样检验报告，这体现了对安全和主要使用功能等的重视。

单位工程安全和功能检验资料核查及主要功能抽查记录　　表1-8

工程名称			施工单位				
序号	项目	安全和功能检查项目		份数	核查意见	抽查结果	核查（抽查）人
1	建筑与结构	地基承载力检验报告					
2		桩基承载力检验报告					
3		混凝土强度试验报告					
4		砂浆强度试验报告					
5		主体结构尺寸、位置抽查记录					
6		建筑物垂直度、标高、全高测量记录					
7		屋面淋水或蓄水试验记录					
8		地下室渗漏水检测记录					

续表

序号	项目	安全和功能检查项目	份数	核查意见	抽查结果	核查（抽查）人
9	建筑与结构	有防水要求的地面蓄水试验记录				
10		抽气（风）道检查记录				
11		外窗气密性、水密性、耐风压检测报告				
12		幕墙气密性、水密性、耐风压检测报告				
13		建筑物沉降观测测量记录				
14		节能、保温测试记录				
15		室内环境检测报告				
16		土壤氡气浓度检测报告				
17						
1	给排水与供暖	给水管道通水试验记录				
2		暖气管道、散热器压力试验记录				
3		卫生器具满水试验记录				
4		消防管道、燃气管道压力试验记录				
5		排水干管通球试验记录				
6						
1	通风与空调	通风、空调系统试运行记录				
2		风量、温度测试记录				
3		空气能量回收装置测试记录				
4		洁净室洁净度测试记录				
5		制冷机组试运行调试记录				
6						
1	电气	照明全负荷试验记录				
2		大型灯具牢固性试验记录				
3		避雷接地电阻测试记录				
4		线路、插座、开关接地检验记录				
5						
1	智能建筑	系统试运行记录				
2		系统电源及接地检测报告				
3						
1	建筑节能	外墙节能构造检查记录或热工性能检验报告				
2		设备系统节能性能检查记录				
3						
1	电梯	运行记录				
2		安全装置检测报告				
3						
结论： 施工单位项目负责人： 年　月　日				总监理工程师： 年　月　日		

注：抽查项目由验收组协商确定。

对主要使用功能应进行抽查，这是对建筑工程和设备安装工程质量的综合检验，也是用户最为关心的内容，体现了《建筑工程施工质量验收统一标准》GB 50300—2013 完善手段、过程控制的原则，也将减少工程投入使用后的质量投诉和纠纷。因此，在分项、分部工程验收合格的基础上，竣工验收时再作全面检查。抽查项目是在检查资料文件的基础上由参加验收的各方人员商定，并用计量、计数的方法抽样检验，检验结果应符合有关专业验收规范的规定。

观感质量应通过验收。观感质量检查须由参加验收的各方人员共同进行，最后共同协商确定是否通过验收（表 1-9）。

单位观感质量检查记录 **表 1-9**

工程名称			施工单位	
序号	项目		抽查质量状况	质量评价
1	建筑与结构	主体结构外观	共检查 点，好 点，一般 点，差 点	
2		室外墙面	共检查 点，好 点，一般 点，差 点	
3		变形缝、雨水管	共检查 点，好 点，一般 点，差 点	
4		屋面	共检查 点，好 点，一般 点，差 点	
5		室内墙面	共检查 点，好 点，一般 点，差 点	
6		室内顶棚	共检查 点，好 点，一般 点，差 点	
7		室内地面	共检查 点，好 点，一般 点，差 点	
8		楼梯、踏步、护栏	共检查 点，好 点，一般 点，差 点	
9		门窗	共检查 点，好 点，一般 点，差 点	
10		雨罩、台阶、坡道、散水	共检查 点，好 点，一般 点，差 点	
1	给水排水与供暖	管道接口、坡度、支架	共检查 点，好 点，一般 点，差 点	
2		卫生器具、支架、阀门	共检查 点，好 点，一般 点，差 点	
3		检查口、扫除口、地漏	共检查 点，好 点，一般 点，差 点	
4		散热器、支架	共检查 点，好 点，一般 点，差 点	
1	通风与空调	风管、支架	共检查 点，好 点，一般 点，差 点	
2		风口、风阀	共检查 点，好 点，一般 点，差 点	
3		风机、空调设备	共检查 点，好 点，一般 点，差 点	
4		阀门、支架	共检查 点，好 点，一般 点，差 点	
5		水泵、冷却塔	共检查 点，好 点，一般 点，差 点	
6		绝热	共检查 点，好 点，一般 点，差 点	
1	建筑电气	配电箱、盘、板、接线盒	共检查 点，好 点，一般 点，差 点	
2		设备器具、开关、插座	共检查 点，好 点，一般 点，差 点	
3		防雷、接地、防火	共检查 点，好 点，一般 点，差 点	

续表

序号	项目		抽查质量状况	质量评价
1	智能建筑	机房设备安装及布局	共检查 点，好 点，一般 点，差 点	
2		现场设备安装	共检查 点，好 点，一般 点，差 点	
1	电梯	运行、平层、开关门	共检查 点，好 点，一般 点，差 点	
2		层门、信号系统	共检查 点，好 点，一般 点，差 点	
3		机房	共检查 点，好 点，一般 点，差 点	
观感质量综合评价				
结论： 施工单位项目负责人：　　　　　　　　　　　　　　　　　　　　总监理工程师： 　　　　　　　　年　月　日　　　　　　　　　　　　　　　　　　　　年　月　日				

注：1. 对质量评价为差的项目应进行返修；

2. 观感质量现场检查原始记录应作为本表附件。

五、 质量验收不符合要求时的处理

当建筑工程施工质量验收不符合要求时，应按下列规定进行处理：

1. 经返工或返修的检验批，应重新进行验收。

检验批验收时，对于主控项目不能满足验收规范规定或一般项目超过偏差限值的样本数量不符合验收规定时，应及时进行处理。其中，对于严重的缺陷应重新施工，一般的缺陷可通过返修、更换予以解决，允许施工单位在采取相应的措施后重新验收。如能够符合相应的专业验收规范要求，应认为该检验批合格。

2. 经有资质的检测机构检测鉴定能够达到设计要求的检验批，应予以验收；当个别检验批发现问题，难以确定能否验收时，应请具有资质的法定检测机构进行检测鉴定。当鉴定结果认为能够达到设计要求时，该检验批应可以通过验收。这种情况通常出现在某检验批的材料试块强度不满足设计要求时。

3. 经有资质的检测机构检测鉴定达不到设计要求，但经原设计单位核算认可能够满足安全和使用功能的检验批，可予以验收。

如经检测鉴定达不到设计要求，但经原设计单位核算、鉴定，仍可满足相关设计规范和使用功能要求时，该检验批可予以验收。这主要是因为一般情况下，标准、规范的规定是满足安全和功能的最低要求，而设计往往在此基础上留有一些余量。在一定范围内，会出现不满足设计要求而符合相应规范要求的情况，两者并不矛盾。

4. 经返修或加固处理的分项、分部工程，满足安全及使用功能要求时，可按技术处理方案和协商文件的要求予以验收。

经法定检测机构检测鉴定后认为达不到规范的相应要求，即不能满足最低限度的安全储备和使用功能时，则必须进行加固或处理，使之能满足安全使用的基本要求。这样可能会造成一些永久性的影响，如增大结构外形尺寸，影响一些次要的使用功能。但为了避免建筑物的整体或局部拆除，避免社会财富更大的损失，在不影响安全和主要使用功能的条件下，可按技术处理方案和协商文件进行验收，责任方应按法律法规承担相应的经济责任和接受处罚。需要特别注意的是，这种方法不能作为降低质量要求、变相通过验收的一种出路。

经返修或加固处理仍不能满足安全或重要使用要求的分部工程及单位工程，严禁验收。

分部工程及单位工程经返修或加固处理后仍不能满足安全或重要的使用功能时，表明工程质量存在严重的缺陷。重要的使用功能不满足要求时，将导致建筑物无法正常使用，安全不满足要求时，将危及人身健康或财产安全，严重时会给社会带来巨大的安全隐患，因此对这类工程严禁通过验收，更不得擅自投入使用，需要专门研究处置方案。

建筑工程质量验收

第四节　建筑工程质量验收的程序和组织

一、 检验批及分项工程验收

检验批应由监理工程师组织施工单位项目专业质量检查员、专业工长等进行验收。

检验批验收是建筑工程施工质量验收的最基本层次，是单位工程质量验收的基础，所有检验批均应由专业监理工程师组织验收。验收前，施工单位应完成自检，对存在的问题自行整改处理，然后申请专业监理工程师组织验收。

分项工程应由监理工程师组织施工单位项目技术负责人等进行验收。

分项工程由若干个检验批组成，也是单位工程质量验收的基础。验收时在专业监理工程师组织下，可由施工单位项目技术负责人对所有检验批验收记录进行汇总，核查无误后报专业监理工程师审查，确认符合要求后，由项目专业技术负责人在分项工程质量验收记录中签字，然后由专业监理工程师签字通过验收。在分项工程验收中，如果对检验批验收结论有怀疑或异议时，应进行相应的现场检查核实。

二、 分部工程验收

分部工程应由总监理工程师组织施工单位项目负责人和项目技术负责人等进行验收。

勘察、设计单位项目负责人和施工单位技术、质量部门负责人应参加地基与基础分部工程的验收。由于地基与基础分部工程情况复杂、专业性强，且关系到整个工程的安全，为保证质量，严格把关，规定勘察、设计单位项目负责人应参加验收，并要求施工单位技术、质量部门负责人也应参加验收。

设计单位项目负责人和施工单位技术、质量部门负责人应参加主体结构、节能分部工程的验收。由于主体结构直接影响使用安全，建筑节能是基本国策，直接关系到国家资源战略、可持续发展等，故这两个分部工程，规定设计单位项目负责人应参加验收，并要求施工单位技术、质量部门负责人也应参加验收。

参加验收的人员，除指定的人员必须参加验收外，允许其他相关人员共同参加验收。由于各施工单位的机构和岗位设置不同，施工单位技术、质量负责人允许是两位人员，也可以是一位人员。勘察、设计单位项目负责人应为勘察、设计单位负责本工程项目的专业负责人，不应由与本项目无关或不了解本项目情况的其他人员、非专业人员代替。

三、 单位工程验收

单位工程中的分包工程完工后，分包单位应对所承包的工程项目进行自检，并应按现行国家标准《建筑工程施工质量验收统一标准》GB 50300—2013 规定的程序进行验收。验收时，总承包单位应派人参加。分包单位应将所分包工程的质量控制资料整理完整，并移交给总承包单位。

单位工程完工后，施工单位应组织有关人员进行自检。总监理工程师应组织各专业监理工程师对工程质量进行竣工预验收。存在施工质量问题时，应由施工单位整改。整改完毕后，由施工单位向建设单位提交工程竣工报告，申请工程竣工验收。

建设单位收到工程竣工报告后，应由建设单位项目负责人组织监理、施工、设计、勘察等单位项目负责人进行单位工程验收。

单位工程竣工验收是依据国家有关法律、法规及规范标准的规定，全面考核建设工作成果，检查工程质量是否符合设计文件和合同约定的各项要求。竣工验收通过后，工程将投入使用，发挥其投资效应，也将与使用者的人身健康或财产安全密切相关。因此工程建设的参与单位应对竣工验收给予足够的重视。

单位工程质量验收应由建设单位项目负责人组织，由于勘察、设计、施工、监理单位都是责任主体，因此各单位项目负责人应参加验收，考虑到施工单位对工程负有直接生产责任，而施工项目部不是法人单位，故施工单位的技术、质量负责人也应参加验收。

在一个单位工程中，对满足生产要求或具备使用条件、施工单位已自行检验、监理单位已预验收的子单位工程，建设单位可组织进行验收。由几个施工单位负责施工的单位工程，当其中的子单位工程已按设计要求完成，并经自行检验，也可按规定的程序组织正式验收，办理交工手续。在整个单位工程验收时，已验收的子单位工程验收资料应作为单位工程验收的附件。

【本章小结】

本章着重介绍了现行国家标准《建筑工程施工质量验收统一标准》GB 50300—2013 有关内容，它是建筑工程各专业验收规范编制的统一准则。本章主要介绍了验收术语、基本规定、质量验收的划分、验收的程序和组织等内容，建筑工程在进行质量验收时，除应符合本标准要求外，还应符合国家现行有关标准的规定。

【课后习题】

一、单项选择题

1. 施工质量验收的最小单元是（　　）。

A. 分项工程　　B. 检验批

C. 工序　　D. 分部工程

2. 以下属于子分部工程的为（　　）。

A. 地基与基础　　B. 主体结构

C. 建筑地面　　D. 屋面

3. 以下属于分项工程的为（　　）。

A. 地基　　B. 钢结构

C. 钢筋　　D. 门窗

4. 一栋教学楼属于（　　）。

A. 单项工程　　B. 单位工程

C. 分部工程　　D. 分项工程

5. 以下不属于单位工程各分部中土建内容的是（　　）。

A. 地基与基础　　B. 建筑节能

C. 主体结构　　D. 建筑屋面

二、简答题

1. 检验批验收合格应满足哪些标准？

2. 施工质量验收不合格的处理原则有哪些？

第二章

建筑地基基础工程施工质量验收

［引例］

某多层民用建筑，高度 14.850m，框架结构，地上 3 层，地下 1 层。总建筑面积 12224.95m²，其中地上建筑面积 8698.46m²，平面尺寸 85.20m×32.80m。地基采用素土、灰土处理，基础形式为筏板基础。

场区范围内勘察期间未发现地下水，设计施工不考虑地下水造成的影响。基坑开挖时根据设计要求进行第三方监测和施工监测，动态和信息化施工。

地下防水工程划分为一级防水和二级防水。一级防水采用 4mm+3mmSBS 改性沥青防水卷材（聚酯胎Ⅱ型），二级防水采用一层 4mmSBS 改性沥青防水卷材（聚酯胎Ⅱ型）。

该工程因有地下人防工程，现状基坑深度为 5.2～5.8m（现状场地有高差），属于超过一定规模的危险性较大的分部分项工程，经查该项目岩土工程勘察报告（详细勘察），该地勘报告关于基坑支护方案选择为“拟建工程基坑最大开挖深度 6.8m，场地周边工程环境条件较简单、地层条件一般。根据《建筑基坑支护技术规程》JGJ 120—2012，综合判定本工程基坑支护工程的安全等级为二级。影响基坑开挖稳定的土层主要为第（1）层～第（4）层土。根据场地环境条件、地层条件，并结合地区经验，消防水池西侧、北侧到基坑边缘距离小于 1.5m，危险性系数较大，采用锚杆支护处理。基坑南侧、北侧、东侧的基坑开挖采取适当放坡＋土钉墙支护措施。”

引例答案

试问：如果该项地基与基础工程按照各项规定正常施工，会形成哪些施工质量验收资料？案例中地基与基础分部工程中各分项工程、检验批应该如何划分？

第一节　概　　述

基础是将结构所承受的各种荷载传递到地基上的结构组成部分，是建筑地面以下的承重构件。它承受建筑物上部结构传下来的全部荷载，并把这些荷载连同本身的重量一起传到地基上。地基则是承受由基础传下的荷载的土体或岩体。

地基与基础工程是建筑工程质量验收中重要的分部工程。依据现行国家标准《建筑地基基础工程施工质量验收标准》GB 50202—2018，将地基与基础分部做如下划分：

建筑地基与基础工程子分部工程、分项工程划分表　　表 2-1

分部工程	子分部工程	分项工程
地基与基础	地基工程	素土、灰土地基、砂和砂石地基、土工合成材料地基、粉煤灰地基、强夯地基、注浆地基、预压地基、砂石桩复合地基、高压旋喷注浆地基、水泥土搅拌桩地基、土和灰土挤密桩复合地基、水泥粉煤灰碎石桩复合地基、夯实水泥土桩复合地基
	基础工程	无筋扩展基础，钢筋混凝土扩展基础，筏形与箱形基础，钢结构基础，钢管混凝土结构基础，型钢混凝土结构基础，钢筋混凝土预制桩基础，泥浆护壁成孔灌注桩基础，干作业成孔桩基础，长螺旋钻孔压灌桩基础，沉管灌注桩基础，钢桩基础，锚杆静压桩基础，岩石锚杆基础，沉井与沉箱基础
	特殊土地基基础工程	湿陷性黄土、冻土、膨胀土、盐渍土
	基坑支护工程	灌注桩排桩围护墙，板桩围护墙，咬合桩围护墙，型钢水泥土搅拌墙，土钉墙，地下连续墙，水泥土重力式挡墙，内支撑，锚杆，与主体结构相结合的基坑支护
	地下水控制	降水与排水，回灌
	土石方工程	土方开挖，岩质基坑开挖，土石方堆放与运输，土石方回填
	边坡工程	喷锚支护，挡土墙，边坡开挖

地基基础工程必须进行验槽。主控项目的质量检验结果必须全部符合检验标准，一般项目的验收合格率不得低于 80%。检查数量应按检验批抽样。当现行国家标准《建筑地基基础工程施工质量验收标准》GB 50202—2018 有具体规定时，应按相应条款执行，无规定时应按检验批抽检。检验批的划分和检验批抽检数量可按照现行国家标准《建筑工程施工质量验收统一标准》GB 50300—2013 的规定执行。

建筑地基与基础分部工程

第二节　地基工程质量验收

地基工程是建筑地基与基础工程的子分部工程，该子分部又包含素土、灰土地基、砂和砂石地基、土工合成材料地基、粉煤灰地基、强夯地基、注浆地基、预压地基、砂石桩复合地基、高压旋喷注浆地基、水泥土搅拌桩地基、土和灰土挤密桩复合地基、水泥粉煤灰碎石桩复合地基、夯实水泥土桩复合地基等分项工程。

灰土地基是换填地基的一种，是将基础底面下要求范围内的软弱土层挖去，用一定比例的石灰与土，在最优含水量条件下，充分拌合，分层回填夯实，或压实而成。该地基具有一定的强度、抗渗性，施工工艺简便，费用较低，是一种应用广泛、经济实用的软土地基加固方法，适用于加固深 1～4m 厚的软弱土、湿陷性黄土、杂填土等地基，也可用作结构的辅助防渗层。

本小节以素土、灰土地基分项工程为例，依据现行国家标准《建筑地基基础工程施工质量验收标准》GB 50202—2018、《建筑工程施工质量验收统一标准》GB 50300—2013，详细介绍了素土、灰土地基检验批在进行质量验收时，各检验项目应满足的要求。

一、 检验批的划分原则

1. 检验批的划分

（1）当工程量较大或者分段施工的，可以按照施工段、轴线等进行检验批划分。

（2）地基检验批容量可按地基面积确定，复合地基一般按照桩数确定。

2. 最小抽样数量

（1）素土和灰土地基、砂和砂石地基、土工合成材料地基、粉煤灰地基、强夯地基、注浆地基、预压地基的承载力必须达到设计要求。地基承载力的检验数量每 300m^2 不应少于 1 点，超过 3000m^2 部分每 500m^2 不应少于 1 点。每单位工程不应少于 3 点。

（2）砂石桩、高压喷射注浆桩、水泥土搅拌桩、土和灰土挤密桩、水泥粉煤灰碎石桩、夯实水泥土桩等复合地基的承载力必须达到设计要求。复合地基承载力的检验数量不应少于总桩数的 0.5%，且不应少于 3 点。有单桩承载力或桩身强度检验要求时，检验数量不应少于总桩数的 0.5%，且不应少于 3 根。复合地基中增强体的检验数量不应少于总数的 20%。

（3）除上述（1）、（2）条指定的项目外，其他项可按检验批随机抽样。当采用计数抽样时，最小抽样数量应符合现行国家标准《建筑工程施工质量验收统一标准》GB 50300—2013的规定，见表 1-1。

二、 素土、 灰土地基施工质量要点

1. 施工前应检查素土、灰土土料、石灰或水泥等配合比及灰土的拌合均匀性。

2. 施工中应检查分层铺设的厚度、夯实时的加水量、夯压遍数及压实系数。

3. 施工结束后，应进行地基承载力检验。

三、 素土、 灰土地基检验批质量验收标准

素土、灰土地基检验批质量验收标准见表 2-2。

素土、灰土地基检验批质量验收标准 **表 2-2**

<table>
<tr><th rowspan="2">项目</th><th rowspan="2">序号</th><th rowspan="2">检查项目</th><th colspan="2">允许偏差或允许值</th><th rowspan="2">检查方法</th></tr>
<tr><th>单位</th><th>数值</th></tr>
<tr><td rowspan="3">主控项目</td><td>1</td><td>地基承载力</td><td colspan="2">不小于设计值</td><td>静载试验</td></tr>
<tr><td>2</td><td>配合比</td><td colspan="2">设计值</td><td>检查拌合时的体积比</td></tr>
<tr><td>3</td><td>压实系数</td><td colspan="2">不小于设计值</td><td>环刀法</td></tr>
<tr><td rowspan="5">一般项目</td><td>1</td><td>石灰粒径</td><td>mm</td><td>≤5</td><td>筛析法</td></tr>
<tr><td>2</td><td>土料有机质含量</td><td>%</td><td>≤5</td><td>灼烧减量法</td></tr>
<tr><td>3</td><td>土颗粒粒径</td><td>mm</td><td>≤15</td><td>筛析法</td></tr>
<tr><td>4</td><td>含水量</td><td>%</td><td>±2</td><td>烘干法</td></tr>
<tr><td>5</td><td>分层厚度</td><td>mm</td><td>±50</td><td>水准测量</td></tr>
</table>

四、素土、灰土地基检验批表格范例

素土、灰土地基分项可依据施工段、轴线等划分为若干个素土、灰土地基检验批，素土、灰土地基检验批质量验收记录见表 2-3。

素土、灰土地基检验批质量验收记录 **表 2-3**

01010101 001

<table>
<tr><td colspan="2">单位（子单位）工程名称</td><td>××大厦</td><td>分部（子分部）工程名称</td><td>地基与基础分部-地基子分部</td><td>分项工程名称</td><td>素土、灰土地基分项</td></tr>
<tr><td colspan="2">施工单位</td><td>××××××</td><td>项目负责人</td><td>×××</td><td>检验批容量</td><td>1000m^3</td></tr>
<tr><td colspan="2">分包单位</td><td></td><td>分包单位项目负责人</td><td></td><td>检验批部位</td><td>1-10/A-E 轴线</td></tr>
<tr><td colspan="2">施工依据</td><td colspan="2">《建筑地基处理技术规范》JGJ 79—2012</td><td>验收依据</td><td colspan="2">《建筑地基基础工程施工质量验收标准》GB 50202—2018</td></tr>
<tr><td colspan="3">验收项目</td><td>设计要求及规范规定</td><td>最小/实际抽样数量</td><td>检查记录</td><td>检查结果</td></tr>
<tr><td rowspan="3">主控项目</td><td>1</td><td>地基承载力</td><td>不小于设计值</td><td>/</td><td>试验合格，详见报告编号：×××</td><td>√</td></tr>
<tr><td>2</td><td>配合比</td><td>设计值</td><td>/</td><td>试验合格，详见报告编号：×××</td><td>√</td></tr>
<tr><td>3</td><td>压实系数</td><td>不小于设计值</td><td>/</td><td>压实度系数符合设计要求</td><td>√</td></tr>
<tr><td rowspan="5">一般项目</td><td>1</td><td>石灰粒径（mm）</td><td>≤5</td><td>/</td><td>试验合格，详见报告编号：×××</td><td>√</td></tr>
<tr><td>2</td><td>土料有机质含量（%）</td><td>≤5</td><td>/</td><td>试验合格，详见报告编号：×××</td><td>√</td></tr>
<tr><td>3</td><td>土颗粒粒径（mm）</td><td>≤15</td><td>/</td><td>试验合格，详见报告编号：×××</td><td>√</td></tr>
<tr><td>4</td><td>含水量（最优含水量）（%）</td><td>±2</td><td>/</td><td>试验合格，详见报告编号：×××</td><td>√</td></tr>
<tr><td>5</td><td>分层厚度（mm）</td><td>±50</td><td>32/32</td><td>抽查 32 处，全部合格</td><td>100%</td></tr>
<tr><td colspan="3">施工单位检查结果</td><td colspan="4">专业工长：
项目专业质量检查员：
年 月 日</td></tr>
<tr><td colspan="3">监理单位验收结论</td><td colspan="4">专业监理工程师：
年 月 日</td></tr>
</table>

灰土地基工程

第三节　基础工程质量验收

基础工程是建筑地基与基础工程的子分部工程，是构成建筑物本身的承重构件。

基础工程子分部工程包含无筋扩展基础、钢筋混凝土扩展基础、筏形与箱形基础、钢结构基础、钢管混凝土结构基础、型钢混凝土结构基础、钢筋混凝土预制桩基础、泥浆护壁成孔灌注桩基础、干作业成孔桩基础、长螺旋钻孔压灌桩基础、沉管灌注桩基础、钢桩基础、锚杆静压桩基础、岩石锚杆基础、沉井与沉箱基础等分项工程。

泥浆护壁钻孔灌注桩是通过桩机在泥浆护壁条件下慢速钻进，将钻渣利用泥浆带出，并保护孔壁不致坍塌，成孔后再使用水下混凝土浇筑的方法将泥浆置换出来而成的桩。泥浆护壁是国内最为常用的成桩方法，应用范围较广。

本小节以泥浆护壁成孔灌注桩基础分项工程为例，依据现行国家标准《建筑地基基础工程施工质量验收标准》GB 50202—2018，详细介绍泥浆护壁成孔灌注桩基础检验批在进行质量验收时，各检验项目应满足的要求。

一、 检验批的划分原则

1. 检验批的划分

（1）基础子分部一般按照基础类型、施工工艺和工程量划分检验批。

（2）桩基础检验批容量可按桩数量进行确定。

2. 最小抽样数量

（1）设计等级为甲级或地质条件复杂时，应采用静载试验的方法对桩基承载力进行检验，检验桩数不应少于总桩数的 1%，且不应少于 3 根，当总桩数少于 50 根时，不应少于 2 根。在有经验和对比资料的地区，设计等级为乙级、丙级的桩基可采用高应变法对桩基进行竖向抗压承载力检测，检测数量不应少于总桩数的 5%，且不应少于 10 根。

（2）工程桩的桩身完整性的抽检数量不应少于总桩数的 20%，且不应少于 10 根。每根柱子承台下的桩抽检数量不应少于 1 根。

二、 泥浆护壁成孔灌注桩施工质量要点

1. 施工前应检验灌注桩的原材料及桩位处的地下障碍物处理资料。

2. 施工中应对成孔、钢筋笼制作与安装、水下混凝土灌注等各项质量指标进行检查验收；嵌岩桩应对桩端的岩性和入岩深度进行检验。

3. 施工后应对桩身完整性、混凝土强度及承载力进行检验。

三、 泥浆护壁成孔灌注桩质量验收标准

泥浆护壁成孔灌注桩检验批质量验收标准见表 2-4，灌注桩的桩径、垂直度及桩位允许偏差见表 2-5。

泥浆护壁成孔灌注桩检验批质量验收标准 **表 2-4**

项目	序号	检查项目		允许值或允许偏差 单位	允许值或允许偏差 数值	检查方法
主控项目	1	承载力		不小于设定值		静载试验
	2	孔深		不小于设定值		用测绳或井径仪测量
	3	桩身完整性		—		钻芯法，低应变法，声波透射法
	4	混凝土强度		不小于设定值		28d 试块强度或钻芯法
	5	嵌岩深度		不小于设定值		取岩样或超前钻孔取样
一般项目	1	垂直度		见表 2-6		用超声波或井径仪测量
	2	孔径		见表 2-6		用超声波或井径仪测量
	3	桩位		见表 2-6		全站仪或用钢尺量，开挖前量护筒，开挖后量桩中心
	4	泥浆指标	比重（黏土或砂性土中）	1.10～1.25		用比重计测，清孔后在距孔底 500mm 处取样
			含砂率	%	≤8	洗砂瓶
			黏度	s	18～28	黏度计
	5	泥浆面标高（高于地下水位）		m	0.5～1.0	目测法
	6	钢筋笼质量	主筋间距	mm	±10	用钢尺量
			长度	mm	±100	用钢尺量
			钢筋材质检验	设计要求		抽样送检
			箍筋间距	mm	±20	用钢尺量
			笼直径	mm	±10	用钢尺量
	7	沉渣厚度	端承桩	mm	≤50	用沉渣仪或重锤测
			摩擦桩	mm	≤150	
	8	混凝土坍落度		mm	180～220	坍落度仪
	9	钢筋笼安装深度		mm	+100 0	用钢尺量
	10	混凝土充盈系数		≥1.0		实际灌注量与计算灌注量的比
	11	桩顶标高		mm	+30 −50	全站仪或用钢尺量
	12	后注浆	注浆终止条件	注浆量不小于设计要求		查看流量表
				注浆量不小于设计要求 80%，注浆压力达到设计值		查看流量表，检查压力表读数
			水胶比	设计值		实际用水量与水泥等胶凝材料的重量比
	13	扩底桩	扩底直径	不小于设计值		井径仪测量
			扩地高度	不小于设计值		

灌注桩的桩径、垂直度及桩位允许偏差　　表 2-5

<table>
<tr><th>序号</th><th colspan="2">成孔方法</th><th>桩径允许偏差
（mm）</th><th>垂直度
允许偏差</th><th>桩位允许偏差
（mm）</th></tr>
<tr><td rowspan="2">1</td><td rowspan="2">泥浆护壁钻孔桩</td><td>D<1000mm</td><td rowspan="2">≥0</td><td rowspan="2">≤1/100</td><td>≤70+0.01H</td></tr>
<tr><td>D≥1000mm</td><td>≤100+0.01H</td></tr>
<tr><td rowspan="2">2</td><td rowspan="2">套管成孔灌注桩</td><td>D<500mm</td><td rowspan="2">≥0</td><td rowspan="2">≤1/100</td><td>≤70+0.01H</td></tr>
<tr><td>D≥500mm</td><td>≤100+0.01H</td></tr>
<tr><td>3</td><td colspan="2">干成孔灌注桩</td><td>≥0</td><td>≤1/100</td><td>≤70+0.01H</td></tr>
<tr><td>4</td><td colspan="2">人工挖孔桩</td><td>≥0</td><td>≤1/200</td><td>≤50+0.01H</td></tr>
</table>

四、 泥浆护壁成孔灌注桩检验批表格范例

泥浆护壁成孔灌注桩基础分项可依据桩的数量等划分为若干个泥浆护壁成孔灌注桩检验批，泥浆护壁成孔灌注桩检验批质量验收记录见表 2-6。

泥浆护壁成孔灌注桩检验批质量验收记录　　表 2-6

01020801 001

<table>
<tr><td colspan="2">单位（子单位）
工程名称</td><td colspan="2">××大厦</td><td>分部（子分部）
工程名称</td><td>地基与基础分部-基础子分部</td><td>分项工程名称</td><td colspan="2">泥浆护壁成孔灌注桩基础分项</td></tr>
<tr><td colspan="2">施工单位</td><td colspan="2">××××××</td><td>项目负责人</td><td>×××</td><td>检验批容量</td><td colspan="2">20 根</td></tr>
<tr><td colspan="2">分包单位</td><td colspan="2"></td><td>分包单位
项目负责人</td><td></td><td>检验批部位</td><td colspan="2">1-20 号桩</td></tr>
<tr><td colspan="2">施工依据</td><td colspan="3">《建筑地基基础工程施工规范》
GB 51004—2015</td><td>验收依据</td><td colspan="3">《建筑地基基础工程施工质量验收标准》GB 50202—2018</td></tr>
<tr><td colspan="5">验收项目</td><td>设计要求及
规范规定</td><td>最小/实际
抽样数量</td><td>检查记录</td><td>检查
结果</td></tr>
<tr><td rowspan="5">主控项目</td><td>1</td><td colspan="3">承载力</td><td>不小于设计值</td><td>/</td><td>试验合格，报告编号</td><td>√</td></tr>
<tr><td>2</td><td colspan="3">孔深</td><td>不小于设计值</td><td>3/3</td><td>抽查 3 处，全部合格</td><td>√</td></tr>
<tr><td>3</td><td colspan="3">桩身完整性</td><td>—</td><td>/</td><td>试验合格，报告编号</td><td>√</td></tr>
<tr><td>4</td><td colspan="3">混凝土强度</td><td>不小于设计值</td><td>/</td><td>试验合格，报告编号</td><td>√</td></tr>
<tr><td>5</td><td colspan="3">嵌岩深度</td><td>不小于设计值</td><td>3/3</td><td>抽查 3 处，全部合格</td><td>√</td></tr>
<tr><td rowspan="7">一般项目</td><td>1</td><td colspan="3">垂直度</td><td>本标准表 5.1.4</td><td>3/3</td><td>抽查 3 处，全部合格</td><td>100%</td></tr>
<tr><td>2</td><td colspan="3">孔径</td><td>本标准表 5.1.4</td><td>3/3</td><td>抽查 3 处，全部合格</td><td>100%</td></tr>
<tr><td>3</td><td colspan="3">桩位</td><td>本标准表 5.1.4</td><td>3/3</td><td>抽查 3 处，全部合格</td><td>100%</td></tr>
<tr><td rowspan="3">4</td><td rowspan="3">泥浆指标</td><td colspan="2">比重（黏土或砂性土中）</td><td>1.10～1.25</td><td>3/3</td><td>抽查 3 处，全部合格</td><td>√</td></tr>
<tr><td colspan="2">含砂率（%）</td><td>≤8</td><td>3/3</td><td>抽查 3 处，全部合格</td><td>√</td></tr>
<tr><td colspan="2">黏度（s）</td><td>18～28</td><td>3/3</td><td>抽查 3 处，全部合格</td><td>√</td></tr>
<tr><td>5</td><td colspan="3">泥浆面标高（高于地下水位）（m）</td><td>0.5～1.0</td><td>3/3</td><td>抽查 3 处，全部合格</td><td>100%</td></tr>
</table>

续表

<table>
<tr><td colspan="4">验收项目</td><td>设计要求及规范规定</td><td>最小/实际抽样数量</td><td>检查记录</td><td>检查结果</td></tr>
<tr><td rowspan="21">一般项目</td><td rowspan="5">6</td><td rowspan="5">钢筋笼质量</td><td>主筋间距（mm）</td><td>±10</td><td>3/3</td><td>抽查3处，全部合格</td><td>100%</td></tr>
<tr><td>长度（mm）</td><td>±100</td><td>3/3</td><td>抽查3处，全部合格</td><td>100%</td></tr>
<tr><td>钢筋材质检验</td><td>设计要求</td><td>/</td><td>试验合格，报告编号</td><td>✓</td></tr>
<tr><td>箍筋间距（mm）</td><td>±20</td><td>3/3</td><td>抽查3处，全部合格</td><td>100%</td></tr>
<tr><td>笼直径（mm）</td><td>±10</td><td>3/3</td><td>抽查3处，全部合格</td><td>100%</td></tr>
<tr><td rowspan="2">7</td><td rowspan="2">沉渣厚度</td><td>端承桩（mm）</td><td>≤50</td><td>3/3</td><td>抽查3处，全部合格</td><td>100%</td></tr>
<tr><td>摩擦桩（mm）</td><td>≤150</td><td>/</td><td>/</td><td>/</td></tr>
<tr><td>8</td><td colspan="2">混凝土坍落度（mm）</td><td>180～220</td><td>3/3</td><td>抽查3处，全部合格</td><td>100%</td></tr>
<tr><td>9</td><td colspan="2">钢筋笼安装深度（mm）</td><td>−100.00</td><td>3/3</td><td>抽查3处，全部合格</td><td>100%</td></tr>
<tr><td>10</td><td colspan="2">混凝土充盈系数</td><td>≥1.0</td><td>3/3</td><td>抽查3处，全部合格</td><td>100%</td></tr>
<tr><td>11</td><td colspan="2">桩顶标高（mm）</td><td>+30
−50</td><td>3/3</td><td>抽查3处，全部合格</td><td>100%</td></tr>
<tr><td rowspan="3">12</td><td rowspan="3">后注浆</td><td rowspan="2">注浆终止条件</td><td>注浆量不小于设计要求</td><td>/</td><td>/</td><td>/</td></tr>
<tr><td>注浆量不小于设计要求80%，且注浆压力达到设计值</td><td>3/3</td><td>抽查3处，全部合格</td><td>100%</td></tr>
<tr><td>水胶比</td><td>设计值</td><td>3/3</td><td>抽查3处，全部合格</td><td>100%</td></tr>
<tr><td rowspan="2">13</td><td rowspan="2">扩底桩</td><td>扩底直径</td><td>不小于设计值</td><td>3/3</td><td>抽查3处，全部合格</td><td>100%</td></tr>
<tr><td>扩底高度</td><td>不小于设计值</td><td>3/3</td><td>抽查3处，全部合格</td><td>100%</td></tr>
<tr><td colspan="4">施工单位
检查结果</td><td colspan="4">专业工长：
项目专业质量检查员：
年　月　日</td></tr>
<tr><td colspan="4">监理单位
验收结论</td><td colspan="4">专业监理工程师：
年　月　日</td></tr>
</table>

灌注桩质量验收

第四节 基坑支护工程质量验收

基坑支护工程是为保护地下主体结构施工和基坑周边环境的安全，对基坑采用的临时性支挡、加固、保护与地下水控制的措施。

基坑支护工程子分部包含灌注桩排桩围护墙、板桩围护墙、咬合桩围护墙、型钢水泥土搅拌墙、土钉墙、地下连续墙、水泥土重力式挡墙、内支撑、锚杆、与主体结构相结合的基坑支护等分项工程。

土钉墙是一种原位土体加筋技术。将基坑边坡通过由钢筋制成的土钉进行加固，边坡表面铺设一道钢筋网再喷射一层混凝土面层和土方边坡相结合的边坡加固型支护施工方法。

本小节以土钉墙分项工程为例，依据现行国家标准《建筑地基基础工程施工质量验收标准》GB 50202—2018，详细介绍土钉墙支护检验批在进行质量验收时，各检验项目应满足的要求。

一、 检验批的划分原则

1. 检验批的划分

(1) 基坑支护子分部一般可按照支护类型、桩号、轴线等划分检验批。

(2) 检验批容量一般可依据支护结构（土钉墙、桩）根数等进行确定。

2. 最小抽样数量

(1) 灌注桩排桩应采用低应变法检测桩身完整性，检测桩数不宜少于总桩数的20%，且不得少于5根。采用桩墙合一时，低应变法检测桩身完整性的检测数量应为总桩数的100%；采用声波透射法检测的灌注桩排桩数量不应低于总桩数的10%，且不应少于3根。当根据低应变法或声波透射法判定的桩身完整性为Ⅲ类、Ⅳ类时，应采用钻芯法进行验证。

(2) 灌注桩排桩混凝土强度检验的试件应在施工现场随机抽取。灌注桩每浇筑50m^3必须至少留置1组混凝土强度试件，单桩不足50m^3的桩，每连续浇筑12h必须至少留置1组混凝土强度试件。有抗渗等级要求的灌注桩尚应留置抗渗等级检测试件，一个级配不宜少于3组。

(3) 截水帷幕采用单轴水泥土搅拌桩、双轴水泥土搅拌桩、三轴水泥土搅拌桩、高压喷射注浆时，取芯数量不宜少于总桩数的1%，且不应少于3根。截水帷幕采用渠式切割水泥土连续墙时，取芯数量宜沿基坑周边每50延米取1个点，且不应少于3个。

(4) 基坑开挖前应检验水泥土桩（墙）体强度，强度指标应符合设计要求。墙体强度宜采用钻芯法确定，三轴水泥土搅拌桩抽检数量不应少于总桩数的2%，且不得少于3根；渠式切割水泥土连续墙抽检数量每50延米不应少于1个取芯点，且不得少于3个。

(5) 土钉应进行抗拔承载力检验，检验数量不宜少于土钉总数的1%，且同一土层中的土钉检验数量不应小于3根。

二、 土钉墙支护施工质量要点

1. 土钉墙支护工程施工前应对钢筋、水泥、砂石、机械设备性能等进行检验。

2. 土钉墙支护工程施工过程中应对放坡系数，土钉位置，土钉孔直径、深度及角度，土钉杆体长度，注浆配比、注浆压力及注浆量，喷射混凝土面层厚度、强度等进行检验。

三、 土钉墙支护质量验收标准

土钉墙支护检验批质量验收标准见表 2-7。复合土钉墙支护质量检验还应符合现行国家标准《建筑地基与基础工程施工质量验收标准》GB 50202—2018 的其他要求。

土钉墙支护检验批质量验收标准 **表 2-7**

项目	序号	检查项目	允许值或允许偏差		检查方法
			单位	数值	
主控项目	1	抗拔承载力	不小于设定值		土钉抗拔试验
	2	土钉长度	不小于设定值		用钢尺量
	3	分层开挖厚度	mm	±200	水准测量或用钢尺量
一般项目	1	土钉位置	mm	±200	用钢尺量
	2	土钉直径	不小于设定值		用钢尺量
	3	土钉孔倾斜度	°	≤3	测量倾角
	4	水胶比	设定值		实际用水量与水泥等胶凝材料的重量比
	5	注浆量	不小于设定值		查看流量表
	6	注浆压力	设定值		检查压力表读数
	7	浆体强度	不小于设定值		试块强度
	8	钢筋网间距	mm	±30	用钢尺量
	9	土钉面层厚度	mm	±10	用钢尺量
	10	面层混凝土强度	不小于设定值		28d 试块强度
	11	预留土墩尺寸及间距	mm	±500	用钢尺量
	12	微型桩桩位	mm	≤50	全站仪或用钢尺量
	13	微型桩垂直度	≤1/200		经纬仪测量

注：第 12 项和第 13 项的检测仅适用于微型桩结合土钉的复合土钉墙。

四、 土钉墙支护检验批表格范例

土钉墙分项工程根据施工内容可划分为复合土钉墙单轴与双轴水泥土搅拌桩截水帷幕检验批、复合土钉墙三轴水泥土搅拌桩截水帷幕检验批、复合土钉墙渠式切割水泥土连续墙截水帷幕、复合土钉墙高压喷射注浆截水帷幕检验批、土钉墙支护五类检验批。

土钉墙支护可依据轴线、土钉墙根数划分为若干个土钉墙支护检验批，土钉墙支护检验批质量验收记录见表 2-8。

土钉墙支护检验批质量验收记录　　**表 2-8**

01040505 001

<table>
<tr><td colspan="2">单位（子单位）工程名称</td><td>××大厦</td><td>分部（子分部）工程名称</td><td>地基与基础分部-基坑支护子分部</td><td>分项工程名称</td><td colspan="2">土钉墙分项</td></tr>
<tr><td colspan="2">施工单位</td><td>××××××</td><td>项目负责人</td><td>×××</td><td>检验批容量</td><td colspan="2">30 根</td></tr>
<tr><td colspan="2">分包单位</td><td></td><td>分包单位项目负责人</td><td></td><td>检验批部位</td><td colspan="2">1～10/A～E 轴土钉墙</td></tr>
<tr><td colspan="2">施工依据</td><td colspan="2">《建筑基坑支护技术规程》JGJ 120—2012</td><td>验收依据</td><td colspan="3">《建筑地基基础工程施工质量验收标准》GB 50202—2018</td></tr>
<tr><td colspan="3">验收项目</td><td>设计要求及规范规定</td><td>最小/实际抽样数量</td><td colspan="2">检查记录</td><td>检查结果</td></tr>
<tr><td rowspan="3">主控项目</td><td>1</td><td>抗拔承载力</td><td>不小于设计值</td><td>/</td><td colspan="2">试验合格，报告编号</td><td>√</td></tr>
<tr><td>2</td><td>土钉长度</td><td>不小于设计值</td><td>5/5</td><td colspan="2">抽查 5 处，全部合格</td><td>√</td></tr>
<tr><td>3</td><td>分层开挖厚度（mm）</td><td>±200</td><td>5/5</td><td colspan="2">抽查 5 处，全部合格</td><td>√</td></tr>
<tr><td rowspan="13">一般项目</td><td>1</td><td>土钉位置（mm）</td><td>±100</td><td>5/5</td><td colspan="2">抽查 5 处，全部合格</td><td>100%</td></tr>
<tr><td>2</td><td>土钉直径</td><td>不小于设计值</td><td>5/5</td><td colspan="2">抽查 5 处，全部合格</td><td>100%</td></tr>
<tr><td>3</td><td>土钉孔倾斜度（°）</td><td>≤3</td><td>5/5</td><td colspan="2">抽查 5 处，全部合格</td><td>100%</td></tr>
<tr><td>4</td><td>水胶比</td><td>设计值</td><td>5/5</td><td colspan="2">抽查 5 处，全部合格</td><td>100%</td></tr>
<tr><td>5</td><td>注浆量</td><td>不小于设计值</td><td>5/5</td><td colspan="2">抽查 5 处，全部合格</td><td>100%</td></tr>
<tr><td>6</td><td>注浆压力</td><td>设计值</td><td>5/5</td><td colspan="2">抽查 5 处，全部合格</td><td>100%</td></tr>
<tr><td>7</td><td>浆体强度</td><td>不小于设计值</td><td>/</td><td colspan="2">试验合格，报告编号</td><td>√</td></tr>
<tr><td>8</td><td>钢筋网间距（mm）</td><td>±30</td><td>5/5</td><td colspan="2">抽查 5 处，全部合格</td><td>100%</td></tr>
<tr><td>9</td><td>土钉面层厚度（mm）</td><td>±10</td><td>5/5</td><td colspan="2">抽查 5 处，全部合格</td><td>100%</td></tr>
<tr><td>10</td><td>面层混凝土强度</td><td>不小于设计值</td><td>/</td><td colspan="2">试验合格，报告编号</td><td>√</td></tr>
<tr><td>11</td><td>预留土墩尺寸及间距（mm）</td><td>±500</td><td>5/5</td><td colspan="2">抽查 5 处，全部合格</td><td>100%</td></tr>
<tr><td>12</td><td>微型桩桩位（mm）</td><td>≤50</td><td>5/5</td><td colspan="2">抽查 5 处，全部合格</td><td>100%</td></tr>
<tr><td>13</td><td>微型桩垂直度</td><td>≤1/200</td><td>5/5</td><td colspan="2">抽查 5 处，全部合格</td><td>100%</td></tr>
<tr><td colspan="3">施工单位
检查结果</td><td colspan="5">专业工长：
项目专业质量检查员：
年　月　日</td></tr>
<tr><td colspan="3">监理单位
验收结论</td><td colspan="5">专业监理工程师：
年　月　日</td></tr>
</table>

第五节 地下水控制工程质量验收

地下水控制工程是建筑地基与基础工程的子分部工程，包含降水与排水、回灌两个分项工程。

降水与排水工程是指在地下水位较高的地区开挖深基坑，为防止基坑浸水引起地基承载力下降、流沙、管涌和边坡失稳等现象，为确保基坑施工安全，采取有效的降水和排水措施。回灌指补充在进行井点降水时所流失的地下水。

本小节以降水与排水分项工程为例，依据现行国家标准《建筑地基基础工程施工质量验收标准》GB 50202—2018，介绍轻型井点施工在进行质量验收时，各检验项目应满足的要求。

一、 检验批的划分原则

1. 检验批的划分

地下水控制子分部一般按照施工段、工程量等划分检验批。

2. 最小抽样数量

当采用计数抽样时，最小抽样数量应符合现行国家标准《建筑工程施工质量验收统一标准》GB 50300—2013 的规定。

二、 轻型井点降水施工质量要点

1. 采用集水明排的基坑，应检验排水沟、集水井的尺寸。排水时集水井内水位应低于设计要求水位不小于 0.5m。

2. 降水井施工前，应检验进场材料质量。降水施工材料质量检验标准应符合表 2-9 的规定。

3. 降水井正式施工时应进行试成井。试成井数量不应少于 2 口（组），并应根据试成井检验成孔工艺、泥浆配比，复核地层情况等。

4. 降水井施工中应检验成孔垂直度。降水井的成孔垂直度偏差为 1/100，井管应居中竖直沉设。

5. 降水井施工完成后应进行试抽水，检验成井质量和降水效果。

6. 降水运行应独立配电。降水运行前，应检验现场用电系统。连续降水的工程项目，尚应检验双路以上独立供电电源或备用发电机的配置情况。

7. 降水运行过程中，应监测和记录降水场区内和周边的地下水位。采用悬挂式帷幕基坑降水的，尚应计量和记录降水井抽水量。

8. 降水运行结束后，应检验降水井封闭的有效性。

降水施工材料质量检验标准 **表 2-9**

项目	序号	检查项目	允许值或允许偏差		检查方法
			单位	数值	
主控项目	1	井、滤管材质	设计要求		查产品合格证书或按设计要求参数现场检测
	2	滤管孔隙率	设计值		测算单位长度滤管孔隙面积或与等长标准滤管渗透对比法
	3	滤料粒径	(6 12) *d*50		筛析法
	4	泌料不均匀系数	≤3		筛析法
一般项目	1	沉淀管长度	mm	±500	用钢尺量
	2	封孔回填土质量	设计要求		现场搓条法检验土性
	3	挡砂网	设计要求		查产品合格证书或现场盘测目数

三、 轻型井点降水质量验收标准

轻型井点降水检验批质量验收标准见表 2-10。

轻型井点降水施工质量质量验收标准 **表 2-10**

项目	序号	检查项目	允许值或允许偏差		检查方法
			单位	数值	
主控项目	1	出水量	不小于设计值		查看流量表
一般项目	1	成孔孔径	mm	±20	用钢尺量
	2	成孔深度	+1000 −200		测绳测量
	3	滤料回填量	不小于设计计算体积的 95%		测算滤料用量且用测绳测量回填高度
	4	黏土封孔高度	mm	≥1000	用钢尺量
	5	井点管间距	m	0.6～0.8	用钢尺量

四、 轻型井点施工检验批表格范例

轻型井点施工检验批质量验收记录见表 2-11。

轻型井点施工检验批质量验收记录 **表 2-11**

01050102 001

<table>
<tr><td>单位（子单位）工程名称</td><td>××大厦</td><td>分部（子分部）工程名称</td><td colspan="2">地基与基础分部-地下水控制子分部</td><td>分项工程名称</td><td colspan="2">降水与排水分项</td></tr>
<tr><td>施工单位</td><td>××××××</td><td>项目负责人</td><td colspan="2">×××</td><td>检验批容量</td><td colspan="2">6 口</td></tr>
<tr><td>分包单位</td><td></td><td>分包单位项目负责人</td><td colspan="2"></td><td>检验批部位</td><td colspan="2">1～6 号</td></tr>
<tr><td>施工依据</td><td colspan="2">深基坑专项施工方案</td><td colspan="2">验收依据</td><td colspan="3">《建筑地基基础工程施工质量验收标准》GB 50202—2018</td></tr>
<tr><td colspan="3">验收项目</td><td>设计要求及规范规定</td><td>最小/实际抽样数量</td><td colspan="2">检查记录</td><td>检查结果</td></tr>
<tr><td>主控项目</td><td>1</td><td>出水量</td><td>不小于设计值</td><td>2/2</td><td colspan="2">抽查 2 处，全部合格</td><td>✓</td></tr>
<tr><td rowspan="5">一般项目</td><td>1</td><td>成孔孔径（mm）</td><td>±20</td><td>2/2</td><td colspan="2">抽查 2 处，全部合格</td><td>100%</td></tr>
<tr><td>2</td><td>成孔深度（mm）</td><td>+1000
−200</td><td>2/2</td><td colspan="2">抽查 2 处，全部合格</td><td>100%</td></tr>
<tr><td>3</td><td>滤料回填量</td><td>不小于设计计算体积的 95%</td><td>2/2</td><td colspan="2">抽查 2 处，全部合格</td><td>100%</td></tr>
<tr><td>4</td><td>黏土封孔高度（mm）</td><td>≥1000</td><td>2/2</td><td colspan="2">抽查 2 处，全部合格</td><td>100%</td></tr>
<tr><td>5</td><td>井点管间距（m）</td><td>0.8～1.6</td><td>2/2</td><td colspan="2">抽查 2 处，全部合格</td><td>100%</td></tr>
<tr><td colspan="3">施工单位
检查结果</td><td colspan="5">专业工长：
项目专业质量检查员：
年 月 日</td></tr>
<tr><td colspan="3">监理单位
验收结论</td><td colspan="5">专业监理工程师：
年 月 日</td></tr>
</table>

第六节 土方工程质量验收

土方工程是建筑地基与基础工程的子分部工程，包含土方开挖、土方回填、土方平整等分项工程。

本小节以土方开挖分项工程为例，依据现行国家标准《建筑地基基础工程施工质量验收标准》GB 50202—2018，选取柱基、基坑、基槽土方开挖检验批为例，介绍其在进行质量验收时，各检验项目应满足的要求。

一、检验批的划分原则

1. 检验批的划分

（1）土方工程子分部一般按照土方工程工程量划分检验批。

（2）检验批容量可按土方开挖、回填、平整后的场地表面面积进行确定。

2. 最小抽样数量

平整后的场地表面坡率应符合设计要求，设计无要求时，沿排水沟方向的坡度不应少于2‰。平整后的场地表面应逐点检查；土石方的标高检查点为每100m^2取1点，且不应少于10点；土石方工程的平面几何尺寸（长度、宽度等）应全数检查；土石方工程的边坡均为每20m取1点，且每边不应少于1点；土石方工程的表面平整度检查点为每100m^2取1点，且不应少于10点。

二、土方开挖施工质量要点

1. 施工前应检查支护结构质量、定位放线、排水和地下水控制系统，以及对周边影响范围内地下管线和建（构）筑物保护措施的落实，并应合理安排土方运输车辆的行走路线及弃土场。附近有重要保护设施的基坑，应在土方开挖前对围护体的止水性能通过预降水进行检验。

2. 施工中应检查平面位置、水平标高、边坡坡率、压实度、排水系统、地下水控制系统、预留土墩、分层开挖厚度、支护结构的变形，并随时观测周围环境变化。

3. 施工结束后应检查平面几何尺寸、水平标高、边坡坡率、表面平整度和基底土性等。

4. 临时性挖方工程的边坡坡率允许值应符合表2-12的规定或经设计计算确定。

临时性挖方工程的边坡坡率允许值　　**表2-12**

序号	土的类别		边坡坡率（高：宽）
1	砂土	不包括细砂、粉砂	1：1.25～1：1.50
2	黏性土	坚硬	1：0.75～1：1.00
		硬塑、可塑	1：1.00～1：1.25
		软塑	1：1.50或更缓
3	碎石土	充填坚硬黏土、硬塑黏土	1：0.50～1：1.00
		充填砂土	1：1.00～1：1.50

三、柱基、基坑、基槽土方开挖工程质量验收标准

柱基、基坑、基槽土方开挖工程检验批质量验收标准见表2-13。

柱基、基坑、基槽土方开挖工程检验批质量验收标准 **表 2-13**

项目	序号	检查项目	允许值或允许偏差		检查方法
			单位	数值	
主控项目	1	标高	mm	0 −50	水准测量
	2	长度、宽度（由设计中心线向两边量）	mm	+200 −50	全站仪或用钢尺量
	3	坡率	设计值		目测法或用坡度尺检查
一般项目	1	表面平整度	mm	±20	用 2m 靠尺
	2	基底土性	设计要求		目测法或土样分析

四、柱基、基坑、基槽土方开挖工程检验批表格范例

土方开挖分项可依据工作内容划分为柱基、基坑、基槽土方开挖检验批、管沟土方开挖检验批、地（路）面基层土方开挖检验批，柱基、基坑、基槽土方开挖工程检验批可依据开挖面积划分为若干个柱基、基坑、基槽土方开挖检验批。柱基、基坑、基槽土方开挖工程检验批质量验收记录见表 2-14。

柱基、基坑、基槽土方开挖工程检验批质量验收记录 **表 2-14**

01060101 001

单位（子单位）工程名称	××大厦	分部（子分部）工程名称	地基与基础分部-土石方子分部	分项工程名称	土方开挖分项
施工单位	××××××	项目负责人	×××	检验批容量	200m^3
分包单位		分包单位项目负责人		检验批部位	1～5/A～E 轴
施工依据	《建筑地基基础工程施工规范》GB 51004—2015		验收依据	《建筑地基基础工程施工质量验收标准》GB 50202—2018	

验收项目			设计要求及规范规定	最小/实际抽样数量	检查记录	检查结果
主控项目	1	标高（mm）	0，−50	10/10	抽查 10 处，全部合格	✓
	2	长度、宽度（由设计中心线向两边量）（mm）	+200 −50	全/4	共 4 处，检查 4 处，全部合格	✓
	3	坡率	设计值	10/10	抽查 10 处，全部合格	✓
一般项目	1	表面平整度（mm）	±20	10/10	抽查 10 处，合格 8 处	80.0%
	2	基底土性	设计要求	10/10	抽查 10 处，全部合格	100%
施工单位检查结果			专业工长： 项目专业质量检查员： 年 月 日			
监理单位验收结论			专业监理工程师： 年 月 日			

第七节 边坡工程质量验收

边坡工程是建筑地基与基础工程的子分部工程，是为满足工程需要而对自然边坡和人工边坡进行改造。

边坡工程子分部包括喷锚支护、挡土墙、边坡开挖三个分项工程。

本小节以边坡开挖分项工程为例，依据现行国家标准《建筑地基基础工程施工质量验收标准》GB 50202—2018，介绍边坡开挖检验批在进行质量验收时，各检验项目应满足的要求。

一、 检验批的划分原则

1. 检验批的划分

(1) 边坡工程子分部一般按照边坡工程类型、边坡轴线等划分检验批。

(2) 检验批容量可按边坡长度、施工段、锚杆数量等进行确定。

2. 最小抽样数量

(1) 边坡开挖分项工程最小抽样数量应遵循现行国家标准《建筑地基基础工程施工质量验收标准》GB 50202—2018 中的规定，详见表 2-15。

(2) 当采用计数抽样时，最小抽样数量应符合现行国家标准《建筑工程施工质量验收统一标准》GB 50300—2013 的规定，见表 1-1。

二、 边坡开挖施工质量要点

1. 施工前应检查平面位置、标高、边坡坡率、降排水系统。

2. 施工中，应检验开挖的平面尺寸、标高、坡率、水位等。

3. 预裂爆破或光面爆破的岩质边坡的坡面上宜保留炮孔痕迹，残留炮孔痕迹保存率不应小于 50%。

4. 边坡开挖施工应检查监测和监控系统，监测、监控方法应按现行国家标准《建筑边坡工程技术规范》GB 50330—2013 的规定执行。在采用爆破施工时，应加强环境监测。

5. 施工结束后，应检验边坡坡率、坡底标高、坡面平整度等。

三、 边坡开挖工程质量验收标准

边坡开挖检验批质量验收标准见表 2-15。

边坡开挖检验批质量验收标准 **表 2-15**

项目	序号	检查项目	允许值或允许偏差		检查方法
			单位	数值	
主控项目	1	坡率	设计值		目测法或用坡度尺检查：每 20m 抽查 1 处
	2	坡底标高	mm	±100	水准测量

续表

<table>
<tr><th rowspan="2">项目</th><th rowspan="2">序号</th><th rowspan="2" colspan="2">检查项目</th><th colspan="2">允许值或允许偏差</th><th rowspan="2">检查方法</th></tr>
<tr><th>单位</th><th>数值</th></tr>
<tr><td rowspan="7">一般项目</td><td rowspan="2">1</td><td rowspan="2">坡面平整度</td><td>土坡</td><td>mm</td><td>±100</td><td rowspan="2">3m 直尺测量：每 20m 测 1 处</td></tr>
<tr><td>岩坡</td><td>mm</td><td>软岩±200
硬岩±350</td></tr>
<tr><td rowspan="2">2</td><td rowspan="2">平台宽度</td><td>土坡</td><td>mm</td><td>+200
0</td><td rowspan="2">用钢尺量</td></tr>
<tr><td>岩坡</td><td>mm</td><td>软岩±300
硬岩±500</td></tr>
<tr><td rowspan="3">3</td><td rowspan="3">坡脚线偏位</td><td>土坡</td><td>mm</td><td>+500
−100</td><td rowspan="3">经纬仪测量：每 20m 测 2 点</td></tr>
<tr><td rowspan="2">岩坡</td><td rowspan="2">mm</td><td>软岩+500
−200</td></tr>
<tr><td>硬岩+800
−250</td></tr>
</table>

四、 边坡开挖工程检验批表格范例

边坡开挖分项工程可依据边坡轴线、边坡长度划分为若干个检验批，边坡开挖检验批质量验收记录见表 2-16。

边坡开挖检验批质量验收记录 **表 2-16**

01070301 001

<table>
<tr><td>单位（子单位）工程名称</td><td colspan="2">××大厦</td><td>分部（子分部）工程名称</td><td>地基与基础分部-边坡子分部</td><td>分项工程名称</td><td colspan="2">边坡开挖分项</td></tr>
<tr><td>施工单位</td><td colspan="2">××××××</td><td>项目负责人</td><td>×××</td><td>检验批容量</td><td colspan="2">60m</td></tr>
<tr><td>分包单位</td><td colspan="2"></td><td>分包单位项目负责人</td><td></td><td>检验批部位</td><td colspan="2">1～10/A 轴边坡</td></tr>
<tr><td>施工依据</td><td colspan="3">《建筑边坡工程技术规范》GB 50330—2013</td><td>验收依据</td><td colspan="3">《建筑地基基础工程施工质量验收标准》GB 50202—2018</td></tr>
<tr><td colspan="3">验收项目</td><td>设计要求及规范规定</td><td>最小/实际抽样数量</td><td colspan="2">检查记录</td><td>检查结果</td></tr>
<tr><td rowspan="2">主控项目</td><td>1</td><td>坡率</td><td>设计值</td><td>3/3</td><td colspan="2">抽查 3 处，全部合格</td><td>✓</td></tr>
<tr><td>2</td><td>坡底标高（mm）</td><td>±100</td><td>5/5</td><td colspan="2">抽查 5 处，全部合格</td><td>✓</td></tr>
</table>

续表

<table>
<tr><th colspan="5">验收项目</th><th>设计要求及规范规定</th><th>最小/实际抽样数量</th><th>检查记录</th><th>检查结果</th></tr>
<tr><td rowspan="9">一般项目</td><td rowspan="3">1</td><td rowspan="3">坡面平整度（mm）</td><td colspan="2">土坡</td><td>±100</td><td>3/3</td><td>抽查 3 处，全部合格</td><td>100%</td></tr>
<tr><td rowspan="2">岩坡</td><td>软岩</td><td>±200</td><td>/</td><td>/</td><td>/</td></tr>
<tr><td>硬岩</td><td>±350</td><td>/</td><td>/</td><td>/</td></tr>
<tr><td rowspan="3">2</td><td rowspan="3">平台宽度（mm）</td><td colspan="2">土坡</td><td>+200.0</td><td>5/5</td><td>抽查 5 处，全部合格</td><td>100%</td></tr>
<tr><td rowspan="2">岩坡</td><td>软岩</td><td>+300</td><td>/</td><td>/</td><td>/</td></tr>
<tr><td>硬岩</td><td>+500</td><td>/</td><td>/</td><td>/</td></tr>
<tr><td rowspan="3">3</td><td rowspan="3">坡脚线偏位（mm）</td><td colspan="2">土坡</td><td>+500
−100</td><td>6/6</td><td>抽查 6 处，全部合格</td><td>100%</td></tr>
<tr><td rowspan="2">岩坡</td><td>软岩</td><td>+500
−200</td><td>/</td><td>/</td><td>/</td></tr>
<tr><td>硬岩</td><td>+800
−250</td><td>/</td><td>/</td><td>/</td></tr>
<tr><td colspan="5">施工单位
检查结果</td><td colspan="4">专业工长：
项目专业质量检查员：
年 月 日</td></tr>
<tr><td colspan="5">监理单位
验收结论</td><td colspan="4">专业监理工程师：
年 月 日</td></tr>
</table>

第八节 地下防水工程质量验收

地下防水工程是建筑地基与基础工程的子分部工程，是对房屋建筑、防护工程、市政隧道、地下铁道等地下工程进行防水设计、防水施工和维护管理等各项技术工作的工程实体。

地下防水工程子分部工程包含主体结构防水、细部构造防水、特殊施工法结构防水、排水、注浆等分项工程，具体分项工程的划分见表 2-17。

地下防水工程分项工程、检验批划分表 **表 2-17**

子分部工程	分项工程	检验批
地下防水工程	主体结构防水	防水混凝土、水泥砂浆防水层、卷材防水层、涂料防水层、塑料防水板防水层、金属板防水层、膨润土防水材料防水层

续表

子分部工程	分项工程	检验批
地下防水工程	细部构造防水	施工缝、变形缝、后浇带、穿墙管、埋设件、预留通道接头、桩头、孔口、坑、池
	特殊施工法结构防水	锚喷支护、地下连续墙、盾构隧道、沉井、逆筑结构
	排水	渗排水、盲沟排水、隧道排水、坑道排水、塑料排水板排水
	注浆	预注浆、后注浆、结构裂缝注浆

水泥砂浆防水层是一种刚性防水层，主要依靠砂浆本身的憎水性能和砂浆的密实性来达到防水目的。这种防水层取材容易、施工简单、成本较低，但抵抗变形的能力差，适用于一般深度不大、对干燥程度要求不高的地下工程主体结构的迎水面或背水面，不适用于受持续振动或环境温度高于 80℃的地下工程。

本小节以主体结构防水分项工程为例，依据现行国家标准《地下防水工程质量验收规范》GB 50208—2011、《建筑地基基础工程施工质量验收标准》GB 50202—2018，介绍水泥砂浆防水层检验批在进行质量验收时，各检验项目应满足的要求。

一、 检验批的划分原则

1. 检验批的划分

（1）主体结构防水工程和细部构造防水工程应按结构层、变形缝或后浇带等施工段划分检验批。

（2）特殊施工法结构防水工程应按隧道区间、变形缝等施工段划分检验批。

（3）排水工程和注浆工程应各为一个检验批。

2. 最小抽样数量

（1）各检验批的细部构造应为全数检查，其他均应符合现行国家标准《地下防水工程质量验收规范》GB 50208—2011 的规定。

（2）防水混凝土、水泥砂浆防水层、卷材防水层、涂料防水层、塑料防水板防水层、膨润土防水材料防水层分项工程检验批的抽样检验数量，应按施工（铺贴、涂层）面积每 100m² 抽查 1 处，每处 10m²，且不得少于 3 处。

二、 水泥砂浆防水层施工质量要点

1. 水泥砂浆防水层所用的材料应符合以下规定：

（1）水泥应使用普通硅酸盐水泥、硅酸盐水泥或特种水泥，不得使用过期或受潮结块的水泥；

（2）砂宜采用中砂，含泥量不应大于 1%，硫化物和硫酸盐含量不得大于 1%；

（3）用于拌制水泥砂浆的水应采用不含有害物质的洁净水；

（4）聚合物乳液的外观为均匀液体，无杂质、无沉淀、不分层；

（5）外加剂的技术性能应符合国家或行业有关标准的质量要求。

2. 水泥砂浆防水层的基层质量应符合以下规定：

（1）基层表面应平整、坚实、清洁，并应充分湿润，无明水；

（2）基层表面的孔洞、缝隙应采用与防水层相同的水泥砂浆填塞并抹平；

（3）施工前应将埋设件、穿墙管预留凹槽内嵌填密封材料后，再进行水泥砂浆防水层施工。

3. 水泥砂浆防水层施工应符合以下规定：

（1）水泥砂浆的配制，应按所掺材料的技术要求准确计量；

（2）分层铺抹或喷涂，铺抹时应压实、抹平，最后一层表面应提浆压光；

（3）防水层各层应紧密粘合，每层宜连续施工；必须留设施工缝时，应采用阶梯坡形槎，但与阴阳角的距离不得小于200mm；

（4）水泥砂浆终凝后应及时进行养护，养护温度不宜低于5℃，并应保持砂浆表面湿润，养护时间不得少于14d。聚合物水泥防水砂浆未达到硬化状态时，不得浇水养护或直接受雨水冲刷，硬化后应采用干湿交替的养护方法。潮湿环境中，可在自然条件下养护。

三、 水泥砂浆防水层质量验收标准

1. 主控项目

（1）防水砂浆的原材料及配合比必须符合设计规定。

检验方法：检查产品合格证、产品性能检测报告、计量措施和材料进场检验报告。

（2）防水砂浆的粘结强度和抗渗性能必须符合设计规定。

检验方法：检查砂浆粘结强度、抗渗性能检测报告。

（3）水泥砂浆防水层与基层之间应结合牢固，无空鼓现象。

检验方法：观察和用小锤轻击检查。

2. 一般项目

（1）水泥砂浆防水层表面应密实、平整，不得有裂纹、起砂、麻面等缺陷。

检验方法：观察检查。

（2）水泥砂浆防水层施工缝留槎位置应正确，接槎应按层次顺序操作，层层搭接紧密。

检验方法：观察检查和检查隐蔽工程验收记录。

（3）水泥砂浆防水层的平均厚度应符合设计要求，最小厚度不得小于设计值的85%。

检验方法：用针测法检查。

（4）水泥砂浆防水层表面平整度的允许偏差应为5mm。

检验方法：用2m靠尺和楔形塞尺检查。

四、 水泥砂浆防水层检验批表格范例

水泥砂浆防水层分项工程可依据轴线、面积划分为若干个水泥砂浆防水层检验批，水泥砂浆防水层检验批质量验收记录见表2-18。

水泥砂浆防水层检验批质量验收记录 **表 2-18**

01080102 001

<table>
<tr><td>单位（子单位）工程名称</td><td colspan="2">××大厦</td><td>分部（子分部）工程名称</td><td>地基与基础分部-地下防水子分部</td><td>分项工程名称</td><td colspan="2">主体结构防水分项</td></tr>
<tr><td>施工单位</td><td colspan="2">××××××</td><td>项目负责人</td><td>×××</td><td>检验批容量</td><td colspan="2">200m²</td></tr>
<tr><td>分包单位</td><td colspan="2"></td><td>分包单位项目负责人</td><td></td><td>检验批部位</td><td colspan="2">1～10/A～B轴地下室外墙</td></tr>
<tr><td>施工依据</td><td colspan="3">《地下工程防水技术规范》GB 50108—2008</td><td>验收依据</td><td colspan="3">《地下防水工程质量验收规范》GB 50208—2011</td></tr>
<tr><td colspan="3">验收项目</td><td>设计要求及规范规定</td><td>最小/实际抽样数量</td><td colspan="2">检查记录</td><td>检查结果</td></tr>
<tr><td rowspan="3">主控项目</td><td>1</td><td>防水砂浆的原材料及配合比</td><td>第 4.2.7 条</td><td>/</td><td colspan="2">质量证明文件齐全，试验合格，报告编号×××</td><td>✓</td></tr>
<tr><td>2</td><td>防水砂浆的粘结强度和抗渗性能</td><td>第 4.2.8 条</td><td>/</td><td colspan="2">试验合格，报告编号×××</td><td>✓</td></tr>
<tr><td>3</td><td>水泥砂浆防水层与基层之间应结合牢固，无空鼓现象</td><td>第 4.2.9 条</td><td>3/3</td><td colspan="2">抽查 3 处，全部合格</td><td>✓</td></tr>
<tr><td rowspan="4">一般项目</td><td>1</td><td>水泥砂浆防水层表面应密实、平整，不得有裂纹、起砂、麻面等缺陷</td><td>第 4.2.10 条</td><td>3/3</td><td colspan="2">抽查 3 处，全部合格</td><td>100%</td></tr>
<tr><td>2</td><td>水泥砂浆防水层施工缝留槎位置应正确，接槎应按层次顺序操作，层层搭接紧密</td><td>第 4.2.11 条</td><td>3/3</td><td colspan="2">抽查 3 处，全部合格</td><td>100%</td></tr>
<tr><td>3</td><td>水泥砂浆防水层的平均厚度应符合设计要求</td><td>厚度≮设计值的 85%</td><td>3/3</td><td colspan="2">抽查 3 处，全部合格</td><td>100%</td></tr>
<tr><td>4</td><td>水泥砂浆防水层表面平整度</td><td>5mm</td><td>3/3</td><td colspan="2">抽查 3 处，全部合格</td><td>100%</td></tr>
<tr><td colspan="3">施工单位检查结果</td><td colspan="5">合格
专业工长：
项目专业质量检查员：
年 月 日</td></tr>
<tr><td colspan="3">监理单位验收结论</td><td colspan="5">专业监理工程师：
年 月 日</td></tr>
</table>

【本章小结】

本章着重围绕建筑工程中建筑地基与基础分部中的地基、基础、基坑支护、地下水控制、土方、边坡、地下防水等子分部内容，明确各子分部在质量验收中检验批的划分及质量验收标准。因篇幅有限，仅就每个子分部选取一个检验批进行举例，特殊土地基基础子分部质量验收内容暂未涉及。同学们应以本章内容为基础，扩展学习该分部其他分项的质量验收内容，并以求做到学以致用。

【课后习题】

一、单项选择题

1. 以下属于子分部的是（　　）。

A. 地基　　B. 灰土地基

C. 干作业成孔灌注桩　　D. 土方开挖

2. 地下防水子分部工程属于（　　）分部工程。

A. 建筑地基　　B. 建筑基础

C. 建筑防水　　D. 建筑地基与基础

3. 施工降排水，应降至施工面以下（　　）左右。

A. 0.3m　　B. 0.5m

C. 1m　　D. 1.2m

4. 对地基进行承载力检测，常用的方法是（　　）。

A. 静载试验　　B. 环刀法

C. 筛析法　　D. 烘干法

5. 环刀法常用来检测（　　）。

A. 配合比　　B. 压实系数

C. 石灰粒径　　D. 含水量

6. 以下属于灰土地基分项主控项目的是（　　）。

A. 配合比　　B. 土颗粒粒径

C. 石灰粒径　　D. 含水量

7. 当灰土地基面积为 $1000m^2$ 时，应选取（　　）个点进行地基承载力检测。

A. 3　　B. 4

C. 5　　D. 6

8. 防水混凝土检验批检验项目为每 $100m^2$ 抽查一处，每处（　　）m^2，且不得少于（　　）处。

A. 10；5　　B. 5；5

C. 10；3　　D. 5；3

9. 检验批的抽样检验数量中，细部构造应为（　　）。

A. 归属主体检查　　B. 全数检查

C. 不用检查　　D. 抽查

10. 下列说法正确的是（ ）。

A. 灰土铺设前无须进行钎探验槽

B. 在灰土铺设时，入槽的灰土可再进行隔日夯打

C. 200m^2 的地下水泥砂浆防水工程，应该抽取 3 处

D. 地下工程防水等级标准有 3 个

二、简答题

1. 请简述地下防水工程检验批的划分规则。
2. 请简述轻型井点降水施工质量验收标准。
3. 请简述土钉墙分项检验批划分规则。

第三章

主体结构工程施工质量验收

［引例］

某教学楼主体结构为混凝土和砌体结构，在混凝土子分部施工的过程中，发现二层梁顶面和梁底多排纵筋排距超差。经过原因分析，并采取预防措施，在后续的工程中避免了这样的质量问题。具体如下：

1. 现象描述

梁面和梁底多排纵筋下落、移位（图 3-1）。

2. 原因分析

（1）制作箍筋时，箍筋弯钩角度不足 135°。

（2）钢筋骨架绑扎点绑扎不牢固，绑扎点数量不足。

（3）钢筋绑扎时，钢筋排距控制措施不到位。

（4）浇筑混凝土前检查不到位。

（5）在外力作用下使其钢筋骨架变形。

3. 防治措施

（1）施工措施

1）箍筋制作时，确保箍筋弯钩角度满足规范要求。箍筋弯钩的弯折角度，对一般结构，不应小于 90°；对于抗震要求的结构，应为 135°。

2）使用直径不小于 25mm 的短筋作为分隔筋，以保证梁的上下排纵筋之间的净距满足设计和规范要求。

图 3-1 梁二排钢筋下沉实例

3）分隔筋设置要求：一排、二排纵筋与分隔筋三者紧贴，用十字扣绑牢。梁面起始分隔筋设在距支座 0.5m 处，中间部位每隔 3m 设一个；梁底起始分隔筋设在距支座 1.5m 处，中间部位每隔 3m 设一个；每跨梁底梁面分隔筋设置数量均不少于两个（图 3-2）。在

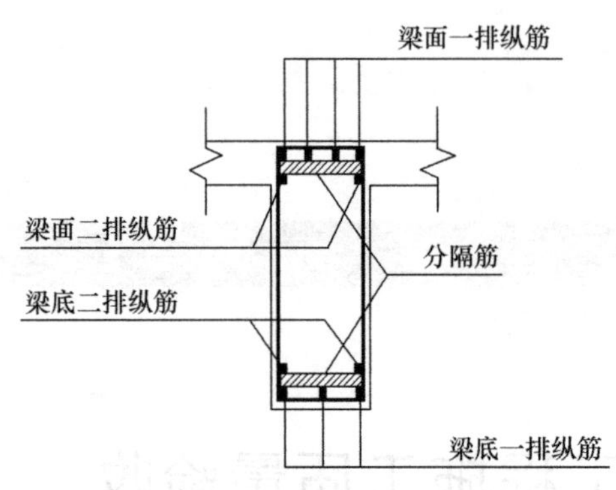

图 3-2 分隔定位筋安装示意图

纵横梁、主次梁相交钢筋相互穿插处，不设分隔筋。

（2）管理措施

1）施工单位应在钢筋安装前向操作工人进行技术交底。

2）在施工过程中加强检查，保证各项措施落实到位。

3）应在钢筋安装完成后隐蔽前进行检查，且隐蔽过程中加强检查，保证钢筋位置正确，分隔筋设置合理。

4. 质量控制重点

严格按要求设置分隔筋，保证二排筋位置正确。

第一节 概 述

主体结构是基于地基基础之上，接受、承担和传递建设工程所有的上部荷载，维持上部结构整体性、稳定性和安全性的有机联系的系统体系，是建筑的主要承重及传力体，包括梁、柱、剪力墙、楼面板、屋面梁及屋面板等。

主体结构工程是建筑工程中的一个分部工程，其中包括的子分部工程及分项工程见表 3-1。

主体结构工程子分部工程、分项工程划分 **表 3-1**

分部工程	子分部工程	分项工程
主体结构	混凝土结构	模板，钢筋，混凝土，预应力、现浇结构，装配式结构
	砌体结构	砖砌体，混凝土小型空心砌块砌体，石砌体，配筋砖砌体，填充墙砌体
	钢结构	钢结构焊接，紧固件连接，钢零部件加工，钢构件组装及预拼装，单层钢结构安装，多层及高层钢结构安装，钢管结构安装，预应力钢索和膜结构，压型金属板，防腐涂料涂装，防火涂料涂装
	钢管混凝土结构	构件现场拼装，构件安装，钢管焊接，构件连接，钢管内钢筋骨架，混凝土
	型钢混凝土结构	型钢焊接，紧固件连接，型钢与钢筋连接，型钢构件组装及预拼装，型钢安装，模板，混凝土
	铝合金结构	铝合金焊接，紧固件连接，铝合金零部件加工，铝合金构件组装，铝合金构件预拼装，铝合金框架结构安装，铝合金空间网格结构安装，铝合金面板，铝合金幕墙结构安装，防腐处理
	木结构	方木与原木结构、胶合木结构、轻型木结构、木结构防护

第二节　混凝土结构工程质量验收

混凝土结构是以混凝土为主制成的结构，包括素混凝土结构、钢筋混凝土结构和预应力混凝土结构，按施工方法可分为现浇混凝土结构和装配式混凝土结构。

混凝土结构工程作为一个子分部工程，包括了模板、钢筋、混凝土、预应力、现浇结构、装配式结构六个分项，各分项又由多个检验批构成，详见表 3-2。

混凝土结构工程分项工程、检验批划分　　表 3-2

序号	分项工程	检验批
1	模板	模板安装
2	钢筋	钢筋材料、钢筋加工、钢筋连接、钢筋安装
3	混凝土	混凝土原材料、混凝土拌合物、混凝土施工
4	预应力	材料、制作与安装、张拉和放张、灌浆及封锚
5	现浇结构	现浇结构外观质量及位置和尺寸偏差
6	装配式结构	预制构件、安装与连接

一、质量验收的一般规定

混凝土结构工程

混凝土结构工程施工质量验收应符合现行国家标准《混凝土结构工程施工质量验收规范》GB 50204—2015 的规定，混凝土结构工程检验批的划分及质量验收应符合以下规定：

1. 混凝土结构各分项工程可根据与生产和施工方式相一致且便于控制施工质量的原则，按进场批次、工作班、楼层、结构缝或施工段划分为若干检验批。

2. 混凝土结构子分部工程的质量验收，应在钢筋、预应力、混凝土、现浇结构和装配式结构等相关分项工程验收合格的基础上，进行质量控制资料检查、观感质量验收及《混凝土结构工程施工质量验收规范》GB 50204—2015 第 10.1 节规定的结构实体检验。

3. 分项工程的质量验收应在所含检验批验收合格的基础上，进行质量验收记录检查。

4. 检验批的质量验收应包括实物检查和资料检查，并应符合下列规定：

（1）主控项目的质量经抽样检验应合格。

（2）一般项目的质量经抽样检验应合格；一般项目当采用计数抽样检验时，除本规范各章有专门规定外，其合格点率应达到 80%及以上，且不得有严重缺陷。

（3）应具有完整的质量检验记录，重要工序应具有完整的施工操作记录。

5. 检验批抽样样本应随机抽取，并应满足分布均匀、具有代表性的要求。

6. 不合格检验批的处理应符合下列规定：

（1）材料、构配件、器具及半成品检验批不合格时不得使用；

（2）混凝土浇筑前施工质量不合格的检验批，应返工、返修，并应重新验收；

（3）混凝土浇筑后施工质量不合格的检验批，应按本规范有关规定进行处理。

7. 获得认证的产品或来源稳定且连续三批均一次检验合格的产品，进场验收时检验批的容量可按本规范的有关规定扩大一倍，且检验批容量仅可扩大一倍。扩大检验批后的检验中，出现不合格情况时，应按扩大前的检验批容量重新验收，且该产品不得再次扩大检验批容量。

8. 混凝土结构工程采用的材料、构配件、器具及半成品应按进场批次进行检验。属于同一工程项目且同期施工的多个单位工程，对同一厂家生产的同批材料、构配件、器具及半成品，可统一划分检验批进行验收。

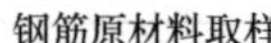
钢筋原材料取样

混凝土的见证取样

二、 钢筋安装检验批质量验收标准

1. 钢筋分项工程包括钢筋材料、钢筋加工、钢筋连接、钢筋安装。浇筑混凝土之前，应进行钢筋隐蔽工程验收。隐蔽工程验收应包括下列主要内容：

(1) 纵向受力钢筋的牌号、规格、数量、位置；

(2) 钢筋的连接方式、接头位置、接头质量、接头面积百分率、搭接长度、锚固方式及锚固长度；

(3) 箍筋、横向钢筋的牌号、规格、数量、间距、位置，箍筋弯钩的弯折角度及平直段长度；

(4) 预埋件的规格、数量和位置。

2. 本小节主要讲解钢筋安装检验批质量验收标准。根据现行国家标准《混凝土结构工程施工质量验收规范》GB 50204—2015，钢筋安装检验批在进行验收时应满足的要求如下：

(1) 主控项目

1) 钢筋安装时，受力钢筋的牌号、规格和数量必须符合设计要求。

检验方法：观察，尺量。

检查数量：全数检查。

2) 钢筋应安装牢固。受力钢筋的安装位置、锚固方式应符合设计要求。

检验方法：观察，尺量。

检查数量：全数检查。

(2) 一般项目

钢筋安装偏差及检验方法应符合表3-3的规定，受力钢筋保护层厚度的合格点率应达到90%及以上，且不得有超过表中数值1.5倍的尺寸偏差。

检查数量：在同一检验批内，对梁、柱和独立基础，应抽查构件数量的10%，且不应少于3件；对墙和板，应按有代表性的自然间抽查10%，且不应少于3间；对大空间结构，墙可按相邻轴线间高度5m左右划分检查面，板可按纵、横轴线划分检查面，抽查10%，且均不应少于3面。

钢筋安装允许偏差和检验方法　　　　表 3-3

项目		允许偏差（mm）	检验方法
绑扎钢筋网	长、宽	±10	尺量
	网眼尺寸	±20	尺量连续三档，取最大偏差值
绑扎钢筋骨架	长	±10	尺量
	宽、高	±5	尺量
纵向受力钢筋	锚固长度	−20	尺量
	间距	±10	尺量两端、中间各一点，取最大偏差值
	排距	±5	
纵向受力钢筋、箍筋的混凝土保护层厚度	基础	±10	尺量
	柱、梁	±5	尺量
	板、墙、壳	±3	尺量
绑扎箍筋、横向钢筋间距		±20	尺量连续三档，取最大偏差值
钢筋弯起点位置		20	尺量
预埋件	中心线位置	5	尺量
	水平高差	+3	塞尺量测

注：检查中心线位置时，沿纵、横两个方向量测，并取其中偏差的较大值。

三、 钢筋安装检验批表格范例

对钢筋安装检验批验收完后，应填写钢筋安装检验批质量验收记录（表 3-4）。

钢筋安装检验批质量验收记录　　　　表 3-4

01020205 ___

01020305 ___

02010204 001

单位（子单位）工程名称	某教学楼	分部（子分部）工程名称	主体结构分部-混凝土结构子分部	分项工程名称	钢筋分项
施工单位		项目负责人		检验批容量	10 件
分包单位		分包单位项目负责人		检验批部位	二层梁
施工依据	《混凝土结构工程施工规范》GB 50666—2011		验收依据	《混凝土结构工程施工质量验收规范》GB 50204—2015	

验收项目			设计要求及规范规定	样本总数	最小/实际抽样数量	检查记录	检查结果
主控项目	1	受力钢筋的牌号、规格和数量	第 5.5.1 条	10	全/10	共 10 处，抽查 10 处，全部合格	✓
	2	受力钢筋的安装位置、锚固方式	第 5.5.2 条	10	全/10	共 10 处，抽查 10 处，全部合格	✓

续表

验收项目				设计要求及规范规定	样本总数	最小/实际抽样数量	检查记录	检查结果
一般项目	1	绑扎钢筋网	长、宽（mm）	±10	10	3/3	抽查 3 处，全部合格	100%
			网眼尺寸（mm）	±20		/	/	/
	2	绑扎钢筋骨架	长（mm）	±10		/	/	/
			宽、高（mm）	±5		/	/	/
	3	纵向受力钢筋	锚固长度（mm）	−20	10	3/3	抽查 3 处，全部合格	100%
			间距（mm）	±10	10	3/3	抽查 3 处，全部合格	100%
			排距（mm）	±5	10	3/3	抽查 3 处，全部合格	100%
		纵向受力钢筋、箍筋的混凝土保护层厚度	基础	±10		/	/	/
			柱、梁	±5	10	3/3	抽查 3 处，全部合格	100%
			板、墙、壳	±3		/	/	/
	4	绑扎箍筋、横向钢筋间距（mm）		±20	10	3/3	抽查 3 处，全部合格	100%
	5	钢筋弯起点位置（mm）		20	10	3/3	抽查 3 处，全部合格	100%
	6	预埋件	中心线位置（mm）	5		/	/	/
			水平高差（mm）	+3，0		/	/	/
施工单位检查结果				专业工长： 项目专业质量检查员： 年 月 日				
监理单位验收结论				专业监理工程师： 年 月 日				

钢筋安装检验批质量验收记录

四、混凝土结构子分部工程

（一）结构实体检验

1. 对涉及混凝土结构安全的有代表性的部位应进行结构实体检验。结构实体检验应包括混凝土强度、钢筋保护层厚度、结构位置与尺寸偏差以及合同约定的项目；必要时可检验其他项目。

结构实体检验应由监理单位组织施工单位实施，并见证实施过程。施工单位应制定结构实体检验专项方案，并经监理单位审核批准后实施。除结构位置与尺寸偏差外的结构实体检验项目，应由具有相应资质的检测机构完成。

2. 结构实体混凝土强度应按不同强度等级分别检验，检验方法宜采用同条件养护试件方法；当未取得同条件养护试件强度或同条件养护试件强度不符合要求时，可采用回弹-取芯法进行检验。

3. 结构实体检验要按照规范进行。结构实体检验中，当混凝土强度或钢筋保护层厚度检验结果不满足要求时，应委托具有资质的检测机构按国家现行有关标准的规定进行检测。

（二）混凝土结构子分部工程验收

钢筋分项工程质量验收记录

1. 混凝土结构子分部工程施工质量验收合格应符合下列规定：

（1）所含分项工程质量验收应合格；

（2）应有完整的质量控制资料；

（3）观感质量验收应合格；

（4）结构实体检验结果应符合规范的要求。

2. 混凝土结构子分部工程施工质量验收时，应提供下列文件和记录：

（1）设计变更文件；

（2）原材料质量证明文件和抽样检验报告；

（3）预拌混凝土的质量证明文件；

（4）混凝土、灌浆料试件的性能检验报告；

（5）钢筋接头的试验报告；

（6）预制构件的质量证明文件和安装验收记录；

（7）预应力筋用锚具、连接器的质量证明文件和抽样检验报告；

（8）预应力筋安装、张拉的检验记录；

（9）钢筋套筒灌浆连接及预应力孔道灌浆记录；

（10）隐蔽工程验收记录；

（11）混凝土工程施工记录；

（12）混凝土试件的试验报告；

（13）分项工程验收记录；

（14）结构实体检验记录；

（15）工程的重大质量问题的处理方案和验收记录；

（16）其他必要的文件和记录。

3. 混凝土结构工程子分部工程施工质量验收合格后，应将所有的验收文件存档备案。

混凝土结构子分部工程质量验收记录

第三节 砌体结构工程质量验收

砌体结构是指由块体和砂浆砌筑而成的墙、柱作为建筑物主要受力构件的结构，是砖砌体、砌块砌体和石砌体结构的统称。

砌体结构是主体结构分部中的一个子分部工程，包含砖砌体、混凝土小型空心砌块砌体、石砌体、配筋砌体、填充墙砌体五个分项工程，其中，填充墙砌体分项又由多个检验批构成，详见表 3-5。

砌体结构工程分项工程、检验批划分 表 3-5

序号	分项工程	检验批
1	砖砌体	砖砌体
2	混凝土小型空心砌块砌体	混凝土小型空心砌块砌体
3	石砌体	石砌体
4	配筋砌体	配筋砌体
5	填充墙砌体	填充墙砌体、装饰多孔夹心复合墙

本小节以砖砌体检验批为例，结合《砌体结构工程施工质量验收规范》GB 50203—2011 的要求，介绍砖砌体工程检验批的划分及质量验收相关要求。

一、 检验批的划分原则

1. 砌体结构工程检验批的划分应同时符合下列规定：

（1）所用材料类型及同类型材料的强度等级相同；

（2）不超过 $250m^3$ 砌体；

（3）主体结构砌体一个楼层（基础砌体可按一个楼层计），填充墙砌体量少时，可多个楼层合并。

2. 砌体结构分项工程中检验批抽检时，各抽检项目的样本最小容量除有特殊要求外，按不小于 5 确定。

二、 砖砌体施工质量要点

1. 烧结普通砖、烧结多孔砖、混凝土多孔砖、混凝土实心砖、蒸压灰砂砖、蒸压粉煤灰砖等砌体工程均适用于本规定。

2. 用于清水墙、柱表面的砖，应边角整齐、色泽均匀。

3. 砌体砌筑时，混凝土多孔砖、混凝土实心砖、蒸压灰砂砖、蒸压粉煤灰砖等块体的产品龄期不应小于 28d。

4. 有冻胀环境和条件的地区，地面以下或防潮层以下的砌体，不应采用多孔砖。

5. 不同品种的砖不得在同一楼层混砌。

6. 砌筑烧结普通砖、烧结多孔砖、蒸压灰砂砖、蒸压粉煤灰砖砌体时，砖应提前1～2d 适度湿润，严禁采用干砖或处于吸水饱和状态的砖砌筑，块体湿润程度宜符合下列规定：

（1）烧结类块体的相对含水率为 60％～70％；

（2）混凝土多孔砖及混凝土实心砖不需要浇水湿润，但在气候干燥炎热的情况下，宜在砌筑前对其喷水湿润。其他非烧结类块体的相对含水率为 40％～50％。

7. 采用铺浆法砌筑砌体，铺浆长度不得超过 750mm；当施工期间气温超过 30℃时，铺浆长度不得超过 500mm。

8. 240mm 厚承重墙的每层墙最上一皮砖，砖砌体的阶台水平面上及挑出层的外皮砖，应整砖丁砌。

9. 弧拱式及平拱式过梁的灰缝应砌成楔形缝，拱底灰缝宽度不宜小于 5mm；拱顶灰缝宽度不应大于 15mm，拱体的纵向及横向灰缝应填实砂浆；平拱式过梁拱脚下面应伸入墙内不小于 20mm；砖砌平拱过梁底应有 1%的起拱。

10. 砖过梁底部的模板及其支架拆除时，灰缝砂浆强度不应低于设计强度的 75%。

11. 多孔砖的孔洞应垂直于受压面砌筑。半盲孔多孔砖的封底面应朝上砌筑。

12. 竖向灰缝不应出现透明缝、瞎缝和假缝。

13. 砖砌体施工临时间断处补砌时，必须将接槎处表面清理干净，洒水湿润，并填实砂浆，保持灰缝平直。

14. 夹心复合墙的砌筑应符合下列规定：

(1) 墙体砌筑时，应采取措施防止空腔内掉落砂浆和杂物。

(2) 拉结件设置应符合设计要求，拉结件在叶墙上的搁置长度不应小于叶墙厚度的 2/3，并不应小于 60mm。

(3) 保温材料品种及性能应符合设计要求。保温材料的浇注压力不应对砌体强度、变形及外观质量产生不良影响。

三、 砖砌体检验批质量验收标准

1. 主控项目

(1) 砖和砂浆的强度等级必须符合设计要求。

抽检数量：每一生产厂家，烧结普通砖、混凝土实心砖每 15 万块为一验收批，烧结多孔砖、混凝土多孔砖、蒸压灰砂砖及蒸压粉煤灰砖每 10 万块为一验收批，不足上述数量时按 1 批计，抽检数量为 1 组。砂浆试块的抽检数量应符合《砌体结构工程施工质量验收规范》GB 50203—2011 第 4.0.12 条的有关规定。

检验方法：查砖和砂浆试块试验报告。

(2) 砌体灰缝砂浆应密实饱满，砖墙水平灰缝的砂浆饱满度不得低于 80%；砖柱水平灰缝和竖向灰缝饱满度不得低于 90%。

抽检数量：每检验批抽查不应少于 5 处。

检验方法：用百格网检查砖底面与砂浆的粘结痕迹面积。每处检测 3 块砖，取其平均值。

百格网

(3) 砖砌体的转角处和交接处应同时砌筑，严禁无可靠措施的内外墙分砌施工。在抗震设防烈度为 8 度及 8 度以上的地区，对不能同时砌筑而又必须留置的临时间断处应砌成斜槎，普通砖砌体斜槎水平投影长度不应小于高度的2/3。多孔砖砌体的斜槎长高比不应小于 1/2。斜槎高度不得超过一步脚手架的高度。

抽检数量：每检验批抽查不应少于 5 处。

检验方法：观察检查。

(4) 非抗震设防及抗震设防烈度为 6 度、7 度地区的临时间断处，当不能留斜槎时，除转角处外，可留直槎，但直槎必须做成凸槎，且应加设拉结钢筋，拉结钢筋应符合下列规定：

1）每 120mm 墙厚放置 1ϕ6 拉结钢筋（120mm 墙厚应放置 2ϕ6 拉结钢筋）。

2）间距沿墙高不应超过 500mm；且竖向间距偏差不应超过 100mm。

3）埋入长度从留槎处算起每边均不应小于 500mm，对抗震设防烈度 6 度、7 度的地区，不应小于 1000mm。

4）末端应有 90°弯钩（图 3-3）。

抽检数量：每检验批抽查不应少于 5 处。

检验方法：观察和尺量检查。

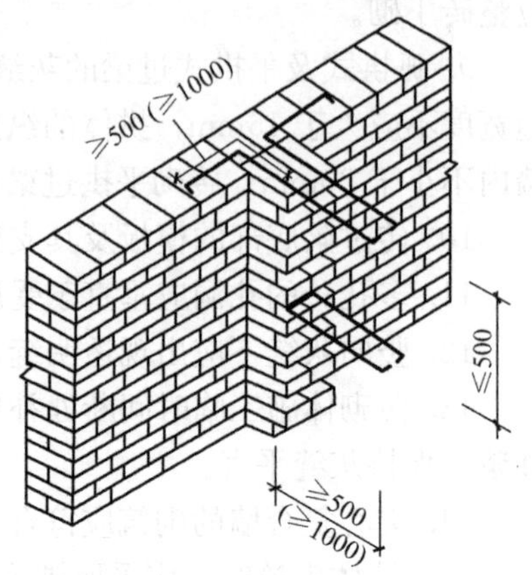

图 3-3 直槎

2. 一般项目

（1）砖砌体组砌方法应正确，内外搭砌，上、下错缝。清水墙、窗间墙无通缝；混水墙中不得有长度大于 300mm 的通缝，长度为 200～300mm 的通缝每间不超过 3 处，且不得位于同一面墙体上。砖柱不得采用包心砌法。

抽检数量：每检验批抽查不应少于 5 处。

检验方法：观察检查。砌体组砌方法抽检每处应为 3～5m。

（2）砖砌体的灰缝应横平竖直，厚薄均匀。水平灰缝厚度及竖向灰缝宽度宜为 10mm，但不应小于 8mm，也不应大于 12mm。

抽检数量：每检验批抽查不应少于 5 处。

检验方法：水平灰缝厚度用尺量 10 皮砖砌体高度折算。竖向灰缝宽度用尺量 2m 砌体长度折算。

（3）砖砌体尺寸、位置的允许偏差及检验应符合表 3-6 的规定。

砖砌体尺寸、位置的允许偏差及检验 **表 3-6**

<table>
<tr><th>项次</th><th colspan="3">项目</th><th>允许偏差（mm）</th><th>检验方法</th><th>抽检数量</th></tr>
<tr><td>1</td><td colspan="3">轴线位移</td><td>10</td><td>用经纬仪和尺或用其他测量仪器检查</td><td>承重墙、柱全数检查</td></tr>
<tr><td>2</td><td colspan="3">基础、墙、柱顶面标高</td><td>±15</td><td>用水准仪和尺检查</td><td>不应少于 5 处</td></tr>
<tr><td rowspan="3">3</td><td rowspan="3">墙面垂直度</td><td colspan="2">每层</td><td>5</td><td>用 2m 托线板检查</td><td>不应少于 5 处</td></tr>
<tr><td rowspan="2">全高</td><td>≥10m</td><td>10</td><td rowspan="2">用经纬仪、吊线和尺或其他测量仪器检查</td><td rowspan="2">外墙全部阳角</td></tr>
<tr><td>>10m</td><td>20</td></tr>
<tr><td rowspan="2">4</td><td rowspan="2">表面平整度</td><td colspan="2">清水墙、柱</td><td>5</td><td rowspan="2">用 2m 靠尺和楔形塞尺检查</td><td rowspan="2">不应少于 5 处</td></tr>
<tr><td colspan="2">混水墙、柱</td><td>8</td></tr>
<tr><td rowspan="2">5</td><td rowspan="2">水平灰缝平直度</td><td colspan="2">清水墙</td><td>7</td><td rowspan="2">拉 5m 线和尺检查</td><td rowspan="2">不应少于 5 处</td></tr>
<tr><td colspan="2">混水墙</td><td>10</td></tr>
<tr><td>6</td><td colspan="3">门窗洞口高、宽（后塞口）</td><td>±10</td><td>用尺检查</td><td>不应少于 5 处</td></tr>
<tr><td>7</td><td colspan="3">外墙上下窗口偏移</td><td>20</td><td>以底层窗口为准，用经纬仪或吊线检查</td><td>不应少于 5 处</td></tr>
<tr><td>8</td><td colspan="3">清水墙游丁走缝</td><td>20</td><td>以每层第一皮砖为准，用吊线和尺检查</td><td>不应少于 5 处</td></tr>
</table>

3. 砌体结构工程检验批验收时，其主控项目应全部符合本规范的规定；一般项目应有 80%及以上的抽检处符合规范的规定；有允许偏差的项目，最大超差值为允许偏差值的 1.5 倍。

砌体结构分项工程中检验批抽检时，各抽检项目的样本最小容量除有特殊要求外，按不小于 5 确定。

配筋砌体工程

填充墙砌体工程

四、 砖砌体检验批表格范例

砖砌体检验批质量验收记录见表 3-7。

砖砌体检验批质量验收记录 **表 3-7**

01020101 __
02020101 00

<table>
<tr><td colspan="2">单位（子单位）工程名称</td><td colspan="2">1</td><td>分部（子分部）工程名称</td><td>主体结构分部-砌体结构子分部</td><td>分项工程名称</td><td>砖砌体分项</td></tr>
<tr><td colspan="2">施工单位</td><td colspan="2"></td><td>项目负责人</td><td></td><td>检验批容量</td><td>100m³</td></tr>
<tr><td colspan="2">分包单位</td><td colspan="2"></td><td>分包单位项目负责人</td><td></td><td>检验批部位</td><td>1</td></tr>
<tr><td colspan="2">施工依据</td><td colspan="3">《砌体结构工程施工规范》GB 50924—2014</td><td>验收依据</td><td colspan="2">《砌体结构工程施工质量验收规范》GB 50203—2011</td></tr>
<tr><td colspan="4">验收项目</td><td>设计要求及规范规定</td><td>最小/实际抽样数量</td><td>检查记录</td><td>检查结果</td></tr>
<tr><td rowspan="7">主控项目</td><td>1</td><td colspan="2">砖强度等级必须符合设计要求</td><td>MU10</td><td>/</td><td>检验合格，报告编号</td><td>✓</td></tr>
<tr><td>2</td><td colspan="2">砂浆强度等级必须符合设计要求</td><td>M10</td><td>/</td><td>检验合格，报告编号</td><td>✓</td></tr>
<tr><td rowspan="2">3</td><td rowspan="2">砂浆饱满度</td><td>墙水平灰缝</td><td>≥80%</td><td>5/5</td><td>抽查 5 处，全部合格</td><td>✓</td></tr>
<tr><td>柱水平及竖向灰缝</td><td>≥90%</td><td>/</td><td>/</td><td>/</td></tr>
<tr><td rowspan="2">4</td><td colspan="2">转角、交接处</td><td>第 5.2.3 条</td><td>5/5</td><td>抽查 5 处，全部合格</td><td>✓</td></tr>
<tr><td colspan="2">斜槎留置</td><td>第 5.2.3 条</td><td>/</td><td>/</td><td>/</td></tr>
<tr><td>5</td><td colspan="2">直槎拉结钢筋及接槎处理</td><td>第 5.2.4 条</td><td>5/5</td><td>抽查 5 处，全部合格</td><td>✓</td></tr>
<tr><td rowspan="5">一般项目</td><td>1</td><td colspan="2">组砌方法</td><td>5.3.1 条</td><td>5/5</td><td>抽查 5 处，全部合格</td><td>100%</td></tr>
<tr><td>2</td><td colspan="2">水平灰缝厚度</td><td>8～12mm</td><td>5/5</td><td>抽查 5 处，全部合格</td><td>100%</td></tr>
<tr><td>3</td><td colspan="2">竖向灰缝宽度</td><td>8～12mm</td><td>/</td><td>/</td><td>/</td></tr>
<tr><td>4</td><td colspan="2">轴线位移</td><td>≤10mm</td><td>全/10</td><td>共 10 处，检查 10 处，全部合格</td><td>100%</td></tr>
<tr><td>5</td><td colspan="2">基础、墙、柱顶面标高</td><td>±15mm 以内</td><td>5/5</td><td>抽查 5 处，全部合格</td><td>100%</td></tr>
</table>

续表

<table>
<tr><td colspan="5">验收项目</td><td>设计要求及规范规定</td><td>最小/实际抽样数量</td><td>检查记录</td><td>检查结果</td></tr>
<tr><td rowspan="11">一般项目</td><td rowspan="3">6</td><td rowspan="3">墙面垂直度</td><td colspan="2">每层</td><td>≤5mm</td><td>5/5</td><td>抽查5处，全部合格</td><td>100%</td></tr>
<tr><td rowspan="2">全高</td><td>≤10m</td><td>≤10m</td><td>/</td><td>/</td><td>/</td></tr>
<tr><td>>10m</td><td>≤20m</td><td>/</td><td>/</td><td>/</td></tr>
<tr><td rowspan="2">7</td><td rowspan="2">表面平整度</td><td colspan="2">清水墙柱</td><td>≤5mm</td><td>5/5</td><td>抽查5处，全部合格</td><td>100%</td></tr>
<tr><td colspan="2">混水墙柱</td><td>≤8mm</td><td>/</td><td>/</td><td>/</td></tr>
<tr><td rowspan="2">8</td><td rowspan="2">水平灰缝平直度</td><td colspan="2">清水墙</td><td>≤7mm</td><td>5/5</td><td>抽查5处，全部合格</td><td>100%</td></tr>
<tr><td colspan="2">混水墙</td><td>≤10mm</td><td>/</td><td>/</td><td>/</td></tr>
<tr><td>9</td><td colspan="3">门窗洞口高、宽（后塞口）</td><td>±10mm以内</td><td>5/5</td><td>抽查5处，全部合格</td><td>100%</td></tr>
<tr><td>10</td><td colspan="3">外墙上下窗口偏移</td><td>≤20mm</td><td>5/5</td><td>抽查5处，全部合格</td><td>100%</td></tr>
<tr><td>11</td><td colspan="3">清水墙游丁走缝</td><td>≤20mm</td><td>5/5</td><td>抽查5处，全部合格</td><td>100%</td></tr>
<tr><td colspan="5">施工单位
检查结果</td><td colspan="4">合格
专业工长：
项目专业质量检查员：
年 月 日</td></tr>
<tr><td colspan="5">监理单位
验收结论</td><td colspan="4">专业监理工程师：
年 月 日</td></tr>
</table>

五、 砌体结构子分部工程质量验收

1. 砌体工程验收前，应提供下列文件和记录：

(1) 设计变更文件

(2) 施工执行的技术标准；

(3) 原材料出厂合格证书、产品性能检测报告和进场复验报告；

(4) 混凝土及砂浆配合比通知单；

(5) 混凝土及砂浆试件抗压强度试验报告单；

(6) 砌体工程施工记录；

(7) 隐蔽工程验收记录；

(8) 分项工程检验批的主控项目、一般项目验收记录；

(9) 填充墙砌体植筋锚固力检测记录；

(10) 重大技术问题的处理方案和验收记录；

(11) 其他必要的文件和记录。

2. 砌体子分部工程验收时，应对砌体工程的观感质量作出总体评价。

3. 当砌体工程质量不符合要求时，应按现行国家标准《建筑工程施工质量验收统一标准》GB 50300—2013 有关规定执行。

4. 有裂缝的砌体应按下列情况进行验收：

（1）对不影响结构安全性的砌体裂缝，应予以验收，对明显影响使用功能和观感质量的裂缝，应进行处理。

（2）对有可能影响结构安全性的砌体裂缝，应由有资质的检测单位检测鉴定，需返修或加固处理的，待返修或加固处理满足使用要求后进行二次验收。

第四节 钢结构工程质量验收

工业与民用建筑及构筑物的钢结构工程是主要的建筑结构类型之一。钢结构主要由型钢和钢板制成的钢梁、钢柱等构件组成。各构件或部件之间通常采用焊缝、螺栓等连接。钢结构施工质量的验收应符合现行国家标准《钢结构工程施工质量验收标准》GB 50205—2020 的规定。

钢结构作为主体结构之一，应按子分部工程竣工验收；当主体结构均为钢结构时应按分部工程竣工验收。大型钢结构工程可划分成若干个子分部工程进行竣工验收。钢结构工程包括了钢结构焊接、紧固件连接、钢零部件加工等分项工程，详见表 3-8。

钢结构分部、分项工程划分 **表 3-8**

（子）分部工程	分项工程
钢结构	钢结构焊接，紧固件连接，钢零部件加工，钢构件组装及预拼装，单层钢结构安装，多层及高层钢结构安装，钢管结构安装，预应力钢索和膜结构，压型金属板，防腐涂料涂装，防火涂料涂装

一、 质量验收的一般规定

1. 钢结构工程施工单位应有相应的施工技术标准、质量管理体系、质量控制及检验制度，施工现场应有经审批的施工组织设计、施工方案等技术文件。

2. 钢结构工程应按下列规定进行施工质量控制：

（1）采用的原材料及成品应进行进场验收，凡涉及安全、功能的原材料及成品应按现行国家标准《钢结构工程施工质量验收标准》GB 50205—2020 第 14.0.2 条的规定进行复验，并应经监理工程师（建设单位技术负责人）见证取样送样；

（2）各工序应按施工技术标准进行质量控制，每道工序完成后应进行检查；

（3）相关各专业之间应进行交接检验，并经监理工程师（建设单位技术负责人）检查认可。

3. 检验批合格质量标准应符合下列规定：

（1）主控项目必须满足本标准质量要求；

（2）一般项目的检验结果应有 80%及以上的检查点（值）满足本标准的要求，且最大值（或最小值）不应超过其允许偏差值的 1.2 倍。

二、 钢构件预拼装工程检验批质量验收标准

本小节以钢构件预拼装工程检验批质量验收为例，根据现行国家标准《钢结构工程施工质量验收标准》GB 50205—2020，介绍钢构件预拼装工程检验批的验收。

1. 质量控制要点

(1) 钢结构预拼装工程可按钢结构制作工程检验批的划分原则划分为一个或若干个检验批。

(2) 预拼装所用的支承凳或平台应测量找平，检查时应拆除全部临时固定和拉紧装置。

(3) 采用计算机仿真模拟预拼装时，模拟的构件或单元的外形尺寸应与实物几何尺寸相同。当采用计算机仿真模拟预拼装的偏差超过本标准的相关要求时，应按本章的要求进行实体预拼装。

2. 检验批质量验收标准

(1) 主控项目

1) 高强度螺栓和普通螺栓连接的多层板叠，应采用试孔器进行螺栓孔通过率检查，并应符合下列规定：

① 当采用比孔公称直径小 1.0mm 的试孔器检查时，每组孔的通过率不应小于 85%；

② 当采用比螺栓公称直径大 0.3mm 的试孔器检查时，通过率应为 100%。

检验方法：采用试孔器检查。

检查数量：按预拼装单元全数检查。

2) 当采用计算机仿真模拟预拼装时，应采用正版软件，模拟构件或单元的外形尺寸应与实物几何尺寸相同。

检验方法：检查证书等证明文件。

检查数量：全数检查。

(2) 一般项目

1) 实体预拼装时宜先使用不少于螺栓孔总数 10% 的冲钉定位，再采用临时螺栓紧固。临时螺栓在一组孔内不得少于螺栓孔数量的 20%，且不应少于 2 个。

检验方法：观察检查。

检查数量：按预拼装单元全数检查。

2) 实体预拼装的允许偏差应符合表 3-9 的规定。

检验方法：应符合表 3-9 的规定。

检查数量：按预拼装单元全数检查。

3) 仿真模拟预拼装的允许偏差应符合表 3-9 的规定。

检验方法：计算机仿真模拟分析。

检查数量：按预拼装单元全数检查。

实体预拼装的允许偏差（mm） **表 3-9**

构件类型	项目		允许偏差	检查方法
多节柱	预拼装单元总长		±5.0	用钢尺检查
	预拼装单元弯曲矢高		l/1500，且不大于 10.0	用拉线和钢尺检查
	接口错边		2.0	用焊缝量规检查
	预拼装单元柱身扭曲		h/200，且不大于 5.0	用拉线、吊线和钢尺检查
	顶紧面至任一牛腿距离		±2.0	用钢尺检查
梁、桁架	跨度最外两端安装孔或两端支承面最外侧距离		+5.0 −10.0	
	接口截面错位		2.0	用焊缝量规检查
	拱度	设计要求起拱	±l/5000	用拉线和钢尺检查
		设计未要求起拱	l/2000 0	
	节点处杆件轴线错位		4.0	画线后用钢尺检查
管构件	预拼装单元总长		±5.0	用钢尺检查
	预拼装单元弯曲矢高		l/1500，且不大于 10.0	用拉线和钢尺检查
	对口错边		t/10，且不大于 3.0	用焊缝量规检查
	坡口间隙		+2.0 −1.0	
构件平面总体预拼装	各楼层柱距		±4.0	用钢尺检查
	相邻楼层梁与梁之间距离		±3.0	
	各层间框架两对角线之差		H_i/2000，且不大于 5.0	
	任意两对角线之差		ΣH_i/2000，且不大于 8.0	

注：H_i 为各结构楼层高度。

三、 钢构件预拼装工程检验批表格范例

对钢构件预拼装工程检验批验收完后，应填写钢构件（预拼装）分项工程检验批质量验收记录（表 3-10）。

钢结构（预拼装）分项工程检验批质量验收记录 表 3-10

01020407___
02030402 001

<table>
<tr><td>单位（子单位）
工程名称</td><td>体育馆</td><td>分部（子分部）
工程名称</td><td>主体结构分部-
钢结构子分部</td><td>分项工程名称</td><td>钢构件组装及
预拼装分项</td></tr>
<tr><td>施工单位</td><td></td><td>项目负责人</td><td></td><td>检验批容量</td><td>10 件</td></tr>
<tr><td>分包单位</td><td></td><td>分包单位
项目负责人</td><td></td><td>检验批部位</td><td>体育馆</td></tr>
<tr><td>施工依据</td><td colspan="2">《钢结构工程施工规范》
GB 50755—2012</td><td>验收依据</td><td colspan="2">《钢结构工程施工质量验收标准》
GB 50205—2020</td></tr>
</table>

<table>
<tr><td colspan="3">验收项目</td><td>设计要求及
标准规定</td><td>最小/实际
抽样数量</td><td>检查记录</td><td>检查
结果</td></tr>
<tr><td rowspan="2">主控项目</td><td>1</td><td>多层板叠螺栓孔</td><td>第 9.2.1 条</td><td>全/10</td><td>共 10 处，检查 10 处，
全部合格</td><td>✓</td></tr>
<tr><td>2</td><td>仿真模拟</td><td>第 9.3.1 条</td><td>/</td><td>质量资料齐全，检验合格，
报告编号</td><td>✓</td></tr>
<tr><td rowspan="2">一般项目</td><td>1</td><td>实体预拼装精度</td><td>第 9.2.2 条、
第 9.2.3 条</td><td>全/10</td><td>共 10 处，检查 10 处，
全部合格</td><td>100%</td></tr>
<tr><td>2</td><td>仿真模拟</td><td>第 9.3.2 条</td><td>全/10</td><td>共 10 处，检查 10 处，
全部合格</td><td>100%</td></tr>
<tr><td colspan="3">施工单位
检查结果</td><td colspan="4">合格
专业工长：
项目专业质量检查员：
年 月 日</td></tr>
<tr><td colspan="3">监理单位
验收结论</td><td colspan="4">专业监理工程师：
年 月 日</td></tr>
</table>

钢结构施工

四、 钢结构分部竣工验收

1. 钢结构分部工程合格质量标准应符合下列规定：

（1）各分项工程质量均应符合合格质量标准；

（2）质量控制资料和文件应完整；

(3) 有关安全及功能的检验和见证检测结果应满足本标准相应合格质量标准的要求；

(4) 有关观感质量应满足本标准相应合格质量标准的要求。

2. 钢结构分部工程竣工验收时，应提供下列文件和记录：

(1) 钢结构工程竣工图纸及相关设计文件；

(2) 施工现场质量管理检查记录；

(3) 有关安全及功能的检验和见证检测项目检查记录；

(4) 有关观感质量检验项目检查记录；

(5) 分部工程所含各分项工程质量验收记录；

(6) 分项工程所含各检验批质量验收记录；

(7) 强制性条文检验项目检查记录及证明文件；

(8) 隐蔽工程检验项目检查验收记录；

(9) 原材料、成品质量合格证明文件，中文产品标志及性能检测报告；

(10) 不合格项的处理记录及验收记录；

(11) 重大质量、技术问题实施方案及验收记录；

(12) 其他有关文件和记录。

注：文中提到的“本标准”是指《钢结构工程施工质量验收标准》GB 50205—2020。

第五节 钢管混凝土结构工程质量验收

钢管混凝土结构是指在钢管内浇筑混凝土并由钢管和管内混凝土共同工作的结构构件。

钢管混凝土结构工程是主体结构分部中的一个子分部工程，由多个分项工程构成，具体见表 3-11。

钢管混凝土子分部工程所含分项工程表 **表 3-11**

子分部工程	分项工程
钢管混凝土工程	钢管构件进场验收、钢管混凝土构件现场拼装、钢管混凝土柱柱脚锚固、钢管混凝土构件安装、钢管混凝土柱与钢筋混凝土梁连接、钢管内钢筋骨架、钢管内混凝土浇筑

一、钢管混凝土结构工程质量验收的一般规定

1. 钢管混凝土工程的施工应由具备相应资质的企业承担。钢管混凝土工程施工质量检测应由具备工程结构检测资质的机构承担。

2. 钢管混凝土施工图设计文件应经具有施工图设计审查许可证的机构审查通过。施工单位的深化设计文件应经原设计单位确认。

3. 钢管混凝土工程施工前，施工单位应编制专项施工方案，并经监理（建设）单位

确认。当冬期、雨期、高温施工时，应制定季节性施工技术措施。

4. 钢管、钢板、钢筋、连接材料、焊接材料及钢管混凝土的材料应符合设计要求和国家现行有关标准的规定。

5. 钢管构件的制作应符合现行国家标准《钢结构工程施工质量验收标准》GB 50205—2020的有关规定。构件出厂应按规定进行验收检验，并形成出厂验收记录。要求预拼装的应进行预拼装，并形成记录。

6. 焊工必须经考试合格并取得合格证书，持证焊工必须在其考试合格项目及合格证规定的范围内施焊。

7. 设计要求：全焊透的一、二级焊缝应采用超声波探伤进行焊缝内部缺陷检验，超声波探伤不能对缺陷作出判断时，应采用射线探伤检验。其内部缺陷分级及探伤应符合现行国家标准《焊缝无损检测 超声检测 技术、检测等级和评定》GB/T 11345—2013、《焊缝无损检测 射线检测 第1部分：X和伽玛射线的胶片技术》GB/T 3323.1—2019的有关规定。一、二级焊缝的质量等级及缺陷分级应符合表3-12的规定。

一、二级焊缝质量等级及缺陷分级 **表 3-12**

焊缝质量等级		一级	二级
内部缺陷超声波探伤	评定等级	Ⅱ	Ⅲ
	检验等级	B级	B级
	探伤比例	100%	20%
内部缺陷射线探伤	评定等级	Ⅱ	Ⅲ
	检验等级	AB级	AB级
	探伤比例	100%	20%

注：探伤比例的计数方法应按以下原则：（1）对工厂制作焊缝，应按每条焊缝计算百分比，且探伤长度不应小于200mm，当焊缝长度不足200mm时，应对整条焊缝进行探伤；（2）对现场安装焊缝，应按同一类型、同一施焊条件的焊缝条数计算百分比，探伤长度不应小于200mm，并不应少于1条焊缝。

8. 钢管混凝土构件吊装与钢管内混凝土浇筑顺序应满足结构强度和稳定性的要求。

9. 钢管内混凝土施工前应进行配合比设计，并宜进行浇筑工艺试验；浇筑方法应与结构形式相适应。

10. 钢管构件安装完成后应按设计要求进行防腐、防火涂装。其质量要求和检验方法应符合现行国家标准《钢结构工程施工质量验收标准》GB 50205—2020的有关规定。

11. 钢管混凝土工程施工质量验收，应在施工单位自行检验评定合格的基础上，由监理（建设）单位验收。其程序应按现行国家标准《建筑工程施工质量验收统一标准》GB 50300—2013的规定，按其原则将钢管混凝土子分部工程划分为分项工程，每个分项工程可根据施工工序及方便施工，分为一个或若干个检验批来验收。分项工程分段施工时，每个施工段可划分为一个检验批来进行验收。

二、 钢管混凝土浇筑施工质量要点

本小节以钢管内混凝土浇筑检验批质量验收为例，根据现行国家标准《钢管混凝土工程施工质量验收规范》GB 50628—2010，对钢管混凝土子分部工程中混凝土分项工程检验批的验收相关知识点进行梳理。

1. 主控项目

(1) 钢管内混凝土的强度等级应符合设计要求。

检查数量：全数检查。

检验方法：检查试件强度试验报告。

(2) 钢管内混凝土的工作性能和收缩性应符合设计要求和国家现行有关标准的规定。

检查数量：全数检查。

检验方法：检查施工记录。

(3) 钢管内混凝土运输、浇筑及间歇的全部时间不应超过混凝土的初凝时间，同一施工段钢管内混凝土应连续浇筑。当需要留置施工缝时应按专项施工方案留置。

检查数量：全数检查。

检验方法：观察检查、检查施工记录。

(4) 钢管内混凝土浇筑应密实。

检查数量：全数检查。

检验方法：检查钢管内混凝土浇筑工艺试验报告和混凝土浇筑施工记录。

2. 一般项目

(1) 钢管内混凝土施工缝的设置应符合设计要求，当设计无要求时，应在专项施工方案中作出规定，且钢管柱对接焊口的钢管应高出混凝土浇筑施工缝面 500mm 以上，以防钢管焊接时高温影响混凝土质量。施工缝处理应按专项施工方案进行。

检查数量：全数检查。

检验方法：观察检查、检查施工记录。

(2) 钢管内的混凝土浇筑方法及浇灌孔、顶升孔、排气孔的留置应符合专项施工方案要求。

检查数量：全数检查。

检验方法：观察检查、检查施工记录。

(3) 钢管内混凝土浇筑前，应对钢管安装质量检查确认，并应清理钢管内壁污物；混凝土浇筑后应对管口进行临时封闭。

检查数量：全数检查。

检验方法：观察检查、检查施工记录。

(4) 钢管内混凝土灌筑后的养护方法和养护时间应符合专项施工方案要求。

检查数量：全数检查。

检验方法：检查施工记录。

(5) 钢管内混凝土浇筑后，浇灌孔、顶升孔、排气孔应按设计要求封堵，表面应平整，并进行表面清理和防腐处理。

检查数量：全数检查。

检验方法：观察检查。

三、 钢管混凝土浇筑施工检验批表格范例

钢管内混凝土浇筑检验批质量验收记录见表 3-13。

钢管内混凝土浇筑检验批质量验收记录 **表 3-13**

01020507 ___
02040601 001

<table>
<tr><td colspan="3">单位（子单位）工程名称</td><td>某教学楼</td><td>分部（子分部）工程名称</td><td>主体结构分部-钢管混凝土结构</td><td>分项工程名称</td><td>混凝土分项</td></tr>
<tr><td colspan="3">施工单位</td><td></td><td>项目负责人</td><td></td><td>检验批容量</td><td>20 件</td></tr>
<tr><td colspan="3">分包单位</td><td></td><td>分包单位项目负责人</td><td></td><td>检验批部位</td><td>一层钢管混凝土结构</td></tr>
<tr><td colspan="3">施工依据</td><td colspan="2">《钢管混凝土结构技术规范》GB 50936—2014</td><td>验收依据</td><td colspan="2">《钢管混凝土工程施工质量验收规范》GB 50628—2010</td></tr>
<tr><td colspan="3">验收项目</td><td>设计要求及规范规定</td><td>最小/实际抽样数量</td><td colspan="2">检查记录</td><td>检查结果</td></tr>
<tr><td rowspan="4">主控项目</td><td>1</td><td>管内混凝土强度</td><td>第 4.7.1 条</td><td>/</td><td colspan="2">见证试验合格，报告编号</td><td>✓</td></tr>
<tr><td>2</td><td>管内混凝土工作性能</td><td>第 4.7.2 条</td><td>全/20</td><td colspan="2">共 20 处，检查 20 处，全部合格</td><td>✓</td></tr>
<tr><td>3</td><td>混凝土浇筑初凝时间控制</td><td>第 4.7.3 条</td><td>全/20</td><td colspan="2">共 20 处，检查 20 处，全部合格</td><td>✓</td></tr>
<tr><td>4</td><td>浇筑密实度</td><td>第 4.7.4 条</td><td>/</td><td colspan="2">检查合格，报告编号</td><td>✓</td></tr>
<tr><td rowspan="5">一般项目</td><td>1</td><td>管内施工缝留置</td><td>第 4.7.5 条</td><td>/</td><td colspan="2">/</td><td>/</td></tr>
<tr><td>2</td><td>浇筑方法及开孔</td><td>第 4.7.6 条</td><td>全/20</td><td colspan="2">共 20 处，检查 20 处，全部合格</td><td>100%</td></tr>
<tr><td>3</td><td>管内清理</td><td>第 4.7.7 条</td><td>全/20</td><td colspan="2">共 20 处，检查 20 处，全部合格</td><td>100%</td></tr>
<tr><td>4</td><td>管内混凝土养护</td><td>第 4.7.8 条</td><td>/</td><td colspan="2">见证试验合格，报告编号</td><td>✓</td></tr>
<tr><td>5</td><td>孔的封堵及表面处理</td><td>第 4.7.9 条</td><td>全/20</td><td colspan="2">共 20 处，检查 20 处，全部合格</td><td>100%</td></tr>
<tr><td colspan="3">施工单位检查结果</td><td colspan="5">合格
专业工长：
项目专业质量检查员：
年 月 日</td></tr>
<tr><td colspan="3">监理单位验收结论</td><td colspan="5">专业监理工程师：
年 月 日</td></tr>
</table>

1. 检验批质量验收合格应符合下列规定：

(1) 主控项目和一般项目的质量经抽样检验合格；

(2) 具有完整的施工操作依据、质量检查记录。

2. 分项工程质量验收合格应符合下列规定：

(1) 分项工程所含的检验批均应符合合格质量的规定；

(2) 分项工程所含检验批的质量验收记录应完整。

四、 钢管混凝土子分部工程质量验收

1. 钢管混凝土子分部工程质量验收应按检验批、分项工程和子分部工程的程序进行验收。

2. 钢管混凝土子分部工程质量验收合格应符合下列规定：

(1) 子分部工程所含分项工程的质量均应验收合格；

(2) 质量控制资料应完整；

(3) 钢管混凝土子分部工程结构检验和抽样检测结果应符合有关规定；

(4) 钢管混凝土子分部工程观感质量验收应符合要求。

3. 钢管混凝土子分部工程质量验收记录应符合下列规定：

(1) 检验批质量验收记录可按《钢管混凝土工程施工质量验收规范》GB 50628—2010 中相关表格的规定进行；

(2) 分项工程质量验收记录可按《钢管混凝土工程施工质量验收规范》GB 50628—2010 中相关表格进行；

(3) 子分部工程质量验收记录可按《钢管混凝土工程施工质量验收规范》GB 50628—2010 中相关表格的规定进行。

第六节　型钢混凝土结构工程质量验收

型钢混凝土结构是由型钢与钢筋混凝土组合而成的结构，属于钢-混凝土组合结构，常见的有型钢混凝土柱和型钢混凝土梁，即在钢筋混凝土截面内配置型钢的柱或梁。

普通截面型钢混凝土柱工艺流程为：钢柱加工制作→钢柱安装→柱钢筋绑扎→柱模板支设→柱混凝土浇筑→混凝土养护。

箱形或圆形截面型钢混凝土柱工艺流程为：钢柱加工制作→钢柱安装→内灌混凝土浇筑→柱外侧钢筋绑扎→柱模板支设→柱混凝土浇筑→混凝土养护。

型钢混凝土梁施工工艺流程为：型钢梁加工制作→型钢梁安装→钢筋绑扎→模板支设→混凝土浇筑→混凝土养护。

型钢混凝土结构子分部工程按表 3-14 划分分项工程。

型钢混凝土结构子分部、分项工程划分　　表 3-14

子分部工程	分项工程
型钢混凝土结构	型钢焊接，紧固件连接，型钢与钢筋连接，型钢构件组装及预拼装，型钢安装，模板，混凝土

型钢混凝土结构属于钢-混凝土组合结构，钢-混凝土组合结构子分部工程的分项工程与现行国家标准《钢结构工程施工质量验收标准》GB 50205—2020、《混凝土结构工程施工质量验收规范》GB 50204—2015、《钢管混凝土工程施工质量验收规范》GB 50628—2010、《钢-混凝土组合结构施工规范》GB 50901—2013 的分项工程对应，质量验收应按相对应分项工程进行。

一、 型钢混凝土结构一般规定

1. 型钢混凝土结构工程施工单位应具备相应的工程施工资质，并应建立安全、质量和环境的管理体系。

2. 型钢混凝土组合结构工程施工前设计单位应对设计图纸进行技术交底，建设单位应组织参建单位对施工图纸进行会审。

3. 型钢混凝土组合结构工程施工前应取得经审查通过的施工组织设计和专项施工方案等技术文件。

4. 型钢混凝土组合结构工程施工单位应对设计图纸进行深化设计，并应经设计单位认可。

5. 型钢混凝土组合结构工程施工所采用的各类计量器具，均应经校准合格，且应在有效期内使用。

6. 型钢混凝土组合结构施工过程中应采取切实措施，减少混凝土收缩。

二、 型钢混凝土结构质量控制要点

1. 型钢混凝土组合结构施工所用的型钢、钢板、钢筋、钢筋连接套筒、焊接填充材料、连接与紧固标准件等材料的选用应符合设计文件的要求和国家现行有关标准的规定，并应具有厂家出具的质量证明书、中文标志及检验报告、抽样复检试验报告。

2. 当型钢混凝土组合结构用钢材、焊接材料及连接件等材料替换使用时，应办理设计变更文件。

3. 钢结构构件应由具备相应资质的钢结构生产企业进行加工并出具质量证明文件。

4. 钢筋与连接钢板搭接焊的焊条，应符合现行国家标准《非合金钢及细晶粒钢焊条》GB/T 5117—2012 或《热强钢焊条》GB/T 5118—2012 的规定，其型号应根据设计要求确定。

5. 型钢与钢筋连接套筒除应符合现行行业标准《钢筋机械连接技术规程》JGJ 107—2016 的相关规定外，尚应满足可焊性要求；选用的连接套筒应采用优质碳素结构钢，其机械性能应符合现行国家标准《优质碳素结构钢》GB/T 699—2015 的规定；低合金高强结构钢性能应符合现行国家标准《低合金高强度结构钢》GB/T 1591—2018 的规定。连接套筒的屈服承载力和受拉承载力的标准值不应小于被连接钢筋相应承载力标准值的 1.10 倍。

6. 钢构件需经钢结构制作工厂验收合格，并应出具出厂合格证、构件清单后方可进场。

7. 钢构件运输到安装工地后，安装单位应组织进行构件变形、损伤等观感质量及构件标识、主要尺寸等复核验收。当有变形和损伤，应矫正和修复合格后方可进行安装。

8. 柱内型钢的混凝土距离混凝土表面厚度不宜小于 150mm。

9. 柱内竖向钢筋的净距不宜小于 50mm，且不宜大于 200mm；竖向钢筋与型钢的最小净距不应小于 30mm。

10. 对首次使用的钢筋连接套筒、钢材、焊接材料、焊接方法、焊后热处理等应进行焊接工艺评定，并应根据评定报告确定焊接工艺。

三、 型钢与钢筋连接分项工程检验批质量验收

在型钢混凝土结构分部分项工程中，型钢焊接、紧固件连接、型钢构件组装及预拼装、型钢安装四个分项工程应按现行国家标准《钢结构工程施工质量验收标准》GB 50205—2020 的相关规定进行施工质量验收；模板、混凝土分项工程应按现行国家标准《混凝土结构工程施工质量验收规范》GB 50204—2015 的相关规定进行施工质量验收；型钢与钢筋连接分项工程应按现行国家标准《钢-混凝土组合结构施工规范》GB 50901—2013 进行施工质量验收。

本节以型钢与钢筋连接分项工程为例，讲解其检验批的质量验收。

(一) 型钢与钢筋连接分项工程检验批合格质量标准

型钢（钢管）与钢筋连接分项工程检验批的合格质量标准应符合下列规定：

(1) 主控项目应符合规范合格质量标准的要求。

(2) 一般项目的质量经抽样检验合格；当采用计数检验时，除有专门要求外，一般项目的合格点率应达到 80%及以上，且不得有严重缺陷。

(3) 质量验收记录、质量证明文件等资料应完整。

(二) 型钢与钢筋连接分项工程检验批质量验收标准

1. 主控项目

(1) 钢筋套筒、连接板与型钢连接接头抗拉承载力，不应小于被连接钢筋的实际拉断力或 1.10 倍钢筋抗拉强度标准值对应的拉断力。

检查数量：全数检查。

检验方法：检查产品合格证、接头力学性能进场复验报告。

(2) 型钢与钢筋套筒或连接板连接接头的检验按同一施工条件下采用同一批材料的同等级、同形式、同规格接头进行。

检查数量：每一类须在构件加工厂选取 3 个有代表性的接头试件进行抗拉强度试验。

检验方法：试件制作和检验方法按现行国家标准《钢-混凝土组合结构施工规范》GB 50901—2013 附录 B 进行。

(3) 钢筋连接件与钢构件焊接应进行焊接工艺评定。

检查数量：全数检查。

检验方法：检查焊接工艺报告。

2. 一般项目

(1) 钢筋连接套筒与钢板的焊缝尺寸应满足设计文件和现行国家标准《钢结构工程施工质量验收标准》GB 50205—2020 的要求。焊脚尺寸的允许偏差应为 0～2mm。

检查数量：抽查 10%，且不应少于 3 个。

检验方法：观察检查，用焊缝量规抽查测量。

(2) 钢筋与连接板的搭接电弧焊接头，应符合下列规定：

1) 焊缝表面应平整，不得有凹陷或焊瘤；

2) 焊接接头区域不得有肉眼可见的裂纹；

3) 钢筋与连接板搭接焊接接头尺寸偏差及缺陷允许值，应符合表 3-15 的规定。

检查数量：全数检查。

检验方法：观察，钢尺检查。

钢筋与连接板搭接焊接接头尺寸偏差及缺陷允许值 **表 3-15**

序号	项目		单位	允许偏差
1	接头处弯折角		°	3
2	接头处钢筋轴线的位移		mm	$0.1d$
3	焊缝厚度		mm	$+0.05d$ 0
4	焊缝宽度		mm	$+0.1d$ 0
5	焊缝长度		mm	$-0.3d$
6	横向咬边深度		mm	0.5
7	在长 $2d$ 焊缝表面上的气孔及夹渣	数量	个	2
		面积	mm^2	6

(3) 钢筋孔制孔后，宜清除孔周边的毛刺、切屑等杂物，孔壁应光滑，应无裂纹和大于 1.0mm 的缺棱。其孔径及垂直度的允许偏差应符合表 3-16 的规定。

检查数量：按钢构件数量抽查 10%，且不应少于 3 件。

检验方法：用游标卡尺或孔径量规检查。

钢筋孔径及垂直度的允许偏差（mm） **表 3-16**

项目	允许偏差
直径	+2.0 0.0
垂直度	$0.03t$，且不应大于 2.0

注：t 为钢板厚度

(4) 钢筋孔孔距、钢筋连接套筒间距、连接钢板中心位置的允许偏差应符合表 3-17 的规定。

检查数量：按钢构件数量抽查 10%，且不应少于 3 件。

检验方法：用钢尺检查。

钢筋孔孔距、钢筋连接套筒间距及连接钢板中心位置的允许偏差（mm） **表 3-17**

项目	钢筋孔孔距或钢筋连接套筒间距范围
钢筋孔孔距	±2.0
钢筋连接套筒间距	±2.0
连接钢板中心位置	±3.0

(5) 内置钢板表面应洁净，图纸上要求开设的混凝土流淌孔、灌浆孔、排气孔及排水孔等均不得遗漏。

检查数量：全数检查。

检验方法：观察。

（三）型钢与钢筋连接分项工程检验批质量验收记录范例

对型钢与钢筋连接分项工程检验批验收完成后，应填写型钢混凝土结构型钢与钢筋连接检验批质量验收记录（表 3-18）。

型钢混凝土结构型钢与钢筋连接检验批质量验收记录　　表 3-18

02050301 001

<table>
<tr><td>单位（子单位）工程名称</td><td>某教学楼</td><td>分部（子分部）工程名称</td><td>主体结构分部-型钢混凝土结构子分部</td><td>分项工程名称</td><td>型钢与钢筋连接分项</td></tr>
<tr><td>施工单位</td><td></td><td>项目负责人</td><td></td><td>检验批容量</td><td>10 件</td></tr>
<tr><td>分包单位</td><td></td><td>分包单位项目负责人</td><td></td><td>检验批部位</td><td>一层结构</td></tr>
<tr><td>施工依据</td><td colspan="2">《组合结构设计规范》JGJ 138—2016</td><td>验收依据</td><td colspan="2">《钢-混凝土组合结构施工规范》GB 50901—2013</td></tr>
</table>

<table>
<tr><td colspan="5">验收项目</td><td>设计要求及规范规定</td><td>最小/实际抽样数量</td><td>检查记录</td><td>检查结果</td></tr>
<tr><td rowspan="3">主控项目</td><td>1</td><td colspan="3">连接套筒抗拉强度</td><td>第 10.2.1 条</td><td>/</td><td>试验合格，记录编号</td><td>√</td></tr>
<tr><td>2</td><td colspan="3">钢筋连接抗拉强度</td><td>第 10.2.2 条</td><td>/</td><td>试验合格，记录编号</td><td>√</td></tr>
<tr><td>3</td><td colspan="3">焊接工艺评定</td><td>第 10.2.3 条</td><td>/</td><td>评定合格，记录编号</td><td>√</td></tr>
<tr><td rowspan="14">一般项目</td><td>1</td><td colspan="3">焊脚尺寸的允许偏差（mm）</td><td>0～2</td><td>3/3</td><td>抽查 3 处，全部合格</td><td>100%</td></tr>
<tr><td rowspan="8">2</td><td rowspan="8">接头尺寸</td><td colspan="2">接头处弯折角</td><td>3°</td><td>全/10</td><td>共 10 处，检查 10 处，合格 9 处</td><td>90.0%</td></tr>
<tr><td colspan="2">接头处钢筋轴线的位移</td><td>0.1d</td><td>全/10</td><td>共 10 处，检查 10 处，全部合格</td><td>100%</td></tr>
<tr><td colspan="2">焊缝厚度</td><td>0～0.05d（mm）</td><td>全/10</td><td>共 10 处，检查 10 处，全部合格</td><td>100%</td></tr>
<tr><td colspan="2">焊缝宽度</td><td>0～0.1d（mm）</td><td>全/10</td><td>共 10 处，检查 10 处，全部合格</td><td>100%</td></tr>
<tr><td colspan="2">焊缝长度</td><td>0～0.1d（mm）</td><td>全/10</td><td>共 10 处，检查 10 处，全部合格</td><td>100%</td></tr>
<tr><td colspan="2">横向咬边深度</td><td>0.5mm</td><td>全/10</td><td>共 10 处，检查 10 处，合格 8 处</td><td>80.0%</td></tr>
<tr><td rowspan="2">在长 2d 焊接表面上的气孔及夹渣</td><td>数量</td><td>2 个</td><td>/</td><td>/</td><td>/</td></tr>
<tr><td>面积</td><td>6mm^2</td><td>全/3</td><td>共 3 处，检查 3 处，全部合格</td><td>100%</td></tr>
<tr><td rowspan="3">3</td><td rowspan="3">钢筋孔</td><td colspan="2">直径</td><td>0～2.0mm</td><td>全/10</td><td>共 10 处，检查 10 处，全部合格</td><td>100%</td></tr>
<tr><td colspan="2">垂直度</td><td>0.03t 且不应大于 2.0mm</td><td>/</td><td>/</td><td>/</td></tr>
<tr><td colspan="2">钢筋孔孔距</td><td>±2.0mm</td><td>/</td><td>/</td><td>/</td></tr>
<tr><td rowspan="2">4</td><td colspan="3">钢筋连接套筒间距</td><td>±2.0mm</td><td>全/10</td><td>共 10 处，检查 10 处，全部合格</td><td>100%</td></tr>
<tr><td colspan="3">连接钢板中心位置</td><td>±3.0mm</td><td>全/10</td><td>共 10 处，检查 10 处，合格 9 处</td><td>90.0%</td></tr>
<tr><td colspan="5">施工单位检查结果</td><td colspan="4">合格
专业工长：
项目专业质量检查员：
年　月　日</td></tr>
<tr><td colspan="5">监理单位验收结论</td><td colspan="4">专业监理工程师：
年　月　日</td></tr>
</table>

四、型钢混凝土结构子分部工程质量验收

1. 型钢混凝土组合结构子分部工程合格质量标准应符合下列规定：

(1) 各分项工程施工质量验收合格；

(2) 质量控制资料和文件应完整；

(3) 观感质量验收合格；

(4) 结构实体检验结果满足设计和本规范的要求。

2. 型钢混凝土组合结构子分部工程质量验收时，应提供下列文件和记录：

(1) 深化设计文件；

(2) 施工现场质量管理检查记录；

(3) 有关安全及功能的检验和见证检测项目检查记录；

(4) 有关观感质量检验项目检查记录；

(5) 所含各分项工程质量验收记录；

(6) 分项工程所含各检验批质量验收记录；

(7) 强制性条文检验项目检查记录及证明文件；

(8) 隐蔽工程检验项目检查验收记录；

(9) 原材料、成品质量合格证明文件、中文标志及性能检测报告；

(10) 不合格项的处理记录及验收记录；

(11) 重大质量、技术问题实施方案及验收记录；

(12) 其他有关文件和记录。

3. 型钢混凝土组合结构工程质量验收记录应符合下列规定：

(1) 型钢焊接、紧固件连接、型钢构件组装及预拼装、型钢安装四个分项工程质量验收记录应按现行国家标准《钢结构工程施工质量验收标准》GB 50205—2020 的相关记录执行；

(2) 混凝土分项工程质量验收记录应按现行国家标准《混凝土结构工程施工质量验收规范》GB 50204—2015 的相关记录执行；

(3) 型钢（钢管）与钢筋连接分项工程、检验批验收记录应按《钢-混凝土组合结构施工规范》GB 50901—2013 附录 A 执行。

第七节 铝合金结构工程质量验收

铝合金结构工程是主体结构分部中的一个子分部工程，由原材料及成品进场、铝合金焊接、紧固件连接、铝合金零部件加工、铝合金构件组装、铝合金构件预拼装、铝合金框架结构安装、铝合金空间网格结构安装、铝合金面板、铝合金幕墙结构安装、防腐处理等分项工程构成，各分项又由多个检验批构成，具体见表 3-19 所示。

铝合金结构工程分项工程、检验批划分　　表 3-19

序号	分项工程	检验批
1	原材料及成品进场	铝合金材料、焊接材料、标准紧固件、螺栓球、铝合金面板、其他材料
2	铝合金焊接工程	铝合金构件焊接工程
3	紧固件连接工程	普通紧固件连接、高强度螺栓连接
4	铝合金零部件加工工程	切割、边缘加工、球、毂加工、制孔、槽 、豁、榫加工
5	铝合金构件组装工程	组装、端部铣平及安装焊缝坡口
6	铝合金构件预拼装工程	预拼装
7	铝合金框架结构安装工程	基础和支撑面、总拼和安装
8	铝合金空间网格结构安装工程	支撑面、总拼和安装
9	铝合金面板工程	铝合金面板制作、铝合金面板安装
10	铝合金幕墙结构安装工程	支撑面、总拼和安装
11	防腐处理工程	阳极氧化、涂装、隔离

一、 铝合金工程质量验收的一般规定

1. 铝合金结构工程施工前，应根据设计文件、施工详图的要求以及制作单位或施工现场的条件，编制制作安装工艺或施工方案。

2. 铝合金结构工程施工质量的验收，必须采用经计量检定、校准合格的计量器具。

3. 铝合金结构工程应按下列规定进行施工质量控制：

(1) 采用的原材料及成品应进场验收。凡涉及安全、功能的原材料及成品应按规范进行复验，并应经监理工程师（建设单位技术负责人）见证取样、送样。

(2) 各工序应按施工技术标准进行质量控制，每道工序完成后应进行检查。

(3) 相关各专业工种之间，应进行交接检验，并经监理工程师（建设单位技术负责人）检查认可。

4. 铝合金结构工程施工质量验收应在施工单位自检的基础上，按检验批、分项工程、分部（子分部）工程进行。铝合金结构分部（子分部）工程中分项工程划分宜按现行国家标准《建筑工程施工质量验收统一标准》GB 50300—2013 的有关规定执行。铝合金结构分项工程应由一个或若干个检验批组成，各分项工程检验批应按现行国家标准《铝合金结构工程施工质量验收规范》GB 50576—2010 的规定进行划分。

二、 铝合金面板安装施工质量要点

本小节以铝合金面板安装检验批质量验收为例，根据现行国家标准《铝合金结构工程施工质量验收规范》GB 50576—2010，介绍铝合金面板安装检验批的验收。

1. 主控项目

(1) 铝合金面板、泛水板和包角板等固定应可靠、牢固，防腐涂料涂刷和密封材料敷

设应完好，连接件数量、间距应符合设计要求和国家现行有关标准的规定。

检查数量：全数检查。

检验方法：观察检查及尺量。

（2）铝合金面板固定支座的安装应控制支座的相邻支座间距、倾斜角度、平面角度和相对高差，允许偏差应符合表 3-20 的规定。

固定支座安装允许偏差 **表 3-20**

检查项目		允许偏差
相邻支座间距		+5.0mm −2.0mm
倾斜角度		1°
平面角度		1°
相对高差	纵向	a/200
	横向	5mm

注：a 为纵向支座间距。

（3）铝合金面板应在支承构件上可靠搭接，搭接长度应符合设计要求，且不应小于表 3-21 规定的数值。

检查数量：按计件数抽查 5%，且不少于 10 件。

检验方法：用钢尺、角尺检查。

铝合金面板在支撑构件上的搭接长度（mm） **表 3-21**

项目			搭接长度
纵向	波高大于 70		350
	波高小于 70	屋面坡度小于 1/10	250
		屋面坡度大于等于 1/10	200
横向	大于或等于一个波		

2. 一般项目

（1）铝合金面板与檐沟、泛水、墙面的有关尺寸应符合设计要求，且不应小于表 3-22 规定的数值。

铝合金面板与檐沟、泛水、墙面尺寸（mm） **表 3-22**

检查项目	尺寸
面板深入檐沟内的长度	150
面板与泛水的搭接长度	200
面板挑出墙面的长度	200

检查数量：按计件数抽查 5%，且不少于 10 件。

检验方法：用钢尺、角尺检查。

（2）铝合金面板安装应平整、顺直，板面不应有施工残留物和污物；檐口线、泛水段应顺直，并无起伏现象；板面不应有未经处理的错钻孔洞。

检查数量：按面积抽查 10%，且不应少于 $10m^2$。

检验方法：观察检查。

（3）铝合金面板安装的允许偏差应符合表 3-23 的规定。

检查数量：檐口与屋脊的平行度：按长度抽查 10%，且不应少于 10m。其他项目：每 20m 长度应抽查 1 处，且不应少于 2 处。

检验方法：用拉线和钢尺检查。

铝合金面板安装的允许偏差（mm）　　表 3-23

检查项目	允许偏差
檐口与屋脊的平行度	12.0
铝合金面板波纹线对屋脊的垂直度	L/800，且不应大于 25.0
檐口相邻两块铝合金面板端部错位	6.0
铝合金面板卷边板件最大波浪高	4.0

（4）铝合金面板搭接处咬合方向应符合设计要求，咬边应紧密，且应连续平整，不应出现扭曲和裂口的现象。

检查数量：按面积抽查 10%，且不应少于 $10m^2$。

检验方法：观察检查。

（5）每平方米铝合金面板的表面质量应符合表 3-24 的规定。

检查数量：按面积抽查 10%，且不应少于 $10m^2$。

检验方法：观察用 10 倍放大镜检查。

每平方米铝合金面板的表面质量　　表 3-24

项目	质量要求
0.1～0.3mm 宽划伤痕	长度小于 100mm；不超过 8 条
擦伤	不大于 $500mm^2$

注：1. 划伤指露出铝合金基体的损伤。

2. 擦伤指没有露出铝合金基体的损伤。

三、铝合金面板安装检验批表格范例

铝合金面板安装检验批质量验收记录见表 3-25。

铝合金面板安装检验批质量验收记录 表 3-25

02060803 001

单位（子单位）工程名称	某大厦	分部（子分部）工程名称	主体结构分部-铝合金结构子分部	分项工程名称	铝合金面板分项
施工单位		项目负责人		检验批容量	20 件
分包单位		分包单位项目负责人		检验批部位	1～10/A～E 轴幕墙
施工依据	《铝合金结构工程施工规程》JGJ/T 216—2010		验收依据	《铝合金结构工程施工质量验收规范》GB 50576—2010	

		验收项目				设计要求及规范规定	最小/实际抽样数量	检查记录	检查结果
主控项目	1	铝合金面板、泛水板和包角板	固定			应可靠、牢固	全/10	共 10 处，检查 10 处，全部合格	✓
			防腐涂料涂刷和密封			应完好	全/10	共 10 处，检查 10 处，全部合格	✓
			连接件数量、间距			应符合规定	全/10	共 10 处，检查 10 处，全部合格	✓
	2	固定支座安装允许偏差	相邻支座间距			+5.0mm −2.0mm	10/10	抽查 10 处，全部合格	✓
			倾斜角度			1°	10/10	抽查 10 处，全部合格	✓
			平面角度			1°	10/10	抽查 10 处，全部合格	✓
			相对高差	纵向		a/200	10/10	抽查 10 处，全部合格	✓
				横向		5mm	10/10	抽查 10 处，全部合格	✓
	3	铝合金面板在支承构件上的搭接长度（mm）	纵向	波高>70		350	10/10	抽查 10 处，全部合格	✓
				波高≤70	屋面坡度<1/10	250	10/10	抽查 10 处，全部合格	✓
					屋面坡度≥1/10	200	10/10	抽查 10 处，全部合格	✓
			横向			≥1 个波	10/10	抽查 10 处，全部合格	✓
一般项目	1	面板伸入檐沟内的长度				≥150mm	10/10	抽查 10 处，全部合格	100%
		面板与泛水的搭接长度				≥200mm	10/10	抽查 10 处，全部合格	100%
		面板挑出墙面的长度				≥200mm	10/10	抽查 10 处，全部合格	100%
	2	铝合金面板安装				应平整、顺直	10/10	抽查 10 处，全部合格	100%
		板面				无污染、无错洞	10/10	抽查 10 处，全部合格	100%
		檐口线、泛水段				应顺直、无起伏	10/10	抽查 10 处，全部合格	100%
	3	檐口与屋脊的平行度				12.0mm	10/10	抽查 10 处，合格 9 处	90%
		铝合金面板波纹线对屋脊的垂直度				L/800，且≤25.0	10/10	抽查 10 处，全部合格	100%
		檐口相邻两块铝合金面板端部错位				6.0mm	10/10	抽查 10 处，全部合格	100%
		铝合金面板卷边板件最大波浪高				4.0mm	10/10	抽查 10 处，全部合格	100%
	4	铝合金面板搭接处质量				第 12.3.7 条	10/10	抽查 10 处，全部合格	100%
	5	每平方米铝合金面板表面质量	0.1～0.3mm 宽划伤痕			长度小于 100mm 不超过 8 条	10/10	抽查 10 处，全部合格	100%
			擦伤			不大于 500mm²	10/10	抽查 10 处，全部合格	100%

施工单位检查结果	合格　　专业工长： 项目专业质量检查 年　月　日
监理单位验收结论	专业监理工程师： 年　月　日

1. 分项工程检验批合格质量标准应符合下列规定：

(1) 主控项目必须符合本规范合格质量标准的要求；

(2) 一般项目其检验结果应有 80%及以上的检查点（值）符合规范合格质量标准的要求，且最大值不应超过其允许偏差值的 1.2 倍；

(3) 质量检查记录、质量证明文件等资料完整。

2. 分项工程合格质量标准应符合下列规定：

(1) 分项工程所含的各检验批均应符合规范要求的合格标准；

(2) 分项工程所含的各检验批验收资料完整。

四、 铝合金子分部工程质量验收

1. 铝合金结构作为主体结构之一应按子分部工程竣工验收；当主体结构均为铝合金结构时应按分部工程竣工验收。

2. 铝合金结构分部（子分部）工程有关安全及功能的检验和见证检测项目应符合现行国家标准《铝合金结构工程施工质量验收规范》GB 50576—2010 的规定，检验应在其分项工程验收合格后进行。

3. 铝合金结构分部（子分部）工程有关观感质量检验应按现行国家标准《铝合金结构工程施工质量验收规范》GB 50576—2010 的规定执行。

4. 铝合金结构分部（子分部）工程合格质量标准应符合下列规定：

(1) 各分项工程质量均应符合合格质量标准；

(2) 质量控制资料和文件应完整；

(3) 有关安全及功能的检验和见证检测结果应符合本规范相应质量标准的要求；

(4) 有关观感质量应符合本规范相应合格质量标准的要求。

5. 铝合金结构工程竣工验收时，应提供下列文件和记录：

(1) 铝合金结构工程竣工图纸及相关设计文件；

(2) 施工现场质量管理检查记录；

(3) 有关安全及功能的检验和见证检测项目检查记录；

(4) 有关观感质量检验项目检查记录；

(5) 分部工程所含各分项工程质量验收记录；

(6) 分项工程所含各检验批质量验收记录；

(7) 强制性条文检验项目检查记录及证明文件；

(8) 隐蔽工程检验项目检查验收记录；

(9) 原材料、成品质量合格证明文件、标识及性能检测报告；

(10) 不合格项的处理记录及验收记录；

(11) 重大质量、技术问题实施方案及验收记录；

(12) 其他有关文件和记录。

6. 铝合金结构工程质量验收记录应符合下列规定：

(1) 施工现场质量管理检查记录可按现行国家标准《建筑工程施工质量验收统一标准》GB 50300—2013 的有关规定执行；

(2) 分项工程检验批验收记录可按现行国家标准《铝合金结构工程施工质量验收规

范》GB 50576—2010 进行；

(3) 分项工程验收记录可按现行国家标准《建筑工程施工质量验收统一标准》GB 50300—2013 的有关规定执行；

(4) 分部（子分部）工程验收记录可按现行国家标准《建筑工程施工质量验收统一标准》GB 50300—2013 的有关规定执行；

7. 当铝合金结构工程施工质量不符合本规范要求时，应按下列规定进行处理：

(1) 经返工重做或更换构（配）件的检验批，应重新进行验收；

(2) 经有资质的检测单位检测鉴定能够达到设计要求的检验批，应予以验收；

(3) 经有资质的检测单位检测鉴定达不到设计要求，但经原设计单位核算认可能够满足结构安全和使用功能的检验批，应予以验收；

(4) 经返修或加固处理的分项、分部工程，虽然改变外形尺寸但仍能满足安全使用要求时，应按处理技术方案和协商文件进行验收。

8. 通过返修或加固处理仍不能满足安全使用要求的铝合金结构分部（子分部）工程，严禁验收。

第八节 木结构工程质量验收

本节适用于由方木、原木及板材制作和安装的木结构工程施工质量验收。木结构是主体结构的一个子分部工程，包括表 3-26 所示分项工程。

木结构子分部、分项工程划分 **表 3-26**

子分部工程	分项工程
木结构	方木与原木结构，胶合木结构，轻型木结构，木结构防护

方木、原木结构是指承重构件由方木（含板材）或原木制作的结构。胶合木结构是指承重构件由层板胶合木制作的结构。轻型木结构是指主要由规格材和木基结构板，并通过钉连接制作的剪力墙与横隔（楼盖、屋盖）所构成的木结构，多用于 1～3 层房屋。

一、 木结构工程质量验收基本规定

木结构工程施工单位应具备相应的资质、健全的质量管理体系、质量检验制度和综合质量水平的考评制度。

1. 除设计文件另有规定外，木结工程应按下列规定验收其外观质量：

(1) A 级，结构件外露，外观要求很高而需油漆，构件表面洞孔用木材修补，木材表面应用砂纸打磨。

(2) B 级，结构构件外露，外表要求用机具刨光油漆，表面允许有偶尔的漏刨、细小的缺陷和空隙，但不允许有松软节的孔洞。

(3) C 级，结构构件不外露，构件表面无需加工刨光。

2. 木结构工程应按下列规定控制施工质量：

(1) 应有本工程的设计文件。

(2) 木结构工程所用的木材、木产品、钢材以及连接件等，应进行进场验收。凡涉及结构安全和使用功能的材料或半成品，应按本规范（本节中“本规范”指《木结构工程施工质量验收规范》GB 50206—2012）或相应专业工程质量验收标准的规定进行见证检验，并应在监理工程师或建设单位技术负责人监督下取样、送检。

(3) 各工序应按本规范的有关规定控制质量，每道工序完成后，应进行检查。

(4) 相关各专业工种之间，应进行交接检验并形成记录。未经监理工程师和建设单位技术负责人检查认可，不得进行下道工序施工。

(5) 应有木结构工程竣工图及文字资料等竣工文件。

3. 当木结构施工需要采用国家现行有关标准尚未列入的新技术（新材料、新结构、新工艺）时，建设单位应征得当地建筑工程质量行政主管部门同意，并应组织专家组，会同设计、监理、施工单位进行论证，同时应确定施工质量验收方法和检验标准，并应依此作为相关木结构工程施工的主控项目。

4. 木结构工程施工所用材料、构配件的材质等级应符合设计文件的规定。可使用力学性能、防火、防护性能超过设计文件规定的材质等级的相应材料、构配件替代。当通过等强（等效）换算处理进行材料、构配件替代时，应经设计单位复核，并应签发相应的技术文件认可。

5. 进口木材、木产品、构配件，以及金属连接件等，应有产地国的产品质量合格证书和产品标识，并应符合合同技术条款的规定。

本节以方木与原木结构检验批为例，介绍该检验批的质量验收。

二、方木与原木结构检验批质量验收

(一) 检验批划分原则

材料、构配件的质量控制应以一幢方木、原木结构房屋为一个检验批；构件制作安装质量控制应以整幢房屋的一楼层或变形缝间的一楼层为一个检验批。

(二) 检验批验收标准

1. 主控项目

(1) 方木、原木结构的形式、结构布置和构件尺寸，应符合设计文件的规定。

检查数量：检验批全数。

检验方法：实物与施工设计图对照、丈量。

(2) 结构用木材应符合设计文件的规定，并应具有产品质量合格证书。

检查数量：检验批全数。

检验方法：实物与设计文件对照，检查质量合格证书、标识。

(3) 进场木材均应作弦向静曲强度见证检验，其强度最低值应符合表 3-27 的要求。

木材静曲强度检验标准　　**表 3-27**

木材种类	针叶材				阔叶材				
强度等级	TC11	TC13	TC15	TC17	TB11	TB13	TB15	TB17	TB20
最低强度（N/mm^2）	44	51	58	72	58	68	78	88	98

检查数量：每一检验批每一树种的木材随机抽取 3 株（根）。

检验方法：本规范附录A。

（4）方木、原木及板材的目测材质等级不应低于表3-28的规定，不得采用普通商品材质的等级标准替代。方木、原木及板材的目测材质等级应按本规范附录B评定。

检查数量：检验批全数。

检验方法：本规范附录B。

方木、原木及结构构件木材的材质等级 **表3-28**

项次	构件名称	材质等级
1	受拉或拉弯构件	Ⅰa
2	受弯或压弯构件	Ⅱa
3	受压构件及次要受弯构件（如吊顶小龙骨）	Ⅲa

（5）各类构件制作时及构件进场时木材的平均含水率，应符合下列规定：

1）原木或方木不应大于25%；

2）板材及规格材不应大于20%；

3）受拉构件的连接板不应大于18%；

4）处于通风条件不畅环境下的木构件的木材，不应大于20%。

检查数量：每一检验批每一树种每一规格木材随机抽取5根。

检验方法：本规范附录C。

（6）承重钢构件和连接所用钢材应有产品质量合格证书和化学成分的合格证书。进场钢材应见证检验其抗拉屈服强度、极限强度和延伸率，其值应满足设计文件规定的相应等级钢材的材质标准指标，且不应低于现行国家标准《碳素结构钢》GB/T 700—2006有关Q235及以上等级钢材的规定。－30℃以下使用的钢材不宜低于Q235D或相应屈服强度钢材D等级的冲击韧性规定。钢木屋架下弦所用圆钢，除应做抗拉屈服强度、极限强度和延伸率性能检验外，尚应做冷弯检验，并应满足设计文件规定的圆钢材质标准。

检查数量：每检验批每一钢种随机抽取两件。

检验方法：取样方法、试样制备及拉伸试验方法应分别符合现行国家标准《钢及钢产品 力学性能试验取样位置及试样制备》GB/T 2975—2018和《金属材料 拉伸试验 第1部分：室温试验方法》GB/T 228.1—2010的有关规定。

（7）焊条应符合现行国家标准《非合金钢及细晶粒钢焊条》GB/T 5117—2012和《热强钢焊条》GB/T 5118—2012的有关规定，型号应与所用钢材匹配，并应有产品质量合格证书。

检查数量：检验批全数。

检验方法：实物与产品质量合格证书对照检查。

（8）螺栓、螺帽应有产品质量合格证书，其性能应符合现行国家标准《六角头螺栓》GB/T 5782—2016和《六角头螺栓 C级》GB/T 5780—2016的有关规定。

检查数量：检验批全数。

检验方法：实物与产品质量合格证书对照检查。

（9）圆钉应有产品质量合格证书，其性能应符合现行行业标准《一般用途圆钢钉》YB/T 5002—2017的有关规定。设计文件规定钉子的抗弯屈服强度时，应做钉子抗弯强度见证检验。

检查数量：每检验批每一规格圆钉随机抽取 10 枚。

检验方法：检查产品质量合格证书、检测报告。强度见证检验方法应符合本规范附录 D 的规定。

（10）圆钢拉杆应符合下列要求：

1）圆钢拉杆应平直，接头应采用双面绑条焊。绑条直径不应小于拉杆直径的 75%，在接头一侧的长度不应小于拉杆直径的 4 倍。焊脚高度和焊缝长度应符合设计文件的规定。

2）螺帽下垫板应符合设计文件的规定，且不应低于本规范第 4.3.3 条第 2 款的要求。

3）钢木屋架下弦圆钢拉杆、桁架主要受拉腹杆、蹬式节点拉杆及螺栓直径大于 20mm 时，均应采用双螺帽自锁。受拉螺杆伸出螺帽的长度，不应小于螺杆直径的 80%。

检查数量：检验批全数。

检验方法：丈量、检查交接检验报告。

（11）承重钢构件中，节点焊缝焊脚高度不得小于设计文件的规定，除设计文件另有规定外，焊缝质量不得低于三级，－30℃以下工作的受拉构件，焊缝质量不得低于二级。

检查数量：检验批全部受力焊缝。

检验方法：按现行行业标准的有关规定检查，并检查交接检验报告。

（12）钉连接、螺栓连接节点的连接件（钉、螺栓）的规格、数量，应符合设计文件的规定。

检查数量：检验批全数。

检验方法：目测、丈量。

（13）木桁架支座节点的齿连接，端部木材不应有腐朽、开裂和斜纹等缺陷，剪切面不应位于木材髓心侧；螺栓连接的受拉接头，连接区段木材及连接板均应采用 Ia 等材，并应符合本规范附录 B 的有关规定；其他螺栓连接接头也应避开木材腐朽、裂缝、斜纹和松节等缺陷部位。

检查数量：检验批全数。

检验方法：目测。

（14）在抗震设防区的抗震措施应符合设计文件的规定。当抗震设防烈度为 8 度及以上时，应符合下列要求：

1）屋架支座处应有直径不小于 20mm 的螺栓锚固在墙或混凝土圈梁上。当支承在木柱上时，柱与屋架间应有木夹板式的斜撑，斜撑上段应伸至屋架上弦节点处，并应用螺栓连接（图 3-4）。柱与屋架下弦应有暗榫，并应用 U 形扁钢连接。桁架木腹杆与上弦杆连接处的扒钉应改用螺栓压紧承压面，与下弦连接处则应采用双面扒钉。

2）屋面两侧应对称斜向放檩条，檐口瓦应与挂瓦条扎牢。

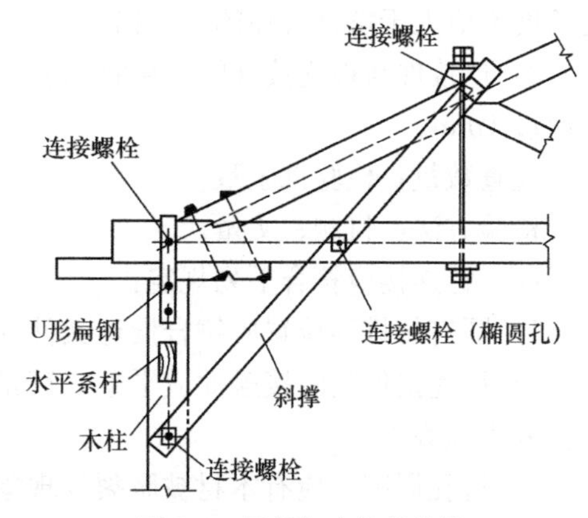

图 3-4　屋架与木柱的连接

3）檩条与屋架上弦应用螺栓连接，双脊檩应互相拉结。

4）柱与基础间应有预埋的角钢连接，并应用螺栓固定。

5）木屋盖房屋，节点处檩条应固定在山墙及内横墙的卧梁理件上，支承长度不应小于120mm，并应有螺栓可靠锚固。

检查数量：检验批全数。

检验方法：目测、丈量。

2. 一般项目

（1）各种原木、方木构件制作的允许偏差不应超出本规范表E.0.1的规定。

检查数量：检验批全数。

检验方法：本规范表E.0.1。

（2）齿连接应符合下列要求：

1）除应符合设计文件的规定外，承压面应与压杆的轴线垂直，单齿连接压杆轴线应通过承压面中心；双齿连接，第一齿顶点应位于上、下弦杆上边缘的交点处，第二齿顶点应位于上弦杆轴线与下弦杆上边缘的交点处，第二齿承压面应比第一齿承压面至少深20mm。

2）承压面应平整，局部缝隙不应超过1mm，非承压面应留外口5mm的楔形缝隙。

3）桁架支座处齿连接的保险螺栓应垂直于上弦杆轴线，木腹杆与上、下弦杆间应有扒钉扣紧。

4）桁架端支座垫木的中心线，方木桁架应通过上、下弦杆净截面中心线的交点；原木桁架则应通过上、下弦杆毛截面中心线的交点。

检查数量：检验批全数。

检验方法：目测、丈量，检查交接检验报告。

（3）螺栓连接（含受拉接头）的螺栓数目、排列方式、间距、边距和端距，除应符合设计文件的规定外，尚应符合下列要求：

1）螺栓孔径不应大于螺栓杆直径1mm，也不应小于或等于螺栓杆直径。

2）螺帽下应设钢垫板，其规格除应符合设计文件的规定外，厚度不应小于螺杆直径的30%，方形垫板的边长不应小于螺杆直径的3.5倍，圆形垫板的直径不应小于螺杆直径的4倍，螺帽拧紧后螺栓外露长度不应小于螺杆直径的80%。螺纹段剩留在木构件内的长度不应大于螺杆直径的1.0倍。

3）连接件与被连接件间的接触面应平整，拧紧螺帽后局部可允许有缝隙，但缝宽不应超过1mm。

检查数量：检验批全数。

检验方法：目测、丈量。

（4）钉连接应符合下列规定：

1）圆钉的排列位置应符合设计文件的规定。

2）被连接件间的接触面应平整，钉紧后局部缝隙宽度不应超过1mm，钉帽应与被连接件外表面齐平。

3）钉孔周围不应有木材被胀裂等现象。

检查数量：检验批全数。

检验方法：目测、丈量。

（5）木构件受压接头的位置应符合设计文件的规定，应采用承压面垂直于构件轴线的双盖板连接（平接头），两侧盖板厚度均不应小于对接构件宽度的 50%，高度应与对接构件高度一致。承压面应锯平并彼此顶紧，局部缝隙不应超过 1mm。螺栓直径、数量、排列应符合设计文件的规定。

检查数量：检验批全数。

检验方法：目测、丈量，检查交接检验报告。

（6）木桁架、梁及柱的安装允许偏差不应超出本规范表 E. 0. 3 的规定。

检查数量：检验批全数。

检验方法：本规范表 E. 0. 2。

（7）屋面木构架的安装允许偏差不应超出本规范表 E. 0. 3 的规定。

检查数量：检验批全数。

检验方法：目测、丈量。

（8）屋盖结构支撑系统的完整性应符合设计文件规定。

检查数量：检验批全数。

检验方法：对照设计文件、丈量实物，检查交接检验报告。

三、 方木和原木结构检验批表格范例

方木和原木结构检验批质量验收记录见表 3-29。

方木和原木结构检验批质量验收记录　　表 3-29

02070101 001

单位（子单位）工程名称	某大厦	分部（子分部）工程名称	主体结构分部-木结构子分部	分项工程名称	方木和原木结构分项
施工单位		项目负责人		检验批容量	10 件
分包单位		分包单位项目负责人		检验批部位	一层木结构
施工依据	《木结构工程施工规范》GB/T 50772—2012		验收依据	《木结构工程施工质量验收规范》GB 50206—2012	

验收项目			设计要求及规范规定	最小/实际抽样数量	检查记录	检查结果
主控项目	1	方木、原木结构的形式、结构布置和构件尺寸	设计要求	全/10	共 10 处，检查 10 处，全部合格	√
	2	结构用木材应符合设计文件的规定，并应具有产品质量合格证书	第 4.2.2 条	/	质量证明文件齐全，通过进场验收	√
	3	进场木材均应做弦向静曲强度见证检验	第 4.2.3 条	/	检查合格，报告编号	√
	4	方木、原木及板材的目测材质等级	第 4.2.4 条	/	检查合格，报告编号	√

续表

验收项目					设计要求及规范规定	最小/实际抽样数量	检查记录	检查结果
主控项目	5	各类构件制作时及构件进场时木材的平均含水率	原木或方木		≤25%	5/5	抽查5处，全部合格	✓
			板材及规格材		≤20%	5/5	抽查5处，全部合格	✓
			受拉构件的连接板		≤18%	5/5	抽查5处，全部合格	✓
			处于通风条件不畅环境下的木构件		≤20%	5/5	抽查5处，全部合格	✓
	6	承重钢构件和连接所用钢材检验			第4.2.6条	/	试验合格，报告编号	✓
	7	焊条质量检验			第4.2.7条	/	检查合格，报告编号	✓
	8	螺栓、螺帽质量检验			第4.2.8条	/	检查合格，报告编号	✓
	9	圆钉质量检验			第4.2.9条	/	检查合格，报告编号	✓
	10	圆钢拉杆质量要求			第4.2.10条	全/10	共10处，检查10处，全部合格	✓
	11	承重钢构件中焊缝焊脚高度和焊接质量			第4.2.11条	/	质量证明文件齐全，通过进场验收	✓
	12	钉连接、螺栓连接节点的连接件（钉、螺栓）的规格、数量			第4.2.12条	全/10	共10处，检查10处，全部合格	✓
	13	木桁架支座节点的齿连接和螺栓连接			第4.2.13条	全/10	共10处，检查10处，全部合格	✓
	14	抗震设防烈度为8度及以上时，抗震措施要求			第4.2.14条	全/10	共10处，检查10处，全部合格	✓
一般项目	1	构件截面尺寸	方木和胶合木构件截面的高度、宽度		−3mm	全/10	共10处，检查10处，全部合格	100%
			板材厚度、宽度		−2mm	全/10	共10处，检查10处，全部合格	100%
			原木构件梢径		−5mm	全/10	共10处，检查10处，全部合格	100%
		构件长度	长度≤15m		±10mm	全/10	共10处，检查10处，全部合格	100%
			长度>15m		±15mm	全/10	共10处，检查10处，全部合格	100%
		桁架高度	长度≤15m		±10mm	全/10	共10处，检查10处，全部合格	100%
			长度>15m		±15mm	/	/	/
		受压或压弯构件纵向弯曲	方木、胶合木构件		$L/500$（L=/）	/	/	
			原木构件		$L/200$（L=1200）	全/10	共10处，检查10处，全部合格	100%
		弦杆节点间距			±5mm	全/10	共10处，检查10处，全部合格	100%
		齿连接刻槽深度			±2mm	全/10	共10处，检查10处，全部合格	100%
		支座节点受剪面	长度		−10mm	全/10	共10处，检查10处，全部合格	100%
			宽度	方木、胶合木	−3mm	全/10	共10处，检查10处，全部合格	100%
				原木	−4mm	全/	/	

续表

验收项目					设计要求及规范规定	最小/实际抽样数量	检查记录	检查结果
一般项目	1	螺栓中心间距	进孔处		±0.2d（d=20mm）	全/10	共10处，检查10处，全部合格	100%
一般项目	1	螺栓中心间距	出孔处	垂直木纹方向	±0.5d且不大于4B/100（d=20mm）	/	/	
一般项目	1	螺栓中心间距	出孔处	顺木纹方向	±1d（d=20mm）	全/10	共10处，检查10处，全部合格	100%
一般项目	1	钉进孔处的中心间距			±1d（d=10mm）	全/10	共10处，检查10处，全部合格	100%
一般项目	1	桁架起拱	支座下弦中心线		±20mm	全/10	共10处，检查10处，合格9处	90%
一般项目	1	桁架起拱	跨中下弦中心线		−10mm	全/10	共10处，检查10处，全部合格	100%
一般项目	2	齿连接质量			第4.3.2条	/	/	/
一般项目	3	螺栓连接（含受拉接头）的螺栓数目、排列方式、间距、边距和端距			第4.3.3条	全/10	共10处，检查10处，全部合格	100%
一般项目	4	钉连接质量			第4.3.4条	全/10	共10处，检查10处，全部合格	100%
一般项目	5	木构件受压接头			第4.3.5条	全/10	共10处，检查10处，全部合格	100%
一般项目	6	木桁架、梁及柱的安装	结构中心线的间距		±20mm	全/10	共10处，检查10处，全部合格	100%
一般项目	6	木桁架、梁及柱的安装	垂直度		H/200且不大于15mm（H=____）	/	/	/
一般项目	6	木桁架、梁及柱的安装	受压或压弯构件纵向弯曲		L/300（L=3000）	全/10	共10处，检查10处，全部合格	100%
一般项目	6	木桁架、梁及柱的安装	制作轴线对支承面中心位移		10mm	全/10	共10处，检查10处，全部合格	100%
一般项目	6	木桁架、梁及柱的安装	支座标高		±5mm	全/10	共10处，检查10处，全部合格	100%
一般项目	7	屋面木构架的安装	檩条、椽条	方木、胶合木截面	−2mm	全/10	共10处，检查10处，全部合格	100%
一般项目	7	屋面木构架的安装	檩条、椽条	原木梢径	−5mm	全/10	共10处，检查10处，全部合格	100%
一般项目	7	屋面木构架的安装	檩条、椽条	间距	−10mm	全/10	共10处，检查10处，全部合格	100%
一般项目	7	屋面木构架的安装	檩条、椽条	方木、胶合木上表面平直	4mm	全/10	共10处，检查10处，全部合格	100%
一般项目	7	屋面木构架的安装	檩条、椽条	原木上表面平直	7mm	全/10	共10处，检查10处，全部合格	100%
一般项目	7	屋面木构架的安装	油毡搭接宽度		−10mm	全/10	共10处，检查10处，全部合格	100%
一般项目	7	屋面木构架的安装	挂瓦条间距		±5mm	全/10	共10处，检查10处，全部合格	100%
一般项目	7	屋面木构架的安装	封山、封檐平直	下边缘	5mm	全/10	共10处，检查10处，全部合格	100%
一般项目	7	屋面木构架的安装	封山、封檐平直	表面	8mm	全/10	共10处，检查10处，全部合格	100%
一般项目	8	屋盖结构支撑系统的完整性			第4.3.8条	全/10	共10处，检查10处，全部合格	100%
施工单位检查结果					合格　专业工长：项目专业质量检查员：年　月　日			
监理单位验收结论					专业监理工程师：年　月　日			

四、 木结构子分部工程质量验收

1. 木结构子分部工程质量验收的程序和组织，应符合现行国家标准《建筑工程施工质量验收统一标准》GB 50300—2013 的有关规定。

2. 检验批及木结构分项工程质量合格标准应符合下列规定：

(1) 检验批主控项目检验结果应全部合格；

(2) 检验批一般项目检验结果应有 80%以上的检查点合格，且最大偏差不应超过允许偏差的 1.2 倍；

(3) 木结构分项工程所含检验批检验结果均应合格，且应有各检验批质量验收的完整记录。

3. 木结构子分部工程质量验收应符合下列规定：

(1) 子分部工程所含分项工程的质量验收均应合格；

(2) 子分部工程所含分项工程的质量资料和验收记录应完整；

(3) 安全功能检测项目的资料应完整，抽检的项目均应合格。

注：本节中“本规范”指的是现行国家标准《木结构工程施工质量验收规范》GB 50206—2012。

【本章小结】

本章着重介绍了建筑工程中主体结构工程的子分部工程混凝土结构、砌体结构、钢结构、钢管混凝土结构、型钢混凝土结构、铝合金结构、木结构等质量验收的标准。

在实际工程中，主体结构可能包含了七个子分部工程中的一个或几个，若包含了几个子分部工程，待所有的子分部工程完工并验收合格后，主体结构分部工程才算完工，要填写主体结构分部工程验收记录并按照要求整理分部工程资料。若主体结构只包含了一个子分部工程，比如混凝土结构、钢结构、铝合金结构等，那么这时该子分部工程就是分部工程，要按照分部工程进行质量控制资料整理。

因篇幅有限，无法面面俱到地将所有分项工程检验批的施工要点及质量验收标准讲清楚。

同学们应以本章内容为基础，扩展学习该分部工程其他分项工程的质量验收内容，并以求做到学以致用。

另外，质量验收需要具有施工技术等专业知识，同学们应打牢基础知识并且研究相关的规范标准，以提高自己解决问题的能力。本章推荐基本学习规范标准如下：

《建筑工程施工质量验收统一标准》GB 50300—2013；

《混凝土结构工程施工质量验收规范》GB 50204—2015；

《钢结构工程施工质量验收标准》GB 50205—2020；

《钢-混凝土组合结构施工规范》GB 50901—2013；

《钢管混凝土工程施工质量验收规范》GB 50628—2010；

《木结构工程施工质量验收规范》GB 50206—2012。

主体结构分部工程质量验收记录

【课后习题】

一、单项选择题

1. 根据《建筑工程施工质量验收统一标准》GB 50300—2013 的规定，混凝土结构工程属于(　　)。

A. 单位工程　　B. 分部工程

C. 子分部工程　　D. 分项工程

2. 根据《建筑工程施工质量验收统一标准》GB 50300—2013 的规定，主体结构分部工程包含了(　　)个子分部工程。

A. 4　　B. 6

C. 7　　D. 9

3. 根据《建筑工程施工质量验收统一标准》GB 50300—2013 的规定，(　　)子分部工程包含了钢筋分项工程。

A. 钢结构　　B. 钢管混凝土结构

C. 型钢混凝土结构　　D. 混凝土结构

4. 根据《建筑工程施工质量验收统一标准》GB 50300—2013 的规定，混凝土结构子分部工程包含了(　　)个分项工程。

A. 4　　B. 5

C. 6　　D. 7

5. 根据《混凝土结构工程施工质量验收规范》GB 50204—2015 的规定，模板分项工程中包含了(　　)检验批。

A. 模板制作　　B. 模板安装

C. 模板原材料　　D. 模板拆除

6. 砌体工程属于(　　)。

A. 分项工程　　B. 分部工程

C. 单位工程　　D. 子分部工程

7. 砌体结构工程检验批验收时，其主控项目应全部符合规范规定；一般项目应有(　　)及以上的抽检处符合规范规定，有允许偏差的项目，最大偏差值为允许偏差值的(　　)倍。

A. 70%，1.5　　B. 80%，1.5

C. 90%，1.2　　D. 85%，1.3

8. 钢管混凝土结构是一个(　　)。

A. 分部工程　　B. 子分部工程

C. 分项工程　　D. 检验批

9. 钢筋安装时，受力钢筋的牌号、规格和数量必须符合设计要求。可以用观察、尺量的方法检查，检查数量为(　　)。

A. 10 件　　B. 80%

C. 全数检查　　D. 20%

10. 混凝土结构中获得认证的产品或来源稳定且连续三批均一次检验合格的产品，进场验收时检验批的容量可按本规范的有关规定扩大(　　)倍，且检验批容量仅可扩大(　　)倍。扩大检验批后的检验中，出现不合格情况时，应按扩大前的检验批容量重新验收，且该产品不得再次扩大检验批容量。

A. 一、二　　B. 二、二

C. 一、一　　D. 三、三

11. 钢结构检验中一般项目的检验结果应有80%及以上的检查点（值）满足标准的要求，且最大值（或最小值）不应超过其允许偏差值的(　　)倍。

A. 1.2　　B. 1.5

C. 1.8　　D. 2

12. 在钢结构预拼装中高强度螺栓和普通螺栓连接的多层板叠，应采用试孔器进行螺栓孔通过率检查。当采用比孔公称直径小1.0mm的试孔器检查时，每组孔的通过率不应小于(　　)；当采用比螺栓公称直径大0.3mm的试孔器检查时，通过率应为(　　)。

A. 100%，100%　　B. 100%，85%

C. 85%，100%　　D. 85%，85%

13. 钢结构实体预拼装时宜先使用不少于螺栓孔总数(　　)的冲钉定位，再采用临时螺栓紧固。临时螺栓在一组孔内不得少于螺栓孔数量的(　　)，且不应少于2个。

A. 10%，20%　　B. 20%，10%

C. 15%，10%　　D. 25%，30%

14. 下面（　　）分项工程按照《钢-混凝土组合结构施工规范》GB 50901—2013进行施工质量验收。

A. 型钢焊接　　B. 型钢与钢筋连接

C. 混凝土　　D. 型钢安装

二、多项选择题

1. 根据《混凝土结构工程施工质量验收规范》GB 50204—2015的规定，钢筋分项工程包含了(　　)检验批。

A. 钢筋加工　　B. 钢筋安装

C. 钢筋材料　　D. 钢筋连接

E. 钢筋焊接

2. 下面（　　）属于主体结构分部工程的子分部工程。

A. 混凝土结构　　B. 砖砌体

C. 现浇结构　　D. 木结构

E. 玻璃幕墙

3. 根据《混凝土结构工程施工质量验收规范》GB 50204—2015的规定，混凝土分项工程包含了(　　)检验批。

A. 混凝土原材料　　B. 混凝土拌合物

C. 混凝土施工　　D. 现浇结构

E. 预应力

4. 根据《混凝土结构工程施工质量验收规范》GB 50204—2015的规定，现浇结构分项工程包含了(　　)检验批。

A. 混凝土施工　　B. 现浇结构的位置偏差

C. 现浇结构的尺寸偏差　　D. 现浇结构的外观质量

E. 混凝土拌合物

5. 混凝土结构各分项工程可根据与生产和施工方式相一致且便于控制施工质量的原则，按（　　）划分为若干检验批。

A. 工作班　　B. 楼层

C. 施工段　　D. 结构缝

E. 进场批次

6. 砌体工程包含的分项工程有(　　)。

A. 砖砌体　　B. 混凝土小型空心砌块砌体

C. 配筋砌体　　D. 填充墙砌体

E. 石砌体

7. 砌体结构检验批划分的规定有(　　)。

A. 所用材料类型及同类型材料的强度等级相同

B. 不超过 $250m^3$ 砌体

C. 主体结构砌体一个楼层（基础砌体可按一个楼层计）

D. 填充墙砌体量少时可多个楼层合并

E. 不超过 $300m^3$ 砌体

8. 钢管内混凝土浇筑检验批的主控项目有(　　)。

A. 钢管内混凝土的强度等级

B. 钢管内混凝土的工作性能和收缩性

C. 钢管内混凝土运输

D. 浇筑及间歇的时间

E. 钢管内混凝土浇筑

9. 混凝土结构子分部工程的质量验收，应在（　　）等相关分项工程验收合格的基础上，进行质量控制资料检查、观感质量验收及规范规定的结构实体检验。

A. 钢筋　　B. 预应力

C. 混凝土　　D. 现浇结构

E. 装配式结构

10. 下面（　　）分项工程属于木结构子分部工程。

A. 方木与原木结构　　B. 胶合木结构

C. 轻型木结构　　D. 木结构防护

E. 装配式结构

三、简答题

1. 砖砌体检验批的主控项目和一般项目分别有哪些？

2. 砌体灰缝砂浆饱满度是如何检测的？

3. 砌体子分部工程质量验收时，遇有裂缝的砌体应如何进行验收？

4. 钢管混凝土子分部工程质量验收合格标准应符合哪些规定？

5. 在对分项工程检验批进行验收时，合格质量标准应符合哪些规定？

6. 铝合金结构子分部工程合格质量标准应满足哪些要求？

7. 方木与原木结构检验批划分的原则是什么？

8. 建筑工程中主体结构分部工程包括了哪些子分部工程？

第四章

建筑装饰装修工程质量验收

[引例]

某小区高层建筑发生15层围护结构约3m² 外墙装饰面砖坠落事故，并造成人身伤亡和较大财产损失。受其业主的委托，某建筑工程检测中心派员前往现场对事故原因进行了检测分析。

1. 工程概况

该高层建筑为框架结构，建筑面积16926m²，地面以上为15层，其中从14层开始外挑2.1m。该工程的设计、施工均由具有相应资质的单位完成，并受当地的建设工程质量监督站的监督。

2. 检测情况

(1) 外墙饰面砖从大厦的15层西立面靠西北角处坠落，其脱落位置在14层窗的过梁与其上15层的边梁斜坡面之间，坠落面积约3m²（长3m、高1m）；坠落到地面的外墙饰面砖仍成型，最大饰面砖与粘结水泥砂浆基层连在一起的尺寸约500mm×200mm，粘结围护结构砌块墙体基层的砂浆厚度在30～40mm之间。在地面可清晰地看到15层外围护结构饰面砖脱落处墙体的炉渣砌块内隔肋。该高层建筑外装饰全为外贴面砖，在14层至15层的外墙面及扶壁柱外边也存在面砖空鼓、裂缝和脱落现象。

(2) 在饰面砖脱落处相应的房间室内检查发现，外围护结构墙体内表面渗水（检查时为雨夹雪天），室内墙体存在严重泛碱现象，14层以上其他房间室内也有类似情况。据管理人员介绍，15层原为员工宿舍，因冬季室内温度较低，后改为库房。

(3) 查阅该工程的建筑施工图，屋面保温层选用1∶10现浇水泥膨胀珍珠岩保温层。外围护结构墙体原设计图注明为加气混凝土砌块填充墙；实际做法是240mm厚炉渣混凝土砌块，但未见设计变更。查阅施工质量保证资料，炉渣混凝土空心砌块是从三个厂家购进，有部分检验报告，未见合格证。

(4) 检测人员在现场从屋面剩余的炉渣混凝土小型空心砌块中取样带回后，经委托建筑材料、建筑构件产品质量监督检验站对两个规格的炉渣混凝土空心砌块样品进行了烧失量检测，其检测结果分别为30.58%和37.54%，不符合当时执行的标准炉渣烧失量不得大于20%的质量要求。根据砌块中炉渣的比例，其原材料中炉渣的烧失量还应大于上述砌块的检测数据。经检验判定，该炉渣混凝土空心砌块属于不合格产品。

试问：通过此案例，我们可获得哪些启示？

引例答案

第一节　概　　述

建筑装饰装修是指为保护建筑物的主体结构、完善建筑物的使用功能和美化建筑物，采用装饰装修材料或饰物，对建筑物的内外表面及空间进行的各种处理过程。

建筑装饰装修工程是建筑工程中的一个分部工程，其中包括的子分部工程及分项工程见表 4-1。

建筑装饰装修工程子分部工程、分项工程划分　　**表 4-1**

分部工程	子分部工程	分项工程
建筑装饰装修工程	建筑地面	基层铺设、整体面层铺设、板块面层铺设、木、竹面层铺设
	抹灰	一般抹灰、保温层薄抹灰、装饰抹灰、清水砌体勾缝
	外墙防水	外墙砂浆防水、涂膜防水、透气膜防水
	门窗	木门窗安装、金属门窗安装、塑料门窗安装、特种门安装、门窗玻璃安装
	吊顶	整体面层吊顶、板块面层吊顶、格栅吊顶
	轻质隔墙	板材隔墙、骨架隔墙、活动隔墙、玻璃隔墙
	饰面板	石板安装、陶瓷板安装、木板安装、金属板安装、塑料板安装
	饰面砖	外墙饰面砖粘贴、内墙饰面砖粘贴
	幕墙	玻璃幕墙安装、金属幕墙安装、石材幕墙安装、陶板幕墙安装
	涂饰	水性涂料涂饰、溶剂型涂料涂饰、美术涂饰
	裱糊与软包	裱糊、软包
	细部	橱柜制作与安装、窗帘盒和窗台板制作与安装、门窗套制作与安装、护栏和扶手制作与安装、花饰制作与安装

建筑装饰装修工程质量验收

第二节　建筑地面工程质量验收

建筑地面是建筑物底层地面和楼（层地）面的总称，含室外散水、明沟、踏步、台阶和坡道。不包含超净、屏蔽、绝缘、防止放射线以及防腐蚀等特殊要求的建筑地面工程。

建筑地面工程作为一个子分部，由基层铺设、整体面层铺设、板块面层铺设、木、竹面层铺设四个分项工程构成，各分项工程又由多个检验批构成，具体见表 4-2。

建筑地面工程分项工程、检验批划分 **表 4-2**

序号	分项工程	检验批
1	基层铺设	基土、灰土垫层、砂垫层和砂石垫层、碎石垫层和碎砖垫层、三合土和四合土垫层、炉渣垫层、水泥混凝土垫层和陶粒混凝土垫层、找平层、隔离层、填充层、绝热层
2	整体面层铺设	水泥混凝土面层、水泥砂浆面层、水磨石面层、硬化耐磨面层、防油渗面层、不发火（防爆）面层、自流平面层、涂料面层、塑胶面层、地面辐射供暖的整体面层
3	板块面层铺设	砖面层、大理石面层和花岗石面层、预制板块面层、料石面层、塑料板面层、活动地板面层、金属板面层、地毯面层、地面辐射供暖的板块面层
4	木、竹面层铺设	实木地板、实木集成地板、竹地板面层、实木复合地板面层、浸渍纸层压木质地板面层、软木类地板面层、地面辐射供暖的木板面层

建筑地面工程
质量验收

本小节以板块面层铺设分项下的砖面层检验批为例，参考现行国家标准《建筑地面工程施工质量验收规范》GB 50209—2010，分析砖面层检验批在进行验收时，应满足哪些要求。

一、 检验批的划分原则

1. 建筑地面工程施工质量的检验，应符合下列规定（规范 GB 50209 第 3.0.21 条）：

（1）基层（各构造层）和各类面层的分项工程的施工质量验收应按每一层次或每层施工段（或变形缝）划分检验批，高层建筑的标准层可按每三层（不足三层按三层计）划分检验批。

（2）每检验批应以各子分部工程的基层（各构造层）和各类面层所划分的分项工程按自然间（或标准间）检验，抽查数量应随机检验，不应少于 3 间；不足 3 间，应全数检查；其中走廊（过道）应以 10 延长米为 1 间，工业厂房（按单跨计）、礼堂、门厅应以两个轴线为 1 间计算。

（3）有防水要求的建筑地面子分部工程的分项工程施工质量每检验批抽查数量应按其房间总数随机检验，不应少于 4 间；不足 4 间，应全数检查。

2. 建筑地面工程的分项工程施工质量检验的主控项目，应达到规范 GB 50209 规定的质量标准，认定为合格；一般项目 80％以上的检查点（处）符合规范 GB 50209 规定的质量要求，其他检查点（处）不得有明显影响使用，且最大偏差值不超过允许偏差值的 50％为合格。凡达不到质量标准时，应按现行国家标准《建筑工程施工质量验收统一标准》GB 50300—2013 的规定处理（规范 GB 50209 第 3.0.22 条）。

二、 砖面层施工质量要点

1. 砖面层可采用陶瓷锦砖、缸砖、陶瓷地砖和水泥花砖，应在结合层上铺设。

2. 在水泥砂浆结合层上铺贴缸砖、陶瓷地砖和水泥花砖面层时，应符合下列规定：

(1) 在铺贴前，应对砖的规格尺寸、外观质量、色泽等进行预选；需要时，浸水湿润晾干待用。

(2) 勾缝和压缝应采用同品种、同强度等级、同颜色的水泥，并做好养护和保护。

3. 在水泥砂浆结合层上铺贴陶瓷锦砖面层时，砖底面应洁净，每联陶瓷锦砖之间、与结合层之间以及在墙角、镶边和靠柱、墙处应紧密贴合。在靠柱、墙处不得采用砂浆填补。

4. 在胶料结合层上铺贴缸砖面层时，缸砖应干净，铺贴应在胶结料凝结前完成。

板块面层的允许偏差和检验方法应符合《建筑地面工程施工质量验收规范》GB 50209—2010 表 6.1.8 的规定（表 4-3）。

板、块面层的允许偏差和检验方法 **表 4-3**

项次	项目	允许偏差（mm）											检验方法
		陶瓷锦砖面层、高级水磨石板、陶瓷地砖面层	缸砖面层	水泥花砖面层	水磨石板块面层	大理石面层、花岗石面层、人造石面层、金属板面层	塑料板面层	水泥混凝土板块面层	碎拼大理石、碎拼花岗石面层	活动地板面层	条石面层	块石面层	
1	表面平整度	2.0	4.0	3.0	3.0	1.0	2.0	4.0	3.0	2.0	10	10	用 2m 靠尺和楔形塞尺检查
2	缝格平直	3.0	3.0	3.0	3.0	2.0	3.0	3.0	—	2.5	8.0	8.0	拉 5m 线和用钢尺检查
3	接缝高低差	0.5	1.5	0.5	1.0	0.5	0.5	1.5	—	0.4	2.0	—	用钢尺和楔形塞尺检查
4	踢脚线上口平直	3.0	4.0	—	4.0	1.0	2.0	4.0	1.0	—	—	—	拉 5m 线和用钢尺检查
5	板块间隙宽度	2.0	2.0	2.0	2.0	1.0	—	6.0	—	0.3	5.0	—	用钢尺检查

三、 砖面层检验批质量验收标准

1. 主控项目

(1) 砖面层所用板块产品应符合设计要求和国家现行有关标准的规定。

检验方法：观察检查和检查型式检验报告、出厂检验报告、出厂合格证。

检查数量：同一工程、同一材料、同一生产厂家、同一型号、同一规格、同一批号检查一次。

(2) 砖面层所用板块产品进入施工现场时，应有放射性限量合格的检测报告。

检验方法：检查检测报告。

检查数量：同一工程、同一材料、同一生产厂家、同一型号、同一规格、同一批号检查一次。

(3) 面层与下一层的结合（粘结）应牢固，无空鼓（单块砖边角允许有局部空鼓，但每自然间或标准间的空鼓砖不应超过总数的 5%）。

检验方法：用小锤轻击检查。

检查数量：按规范 GB 50209 第 3.0.21 条规定的检验批检查。

2. 一般项目

(1) 砖面层的表面应洁净、图案清晰，色泽应一致，接缝应平整，深浅应一致，周边应顺直。板块应无裂纹、掉角和缺楞等缺陷。

检验方法：观察检查。

检查数量：按规范 GB 50209 第 3.0.21 条规定的检验批检查。

(2) 面层邻接处的镶边用料及尺寸应符合设计要求，边角应整齐、光滑。

检验方法：观察和用钢尺检查。

检查数量：按规范 GB 50209 第 3.0.21 条规定的检验批检查。

(3) 踢脚线表面应洁净，与柱、墙面的结合应牢固。踢脚线高度及出柱、墙厚度应符合设计要求，且均匀一致。

检验方法：观察和用小锤轻击及钢尺检查。

检查数量：按规范 GB 50209 第 3.0.21 条规定的检验批检查。

(4) 楼梯、台阶踏步的宽度、高度应符合设计要求。踏步板块的缝隙宽度应一致；楼层梯段相邻踏步高度差不应大于 10mm；每踏步两端宽度差不应大于 10mm，旋转楼梯梯段的每踏步两端宽度的允许偏差不应大于 5mm。踏步面层应做防滑处理，齿角应整齐，防滑条应顺直、牢固。

检验方法：观察和用钢尺检查。

检查数量：按规范 GB 50209 第 3.0.21 条规定的检验批检查。

(5) 面层表面的坡度应符合设计要求，不倒泛水、无积水；与地漏、管道结合处应严密牢固，无渗漏。

检验方法：观察、泼水或用坡度尺及蓄水检查。

检查数量：按规范 GB 50209 第 3.0.21 条规定的检验批检查。

(6) 砖面层的允许偏差应符合规范 GB 50209 表 6.1.8 的规定。

检验方法：按规范 GB 50209 表 6.1.8 中的检验方法检验。

检查数量：按规范 GB 50209 第 3.0.21 条规定的检验批和第 3.0.22 条的规定检查。

四、砖面层检验批表格范例

砖面层检验批质量验收记录见表 4-4。

砖面层检验批质量验收记录　　**表 4-4**

03120301 001

<table>
<tr><td colspan="3">单位（子单位）
工程名称</td><td>某教学楼</td><td>分部（子分部）
工程名称</td><td>建筑装饰装修分部-
建筑地面工程子分部</td><td>分项工程名称</td><td>板块面层
铺设分项</td></tr>
<tr><td colspan="3">施工单位</td><td></td><td>项目负责人</td><td></td><td>检验批容量</td><td>10 间</td></tr>
<tr><td colspan="3">分包单位</td><td></td><td>分包单位
项目负责人</td><td></td><td>检验批部位</td><td>1-8/A-C
轴三层地面</td></tr>
<tr><td colspan="3">施工依据</td><td colspan="2">建筑装饰装修施工方案</td><td>验收依据</td><td colspan="2">《建筑地面工程施工质量验收规范》
GB 50209—2010</td></tr>
<tr><td colspan="4">验收项目</td><td>设计要求及
规范规定</td><td>最小/实际
抽样数量</td><td>检查记录</td><td>检查结果</td></tr>
<tr><td rowspan="3">主控项目</td><td>1</td><td colspan="2">材料质量</td><td>第 6.2.5 条</td><td>/</td><td>质量证明文件齐全，试验合格，报告编号×××</td><td>√</td></tr>
<tr><td>2</td><td colspan="2">板块产品应有放射性限量合格的检测报告</td><td>第 6.2.6 条</td><td>/</td><td>检验合格，报告编号×××</td><td>√</td></tr>
<tr><td>3</td><td colspan="2">面层与下一层结合</td><td>第 6.2.7 条</td><td>3/3</td><td>抽查 3 处，全部合格</td><td>√</td></tr>
<tr><td rowspan="17">一般项目</td><td>1</td><td colspan="2">面层表面质量</td><td>第 6.2.8 条</td><td>3/3</td><td>抽查 3 处，全部合格</td><td>100%</td></tr>
<tr><td>2</td><td colspan="2">邻接处镶边用料</td><td>第 6.2.9 条</td><td>3/3</td><td>抽查 3 处，全部合格</td><td>100%</td></tr>
<tr><td>3</td><td colspan="2">踢脚线质量</td><td>第 6.2.10 条</td><td>3/3</td><td>抽查 3 处，全部合格</td><td>100%</td></tr>
<tr><td rowspan="4">4</td><td rowspan="4">楼梯、台阶踏步</td><td>踏步尺寸及面层质量</td><td>第 6.2.11 条</td><td>3/3</td><td>抽查 3 处，全部合格</td><td>100%</td></tr>
<tr><td>楼层梯段相邻踏步高度差</td><td>10mm</td><td>3/3</td><td>抽查 3 处，全部合格</td><td>100%</td></tr>
<tr><td>每踏步两端宽度差</td><td>10mm</td><td>3/3</td><td>抽查 3 处，全部合格</td><td>100%</td></tr>
<tr><td>旋转楼梯踏步两端宽度</td><td>5mm</td><td>3/3</td><td>抽查 3 处，全部合格</td><td>100%</td></tr>
<tr><td>5</td><td colspan="2">面层表面坡度</td><td>第 6.2.12 条</td><td>3/3</td><td>抽查 3 处，全部合格</td><td>100%</td></tr>
<tr><td rowspan="9">6</td><td rowspan="3">表面允许偏差</td><td>缸砖</td><td>4.0mm</td><td>3/3</td><td>抽查 3 处，全部合格</td><td>100%</td></tr>
<tr><td>水泥花砖</td><td>3.0mm</td><td>3/3</td><td>抽查 3 处，全部合格</td><td>100%</td></tr>
<tr><td>陶瓷锦砖、陶瓷地砖</td><td>2.0mm</td><td>3/3</td><td>抽查 3 处，全部合格</td><td>100%</td></tr>
<tr><td colspan="2">缝格平直</td><td>3.0mm</td><td>3/3</td><td>抽查 3 处，全部合格</td><td>100%</td></tr>
<tr><td rowspan="2">接缝高低差</td><td>陶瓷锦砖、陶瓷地砖、水泥花砖</td><td>0.5mm</td><td>3/3</td><td>抽查 3 处，全部合格</td><td>100%</td></tr>
<tr><td>缸砖</td><td>1.5mm</td><td>3/3</td><td>抽查 3 处，全部合格</td><td>100%</td></tr>
<tr><td rowspan="2">踢脚线上口平直</td><td>陶瓷锦砖、陶瓷地砖</td><td>3.0mm</td><td>3/3</td><td>抽查 3 处，全部合格</td><td>100%</td></tr>
<tr><td>缸砖</td><td>4.0mm</td><td>3/3</td><td>抽查 3 处，全部合格</td><td>100%</td></tr>
<tr><td colspan="2">板块间隙宽度</td><td>2.0mm</td><td>3/3</td><td>抽查 3 处，全部合格</td><td>100%</td></tr>
<tr><td colspan="4">施工单位
检查结果</td><td colspan="4">合格　　专业工长：
项目专业质量检查员：
年　月　日</td></tr>
<tr><td colspan="4">监理单位
验收结论</td><td colspan="4">专业监理工程师：
年　月　日</td></tr>
</table>

板块面层铺设
工程质量验收

第三节 抹灰工程质量验收

抹灰工程作为建筑装饰装修下的子分部工程，包含一般抹灰、保温层薄抹灰、装饰抹灰、清水砌体勾缝四个分项工程。本小节将以一般抹灰工程为例，依据现行国家标准《建筑装饰装修工程质量验收标准》GB 50210—2018，介绍一般抹灰工程在进行质量验收时应满足哪些条件。

一般抹灰工程分为普通抹灰和高级抹灰，当设计无要求时，按普通抹灰验收，一般抹灰包括水泥砂浆、水泥混合砂浆、聚合物水泥砂浆和粉刷石膏等抹灰。

一、 检验批的划分原则

1. 抹灰工程应按下列规定划分检验批：

（1）相同材料、工艺和施工条件的室外抹灰工程每 1000m^2 应划分为一个检验批，不足 1000m^2 时也应划分为一个检验批；

（2）相同材料、工艺和施工条件的室内抹灰工程每 50 个自然间应划分为一个检验批，不足 50 间也应划分为一个检验批，大面积房间和走廊可按抹灰面积每 30m^2 计为 1 间。

2. 抹灰工程检查数量应符合下列规定：

（1）室内每个检验批应至少抽查 10%，并不得少于 3 间，不足 3 间时应全数检查；

（2）室外每个检验批每 100m^2 应至少抽查一处，每处不得小于 10m^2。

二、 一般抹灰施工质量要点

1. 抹灰工程验收时应检查下列文件和记录：

（1）抹灰工程的施工图、设计说明及其他设计文件；

（2）材料的产品合格证书、性能检验报告、进场验收记录和复验报告；

（3）隐蔽工程验收记录；

（4）施工记录。

2. 抹灰工程应对下列材料及其性能指标进行复验：

（1）砂浆的拉伸粘结强度；

（2）聚合物砂浆的保水率。

3. 抹灰工程应对下列隐蔽工程项目进行验收：

（1）抹灰总厚度大于或等于 35mm 时的加强措施；

（2）不同材料基体交接处的加强措施。

4. 外墙抹灰工程施工前应先安装钢木门窗框、护栏等，应将墙上的施工孔洞堵塞密实，并对基层进行处理。

5. 室内墙面、柱面和门洞口的阳角做法应符合设计要求，设计无要求时，应采用不低于 M20 水泥砂浆做护角，其高度不应低于 2m，每侧宽度不应小于 50mm。

6. 当要求抹灰层具有防水防潮功能时，应采用防水砂浆，各种砂浆抹灰层在凝结前应防止快干、水冲、撞击、振动和受冻，在凝结后采取措施防止沾污和损坏。水泥砂浆抹灰层应在湿润条件下养护。

7. 外墙和顶棚的抹灰层与基层之间及各抹灰层之间应粘结牢固。

三、 一般抹灰检验批质量验收标准

1. 主控项目

（1）一般抹灰所用材料的品种和性能应符合设计要求及国家现行标准的有关规定。

检验方法：检查产品合格证书、进场验收记录、性能检验报告和复验报告。

（2）抹灰前基层表面的尘土、污垢和油渍等应清除干净，并应洒水润湿或进行界面处理。

检验方法：检查施工记录。

（3）抹灰工程应分层进行。当抹灰总厚度大于或等于 35mm 时，应采取加强措施。不同材料基体交接处表面的抹灰，应采取防止开裂的加强措施，当采用加强网时，加强网与各基体的搭接宽度不应小于 100mm。

检验方法：检查隐蔽工程验收记录和施工记录。

（4）抹灰层与基层之间及各抹灰层之间应粘结牢固，抹灰层应无脱层和空鼓，面层应无爆灰和裂缝。

检验方法：观察；用小锤轻击检查；检查施工记录。

2. 一般项目

（1）一般抹灰工程的表面质量应符合下列规定：

1）普通抹灰表面应光滑、洁净、接槎平整，分格缝应清晰；

2）高级抹灰表面应光滑、洁净、颜色均匀、无抹纹，分格缝和灰线应清晰美观。

检验方法：观察；手摸检查。

（2）护角、孔洞、槽、盒周围的抹灰表面应整齐、光滑；管道后面的抹灰表面应平整。

检验方法：观察。

（3）抹灰层的总厚度应符合设计要求；水泥砂浆不得抹在石灰砂浆层上；罩面石膏灰不得抹在水泥砂浆层上。

检验方法：检查施工记录。

（4）抹灰分格缝的设置应符合设计要求，宽度和深度应均匀，表面应光滑，棱角应整齐。

检验方法：观察；尺量检查。

（5）有排水要求的部位应做滴水线（槽）。滴水线（槽）应整齐顺直，滴水线应内高外低，滴水槽的宽度和深度应满足设计要求，且均不应小于 10mm。

检验方法：观察；尺量检查。

（6）一般抹灰工程质量的允许偏差和检验方法应符合表 4-5 的规定。

一般抹灰的允许偏差和检验方法　　**表 4-5**

项次	项目	允许偏差		检验方法
		普通抹灰	高级抹灰	
1	立面垂直度	4	3	用 2m 垂直检测尺检查

续表

项次	项目	允许偏差		检验方法
		普通抹灰	高级抹灰	
2	表面平整度	4	3	用 2m 靠尺和塞尺检查
3	阴阳角方正	4	3	用 200mm 直角检测尺检查
4	分格条（缝）直线度	4	3	拉 5m 线，不足 5m 拉通线，用钢直尺检查
5	墙裙、勒脚上口直线度	4	3	拉 5m 线，不足 5m 拉通线，用钢直尺检查

注：1. 普通抹灰，本表第 3 项阴角方正可不检查；
2. 顶棚抹灰，本表第 2 项表面平整度可不检查，但应平顺。

四、一般抹灰检验批表格范例

一般抹灰检验批质量验收记录见表 4-6。

一般抹灰检验批质量验收记录　　表 4-6

03010101 001

单位（子单位）工程名称	某教学楼	分部（子分部）工程名称	建筑装饰装修分部-抹灰工程子分部	分项工程名称	一般抹灰分项
施工单位		项目负责人		检验批容量	20 间
分包单位		分包单位项目负责人		检验批部位	二层内墙
施工依据	《抹灰砂浆技术规程》JGJ/T 220—2010		验收依据	《建筑装饰装修工程质量验收标准》GB 50210—2018	

验收项目			设计要求及规范规定	最小/实际抽样数量	检查记录	检查结果
主控项目	1	材料品种和性能	第 4.2.1 条	/	检查产品合格证书，检测报告齐全	✓
	2	基层表面	第 4.2.2 条	3/3	抽查 3 处，全部合格	✓
	3	操作要求	第 4.2.3 条	3/3	抽查 3 处，全部合格	✓
	4	层粘结及面层质量	第 4.2.4 条	3/3	抽查 3 处，全部合格	✓
一般项目	1	表面质量	第 4.2.5 条	3/3	抽查 3 处，全部合格	100%
	2	细部质量	第 4.2.6 条	3/3	抽查 3 处，全部合格	100%
	3	层与层间材料要求层总厚度	第 4.2.7 条	3/3	抽查 3 处，全部合格	100%
	4	分格缝	第 4.2.8 条	3/3	抽查 3 处，全部合格	100%
	5	滴水线（槽）	第 4.2.9 条	3/3	抽查 3 处，全部合格	100%

续表

验收项目			设计要求及规范规定		最小/实际抽样数量	检查记录	检查结果
一般项目	6	项目	允许偏差（mm）		最小/实际抽样数量	检查记录	检查结果
			普通抹灰 ✓	高级抹灰			
		立面垂直度	4	3	3/3	抽查 3 处，全部合格	100%
		表面平整度	4	3	3/3	抽查 3 处，全部合格	100%
		阴阳角方正	4	3	/	/	/
		分格条（缝）直线度	4	3	3/3	抽查 3 处，全部合格	100%
		墙裙、勒脚上口直线度	4	3	3/3	抽查 3 处，全部合格	100%
施工单位检查结果			专业工长： 项目专业质量检查员： 年　月　日				
监理单位验收结论			专业监理工程师： 年　月　日				

抹灰工程

第四节　外墙防水工程质量验收

外墙防水工程作为建筑装饰装修下的子分部工程，包含外墙砂浆防水、涂膜防水和透气膜防水三个分项工程。本小节将以外墙砂浆防水工程为例，依据现行国家标准《建筑装饰装修工程质量验收标准》GB 50210—2018，介绍砂浆防水工程在进行质量验收时应满足哪些条件。

一、检验批的划分原则

外墙防水工程应按下列规定划分检验批：

1. 相同材料、工艺和施工条件的外墙防水工程，每 1000m^2 应划分为一个检验批，不足 1000m^2 时也应划分为一个检验批。

2. 每个检验批每 100m^2 应至少抽查一处，每处检查不得小于 10m^2，节点构造应全数进行检查。

二、外墙砂浆防水施工质量要点

1. 外墙防水工程验收时应检查下列文件和记录：

(1) 外墙防水工程的施工图、设计说明及其他设计文件；

(2) 材料的产品合格证书、性能检验报告、进场验收记录和复验报告；

(3) 施工方案及安全技术措施文件；

(4) 雨后或现场淋水检验记录；

(5) 隐蔽工程验收记录；

(6) 施工记录；

(7) 施工单位的资质证书及操作人员的上岗证书。

2. 外墙砂浆防水工程应对防水砂浆的粘结强度和抗渗性能进行复验。

3. 外墙防水工程应对下列隐蔽工程项目进行验收：

(1) 外墙不同结构材料交接处的增强处理措施的节点；

(2) 防水层在变形缝、门窗洞口、穿外墙管道、预埋件及收头等部位的节点；

(3) 防水层的搭接宽度及附加层。

三、外墙砂浆防水检验批质量验收标准

1. 主控项目

(1) 砂浆防水层所用砂浆品种及性能应符合设计要求及国家现行标准的有关规定。

检验方法：检查产品合格证书、性能检验报告、进场验收记录和复验报告。

(2) 砂浆防水层在变形缝、门窗洞口、穿外墙管道和预埋件等部位的做法应符合设计要求。

检验方法：观察；检查隐蔽工程验收记录。

(3) 砂浆防水层不得有渗漏现象。

检验方法：检查雨后或现场淋水检验记录。

(4) 砂浆防水层与基层之间及防水层各层之间应粘结牢固，不得有空鼓。

检验方法：观察；用小锤轻击检查。

2. 一般项目

(1) 砂浆防水层表面应密实、平整，不得有裂纹、起砂和麻面等缺陷。

检验方法：观察。

(2) 砂浆防水层施工缝位置及施工方法应符合设计及施工方案要求。

检验方法：观察。

(3) 砂浆防水层厚度应符合设计要求。

检验方法：尺量检查；检查施工记录。

四、外墙砂浆防水检验批表格范例

外墙砂浆防水检验批质量验收记录见表 4-7。

外墙砂浆防水检验批质量验收记录　　**表 4-7**

03020101 001

单位（子单位）工程名称			某教学楼	分部（子分部）工程名称	建筑装饰装修分部-外墙防水工程子分部	分项工程名称	外墙砂浆防水分项
施工单位				项目负责人		检验批容量	500m²
分包单位				分包单位项目负责人		检验批部位	东立面外墙
施工依据			《建筑外墙防水工程技术规程》JGJ/T 235—2011		验收依据	《建筑装饰装修工程质量验收标准》GB 50210—2018	
验收项目			设计要求及规范规定	最小/实际抽样数量	检查记录		检查结果
主控项目	1	砂浆品种及性能	第 5.2.1 条	/	检查产品合格证书，检测报告齐全		√
	2	砂浆防水层细部做法	第 5.2.2 条	全/1	共 1 处，检查 1 处，全部合格		√
	3	砂浆防水层	第 5.2.3 条	5/5	抽查 5 处，全部合格		√
	4	各防水层粘结牢固	第 5.2.4 条	5/5	抽查 5 处，全部合格		√
一般项目	1	砂浆防水层表面质量	第 5.2.5 条	5/5	抽查 5 处，全部合格		100%
	2	砂浆防水层施工缝位置及施工方法	第 5.2.6 条	5/5	抽查 5 处，全部合格		100%
	3	砂浆防水层厚度	第 5.2.7 条	5/5	抽查 5 处，全部合格		100%
施工单位检查结果			专业工长： 项目专业质量检查员： 年　月　日				
监理单位验收结论			专业监理工程师： 年　月　日				

第五节　门窗工程质量验收

门窗工程作为建筑装饰装修下的子分部工程，包含木门窗安装、金属门窗安装、塑料门窗安装、特种门安装和门窗玻璃安装五个分项工程。本小节将以塑料门窗安装工程为例，依据现行国家标准《建筑装饰装修工程质量验收标准》GB 50210—2018，介绍塑料门窗安装工程在进行质量验收时应满足哪些条件。

一、检验批的划分原则

门窗工程应按下列规定划分检验批：

1. 同一品种、类型和规格的木门窗、金属门窗、塑料门窗和门窗玻璃每 100 樘应划分为一个检验批，不足 100 樘也应划分为一个检验批。

2. 同一品种、类型和规格的特种门每50樘应划分为一个检验批，不足50樘也应划分为一个检验批。

3. 检查数量应符合下列规定：

(1) 木门窗、金属门窗、塑料门窗和门窗玻璃每个检验批应至少抽查5%，并不得少于3樘，不足3樘时应全数检查；高层建筑的外窗每个检验批应至少抽查10%，并不得少于6樘，不足6樘时应全数检查。

(2) 特种门每个检验批应至少抽查50%，并不得少于10樘，不足10樘时应全数检查。

二、塑料门窗安装施工质量要点

1. 门窗工程验收时应检查下列文件和记录：

(1) 门窗工程的施工图、设计说明及其他设计文件；

(2) 材料的产品合格证书、性能检验报告、进场验收记录和复验报告；

(3) 特种门及其配件的生产许可文件；

(4) 隐蔽工程验收记录；

(5) 施工记录。

2. 门窗工程应对下列材料及其性能指标进行复验：

(1) 人造木板门的甲醛释放量；

(2) 建筑外窗的气密性能、水密性能和抗风压性能。

3. 门窗工程应对下列隐蔽工程项目进行验收：

(1) 预埋件和锚固件；

(2) 隐蔽部位的防腐和填嵌处理；

(3) 高层金属窗防雷连接节点。

4. 门窗安装前，应对门窗洞口尺寸及相邻洞口的位置偏差进行检验。同一类型和规格外门窗洞口垂直、水平方向的位置应对齐，位置允许偏差应符合下列规定：

(1) 垂直方向的相邻洞口位置允许偏差应为10mm；全楼高度小于30m的垂直方向位置允许偏差应为15mm；全楼高度不小于30m的垂直方向洞口位置允许偏差应为20mm。

(2) 水平方向的相邻洞口位置允许偏差应为10mm；全楼长度小于30m的水平方向洞口位置允许偏差应为15mm，全楼长度不小于30m的水平方向洞口位置允许偏差应为20mm。

5. 金属门窗和塑料门窗安装应采用预留洞口的方法施工。

6. 当金属窗或塑料窗为组合窗时，其拼樘料的尺寸、规格、壁厚应符合设计要求。

7. 建筑外门窗安装必须牢固。在砌体上安装门窗严禁采用射钉固定。

8. 推拉门窗扇必须牢固，必须安装防脱落装置。

9. 门窗安全玻璃的使用应符合现行行业标准《建筑玻璃应用技术规程》JGJ 113—2015的规定。

10. 建筑外窗口的防水和排水构造应符合设计要求和国家现行标准的有关规定。

三、 塑料门窗安装检验批质量验收标准

1. 主控项目

（1）塑料门窗的品种、类型、规格、尺寸、性能、开启方向、安装位置、连接方式和填嵌密封处理应符合设计要求及国家现行标准的有关规定，内衬增强型钢的壁厚及设置应符合现行国家标准《建筑用塑料门》GB/T 28886—2012 和《建筑用塑料窗》GB/T 28887—2012 的规定。

检验方法：观察；尺量检查；检查产品合格证书、性能检验报告、进场验收记录和复验报告；检查隐蔽工程验收记录。

（2）塑料门窗框、附框和扇的安装应牢固。固定片或膨胀螺栓的数量与位置应正确，连接方式应符合设计要求。固定点应距窗角、中横框、中竖框 150～200mm，固定点间距不应大于 600mm。

检验方法：观察；手扳检查；尺量检查；检查隐蔽工程验收记录。

（3）塑料组合门窗使用的拼樘料截面尺寸及内衬增强型钢的形状和壁厚应符合设计要求。承受风荷载的拼樘料应采用与其内腔紧密吻合的增强型钢作为内衬，其两端应与洞口固定牢固。窗框应与拼樘料连接紧密，固定点间距不应大于 600mm。

检验方法：观察；手扳检查；尺量检查；吸铁石检查；检查进场验收记录。

（4）窗框与洞口之间的伸缩缝内应采用聚氨酯发泡胶填充，发泡胶填充应均匀、密实。发泡胶成型后不宜切割。表面应采用密封胶密封。密封胶应粘结牢固，表面应光滑、顺直、无裂纹。

检验方法：观察；检查隐蔽工程验收记录。

（5）滑撑铰链的安装应牢固，紧固螺钉应使用不锈钢材质。螺钉与框扇连接处应进行防水密封处理。

检验方法：观察；手扳检查；检查隐蔽工程验收记录。

（6）推拉门窗扇应安装防止扇脱落的装置。

检验方法：观察。

（7）门窗扇关闭应严密，开关应灵活。

检验方法：观察；尺量检查；开启和关闭检查。

（8）塑料门窗配件的型号、规格和数量应符合设计要求，安装应牢固，位置应正确，使用应灵活，功能应满足各自使用要求。平开窗扇高度大于 900mm 时，窗扇锁闭点不应少于 2 个。

检验方法：观察；手扳检查；尺量检查。

2. 一般项目

（1）安装后的门窗关闭时，密封面上的密封条应处于压缩状态，密封层数应符合设计要求。密封条应连续完整，装配后应均匀、牢固，应无脱槽、收缩和虚压等现象；密封条接口应严密，且应位于窗的上方。

检验方法：观察。

（2）塑料门窗扇的开关力应符合下列规定：

1）平开门窗扇平铰链的开关力不应大于 80N；滑撑铰链的开关力不应大于 80N，并

不应小于 30N。

2）推拉门窗扇的开关力不应大于 100N。

检验方法：观察；用测力计检查。

（3）门窗表面应洁净、平整、光滑，颜色应均匀一致。可视面应无划痕、碰伤等缺陷，门窗不得有焊角开裂和型材断裂等现象。

检验方法：观察。

（4）旋转窗间隙应均匀。

检验方法：观察。

（5）排水孔应畅通，位置和数量应符合设计要求。

检验方法：观察。

（6）塑料门窗安装的允许偏差和检验方法应符合现行国家标准《建筑装饰装修工程质量验收标准》GB 50210—2018 表 6.1.14 的规定（表 4-8）。

塑料门窗安装的允许偏差和检验方法 **表 4-8**

项次	项目		允许偏差（mm）	检验方法
1	门、窗框外形（高、宽）尺寸长度差	≤1500mm	2	用钢卷尺检查
		>1500mm	3	
2	门、窗框两对角线长度差	≤2000mm	3	用钢卷尺检查
		>2000mm	5	
3	门、窗框（含拼樘料）正、侧面垂直度		3	用 1m 垂直检测尺检查
4	门、窗框（含拼樘料）水平度		3	用 1m 水平尺和塞尺检查
5	门、窗下横框的标高		5	用钢卷尺检查，与基准线比较
6	门、窗竖向偏离中心		5	用钢卷尺检查
7	双层门、窗内外框间距		4	用钢卷尺检查
8	平开门窗及上悬、下悬、中悬窗	门、窗扇与框搭接宽度	2	用深度尺或钢直尺检查
		同樘门、窗相邻扇的水平高度差	2	用靠尺和钢直尺检查
		门、窗框扇四周的配合间隙	1	用楔形塞尺检查
9	推拉门窗	门、窗扇与框搭接宽度	2	用深度尺或钢直尺检查
		门、窗扇与框或相邻扇立边平行度	2	用钢直尺检查
10	组合门窗	平整度	3	用 2m 靠尺和钢直尺检查
		缝直线度	3	用 2m 靠尺和钢直尺检查

四、塑料门窗安装检验批表格范例

塑料门窗安装检验批质量验收记录见表 4-9。

塑料门窗安装检验批质量验收记录　　表 4-9

03030301 001

单位（子单位）工程名称	某教学楼	分部（子分部）工程名称	建筑装饰装修分部-门窗工程子分部	分项工程名称	塑料门窗安装分项
施工单位		项目负责人		检验批容量	100 樘
分包单位		分包单位项目负责人		检验批部位	1-3 层
施工依据	《铝合金门窗工程技术规范》JGJ 214—2010		验收依据	《建筑装饰装修工程质量验收标准》GB 50210—2018	

验收项目					设计要求及规范规定	最小/实际抽样数量	检查记录	检查结果
主控项目	1	门窗质量			第 6.4.1 条	/	质量证明文件齐全，通过进场验收	√
	2	框、扇安装			第 6.4.2 条	5/5	抽查 5 处，全部合格	√
	3	拼樘料与框连接			第 6.4.3 条	5/5	抽查 5 处，全部合格	√
	4	框与洞口缝隙填嵌			第 6.4.4 条	5/5	抽查 5 处，全部合格	√
	5	滑撑铰链安装			第 6.4.5 条	5/5	抽查 5 处，全部合格	√
	6	防止扇脱落装置的安装			第 6.4.6 条	5/5	抽查 5 处，全部合格	√
	7	门窗扇安装			第 6.4.7 条	5/5	抽查 5 处，全部合格	√
	8	配件质量及安装			第 6.4.8 条	5/5	抽查 5 处，全部合格	√
一般项目	1	密封条安装质量			第 6.4.9 条	5/5	抽查 5 处，全部合格	100%
	2	门窗扇开关力			第 6.4.10 条	5/5	抽查 5 处，全部合格	100%
	3	门窗质量			第 6.4.11 条	5/5	抽查 5 处，全部合格	100%
	4	旋转窗间隙			第 6.4.12 条	5/5	抽查 5 处，全部合格	100%
	5	排水孔			第 6.4.13 条	5/5	抽查 5 处，全部合格	100%
	6	安装留缝限值及允许偏差（mm）	门、窗框外形（高、宽）尺寸长度差	≤1500mm	2	/	/	/
				>1500mm	3	5/5	抽查 5 处，合格 4 处	80.0%
			门、窗框两对角线长度差	≤2000mm	3	/	/	/
				>2000mm	5	5/5	抽查 5 处，全部合格	100%
			门、窗框（含拼樘料）正、侧面垂直度		3	5/5	抽查 5 处，全部合格	100%
			门、窗框（含拼樘料）水平度		3	5/5	抽查 5 处，全部合格	100%
			门窗下横框的标高		5	5/5	抽查 5 处，全部合格	100%
			门、窗竖向偏离中心		5	5/5	抽查 5 处，全部合格	100%
			双层门、窗内外框间距		4	/	/	/

续表

<table>
<tr><th colspan="5">验收项目</th><th>设计要求及规范规定</th><th>最小/实际抽样数量</th><th>检查记录</th><th>检查结果</th></tr>
<tr><td rowspan="7">一般项目</td><td rowspan="7">6</td><td rowspan="7">安装留缝限值及允许偏差(mm)</td><td rowspan="3">平开门窗及上悬、下悬、中悬窗</td><td>门、窗扇与框搭接宽度</td><td>2</td><td>5/5</td><td>抽查5处，合格4处</td><td>80.0%</td></tr>
<tr><td>同樘门、窗相邻扇的水平高度差</td><td>2</td><td>5/5</td><td>抽查5处，全部合格</td><td>100%</td></tr>
<tr><td>门、窗框扇四周的配合间隙</td><td>1</td><td>5/5</td><td>抽查5处，全部合格</td><td>100%</td></tr>
<tr><td rowspan="2">推拉门窗</td><td>门、窗扇与框搭接宽度</td><td>2</td><td>/</td><td>/</td><td>/</td></tr>
<tr><td>门、窗扇与框或相邻扇立边平行度</td><td>2</td><td>/</td><td>/</td><td>/</td></tr>
<tr><td rowspan="2">组合门窗</td><td>平整度</td><td>3</td><td>/</td><td>/</td><td>/</td></tr>
<tr><td>缝直线度</td><td>3</td><td>/</td><td>/</td><td>/</td></tr>
<tr><td colspan="5">施工单位
检查结果</td><td colspan="4">合格
专业工长：
项目专业质量检查员：
年　月　日</td></tr>
<tr><td colspan="5">监理单位
验收结论</td><td colspan="4">专业监理工程师：
年　月　日</td></tr>
</table>

第六节　吊顶工程质量验收

吊顶工程作为建筑装饰装修下的子分部工程，包含整体面层吊顶、板块面层吊顶、格栅吊顶三个分项工程。本小节将以板块面层吊顶工程为例，依据现行国家标准《建筑装饰装修工程质量验收标准》GB 50210—2018，介绍板块面层吊顶工程在进行质量验收时应满足哪些条件。

板块面层吊顶包括以轻钢龙骨、铝合金龙骨和木龙骨等为骨架，以石膏板、金属板、矿棉板、木板、塑料板、玻璃板和复合板等为板块面层的吊顶。

一、 检验批的划分原则

吊顶工程应按下列规定划分检验批：

1. 同一品种的吊顶工程每50间应划分为一个检验批，不足50间也应划分为一个检验批，大面积房间和走廊可按吊顶面积每30m^{2}计为1间。

2. 每个检验批应至少抽查10%，并不得少于3间，不足3间时应全数检查。

二、 吊顶工程施工质量要点

1. 吊顶工程验收时应检查下列文件和记录：

(1) 吊顶工程的施工图、设计说明及其他设计文件；

(2) 材料的产品合格证书、性能检验报告、进场验收记录和复验报告；

(3) 隐蔽工程验收记录；

(4) 施工记录。

2. 吊顶工程应对人造木板的甲醛释放量进行复验。

3. 吊顶工程应对下列隐蔽工程项目进行验收：

(1) 吊顶内管道、设备的安装及水管试压、风管严密性检验；

(2) 木龙骨防火、防腐处理；

(3) 埋件；

(4) 吊杆安装；

(5) 龙骨安装；

(6) 填充材料的设置；

(7) 反支撑及钢结构转换层。

4. 安装龙骨前应按设计要求对房间净高、洞口标高和吊顶内管道、设备及其支架的标高进行交接检验。

5. 吊顶工程的木龙骨和木面板应进行防火处理，并应符合有关设计防火标准的规定。

6. 吊顶工程中的埋件、钢筋吊杆和型钢吊杆应进行防腐处理。

7. 安装面板前应完成吊顶内管道和设备的调试及验收。

8. 吊杆距主龙骨端部距离不得大于300mm。当吊杆长度大于1500mm时，应设置反支撑。当吊杆与设备相遇时，应调整并增设吊杆或采用型钢支架。

9. 重型设备和有振动荷载的设备严禁安装在吊顶工程的龙骨上。

10. 吊顶埋件与吊杆的连接、吊杆与龙骨的连接、龙骨与面板的连接应安全可靠。

11. 吊杆上部为网架、钢屋架或吊杆长度大于2500mm时，应设有钢结构转换层。

12. 大面积或狭长形吊顶面层的伸缩缝及分格缝应符合设计要求。

三、 板块面层吊顶检验批质量验收标准

1. 主控项目

(1) 吊顶标高、尺寸、起拱和造型应符合设计要求。

检验方法：观察；尺量检查。

(2) 面层材料的材质、品种、规格、图案、颜色和性能应符合设计要求及国家现行标准的有关规定。当面层材料为玻璃板时，应使用安全玻璃并采取可靠的安全措施。

检验方法：观察；检查产品合格证书、性能检验报告、进场验收记录和复验报告。

(3) 面板的安装应稳固严密。面板与龙骨的搭接宽度应大于龙骨受力面宽度的2/3。

检验方法：观察；手扳检查；尺量检查。

(4) 吊杆和龙骨的材质、规格、安装间距及连接方式应符合设计要求。金属吊杆和龙骨应进行表面防腐处理；木龙骨应进行防腐、防火处理。

检验方法：观察；尺量检查；检查产品合格证书、性能检验报告、进场验收记录和隐蔽工程验收记录。

(5) 板块面层吊顶工程的吊杆和龙骨安装应牢固。

检验方法：手扳检查；检查隐蔽工程验收记录和施工记录。

2. 一般项目

(1) 面层材料表面应洁净、色泽一致，不得有翘曲、裂缝及缺损。面板与龙骨的搭接应平整、吻合，压条应平直、宽窄一致。

检验方法：观察；尺量检查。

(2) 面板上的灯具、烟感器、喷淋头、风口箅子和检修口等设备设施的位置应合理、美观，与面板的交接应吻合、严密。

检验方法：观察。

(3) 金属龙骨的接缝应平整、吻合、颜色一致，不得有划伤和擦伤等表面缺陷。木质龙骨应平整、顺直，应无劈裂。

检验方法：观察。

(4) 吊顶内填充吸声材料的品种和铺设厚度应符合设计要求，并应有防散落措施。

检验方法：检查隐蔽工程验收记录和施工记录。

(5) 板块面层吊顶工程安装的允许偏差和检验方法应符合表4-10的规定。

板块面层吊顶工程安装的允许偏差和检验方法 **表4-10**

项次	项目	允许偏差				检验方法
		石膏板	金属板	矿棉板	木板、塑料板、玻璃板、复合板	
1	表面平整度	3	2	3	2	用2m靠尺和塞尺检查
2	接缝直线度	3	2	3	3	拉5m线，不足5m拉通线，用钢直尺检查
3	接缝高低差	1	1	2	1	用钢直尺和塞尺检查

四、 板块面层吊顶检验批表格范例

板块面层吊顶检验批质量验收记录见表4-11。

板块面层吊顶检验批质量验收记录　　**表 4-11**

03040201 001

<table>
<tr><td colspan="3">单位（子单位）工程名称</td><td colspan="2">某教学楼</td><td colspan="3">分部（子分部）工程名称</td><td>建筑装饰装修分部-吊顶工程子分部</td><td>分项工程名称</td><td>板块面层吊顶分项</td></tr>
<tr><td colspan="3">施工单位</td><td colspan="2"></td><td colspan="3">项目负责人</td><td></td><td>检验批容量</td><td>40 间</td></tr>
<tr><td colspan="3">分包单位</td><td colspan="2"></td><td colspan="3">分包单位
项目负责人</td><td></td><td>检验批部位</td><td>三层吊顶</td></tr>
<tr><td colspan="3">施工依据</td><td colspan="5">建筑装饰装修施工方案</td><td>验收依据</td><td colspan="2">《建筑装饰装修工程质量验收标准》GB 50210—2018</td></tr>
<tr><td colspan="4">验收项目</td><td colspan="4">设计要求及规范规定</td><td>最小/实际抽样数量</td><td>检查记录</td><td>检查结果</td></tr>
<tr><td rowspan="5">主控项目</td><td>1</td><td colspan="2">吊顶标高起拱及造型</td><td colspan="4">第 7.3.1 条</td><td>4/4</td><td>抽查 4 处，全部合格</td><td>√</td></tr>
<tr><td>2</td><td colspan="2">饰面材料</td><td colspan="4">第 7.3.2 条</td><td>/</td><td>质量证明文件齐全，通过进场验收</td><td>√</td></tr>
<tr><td>3</td><td colspan="2">面板安装</td><td colspan="4">第 7.3.3 条</td><td>4/4</td><td>抽查 4 处，全部合格</td><td>√</td></tr>
<tr><td>4</td><td colspan="2">吊杆和龙骨的材质、规格、安装及连接方式</td><td colspan="4">第 7.3.4 条</td><td>/</td><td>质量证明文件齐全，通过进场验收</td><td>√</td></tr>
<tr><td>5</td><td colspan="2">吊杆、龙骨安装</td><td colspan="4">第 7.3.5 条</td><td>4/4</td><td>抽查 4 处，全部合格</td><td>√</td></tr>
<tr><td rowspan="9">一般项目</td><td>1</td><td colspan="2">面层材料表面质量</td><td colspan="4">第 7.3.6 条</td><td>4/4</td><td>抽查 4 处，全部合格</td><td>100%</td></tr>
<tr><td>2</td><td colspan="2">灯具等设备</td><td colspan="4">第 7.3.7 条</td><td>4/4</td><td>抽查 4 处，全部合格</td><td>100%</td></tr>
<tr><td>3</td><td colspan="2">龙骨接缝</td><td colspan="4">第 7.3.8 条</td><td>4/4</td><td>抽查 4 处，全部合格</td><td>100%</td></tr>
<tr><td>4</td><td colspan="2">填充吸声材料</td><td colspan="4">第 7.3.9 条</td><td>/</td><td>质量证明文件齐全，通过进场验收</td><td>√</td></tr>
<tr><td rowspan="5">5</td><td rowspan="5">板块面层吊顶工程安装允许偏差（mm）</td><td rowspan="2">项目</td><td colspan="4">允许偏差（mm）</td><td rowspan="2">最小/实际抽样数量</td><td rowspan="2">检查记录</td><td rowspan="2">检查结果</td></tr>
<tr><td>石膏板</td><td>金属板</td><td>矿棉板</td><td>木板、塑料板、玻璃板、复合板</td></tr>
<tr><td>表面平整度</td><td>3</td><td>2</td><td>3</td><td>2</td><td>4/4</td><td>抽查 4 处，全部合格</td><td>100%</td></tr>
<tr><td>接缝直线度</td><td>3</td><td>2</td><td>3</td><td>3</td><td>4/4</td><td>抽查 4 处，全部合格</td><td>100%</td></tr>
<tr><td>接缝高低差</td><td>1</td><td>1</td><td>2</td><td>1</td><td>4/4</td><td>抽查 4 处，全部合格</td><td>100%</td></tr>
<tr><td colspan="4">施工单位
检查结果</td><td colspan="7">专业工长：
项目专业质量检查员：
年　月　日</td></tr>
<tr><td colspan="4">监理单位
验收结论</td><td colspan="7">专业监理工程师：
年　月　日</td></tr>
</table>

第七节　轻质隔墙工程质量验收

轻质隔墙工程作为建筑装饰装修下的子分部工程，包含板材隔墙、骨架隔墙、活动隔墙、玻璃隔墙四个分项工程。本小节将以板材隔墙工程为例，依据现行国家标准《建筑装饰装修工程质量验收标准》GB 50210—2018，介绍板材隔墙工程在进行质量验收时应满足哪些条件。

板材隔墙包括复合轻质墙板、石膏空心板、增强水泥板和混凝土轻质板等隔墙。

一、 检验批的划分原则

轻质隔墙工程应按下列规定划分检验批：

1. 同一品种的轻质隔墙工程每50间应划分为一个检验批，不足50间也应划分为一个检验批，大面积房间和走廊可按轻质隔墙面积每30m^{2}计为1间。

2. 板材隔墙和骨架隔墙每个检验批应至少抽查10%，并不得少于3间，不足3间时应全数检查；活动隔墙和玻璃隔墙每个检验批应至少抽查20%，并不得少于6间，不足6间时应全数检查。

二、 轻质隔墙工程施工质量要点

1. 轻质隔墙工程验收时应检查下列文件和记录：

(1) 轻质隔墙工程的施工图、设计说明及其他设计文件；

(2) 材料的产品合格证书、性能检验报告、进场验收记录和复验报告；

(3) 隐蔽工程验收记录；

(4) 施工记录。

2. 轻质隔墙工程应对人造木板的甲醛释放量进行复验。

3. 轻质隔墙工程应对下列工程项目进行验收：

(1) 骨架隔墙中设备管线的安装及水管试压；

(2) 木龙骨防火和防腐处理；

(3) 预埋件或拉结筋；

(4) 龙骨安装；

(5) 填充材料的设置。

4. 轻质隔墙与顶棚和其他墙体的交接处应采取防开裂措施。

5. 民用建筑轻质隔墙工程的隔声性能应符合现行国家标准《民用建筑隔声设计规范》GB 50118—2010的规定。

三、 板材隔墙检验批质量验收标准

1. 主控项目

(1) 隔墙板材的品种、规格、颜色和性能应符合设计要求。有隔声、隔热、阻燃和防潮等特殊要求的工程，板材应有相应性能等级的检验报告。

检验方法：观察；检查产品合格证书、进场验收记录和性能检验报告。

(2) 安装隔墙板材所需预埋件、连接件的位置、数量及连接方法应符合设计要求。

检验方法：观察；尺量检查；检查隐蔽工程验收记录。

(3) 隔墙板材安装应牢固。

检验方法：观察；手扳检查。

(4) 隔墙板材所用接缝材料的品种及接缝方法应符合设计要求。

检验方法：观察；检查产品合格证书和施工记录。

(5) 隔墙板材安装应位置正确，板材不应有裂缝或缺损。

检验方法：观察；尺量检查。

2. 一般项目

(1) 板材隔墙表面应光洁、平顺、色泽一致，接缝应均匀、顺直。

检验方法：观察；手摸检查。

(2) 隔墙上的孔洞、槽、盒应位置正确、套割方正、边缘整齐。

检验方法：观察。

(3) 板材隔墙安装的允许偏差和检验方法应符合表 4-12 的规定。

板材隔墙安装的允许偏差和检验方法 **表 4-12**

项次	项目	允许偏差				检验方法
		复合轻质隔墙板		石膏空心板	增强水泥板、混凝土轻质板	
		金属夹芯板	其他复合板			
1	立面垂直度	2	3	3	3	用 2m 垂直检测尺检查
2	表面平整度	2	3	3	3	用 2m 靠尺和塞尺检查
3	阴阳角方正	3	3	3	4	用 200mm 直角检测尺检查
4	接缝高低差	1	2	2	3	用钢直尺和塞尺检查

四、板材隔墙检验批表格范例

板材隔墙检验批质量验收记录见表 4-13。

板材隔墙检验批质量验收记录 **表 4-13**

03050101 001

单位（子单位）工程名称	某教学楼	分部（子分部）工程名称	建筑装饰装修分部-轻质隔墙工程子分部	分项工程名称	板材隔墙分项
施工单位		项目负责人		检验批容量	30 间
分包单位		分包单位项目负责人		检验批部位	1～3 层
施工依据	建筑装饰装修施工方案		验收依据	《建筑装饰装修工程质量验收标准》GB 50210—2018	

验收项目			设计要求及规范规定	最小/实际抽样数量	检查记录	检查结果
主控项目	1	板材品种、规格、质量	第 8.2.1 条	/	质量证明文件齐全，通过进场验收	√
	2	预埋件、连接件	第 8.2.2 条	3/3	抽查 3 处，全部合格	√
	3	安装质量	第 8.2.3 条	3/3	抽查 3 处，全部合格	√
	4	接缝材料、方法	第 8.2.4 条	/	质量证明文件齐全，通过进场验收	√
	5	隔墙板材安装位置	第 8.2.5 条	3/3	抽查 3 处，全部合格	√

续表

<table>
<tr><td colspan="6">验收项目</td><td colspan="2">设计要求及规范规定</td><td>最小/实际抽样数量</td><td>检查记录</td><td>检查结果</td></tr>
<tr><td rowspan="8">一般项目</td><td>1</td><td colspan="4">表面质量</td><td colspan="2">第 8.2.6 条</td><td>3/3</td><td>抽查 3 处，全部合格</td><td>100%</td></tr>
<tr><td>2</td><td colspan="4">隔墙上的孔洞、槽、盒</td><td colspan="2">第 8.2.7 条</td><td>/</td><td>/</td><td>/</td></tr>
<tr><td rowspan="6">3</td><td rowspan="6">板材隔墙安装允许偏差(mm)</td><td rowspan="2">项目</td><td colspan="2">复合轻质墙板</td><td rowspan="2">石膏空心板</td><td rowspan="2">增强水泥板、混凝土轻质板</td><td rowspan="2">最小/实际抽样数量</td><td rowspan="2">检查记录</td><td rowspan="2">检查结果</td></tr>
<tr><td>金属夹芯板</td><td>其他复合板</td></tr>
<tr><td>立面垂直度</td><td>2</td><td>3</td><td>3</td><td>3</td><td>3/3</td><td>抽查 3 处，全部合格</td><td>100%</td></tr>
<tr><td>表面平整度</td><td>2</td><td>3</td><td>3</td><td>3</td><td>3/3</td><td>抽查 3 处，全部合格</td><td>100%</td></tr>
<tr><td>阴阳角方正</td><td>3</td><td>3</td><td>3</td><td>4</td><td>3/3</td><td>抽查 3 处，全部合格</td><td>100%</td></tr>
<tr><td>接缝高低差</td><td>1</td><td>2</td><td>2</td><td>3</td><td>3/3</td><td>抽查 3 处，全部合格</td><td>100%</td></tr>
<tr><td colspan="6">施工单位
检查结果</td><td colspan="5">专业工长：
项目专业质量检查员：
年 月 日</td></tr>
<tr><td colspan="6">监理单位
验收结论</td><td colspan="5">专业监理工程师：
年 月 日</td></tr>
</table>

第八节 饰面板工程质量验收

饰面板工程作为建筑装饰装修下的子分部工程，包含石板安装、陶瓷板安装、木板安装、金属板安装、塑料板安装五个分项工程。本小节将以石板安装工程为例，依据现行国家标准《建筑装饰装修工程质量验收标准》GB 50210—2018，介绍石板安装工程在进行质量验收时应满足哪些条件。

一、 检验批的划分原则

1. *石板安装工程应按下列规定划分检验批：*

(1) 相同材料、工艺和施工条件的室内饰面板工程每 50 间应划分为一个检验批，不足 50 间也应划分为一个检验批，大面积房间和走廊可按饰面板面积每 $30m^2$ 计为 1 间；

(2) 相同材料、工艺和施工条件的室外饰面板工程每 $1000m^2$ 应划分为一个检验批，不足 $1000m^2$ 也应划分为一个检验批。

2. *检验数量应符合下列规定：*

(1) 室内每个检验批应至少抽查 10%，并不得少于 3 间，不足 3 间时应全数检查；

(2) 室外每个检验批每 $100m^2$ 应至少抽查一处，每处不得小于 $10m^2$。

二、 饰面板工程施工质量要点

1. 饰面板工程验收时应检查下列文件和记录：

（1）饰面板工程的施工图、设计说明及其他设计文件；

（2）材料的产品合格证书、性能检验报告、进场验收记录和复验报告；

（3）后置埋件的现场拉拔检验报告；

（4）满粘法施工的外墙石板和外墙陶瓷板粘结强度检验报告；

（5）隐蔽工程验收记录；

（6）施工记录。

2. 饰面板工程应对下列材料及其性能指标进行复验：

（1）室内用花岗石板的放射性、室内用人造木板的甲醛释放量；

（2）水泥基粘结料的粘结强度；

（3）外墙陶瓷板的吸水率；

（4）严寒和寒冷地区外墙陶瓷板的抗冻性。

3. 饰面板工程应对下列隐蔽工程项目进行验收：

（1）预埋件（或后置埋件）；

（2）龙骨安装；

（3）连接节点；

（4）防水、保温、防火节点；

（5）外墙金属板防雷连接节点。

4. 饰面板工程的防震缝、伸缩缝、沉降缝等部位的处理应保证缝的使用功能和饰面的完整性。

三、 石板安装检验批质量验收标准

1. 主控项目

（1）石板的品种、规格、颜色和性能应符合设计要求及国家现行标准的有关规定。

检验方法：观察；检查产品合格证书、进场验收记录、性能检验报告和复验报告。

（2）石板孔、槽的数量、位置和尺寸应符合设计要求。

检验方法：检查进场验收记录和施工记录。

（3）石板安装工程的预埋件（或后置埋件）、连接件的材质、数量、规格、位置、连接方法和防腐处理应符合设计要求。后置埋件的现场拉拔力应符合设计要求。石板安装应牢固。

检验方法：手扳检查；检查进场验收记录、现场拉拔检验报告、隐蔽工程验收记录和施工记录。

（4）采用满粘法施工的石板工程，石板与基层之间的粘结料应饱满、无空鼓。石板粘结应牢固。

检验方法：用小锤轻击检查；检查施工记录；检查外墙石板粘结强度检验报告。

2. 一般项目

（1）石板表面应平整、洁净、色泽一致，应无裂痕和缺损。石板表面应无泛碱等污染。

检验方法：观察。

(2) 石板填缝应密实、平直，宽度和深度应符合设计要求，填缝材料色泽应一致。

检验方法：观察；尺量检查。

(3) 采用湿作业法施工的石板安装工程，石板应进行防碱封闭处理。石板与基体之间的灌注材料应饱满、密实。

检验方法：用小锤轻击检查；检查施工记录。

(4) 石板上的孔洞应套割吻合，边缘应整齐。

检验方法：观察。

(5) 石板安装的允许偏差和检验方法应符合表 4-14 的规定。

石板安装的允许偏差和检验方法　　**表 4-14**

项次	项目	允许偏差			检验方法
		光面	剁斧石	蘑菇石	
1	立面垂直度	2	3	3	用 2m 垂直检测尺检查
2	表面平整度	2	3	—	用 2m 靠尺和塞尺检查
3	阴阳角方正	2	4	4	用 200mm 直角检测尺检查
4	接缝直线度	2	4	4	拉 5m 线，不足 5m 拉通线，用钢直尺检查
5	墙裙、勒脚上口直线度	2	3	3	
6	接缝高低差	1	3	—	用钢直尺和塞尺检查
7	接缝宽度	1	2	2	用钢直尺检查

四、 石板安装检验批表格范例

石板安装检验批质量验收记录见表 4-15。

石板安装检验批质量验收记录　　**表 4-15**

03060101 001

单位（子单位）工程名称	某教学楼	分部（子分部）工程名称	建筑装饰装修分部-饰面板工程子分部	分项工程名称	石板安装分项
施工单位		项目负责人		检验批容量	500m²
分包单位		分包单位项目负责人		检验批部位	东立面外墙
施工依据	建筑装饰装修施工方案		验收依据	《建筑装饰装修工程质量验收标准》GB 50210—2018	

验收项目			设计要求及规范规定	最小/实际抽样数量	检查记录	检查结果
主控项目	1	石板品种、规格、颜色和性能	第 9.2.1 条	/	质量证明文件齐全，试验合格，报告编号	✓
	2	石板孔、槽的数量、位置和尺寸	第 9.2.2 条	5/5	抽查 5 处，全部合格	✓
	3	石板安装	第 9.2.3 条	5/5	抽查 5 处，全部合格	✓
	4	满粘法施工的石板工程	第 9.2.4 条	/	/	/

续表

<table>
<tr><td colspan="5">验收项目</td><td colspan="2">设计要求及
规范规定</td><td>最小/实际
抽样数量</td><td>检查记录</td><td>检查结果</td></tr>
<tr><td rowspan="13">一
般
项
目</td><td>1</td><td colspan="3">石板表面质量</td><td colspan="2">第 9.2.5 条</td><td>5/5</td><td>抽查 5 处，全部合格</td><td>100%</td></tr>
<tr><td>2</td><td colspan="3">石板填缝</td><td colspan="2">第 9.2.6 条</td><td>5/5</td><td>抽查 5 处，全部合格</td><td>100%</td></tr>
<tr><td>3</td><td colspan="3">湿作业法施工</td><td colspan="2">第 9.2.7 条</td><td>5/5</td><td>抽查 5 处，全部合格</td><td>100%</td></tr>
<tr><td>4</td><td colspan="3">石板上的孔洞套割</td><td colspan="2">第 9.2.8 条</td><td>5/5</td><td>抽查 5 处，全部合格</td><td>100%</td></tr>
<tr><td rowspan="9">5</td><td rowspan="9">石板
安装
允许
偏差
(mm)</td><td rowspan="2">项目</td><td colspan="3">允许偏差</td><td rowspan="2">最小/实际
抽样数量</td><td rowspan="2">检查记录</td><td rowspan="2">检查结果</td></tr>
<tr><td>光面</td><td>剁斧石</td><td>蘑菇石</td></tr>
<tr><td>立面垂直度</td><td>2</td><td>3</td><td>3</td><td>5/5</td><td>抽查 5 处，全部合格</td><td>100%</td></tr>
<tr><td>表面平整度</td><td>2</td><td>3</td><td>/</td><td>/</td><td>/</td><td>/</td></tr>
<tr><td>阴阳角方正</td><td>2</td><td>4</td><td>4</td><td>5/5</td><td>抽查 5 处，合格 4 处</td><td>80.0%</td></tr>
<tr><td>接缝直线度</td><td>2</td><td>4</td><td>4</td><td>5/5</td><td>抽查 5 处，全部合格</td><td>100%</td></tr>
<tr><td>墙裙、勒脚
上口直线度</td><td>2</td><td>3</td><td>3</td><td>5/5</td><td>抽查 5 处，全部合格</td><td>100%</td></tr>
<tr><td>接缝高低差</td><td>1</td><td>3</td><td>/</td><td>/</td><td>/</td><td>/</td></tr>
<tr><td>接缝宽度</td><td>1</td><td>2</td><td>2</td><td>5/5</td><td>抽查 5 处，全部合格</td><td>100%</td></tr>
<tr><td colspan="5">施工单位
检查结果</td><td colspan="5">专业工长：
项目专业质量检查员：
年 月 日</td></tr>
<tr><td colspan="5">监理单位
验收结论</td><td colspan="5">专业监理工程师：
年 月 日</td></tr>
</table>

第九节 饰面砖工程质量验收

饰面砖工程作为建筑装饰装修下的子分部工程，分为外墙饰面砖粘贴、内墙饰面砖粘贴两个分项工程。本小节将以内墙饰面砖粘贴工程为例，依据现行国家标准《建筑装饰装修工程质量验收标准》GB 50210—2018，介绍内墙饰面砖粘贴工程在进行质量验收时应满足哪些条件。

一、 检验批的划分原则

1. 饰面砖工程应按下列规定划分检验批：

（1）相同材料、工艺和施工条件的室内饰面砖工程每 50 间应划分为一个检验批，不足 50 间也应划分为一个检验批，大面积房间和走廊可按饰面砖面积每 $30m^2$ 计为 1 间；

（2）相同材料、工艺和施工条件的室外饰面砖工程每 $1000m^2$ 应划分为一个检验批，不足 $1000m^2$ 也应划分为一个检验批。

2. 检查数量应符合下列规定：

(1) 室内每个检验批应至少抽查10%，并不得少于3间，不足3间时应全数检查；

(2) 室外每个检验批每$100m^2$应至少抽查一处，每处不得小于$10m^2$。

二、 饰面砖工程施工质量要点

1. 饰面砖工程验收时应检查下列文件和记录：

(1) 饰面砖工程的施工图、设计说明及其他设计文件；

(2) 材料的产品合格证书、性能检验报告、进场验收记录和复验报告；

(3) 外墙饰面砖施工前粘贴样板和外墙饰面砖粘贴工程饰面砖粘结强度检验报告；

(4) 隐蔽工程验收记录；

(5) 施工记录。

2. 饰面砖工程应对下列材料及其性能指标进行复验：

(1) 室内用花岗石和瓷质饰面砖的放射性；

(2) 水泥基粘结材料与所用外墙饰面砖的拉伸粘结强度；

(3) 外墙陶瓷饰面砖的吸水率；

(4) 严寒及寒冷地区外墙陶瓷饰面砖的抗冻性。

3. 饰面砖工程应对下列隐蔽工程项目进行验收：

(1) 基层和基体；

(2) 防水层。

4. 外墙饰面砖工程施工前，应在待施工基层上做样板，并对样板的饰面砖粘贴强度进行检验，检验方法和结果判定应符合现行行业标准《建筑工程饰面砖粘结强度检验标准》JGJ/T 110—2017的规定。

5. 饰面砖工程的防震缝、伸缩缝、沉降缝等部位的处理应保证缝的使用功能和饰面的完整性。

三、 内墙饰面砖粘贴检验批质量验收标准

1. 主控项目

(1) 内墙饰面砖的品种、规格、图案、颜色和性能应符合设计要求及国家现行标准的有关规定。

检验方法：观察；检查产品合格证书、进场验收记录、性能检验报告和复验报告。

(2) 内墙饰面砖粘贴工程的找平、防水、粘结和填缝材料及施工方法应符合设计要求及国家现行标准的有关规定。

检验方法：检查产品合格证书、复验报告和隐蔽工程验收记录。

(3) 内墙饰面砖粘贴应牢固。

检验方法：手拍检查，检查施工记录。

(4) 满粘法施工的内墙饰面砖应无裂缝，大面和阳角应无空鼓。

检验方法：观察；用小锤轻击检查。

2. 一般项目

(1) 内墙饰面砖表面应平整、洁净、色泽一致，应无裂痕和缺损。

检验方法：观察。

（2）内墙面凸出物周围的饰面砖应整砖套割吻合，边缘应整齐。墙裙、贴脸突出墙面的厚度应一致。

检验方法：观察；尺量检查。

（3）内墙饰面砖接缝应平直、光滑，填嵌应连续、密实；宽度和深度应符合设计要求。

检验方法：观察；尺量检查。

（4）内墙饰面砖粘贴的允许偏差和检验方法应符合表 4-16 的规定。

内墙饰面砖粘贴的允许偏差和检验方法 **表 4-16**

项次	项目	允许偏差（mm）	检验方法
1	立面垂直度	2	用 2m 垂直检测尺检查
2	表面平整度	3	用 2m 靠尺和塞尺检查
3	阴阳角方正	3	用 200mm 直角检测尺检查
4	接缝直线度	2	拉 5m 线，不足 5m 拉通线，用钢直尺检查
5	接缝高低差	1	用钢直尺和塞尺检查
6	接缝宽度	1	用钢直尺检查

四、 内墙饰面砖粘贴检验批表格范例

内墙饰面砖粘贴检验批质量验收记录见表 4-17。

内墙饰面砖粘贴检验批质量验收记录 **表 4-17**

03070201 001

单位（子单位）工程名称	某教学楼	分部（子分部）工程名称	建筑装饰装修分部-饰面砖工程子分部	分项工程名称	内墙饰面砖粘贴分项
施工单位		项目负责人		检验批容量	10 间
分包单位		分包单位项目负责人		检验批部位	二层
施工依据	建筑装饰装修施工方案		验收依据	《建筑装饰装修工程质量验收标准》GB 50210—2018	

验收项目			设计要求及规范规定	最小/实际抽样数量	检查记录	检查结果
主控项目	1	内墙饰面砖的品种、规格、图案、颜色和性能	第 10.2.1 条	/	质量证明文件齐全，通过进场验收	√
	2	内墙饰面砖粘贴材料	第 10.2.2 条	/	质量证明文件齐全，通过进场验收	√
	3	内墙饰面砖粘贴	第 10.2.3 条	3/3	抽查 3 处，全部合格	√
	4	满粘法施工的内墙饰面砖	第 10.2.4 条	3/3	抽查 3 处，全部合格	√
一般项目	1	内墙饰面砖表面质量	第 10.2.5 条	3/3	抽查 3 处，全部合格	100%
	2	内墙面凸出物周围的饰面砖	第 10.2.6 条	3/3	抽查 3 处，全部合格	100%
	3	内墙饰面砖接缝、填嵌、宽度和深度	第 10.2.7 条	3/3	抽查 3 处，全部合格	100%

续表

<table>
<tr><td colspan="4">验收项目</td><td>设计要求及规范规定</td><td>最小/实际抽样数量</td><td>检查记录</td><td>检查结果</td></tr>
<tr><td rowspan="6">一般项目</td><td rowspan="6">4</td><td rowspan="6">粘贴允许偏差(mm)</td><td>立面垂直度</td><td>2</td><td>3/3</td><td>抽查 3 处，全部合格</td><td>100%</td></tr>
<tr><td>表面平整度</td><td>3</td><td>3/3</td><td>抽查 3 处，全部合格</td><td>100%</td></tr>
<tr><td>阴阳角方正</td><td>3</td><td>3/3</td><td>抽查 3 处，全部合格</td><td>100%</td></tr>
<tr><td>接缝直线度</td><td>2</td><td>3/3</td><td>抽查 3 处，全部合格</td><td>100%</td></tr>
<tr><td>接缝高低差</td><td>1</td><td>3/3</td><td>抽查 3 处，全部合格</td><td>100%</td></tr>
<tr><td>接缝宽度</td><td>1</td><td>3/3</td><td>抽查 3 处，全部合格</td><td>100%</td></tr>
<tr><td colspan="4">施工单位
检查结果</td><td colspan="4">合格　专业工长：
项目专业质量检查员：
年　月　日</td></tr>
<tr><td colspan="4">监理单位
验收结论</td><td colspan="4">专业监理工程师：
年　月　日</td></tr>
</table>

第十节 幕墙工程质量验收

幕墙工程作为建筑装饰装修下的子分部工程，分为玻璃幕墙安装、金属幕墙安装、石材幕墙安装、陶板幕墙安装四个分项工程。本小节将以玻璃幕墙安装工程为例，依据现行国家标准《建筑装饰装修工程质量验收标准》GB 50210—2018，介绍玻璃幕墙工程在进行质量验收时应满足哪些条件。

玻璃幕墙包括构件式玻璃幕墙、单元式玻璃幕墙、全玻璃幕墙和点支承玻璃幕墙。

一、 检验批的划分原则

幕墙工程应按下列规定划分检验批：

1. 相同设计、材料、工艺和施工条件的幕墙工程每 $1000m^2$ 应划分为一个检验批，不足 $1000m^2$ 也应划分为一个检验批；

2. 同一单位工程不连续的幕墙工程应单独划分检验批；

3. 对于异形或有特殊要求的幕墙，检验批的划分应根据幕墙的结构、工艺特点及幕墙工程规模，由监理单位（或建设单位）和施工单位协商确定。

二、 幕墙工程施工质量要点

1. 幕墙工程应对下列材料及其性能指标进行复验：

（1）铝塑复合板的剥离强度。

（2）石材、瓷板、陶板、微晶玻璃板、木纤维板、纤维水泥板和石材蜂窝板的抗弯强度；严寒、寒冷地区石材、瓷板、陶板、纤维水泥板和石材蜂窝板的抗冻性；室内用花岗石的放射性。

(3) 幕墙用结构胶的邵氏硬度、标准条件拉伸粘结强度、相容性试验、剥离粘结性试验；石材用密封胶的污染性。

(4) 中空玻璃的密封性能。

(5) 防火、保温材料的燃烧性能。

(6) 铝材、钢材主受力杆件的抗拉强度。

2. 幕墙工程应对下列隐蔽工程项目进行验收：

(1) 预埋件或后置埋件、锚栓及连接件；

(2) 构件的连接节点；

(3) 幕墙四周、幕墙内表面与主体结构之间的封堵；

(4) 伸缩缝、沉降缝、防震缝及墙面转角节点；

(5) 隐框玻璃板块的固定；

(6) 幕墙防雷连接节点；

(7) 幕墙防火、隔烟节点；

(8) 单元式幕墙的封口节点。

3. 幕墙工程主控项目和一般项目的验收内容、检验方法、检查数量应符合现行行业标准《玻璃幕墙工程技术规范》JGJ 102—2003、《金属与石材幕墙工程技术规范》JGJ 133—2001 和《人造板材幕墙工程技术规范》JGJ 336—2016 的规定。

4. 幕墙及其连接件应具有足够的承载力、刚度和相对于主体结构的位移能力。当幕墙构架立柱的连接金属角码与其他连接件采用螺栓连接时，应有防松动措施。

5. 玻璃幕墙采用中性硅酮结构密封胶时，其性能应符合现行国家标准《建筑用硅酮结构密封胶》GB 16776—2005 的规定；硅酮结构密封胶应在有效期内使用。

6. 不同金属材料接触时应采用绝缘垫片分隔。

7. 硅酮结构密封胶的注胶应在洁净的专用注胶室进行，且养护环境、温度、湿度条件应符合结构胶产品的使用规定。

8. 幕墙的防火应符合设计要求和现行国家标准《建筑设计防火规范（2018 年版）》GB 50016—2014 的规定。

9. 幕墙与主体结构连接的各种预埋件，其数量、规格、位置和防腐处理必须符合设计要求。

10. 幕墙的变形缝等部位处理应保证缝的使用功能和饰面的完整性。

三、 玻璃幕墙检验批质量验收标准

1. 主控项目

(1) 玻璃幕墙工程所用材料、构件和组件质量；

(2) 玻璃幕墙的造型和立面分格；

(3) 玻璃幕墙主体结构上的埋件；

(4) 玻璃幕墙连接安装质量；

(5) 隐框或半隐框玻璃幕墙玻璃托条；

(6) 明框玻璃幕墙的玻璃安装质量；

(7) 吊挂在主体结构上的全玻璃幕墙吊夹具和玻璃接缝密封；

(8) 玻璃幕墙节点、各种变形缝、墙角的连接点；
(9) 玻璃幕墙的防火、保温、防潮材料的设置；
(10) 玻璃幕墙防水效果；
(11) 金属框架和连接件的防腐处理；
(12) 玻璃幕墙开启窗的配件安装质量；
(13) 玻璃幕墙防雷。

2. 一般项目

(1) 玻璃幕墙表面质量；
(2) 玻璃和铝合金型材的表面质量；
(3) 明框玻璃幕墙的外露框或压条；
(4) 玻璃幕墙拼缝；
(5) 玻璃幕墙板缝注胶；
(6) 玻璃幕墙隐蔽节点的遮封；
(7) 玻璃幕墙安装偏差。

四、玻璃幕墙检验批表格范例

玻璃幕墙安装检验批质量验收记录见表 4-18。

玻璃幕墙安装检验批质量验收记录 **表 4-18**

03080101 001

<table>
<tr><td colspan="3">单位（子单位）工程名称</td><td>某教学楼</td><td>分部（子分部）工程名称</td><td>建筑装饰装修分部-幕墙工程子分部</td><td>分项工程名称</td><td>玻璃幕墙安装分项</td></tr>
<tr><td colspan="3">施工单位</td><td></td><td>项目负责人</td><td></td><td>检验批容量</td><td>500m²</td></tr>
<tr><td colspan="3">分包单位</td><td></td><td>分包单位项目负责人</td><td></td><td>检验批部位</td><td>东立面</td></tr>
<tr><td colspan="3">施工依据</td><td colspan="2">《玻璃幕墙工程技术规范》JGJ 102—2003</td><td>验收依据</td><td colspan="2">《建筑装饰装修工程质量验收标准》GB 50210—2018</td></tr>
<tr><td colspan="3">验收项目</td><td>设计要求及规范规定</td><td>最小/实际抽样数量</td><td colspan="2">检查记录</td><td>检查结果</td></tr>
<tr><td rowspan="6">主控项目</td><td>1</td><td>玻璃幕墙工程所用材料、构件和组件质量</td><td>第 11.2.1-1 条</td><td>/</td><td colspan="2">质量证明文件齐全，试验合格，报告编号</td><td>√</td></tr>
<tr><td>2</td><td>玻璃幕墙的造型和立面分格</td><td>第 11.2.1-2 条</td><td>5/5</td><td colspan="2">抽查 5 处，全部合格</td><td>√</td></tr>
<tr><td>3</td><td>玻璃幕墙主体结构上的埋件</td><td>第 11.2.1-3 条</td><td>/</td><td colspan="2">质量证明文件齐全，试验合格，报告编号</td><td>√</td></tr>
<tr><td>4</td><td>玻璃幕墙连接安装质量</td><td>第 11.2.1-4 条</td><td>5/5</td><td colspan="2">抽查 5 处，全部合格</td><td>√</td></tr>
<tr><td>5</td><td>隐框或半隐框玻璃幕墙玻璃托条</td><td>第 11.2.1-5 条</td><td>/</td><td colspan="2">/</td><td>√</td></tr>
<tr><td>6</td><td>明框玻璃幕墙的玻璃安装质量</td><td>第 11.2.1-6 条</td><td>5/5</td><td colspan="2">抽查 5 处，全部合格</td><td>√</td></tr>
</table>

续表

验收项目			设计要求及规范规定	最小/实际抽样数量	检查记录	检查结果
主控项目	7	吊挂在主体结构上的全玻璃幕墙吊夹具和玻璃接缝密封	第 11.2.1-7 条	5/5	抽查 5 处，全部合格	✓
	8	玻璃幕墙节点、各种变形缝、墙角的连接点	第 11.2.1-8 条	5/5	抽查 5 处，全部合格	✓
	9	玻璃幕墙的防火、保温、防潮材料的设置	第 11.2.1-9 条	5/5	抽查 5 处，全部合格	✓
	10	玻璃幕墙防水效果	第 11.2.1-10 条	5/5	抽查 5 处，全部合格	✓
	11	金属框架和连接件的防腐处理	第 11.2.1-11 条	5/5	抽查 5 处，全部合格	✓
	12	玻璃幕墙开启窗的配件安装质量	第 11.2.1-12 条	5/5	抽查 5 处，全部合格	✓
	13	玻璃幕墙防雷	第 11.2.1-13 条	5/5	抽查 5 处，全部合格	✓
一般项目	1	玻璃幕墙表面质量	第 11.2.2-1 条	5/5	抽查 5 处，全部合格	100%
	2	玻璃和铝合金型材的表面质量	第 11.2.2-2 条	5/5	抽查 5 处，全部合格	100%
	3	明框玻璃幕墙的外露框或压条	第 11.2.2-3 条	5/5	抽查 5 处，全部合格	100%
	4	玻璃幕墙拼缝	第 11.2.2-4 条	5/5	抽查 5 处，全部合格	100%
	5	玻璃幕墙板缝注胶	第 11.2.2-5 条	5/5	抽查 5 处，全部合格	100%
	6	玻璃幕墙隐蔽节点的遮封	第 11.2.2-6 条	5/5	抽查 5 处，全部合格	100%
	7	玻璃幕墙安装偏差	第 11.2.2-7 条	5/5	抽查 5 处，全部合格	100%
施工单位检查结果			专业工长： 项目专业质量检查员： 年　月　日			
监理单位验收结论			专业监理工程师： 年　月　日			

第十一节　涂饰工程质量验收

涂饰工程作为建筑装饰装修下的子分部工程，分为水性涂料涂饰、溶剂型涂料涂饰、美术涂饰三个分项工程。本小节将以水性涂料涂饰工程为例，依据现行国家标准《建筑装饰装修工程质量验收标准》GB 50210—2018，介绍水性涂料涂饰工程在进行质量验收时应满足哪些条件。

水性涂料包括乳液型涂料、无机涂料、水溶性涂料等。

一、 检验批的划分原则

1. 涂饰工程应按下列规定划分检验批：

(1) 室外涂饰工程每一栋楼的同类涂料涂饰的墙面每 1000m² 应划分为一个检验批，不足 1000m² 应划分为一个检验批；

(2) 室内涂饰工程同类涂料涂饰墙面每 50 间应划分为一个检验批，不足 50 间也应划分为一个检验批，大面积房间和走廊可按涂饰面积每 30m² 计为 1 间。

2. 检查数量应符合下列规定：

(1) 室外涂饰工程每 100m² 应至少检查一处，每处不得小于 10m²；

(2) 室内涂饰工程每个检验批应至少抽查 10%，并不得少于 3 间；不足 3 间时应全数检查。

二、 室外涂饰工程施工质量要点

1. 涂饰工程验收时应检查下列文件和记录：

(1) 涂饰工程的施工图、设计说明及其他设计文件；

(2) 材料的产品合格证书、性能检验报告、有害物质限量检验报告和进场验收记录；

(3) 施工记录。

2. 涂饰工程的基层处理应符合下列规定：

(1) 新建筑物的混凝土或抹灰基层在用腻子找平或直接涂饰涂料前应涂刷抗碱封闭底漆。

(2) 既有建筑墙面在用腻子找平或直接涂饰涂料前应清除疏松的旧装修层，并涂刷界面剂。

(3) 混凝土或抹灰基层在用溶剂型腻子找平或直接涂刷溶剂型涂料时，含水率不得大于 8%；在用乳液型腻子找平或直接涂刷乳液型涂料时，含水率不得大于 10%，木材基层的含水率不得大于 12%。

(4) 找平层应平整、坚实、牢固，无粉化、起皮和裂缝；内墙找平层的粘结强度应符合现行行业标准《建筑室内用腻子》JG/T 298—2010 的规定。

(5) 厨房、卫生间墙面的找平层应使用耐水腻子。

3. 水性涂料涂饰工程施工的环境温度应为 5～35℃。

4. 涂饰工程施工时应对与涂层衔接的其他装修材料、邻近的设备等采取有效的保护措施，以避免由涂料造成的沾污。

5. 涂饰工程应在涂层养护期满后进行质量验收。

三、 水性涂料涂饰检验批质量验收标准

1. 主控项目

(1) 水性涂料涂饰工程所用涂料的品种、型号和性能应符合设计要求及国家现行标准

的有关规定。

检验方法：检查产品合格证书、性能检验报告、有害物质限量检验报告和进场验收记录。

（2）水性涂料涂饰工程的颜色、光泽、图案应符合设计要求。

检验方法：观察。

（3）水性涂料涂饰工程应涂均匀、粘结牢固，不得涂透底、开裂、起皮和掉粉。

检验方法：观察；手摸检查。

（4）水性涂料涂饰工程的基层处理应符合规范 GB 50210 第 12.1.5 条的规定。

检验方法：观察；手摸检查；检查施工记录。

2. 一般项目

（1）薄涂料的涂饰质量和检验方法应满足表 4-19 的规定。

薄涂料的涂饰质量和检验方法 **表 4-19**

项次	项目	普通涂饰	高级涂饰	检验方法
1	颜色	均匀一致	均匀一致	观察
2	光泽、光滑	光泽基本均匀，光滑无挡手感	光泽均匀一致，光滑	
3	泛碱、咬色	允许少量轻微	不允许	
4	流坠、疙瘩	允许少量轻微	不允许	
5	砂眼、刷纹	允许少量轻微砂眼、刷纹通顺	无砂眼、无刷纹	

（2）厚涂料的涂饰质量和检验方法应满足表 4-20 的规定。

厚涂料的涂饰质量和检验方法 **表 4-20**

项次	项目	普通涂饰	高级涂饰	检验方法
1	颜色	均匀一致	均匀一致	观察
2	光泽	光泽基本均匀	光泽均匀一致	
3	泛碱、咬色	允许少量轻微	不允许	
4	点状分部	—	疏密均匀	

（3）复层涂料的涂饰质量和检验方法应满足表 4-21 的规定。

复层涂料的涂饰质量和检验方法 **表 4-21**

项次	项目	质量要求	检验方法
1	颜色	均匀一致	观察
2	光泽	光泽基本均匀	
3	泛碱、咬色	不允许	
4	喷点疏密程度	均匀，不允许连片	

(4) 涂层与其他装修材料和设备衔接处应吻合，界面应清晰。

检验方法：观察

(5) 墙面水性涂料涂饰工程的允许偏差和检验方法应符合表 4-22 的规定。

墙面水性涂料涂饰工程的允许偏差和检验方法 **表 4-22**

<table>
<tr><th rowspan="3">项次</th><th rowspan="3">项目</th><th colspan="5">允许偏差</th><th rowspan="3">检验方法</th></tr>
<tr><th colspan="2">薄涂料</th><th colspan="2">厚涂料</th><th rowspan="2">复合涂料</th></tr>
<tr><th>普通涂饰</th><th>高级涂饰</th><th>普通涂饰</th><th>高级涂饰</th></tr>
<tr><td>1</td><td>立面垂直度</td><td>3</td><td>2</td><td>4</td><td>3</td><td>5</td><td>用 2m 垂直检测尺检查</td></tr>
<tr><td>2</td><td>表面平整度</td><td>3</td><td>2</td><td>4</td><td>3</td><td>5</td><td>用 2m 靠尺和塞尺检查</td></tr>
<tr><td>3</td><td>阴阳角方正</td><td>3</td><td>2</td><td>4</td><td>3</td><td>4</td><td>用 200mm 直角检测尺检查</td></tr>
<tr><td>4</td><td>装饰线、分色线直线度</td><td>2</td><td>1</td><td>2</td><td>1</td><td>3</td><td>拉 5m 线，不足 5m 拉通线，用钢直尺检查</td></tr>
<tr><td>5</td><td>墙裙、勒脚上口直线度</td><td>2</td><td>1</td><td>2</td><td>1</td><td>3</td><td>拉 5m 线，不足 5m 拉通线，用钢直尺检查</td></tr>
</table>

四、 水性涂料涂饰检验批表格范例

水性涂料涂饰检验批质量验收记录见表 4-23。

水性涂料涂饰检验批质量验收记录 **表 4-23**

03090101 001

<table>
<tr><td colspan="2">单位(子单位)施工单位</td><td colspan="2">某教学楼</td><td>分部(子分部)工程名称</td><td>建筑装饰装修分部-涂饰工程子分部</td><td>分项工程名称</td><td>水性涂料涂饰分项</td></tr>
<tr><td colspan="2">施工单位</td><td colspan="2"></td><td>项目负责人</td><td></td><td>检验批容量</td><td>500m²</td></tr>
<tr><td colspan="2">分包单位</td><td colspan="2"></td><td>分包单位项目负责人</td><td></td><td>检验批部位</td><td>东立面外墙</td></tr>
<tr><td colspan="2">施工依据</td><td colspan="3">《建筑涂饰工程施工及验收规程》JGJ/T 29—2015</td><td>验收依据</td><td colspan="2">《建筑装饰装修工程质量验收标准》GB 50210—2018</td></tr>
<tr><td colspan="3">验收项目</td><td>设计要求及规范规定</td><td>最小/实际抽样数量</td><td colspan="2">检查记录</td><td>检查结果</td></tr>
<tr><td rowspan="4">主控项目</td><td>1</td><td>涂料品种、型号、性能</td><td>第 12.2.1 条</td><td>/</td><td colspan="2">质量证明文件齐全，试验合格，报告编号</td><td>✓</td></tr>
<tr><td>2</td><td>涂饰颜色、光泽、图案</td><td>第 12.2.2 条</td><td>5/5</td><td colspan="2">抽查 5 处，全部合格</td><td>✓</td></tr>
<tr><td>3</td><td>涂饰综合质量</td><td>第 12.2.3 条</td><td>5/5</td><td colspan="2">抽查 5 处，全部合格</td><td>✓</td></tr>
<tr><td>4</td><td>涂饰工程的基层处理</td><td>第 12.2.4 条</td><td>5/5</td><td colspan="2">抽查 5 处，全部合格</td><td>✓</td></tr>
</table>

续表

验收项目					设计要求及规范规定	最小/实际抽样数量	检查记录	检查结果
一般项目	1	薄涂料涂饰质量允许偏差	颜色	普通涂饰	均匀一致	5/5	抽查5处，全部合格	100%
				高级涂饰	均匀一致	/	/	/
			光泽、光滑	普通涂饰	光泽基本均匀，光滑无挡手感	5/5	抽查5处，全部合格	100%
				高级涂饰	光泽均匀一致，光滑	/	/	/
			泛碱、咬色	普通涂饰	允许少量轻微	5/5	抽查5处，全部合格	100%
				高级涂饰	不允许	/	/	/
			流坠、疙瘩	普通涂饰	允许少量轻微	5/5	抽查5处，全部合格	100%
				高级涂饰	不允许	/	/	/
			砂眼、刷纹	普通涂饰	允许少量轻微砂眼、刷纹通顺	5/5	抽查5处，全部合格	100%
				高级涂饰	无砂眼，无刷纹	/	/	/
	2	厚涂料涂饰质量允许偏差	颜色	普通涂饰	均匀一致	/	/	/
				高级涂饰	均匀一致	/	/	/
			光泽	普通涂饰	光泽基本均匀	/	/	/
				高级涂饰	光泽均匀一致	/	/	/
			泛碱、咬色	普通涂饰	允许少量轻微	/	/	/
				高级涂饰	不允许	/	/	/
			点状分布	普通涂饰	—	/	/	/
				高级涂饰	疏密均匀	/	/	/
	3	复合涂料涂饰质量允许偏差	颜色		均匀一致	/	/	/
			光泽		光泽基本均匀	/	/	/
			泛碱、咬色		不允许	/	/	/
			喷点疏密程度		均匀，不允许连片	/	/	/
	4	涂料与其他装修材料和设备衔接处应吻合，界面应清晰			第12.2.8条	5/5	抽查5处，全部合格	100%

续表

<table>
<tr><td colspan="4">验收项目</td><td colspan="5">设计要求及规范规定</td><td>最小/实际抽样数量</td><td>检查记录</td><td>检查结果</td></tr>
<tr><td rowspan="8">一般项目</td><td rowspan="8">5</td><td colspan="2" rowspan="3">验收项目</td><td colspan="5">允许偏差(mm)</td><td rowspan="3">最小/实际抽样数量</td><td rowspan="3">检查记录</td><td rowspan="3">检查结果</td></tr>
<tr><td colspan="2">薄涂料</td><td colspan="2">厚涂料</td><td rowspan="2">复层涂料</td></tr>
<tr><td>普通涂饰 ✓</td><td>高级涂饰</td><td>普通涂饰</td><td>高级涂饰</td></tr>
<tr><td rowspan="5">墙面水性涂料涂饰工程的允许偏差(mm)</td><td>立面垂直度</td><td>3</td><td>2</td><td>4</td><td>3</td><td>5</td><td>5/5</td><td>抽查5处，全部合格</td><td>100%</td></tr>
<tr><td>表面平整度</td><td>3</td><td>2</td><td>4</td><td>3</td><td>5</td><td>5/5</td><td>抽查5处，全部合格</td><td>100%</td></tr>
<tr><td>阴阳角方正</td><td>3</td><td>2</td><td>4</td><td>3</td><td>4</td><td>5/5</td><td>抽查5处，全部合格</td><td>100%</td></tr>
<tr><td>装饰线、分色线直线度</td><td>2</td><td>1</td><td>2</td><td>1</td><td>3</td><td>5/5</td><td>抽查5处，全部合格</td><td>100%</td></tr>
<tr><td>墙裙、勒脚上口直线度</td><td>2</td><td>1</td><td>2</td><td>1</td><td>3</td><td>5/5</td><td>抽查5处，全部合格</td><td>100%</td></tr>
<tr><td colspan="4">施工单位
检查结果</td><td colspan="8">专业工长：
项目专业质量检查员：
年 月 日</td></tr>
<tr><td colspan="4">监理单位
验收结论</td><td colspan="8">专业监理工程师：
年 月 日</td></tr>
</table>

第十二节 裱糊与软包工程质量验收

裱糊与软包工程是建筑装饰装修工程的一个子分部工程，由裱糊和软包两个分项工程构成。裱糊施工是在建筑物内墙或顶棚等表面粘贴壁纸、墙布等制品。软包是一种在室内墙表面用柔性材料加以包装的墙面装饰方法。

本小节以裱糊工程为例，参考现行国家标准《建筑装饰装修工程质量验收标准》GB 50210—2018，分析裱糊工程在进行验收时，应满足哪些要求。

一、 检验批的划分原则

裱糊与软包工程施工质量的检验，应符合下列规定（规范 GB 50210 第 13.1.5 条）：

（1）同一品种的裱糊或软包工程每 50 间应划分为一个检验批，不足 50 间也应划分为一个检验批，大面积房间和走廊可按裱糊或软包面积每 $30m^2$ 计为 1 间。

（2）检查数量应符合下列规定：裱糊工程每个检验批应至少抽查 5 间，不足 5 间时应全数检查；软包工程每个检验批应至少抽查 10 间，不足 10 间时应全数检查。

二、 裱糊工程施工质量要点

裱糊工程应对基层封闭底漆、腻子、封闭底胶及软包内衬材料进行隐蔽工程验收。裱糊前，基层处理应达到下列规定：

（1）新建筑物的混凝土抹灰基层墙面在刮腻子前应涂刷抗碱封闭底漆；

（2）粉化的旧墙面应先除去粉化层，并在刮涂腻子前涂刷一层界面处理剂；

（3）混凝土或抹灰基层含水率不得大于8%，木材基层的含水率不得大于12%；

（4）石膏板基层，接缝及裂缝处应贴加强网布后再刮腻子；

（5）基层腻子应平整、坚实、牢固，无粉化、起皮、空鼓、酥松、裂缝和泛碱，腻子的粘结强度不得小于0.3MPa；

（6）基层表面平整度、立面垂直度及阴阳角方正应符合高级抹灰的要求（规范GB 50210第4.2.10条）；

（7）基层表面颜色应一致；

（8）裱糊前应用封闭底胶涂刷基层。

三、 裱糊工程检验批质量验收标准

1. 主控项目

（1）壁纸、墙布的种类、规格、图案、颜色和燃烧性能等级应符合设计要求及国家现行标准的有关规定。

检验方法：观察；检查产品合格证书、进场验收记录和性能检验报告。

（2）裱糊工程基层处理质量应符合规范GB 50210第4.2.10条高级抹灰的要求。

检验方法：检查隐蔽工程验收记录和施工记录。

（3）裱糊后各幅拼接应横平竖直，拼接处花纹、图案应吻合，应不离缝、不搭接、不显拼缝。

检验方法：距离墙面1.5m处观察。

（4）壁纸、墙布应粘贴牢固，不得有漏贴、补贴、脱层、空鼓和翘边。

检验方法：观察；手摸检查。

2. 一般项目

（1）裱糊后的壁纸、墙布表面应平整，不得有波纹起伏、气泡、裂缝、皱折；表面色泽应一致，不得有斑污，斜视时应无胶痕。

检验方法：观察；手摸检查。

（2）复合压花壁纸和发泡壁纸的压痕或发泡层应无损坏。

检验方法：观察。

（3）壁纸、墙布与装饰线、踢脚板、门窗框的交接处应吻合、严密、顺直。与墙面上电气槽、盒的交接处套割应吻合，不得有缝隙。

检验方法：观察。

（4）壁纸、墙布边缘应平直整齐，不得有纸毛、飞刺。

检验方法：观察。

（5）壁纸、墙布阴角处应顺光搭接，阳角处应无接缝。

检验方法：观察。

（6）裱糊工程的允许偏差和检验方法应符合表4-24的规定。

裱糊工程的允许偏差和检验方法 **表 4-24**

项次	项目	允许偏差（mm）	检验方法
1	表面平整度	3	用 2m 靠尺和塞尺检查
2	立面垂直度	3	用 2m 垂直检测尺检查
3	阴阳角方正	3	用 200mm 直角检测尺检查

四、 裱糊工程检验批表格范例

裱糊工程检验批质量验收记录见表 4-25。

裱糊工程检验批质量验收记录 **表 4-25**

03100101 001

<table>
<tr><td colspan="2">单位（子单位）
工程名称</td><td>某教学楼</td><td>分部（子分部）
工程名称</td><td colspan="2">建筑装饰装修
分部-裱糊与软包
工程子分部</td><td>分项工程名称</td><td>裱糊分项</td></tr>
<tr><td colspan="2">施工单位</td><td></td><td>项目负责人</td><td colspan="2"></td><td>检验批容量</td><td>20 间</td></tr>
<tr><td colspan="2">分包单位</td><td></td><td>分包单位
项目负责人</td><td colspan="2"></td><td>检验批部位</td><td>三层</td></tr>
<tr><td colspan="2">施工依据</td><td colspan="2">建筑装饰装修施工方案</td><td colspan="2">验收依据</td><td colspan="2">《建筑装饰装修工程质量验收标准》
GB 50210—2018</td></tr>
<tr><td colspan="4">验收项目</td><td>设计要求及
规范规定</td><td>最小/实际
抽样数量</td><td>检查记录</td><td>检查
结果</td></tr>
<tr><td rowspan="4">主控项目</td><td>1</td><td colspan="2">壁纸、墙布的种类、规格、图案、颜色和燃烧性能</td><td>第 13.2.1 条</td><td>/</td><td>质量证明文件齐全，试验合格，报告编号</td><td>✓</td></tr>
<tr><td>2</td><td colspan="2">基层处理</td><td>第 13.2.2 条</td><td>5/5</td><td>抽查 5 处，全部合格</td><td>✓</td></tr>
<tr><td>3</td><td colspan="2">裱糊后各幅拼接</td><td>第 13.2.2 条</td><td>5/5</td><td>抽查 5 处，全部合格</td><td>✓</td></tr>
<tr><td>4</td><td colspan="2">壁纸、墙布粘贴</td><td>第 13.2.4 条</td><td>5/5</td><td>抽查 5 处，全部合格</td><td>✓</td></tr>
<tr><td rowspan="8">一般项目</td><td>1</td><td colspan="2">裱糊后的壁纸，墙布表面质量</td><td>第 13.2.5 条</td><td>5/5</td><td>抽查 5 处，全部合格</td><td>100%</td></tr>
<tr><td>2</td><td colspan="2">复合压花壁纸和发泡壁纸的压痕或发泡层</td><td>第 13.2.6 条</td><td>5/5</td><td>抽查 5 处，全部合格</td><td>100%</td></tr>
<tr><td>3</td><td colspan="2">壁纸、墙布与装饰线、踢脚板、门窗框的交接处；与墙面上电气槽、盒的交接处套割</td><td>第 13.2.7 条</td><td>5/5</td><td>抽查 5 处，全部合格</td><td>100%</td></tr>
<tr><td>4</td><td colspan="2">壁纸、墙布边缘</td><td>第 13.2.8 条</td><td>5/5</td><td>抽查 5 处，全部合格</td><td>100%</td></tr>
<tr><td>5</td><td colspan="2">壁纸、墙布阴角处应顺光搭接，阳角处应无接缝</td><td>第 13.2.9 条</td><td>5/5</td><td>抽查 5 处，全部合格</td><td>100%</td></tr>
<tr><td rowspan="3">6</td><td rowspan="3">裱糊工程
允许偏差
（mm）</td><td>表面平整度</td><td>3</td><td>5/5</td><td>抽查 5 处，合格 4 处</td><td>80.0%</td></tr>
<tr><td>立面垂直度</td><td>3</td><td>5/5</td><td>抽查 5 处，全部合格</td><td>100%</td></tr>
<tr><td>阴阳角方正</td><td>3</td><td>5/5</td><td>抽查 5 处，合格 4 处</td><td>80.0%</td></tr>
<tr><td colspan="4">施工单位
检查结果</td><td colspan="4">专业工长：
项目专业质量检查员：
年 月 日</td></tr>
<tr><td colspan="4">监理单位
验收结论</td><td colspan="4">专业监理工程师：
年 月 日</td></tr>
</table>

第十三节　细部工程质量验收

细部工程是建筑装饰装修工程的一个子分部工程，包括橱柜制作与安装、窗帘盒和窗台板制作与安装、门窗套制作与安装、护栏和扶手制作与安装、花饰制作与安装 5 个分项工程。

本节以门窗套制作与安装分项工程为例，参考现行国家标准《建筑装饰装修工程质量验收标准》GB 50210—2018，分析门窗套制作与安装工程在进行验收时，应满足哪些要求。

一、 检验批的划分原则

门窗套制作与安装工程施工质量的检验，应符合下列规定（规范 GB 50210 第 14.1.5 条和第 14.1.6 条）：

（1）各分项工程的检验批应按下列规定划分：同类制品每 50 间（处）应划分为一个检验批，不足 50 间（处）也应划分为一个检验批；每部楼梯应划分为一个检验批。

（2）橱柜、窗帘盒、窗台板、门窗套和室内花饰每个检验批应至少抽查 3 间（处），不足 3 间（处）时应全数检查；护栏、扶手和室外花饰每个检验批应全数检查。

二、 门窗套制作与安装工程检验批质量验收标准

1. 主控项目

（1）门窗套制作与安装所使用材料的材质、规格、花纹、颜色、性能、有害物质限量及木材的燃烧性能等级和含水率应符合设计要求及国家现行标准的有关规定。

检验方法：观察；检查产品合格证书、进场验收记录、性能检验报告和复验报告。

（2）门窗套的造型、尺寸和固定方法应符合设计要求，安装应牢固。

检验方法：观察；尺量检查；手扳检查。

2. 一般项目

（1）门窗套表面应平整、洁净、线条顺直、接缝严密、色泽一致，不得有裂缝、翘曲及损坏。

检验方法：观察。

（2）门窗套安装的允许偏差和检验方法应符合表 4-26 的规定。

门窗套安装的允许偏差和检验方法　　**表 4-26**

项次	项目	允许偏差（mm）	检验方法
1	正、侧面垂直度	3	用 1m 垂直检测尺检查
2	门窗套上口水平度	1	用 1m 水平检测尺和塞尺检查
3	门窗套上口直线度	3	拉 5m 线，不足 5m 拉通线，用钢尺检查

三、 门窗套制作与安装工程检验批表格范例

门窗套制作与安装工程检验批质量验收记录见表 4-27。

门窗套制作与安装工程检验批质量验收记录 **表 4-27**

03110301 001

<table>
<tr><td colspan="3">单位(子单位)工程名称</td><td>某教学楼</td><td>分部(子分部)工程名称</td><td>建筑装饰装修分部-细部工程子分部</td><td>分项工程名称</td><td colspan="2">门窗套制作与安装分项</td></tr>
<tr><td colspan="3">施工单位</td><td></td><td>项目负责人</td><td></td><td>检验批容量</td><td colspan="2">20 间</td></tr>
<tr><td colspan="3">分包单位</td><td></td><td>分包单位项目负责人</td><td></td><td>检验批部位</td><td colspan="2">二层</td></tr>
<tr><td colspan="3">施工依据</td><td colspan="2">建筑装饰装修施工方案</td><td>验收依据</td><td colspan="3">《建筑装饰装修工程质量验收标准》GB 50210—2018</td></tr>
<tr><td colspan="4">验收项目</td><td>设计要求及规范规定</td><td>最小/实际抽样数量</td><td colspan="2">检查记录</td><td>检查结果</td></tr>
<tr><td rowspan="2">主控项目</td><td>1</td><td colspan="2">材料的材质、规格、花纹、颜色、性能、有害物质限量及木材的燃烧性能等级</td><td>第 14.4.1 条</td><td>/</td><td colspan="2">质量证明文件齐全，试验合格，报告编号</td><td>✓</td></tr>
<tr><td>2</td><td colspan="2">造型、尺寸及固定方法</td><td>第 14.4.2 条</td><td>3/3</td><td colspan="2">抽查 3 处，全部合格</td><td>✓</td></tr>
<tr><td rowspan="4">一般项目</td><td>1</td><td colspan="2">表面质量</td><td>第 14.4.3 条</td><td>3/3</td><td colspan="2">抽查 3 处，全部合格</td><td>100%</td></tr>
<tr><td rowspan="3">2</td><td rowspan="3">门窗套安装允许偏差 mm</td><td>正、侧面垂直度</td><td>3</td><td>3/3</td><td colspan="2">抽查 3 处，全部合格</td><td>100%</td></tr>
<tr><td>门窗套上口水平度</td><td>1</td><td>3/3</td><td colspan="2">抽查 3 处，全部合格</td><td>100%</td></tr>
<tr><td>门窗套上口直线度</td><td>3</td><td>3/3</td><td colspan="2">抽查 3 处，全部合格</td><td>100%</td></tr>
<tr><td colspan="4">施工单位检查结果</td><td colspan="5">合格
专业工长：
项目专业质量检查员：
年 月 日</td></tr>
<tr><td colspan="4">监理单位验收结论</td><td colspan="5">专业监理工程师：
年 月 日</td></tr>
</table>

【本章小结】

本章着重介绍了建筑工程中建筑装饰装修工程分部下建筑地面、一般抹灰、外墙砂浆防水等质量验收的标准。因篇幅有限，无法面面俱到地将所有分项工程的施工要点及质量验收标准讲清楚。同学们应以本章内容为基础，扩展学习该分部其他分项的质量验收内容，并以求做到学以致用。

【课后习题】

一、单项选择题

1. 建筑地面工程属于(　　)工程。

A. 分部　　B. 子分部

C. 分项　　D. 检验批

2. 当抹灰总厚度大于(　　)时，应采取加强措施。

A. 25mm　　B. 30mm

C. 35mm　　D. 40mm

3. 在对外墙防水工程进行验收时，每 100m^2 应至少抽查一处，每处检查不得小于(　　)，节点构造应全数进行检查。

A. 10m^2　　B. 15m^2

C. 20m^2　　D. 25m^2

4. 特种门每个检验批应至少抽查(　　)，并不得少于 10 樘，不足 10 樘时应全数检查。

A. 20%　　B. 40%

C. 50%　　D. 60%

5. 吊顶工程施工时，当吊杆长度大于(　　)时，应设置反支撑。

A. 1000mm　　B. 1200mm

C. 1500mm　　D. 1800mm

6. 同一品种的轻质隔墙工程每(　　)应划分为一个检验批，不足(　　)也应划分为一个检验批。

A. 100 间，100 间　　B. 50 间，50 间

C. 30 间，30 间　　D. 20 间，20 间

7. 石板安装工程属于(　　)工程。

A. 分部　　B. 子分部

C. 分项　　D. 单位

8. 无机涂料属于(　　)。

A. 水性涂料　　B. 溶剂型涂料

C. 美术涂饰　　D. 水溶性涂饰

9. 裱糊工程施工时，木材基层的含水率不得大于(　　)。

A. 6%　　B. 8%

C. 10%　　D. 12%

10. 细部工程子分部工程共包含(　　)个分项工程。

A. 3　　B. 4

C. 5　　D. 6

二、简答题

1. 建筑地面工程施工质量检验应遵循哪些原则?
2. 抹灰工程应验收哪些隐蔽工程项目?
3. 吊顶工程检验批应如何划分?
4. 饰面砖工程应对哪些材料及性能指标进行复验?
5. 建筑装饰装修分部工程共包含哪几个子分部工程?

第五章

屋面工程质量验收

[引例]

近年来随着我国建筑技术的发展，大跨度、轻型和高层建筑日益增多，使屋面结构的形式出现较大变化，而停车场、运动场、花园等屋面的出现，又使屋面功能大大增加，但是自20世纪80年代以来，房屋渗漏问题成为我国工程建设中非常突出的问题。1991年，在原建设部组织的对各地区100个城市1988—1990年竣工的房屋调查中，发现屋面存在不同程度渗漏的占抽查总数的35%。我国每年仅用于屋面修缮的石油沥青卷材达2.4亿m^2，石油沥青胶结材料达27万t，修缮费用超过12亿元。房屋渗漏直接影响到房屋的使用功能与用户安全，也给国家造成了巨大的经济损失。在房屋渗漏治理过程中，由于措施不当、效果不好，以致出现年年漏、年年修，年年修、年年漏的现象。

针对我国屋面渗漏水现状，为解决好屋面渗漏水问题，我们在屋面工程质量方面应注意什么？

引例答案

第一节　概　　述

屋面工程是房屋建筑工程的主要部分之一，它既包括工程所用的材料、设备和所进行的设计、施工、维护等技术活动；也是工程建设的对象，发挥功能保障作用。具体讲，屋面工程除应安全承受各种荷载作用外，还需要具有抵御温度、风吹、雨淋、冰雪乃至震害的能力，以及经受温差和基层结构伸缩、开裂引起的变形。因此，一幢既安全、环保又满足人们使用要求和审美要求的房屋建筑，其屋面工程担当着非常重要的角色。

在质量验收中，屋面工程是指由防水、保温、隔热等构造层所组成房屋顶部的设计和施工。屋面工程是建筑工程中的一个分部工程，其中包括的子分部工程及分项工程见表5-1。

建筑屋面工程子分部工程、分项工程划分　　表5-1

分部工程	子分部工程	分项工程
屋面工程	基层与保护	找坡层、找平层、隔汽层、隔离层、保护层

续表

分部工程	子分部工程	分项工程
屋面工程	保温与隔热	板状材料保温层、纤维材料保温层、喷涂硬泡聚氨酯保温层、现浇泡沫混凝土保温层、种植隔热层、架空隔热层、蓄水隔热层
	防水与密封	卷材防水层、涂膜防水层、复合防水层、接缝密封防水
	瓦面与板面	烧结瓦和混凝土瓦铺装、沥青瓦铺装、金属板铺装、玻璃采光顶铺装
	细部构造	檐口、檐沟和天沟、女儿墙和山墙、水落口、变形缝、伸出屋面管道、屋面出入口、反梁过水孔、设施基座、屋脊、屋顶窗

建筑屋面工程

第二节 基层与保护工程质量验收

屋面基层也是结构基层，是保温层、防水层等其上部各层次的承重层，其刚度对各层次均有影响。屋面保护是为了对防水层或保温层等各屋面构造层起到必要的防护作用。

基层与保护工程作为一个子分部工程，由找坡层、找平层、隔汽层、隔离层和保护层等分项工程构成。

本小节以找坡层和找平层检验批为例，参考现行国家标准《屋面工程质量验收规范》GB 50207—2012，分析找坡层和找平层检验批在进行验收时，应满足哪些要求。

一、 检验批的划分原则

1. 屋面工程各分项工程宜按屋面面积每 500～1000m² 划分为一个检验批，不足 500m² 应按一个检验批（规范 GB 50207 第 3.0.14 条）。

2. 基层与保护工程各分项工程每个检验批的抽检数量，应按屋面面积每 100m² 抽查一处，每处应为 10m²，且不得少于 3 处（规范 GB 50207 第 4.1.5 条）。

二、 找坡层和找平层施工质量要点

1. 装配式钢筋混凝土板的板缝嵌填施工，应符合下列要求：

（1）嵌填混凝土时板缝内应清理干净，并应保持湿润；

（2）当板缝宽度大于 40mm 或上窄下宽时，板缝内应按设计要求配置钢筋；

（3）嵌填细石混凝土的强度等级不应低于 C20，嵌填深度宜低于板面 10～20mm，且应振捣密实和浇水养护；

（4）板端缝应按设计要求增加防裂的构造措施。

2. 混凝土结构层宜采用结构找坡，坡度不应小于3%；当采用材料找坡时，宜采用质量轻、吸水率低和有一定强度的材料，坡度宜为2%。找坡层宜采用轻骨料混凝土；找坡材料应分层铺设和适当压实，表面应平整。

3. 找平层宜采用水泥砂浆或细石混凝土；找平层的抹平工序应在初凝前完成，压光工序应在终凝前完成，终凝后应进行养护。卷材、涂膜的基层宜设找平层，找平层厚度和技术要求应符合表5-2的规定。

找平层厚度和技术要求　　表5-2

找平层分类	适用的基层	厚度（mm）	技术要求
水泥砂浆	整体现浇混凝土板	15～20	1∶2.5水泥砂浆
	整体材料保温层	20～25	
细石混凝土	装配式混凝土板	30～35	C20混凝土，宜加钢筋网片
	板状材料保温层		C20混凝土

4. 保温层上的找平层应留设分格缝，缝宽宜为5～20mm，纵横缝的间距不宜大于6m。

三、找坡层和找平层检验批质量验收标准

1. 主控项目

（1）找坡层和找平层所用材料的质量及配合比，应符合设计要求。

检验方法：检查出厂合格证、质量检验报告和计量措施。

（2）找坡层和找平层的排水坡度，应符合设计要求。

检验方法：坡度尺检查。

2. 一般项目

（1）找平层应抹平、压光，不得有酥松、起砂、起皮现象。

检验方法：观察检查。

（2）卷材防水层的基层与突出屋面结构的交接处，以及基层的转角处，找平层应做成圆弧形，且应整齐平顺。

检验方法：观察检查。

（3）找平层分格缝的宽度和间距，均应符合设计要求。

检验方法：观察和尺量检查。

（4）找坡层表面平整度的允许偏差为7mm，找平层表面平整度的允许偏差为5mm。

检验方法：2m靠尺和塞尺检查。

四、找坡层和找平层检验批表格范例

找坡层和找平层检验批质量验收记录见表5-3、表5-4。

找坡层检验批质量验收记录 **表 5-3**

04010101 001

单位（子单位）工程名称	某教学楼	分部（子分部）工程名称	建筑屋面分部-基层与保护子分部	分项工程名称	找坡层分项
施工单位		项目负责人		检验批容量	500m²
分包单位		分包单位项目负责人		检验批部位	1-10/A-C轴线屋面
施工依据	《屋面工程技术规范》GB 50345—2012		验收依据	《屋面工程质量验收规范》GB 50207—2012	

验收项目			设计要求及规范规定	最小/实际抽样数量	检查记录	检查结果
主控项目	1	材料质量及配合比	设计要求	/	试验合格，报告编号×××	✓
	2	排水坡度	设计要求3%	5/5	抽查5处，全部合格	✓
一般项目	1	找坡层表面平整度	7mm	5/5	抽查5处，合格4处	80.0%
施工单位检查结果			合格 专业工长： 项目专业质量检查员： 年 月 日			
监理单位验收结论			专业监理工程师： 年 月 日			

找平层检验批质量验收记录 **表 5-4**

04010201 001

<table>
<tr><td>单位（子单位）
工程名称</td><td colspan="2">某教学楼</td><td>分部（子分部）
工程名称</td><td colspan="2">建筑屋面分部-
基层与保护子分部</td><td>分项工程名称</td><td>找平层分项</td></tr>
<tr><td>施工单位</td><td colspan="2"></td><td>项目负责人</td><td colspan="2"></td><td>检验批容量</td><td>500m²</td></tr>
<tr><td>分包单位</td><td colspan="2"></td><td>分包单位
项目负责人</td><td colspan="2"></td><td>检验批部位</td><td>1-10/A-C
轴线屋面</td></tr>
<tr><td>施工依据</td><td colspan="3">《屋面工程技术规范》GB 50345—2012</td><td colspan="2">验收依据</td><td colspan="2">《屋面工程质量验收规范》
GB 50207—2012</td></tr>
<tr><td colspan="3">验收项目</td><td>设计要求及
规范规定</td><td>最小/实际
抽样数量</td><td colspan="2">检查记录</td><td>检查结果</td></tr>
<tr><td rowspan="2">主控项目</td><td>1</td><td>材料质量及配合比</td><td>设计要求</td><td>/</td><td colspan="2">试验合格，报告编号×××</td><td>√</td></tr>
<tr><td>2</td><td>排水坡度</td><td>设计要求<u>3</u>%</td><td>5/5</td><td colspan="2">检查 5 处，全部合格</td><td>√</td></tr>
<tr><td rowspan="4">一般项目</td><td>1</td><td>找平层表面</td><td>第 4.2.7 条</td><td>5/5</td><td colspan="2">检查 5 处，全部合格</td><td>100%</td></tr>
<tr><td>2</td><td>交接处和转角处</td><td>第 4.2.8 条</td><td>5/5</td><td colspan="2">检查 5 处，全部合格</td><td>100%</td></tr>
<tr><td>3</td><td>分格缝的位置和间距</td><td>第 4.2.9 条</td><td>5/5</td><td colspan="2">检查 5 处，全部合格</td><td>100%</td></tr>
<tr><td>4</td><td>找平层表面平整度</td><td>5mm</td><td>5/5</td><td colspan="2">检查 5 处，合格 4 处</td><td>80.0%</td></tr>
<tr><td colspan="3">施工单位
检查结果</td><td colspan="5">合格
专业工长：
项目专业质量检查员：
年 月 日</td></tr>
<tr><td colspan="3">监理单位
验收结论</td><td colspan="5">专业监理工程师：
年 月 日</td></tr>
</table>

屋面找平层分项
工程验收

第三节 保温与隔热工程质量验收

保温与隔热工程是指为了减少屋面热交换作用，减少太阳辐射热向室内传递，而对建筑物屋面进行设计施工的过程。

保温与隔热工程作为屋面工程的一个子分部工程，包含板状材料保温层、纤维材料保温层、喷涂硬泡聚氨酯保温层、现浇泡沫混凝土保温层、种植隔热层、架空隔热层以及蓄水隔热层等分项工程。

本小节以板状材料保温层检验批为例，参考现行国家标准《屋面工程质量验收规范》GB 50207—2012，分析板状材料保温层检验批在进行验收时，应满足哪些要求。

一、检验批的划分原则

1. 屋面工程各分项工程宜按屋面面积每 500～1000m² 划分为一个检验批，不足 500m² 应按一个检验批（规范 GB 50207 第 3.0.14 条）。

2. 保温与隔热工程各分项工程每个检验批的抽检数量，应按屋面面积每 100m² 抽查 1 处，每处应为 10m²，且不得少于 3 处（规范 GB 50207 第 5.1.9 条）。

二、板状材料保温层施工质量要点

1. 板状材料保温层采用干铺法施工时，板状保温材料应紧靠在基层表面上，应铺平垫稳；分层铺设的板块上下层接缝应相互错开，板间缝隙应采用同类材料的碎屑嵌填密实。

2. 板状材料保温层采用粘贴法施工时，胶粘剂应与保温材料的材性相容，并应贴严、粘牢；板状材料保温层的平面接缝应挤紧拼严，不得在板块侧面涂抹胶粘剂，超过 2mm 的缝隙应采用相同材料板条或片填塞严实。

3. 板状保温材料采用机械固定法施工时，应选择专用螺钉和垫片；固定件与结构层之间应连接牢固。

三、板状材料保温层检验批质量验收标准

1. 主控项目

（1）板状保温材料的质量，应符合设计要求。

检验方法：检查出厂合格证、质量检验报告和进场检验报告。

（2）板状材料保温层的厚度应符合设计要求，其正偏差应不限，负偏差应为 5%，且不得大于 4mm。

检验方法：钢针插入和尺量检查。

（3）屋面热桥部位处理应符合设计要求。

检验方法：观察检查。

2. 一般项目

（1）板状保温材料铺设应紧贴基层，应铺平垫稳，拼缝应严密，粘贴应牢固。

检验方法：观察检查。

（2）固定件的规格、数量和位置均应符合设计要求；垫片应与保温层表面齐平。

检验方法：观察检查。

（3）板状材料保温层表面平整度的允许偏差为 5mm。

检验方法：2m 靠尺和塞尺检查。

（4）板状材料保温层接缝高低差的允许偏差为 2mm。

检验方法：直尺和塞尺检查。

四、 板状材料保温层检验批表格范例

板状材料保温层检验批质量验收记录见表 5-5。

板状材料保温层检验批质量验收记录 **表 5-5**

04020101 001

<table>
<tr><td colspan="3">单位（子单位）工程名称</td><td>某教学楼</td><td>分部（子分部）工程名称</td><td colspan="3">建筑屋面分部-保温隔热子分部</td><td>分项工程名称</td><td colspan="2">板状材料保温层分项</td></tr>
<tr><td colspan="3">施工单位</td><td></td><td>项目负责人</td><td colspan="3"></td><td>检验批容量</td><td colspan="2">500m²</td></tr>
<tr><td colspan="3">分包单位</td><td></td><td>分包单位项目负责人</td><td colspan="3"></td><td>检验批部位</td><td colspan="2">1-10/A-C 轴屋面</td></tr>
<tr><td colspan="3">施工依据</td><td colspan="2">《屋面工程技术规范》GB 50345—2012</td><td colspan="3">验收依据</td><td colspan="3">《屋面工程质量验收规范》GB 50207—2012</td></tr>
<tr><td colspan="4">验收项目</td><td colspan="2">设计要求及规范规定</td><td>最小/实际抽样数量</td><td colspan="3">检查记录</td><td>检查结果</td></tr>
<tr><td rowspan="3">主控项目</td><td>1</td><td colspan="2">材料质量</td><td colspan="2">设计要求</td><td>/</td><td colspan="3">试验合格，报告编号×××</td><td>√</td></tr>
<tr><td>2</td><td colspan="2">保温层的厚度</td><td colspan="2">设计要求50mm</td><td>5/5</td><td colspan="3">抽查 5 处，全部合格</td><td>√</td></tr>
<tr><td>3</td><td colspan="2">屋面热桥部位</td><td colspan="2">设计要求</td><td>5/5</td><td colspan="3">抽查 5 处，全部合格</td><td>√</td></tr>
<tr><td rowspan="4">一般项目</td><td>1</td><td colspan="2">保温材料铺设</td><td colspan="2">第 5.2.7 条</td><td>5/5</td><td colspan="3">抽查 5 处，全部合格</td><td>100%</td></tr>
<tr><td>2</td><td colspan="2">固定件设置</td><td colspan="2">第 5.2.8 条</td><td>5/5</td><td colspan="3">抽查 5 处，全部合格</td><td>100%</td></tr>
<tr><td>3</td><td colspan="2">表面平整度</td><td colspan="2">5mm</td><td>5/5</td><td colspan="3">抽查 5 处，全部合格</td><td>100%</td></tr>
<tr><td>4</td><td colspan="2">接缝高低差</td><td colspan="2">2mm</td><td>5/5</td><td colspan="3">抽查 5 处，合格 4 处</td><td>80.0%</td></tr>
<tr><td colspan="4">施工单位检查结果</td><td colspan="7">合格
专业工长：
项目专业质量检查员：
年 月 日</td></tr>
<tr><td colspan="4">监理单位验收结论</td><td colspan="7">专业监理工程师：
年 月 日</td></tr>
</table>

屋面保温隔热层
分项工程验收

第四节　防水与密封工程质量验收

屋面防水目的是为了能够隔绝水而不使水向建筑物内部渗透，一般严禁在雨天、雪天和五级以上大风时施工。屋面防水工程一般包括屋面卷材防水、屋面涂膜防水、复合防水和屋面接缝密封防水。其施工的环境气温条件要求与所使用的防水材料及施工方法相适应。

防水与密封作为一个子分部工程，由卷材防水层、涂膜防水层、复合防水层和接缝密封防水等分项工程构成。

本小节以卷材防水层检验批为例，参考现行国家标准《屋面工程质量验收规范》GB 50207—2012，分析卷材防水层检验批在进行验收时，应满足哪些要求。

一、检验批的划分原则

1. 屋面工程各分项工程宜按屋面面积每 500～1000m^2 划分为一个检验批，不足500m^2 应按一个检验批（规范 GB 50207 第 3.0.14 条）。

2. 防水与密封工程各分项工程每个检验批的抽检数量，防水层应按屋面面积每100m^2 抽查一处，每处应为 10m^2，且不得少于 3 处；接缝密封防水应按每 50m 抽查一处，每处应为 5m，且不得少于 3 处（规范 GB 50207 第 6.1.5 条）。

二、卷材防水层施工质量要点

1. 卷材防水层应采用高聚物改性沥青防水卷材、合成高分子防水卷材或沥青防水卷材。所选用的基层处理剂、接缝胶粘剂、密封材料等配套材料应与铺贴的卷材材性相容。

2. 当在坡度大于 25％的屋面上采用卷材做防水层时，应采取固定措施，固定点应密封严密。

3. 铺设屋面隔汽层和防水层前，基层必须干净、干燥。干燥程度的简易检验方法，是将 1m^2 卷材平坦地干铺在找平层上，静置 3～4h 后掀开检查，找平层覆盖部位与卷材上未见水印即可铺设。

4. 卷材铺贴方向应符合下列规定：

(1) 卷材宜平行屋脊铺贴；

(2) 上下层卷材不得相互垂直铺贴。

5. 卷材搭接缝应符合下列规定：

(1) 平行屋脊的卷材搭接缝应顺流水方向，卷材搭接宽度应符合表 5-6 的规定；

(2) 相邻两幅卷材短边搭接缝应错开，且不得小于 500mm；

(3) 上下层卷材长边搭接缝应错开，且不得小于幅宽的 1/3。

卷材搭接宽度（mm）　　表 5-6

卷材类别		搭接宽度
合成高分子防水卷材	胶粘剂	80
	胶粘带	50

续表

卷材类别		搭接宽度
合成高分子防水卷材	单缝焊	60，有效焊接宽度不小于 25
	双缝焊	80，有效焊接宽度 10×2+空腔宽
高聚物改性沥青防水卷材	胶粘剂	100
	自粘	80

6. 冷粘法铺贴卷材应符合下列规定：

(1) 胶粘剂涂刷应均匀，不应露底，不应堆积；

(2) 应控制胶粘剂涂刷与卷材铺贴的间隔时间；

(3) 卷材下面的空气应排尽，并应辊压粘牢固；

(4) 卷材铺贴应平整顺直，搭接尺寸应准确，不得扭曲、皱折；

(5) 接缝口应用密封材料封严，宽度不应小于 10mm。

7. 热粘法铺贴卷材应符合下列规定：

(1) 熔化热熔型改性沥青胶结料时，宜采用专用导热油炉加热，加热温度不应高于 200℃，使用温度不宜低于 180℃；

(2) 粘贴卷材的热熔型改性沥青胶结料厚度宜为 1.0～1.5mm；

(3) 采用热熔型改性沥青胶结料粘贴卷材时，应随刮随铺，并应展平压实。

8. 热熔法铺贴卷材应符合下列规定：

(1) 火焰加热器加热卷材应均匀，不得加热不足或烧穿卷材；

(2) 卷材表面热熔后应立即滚铺，卷材下面的空气应排尽，并应辊压粘贴牢固；

(3) 卷材接缝部位应溢出热熔的改性沥青胶，溢出的改性沥青胶宽度宜为 8mm；

(4) 铺贴的卷材应平整顺直，搭接尺寸应准确，不得扭曲、皱折；

(5) 厚度小于 3mm 的高聚物改性沥青防水卷材，严禁采用热熔法施工。

9. 自粘法铺贴卷材应符合下列规定：

(1) 铺贴卷材时，应将自粘胶底面的隔离纸全部撕净；

(2) 卷材下面的空气应排尽，并应辊压粘贴牢固；

(3) 铺贴的卷材应平整顺直，搭接尺寸应准确，不得扭曲、皱折；

(4) 接缝口应用密封材料封严，宽度不应小于 10mm；

(5) 低温施工时，接缝部位宜采用热风加热，并应随即粘贴牢固。

10. 焊接法铺贴卷材应符合下列规定：

(1) 焊接前卷材应铺设平整、顺直，搭接尺寸应准确，不得扭曲、皱折；

(2) 卷材焊接缝的结合面应干净、干燥，不得有水滴、油污及附着物；

(3) 焊接时应先焊长边搭接缝，后焊短边搭接缝；

(4) 控制加热温度和时间，焊接缝不得有漏焊、跳焊、焊焦或焊接不牢现象；

(5) 焊接时不得损害非焊接部位的卷材。

11. 机械固定法铺贴卷材应符合下列规定：

(1) 卷材应采用专用固定件进行机械固定；

（2）固定件应设置在卷材搭接缝内，外露固定件应用卷材封严；

（3）固定件应垂直钉入结构层有效固定，固定件数量和位置应符合设计要求；

（4）卷材搭接缝应粘结或焊接牢固，密封应严密；

（5）卷材周边 800mm 范围内应满粘。

屋面卷材防水
细部构造

三、卷材防水层检验批质量验收标准

1. 主控项目

（1）防水卷材及其配套材料的质量，应符合设计要求。

检验方法；检查出厂合格证、质量检验报告和进场检验报告。

（2）卷材防水层不得有渗漏和积水现象。

检验方法：雨后观察或淋水、蓄水试验。

（3）卷材防水层在檐口、檐沟、天沟、水落口、泛水、变形缝和伸出屋面管道的防水构造，应符合设计要求。

检验方法：观察检查。

2. 一般项目

（1）卷材的搭接缝应粘结或焊接牢固，密封应严密，不得扭曲、皱折和翘边。

检验方法：观察检查。

（2）卷材防水层的收头应与基层粘结，钉压应牢固，密封应严密。

检验方法：观察检查。

（3）卷材防水层的铺贴方向应正确，卷材搭接宽度的允许偏差为－10mm。

检验方法：观察和尺量检查。

（4）屋面排汽构造的排汽道应纵横贯通，不得堵塞；排汽管应安装牢固，位置应正确，封闭应严密。

检验方法：观察检查。

四、卷材防水层检验批表格范例

卷材防水层检验批质量验收记录见表 5-7。

卷材防水层检验批质量验收记录　　表 5-7

04030101 001

<table>
<tr><td>单位（子单位）工程名称</td><td colspan="2">某教学楼</td><td>分部（子分部）工程名称</td><td colspan="2">建筑屋面分部-防水与密封子分部</td><td>分项工程名称</td><td>卷材防水层分项</td></tr>
<tr><td>施工单位</td><td colspan="2"></td><td>项目负责人</td><td colspan="2"></td><td>检验批容量</td><td>500m²</td></tr>
<tr><td>分包单位</td><td colspan="2"></td><td>分包单位项目负责人</td><td colspan="2"></td><td>检验批部位</td><td>1-10/A-C 轴线屋面</td></tr>
<tr><td>施工依据</td><td colspan="3">《屋面工程技术规范》GB 50345—2012</td><td colspan="2">验收依据</td><td colspan="2">《屋面工程质量验收规范》GB 50207—2012</td></tr>
<tr><td colspan="3">验收项目</td><td>设计要求及规范规定</td><td>最小/实际抽样数量</td><td colspan="2">检查记录</td><td>检查结果</td></tr>
<tr><td rowspan="3">主控项目</td><td>1</td><td>防水卷材及配套材料的质量</td><td>设计要求</td><td>/</td><td colspan="2">质量证明文件齐全，试验合格，报告编号×××</td><td>✓</td></tr>
<tr><td>2</td><td>防水层</td><td>不得有渗漏或积水现象</td><td>/</td><td colspan="2">试验合格，详见淋水、蓄水试验记录</td><td>✓</td></tr>
<tr><td>3</td><td>卷材防水层的防水构造</td><td>设计要求</td><td>5/5</td><td colspan="2">检查 5 处，全部合格</td><td>✓</td></tr>
<tr><td rowspan="4">一般项目</td><td>1</td><td>搭接缝牢固，密封严密，不得扭曲等</td><td>第 6.2.13 条</td><td>5/5</td><td colspan="2">抽查 5 处，全部合格</td><td>100%</td></tr>
<tr><td>2</td><td>卷材防水层收头</td><td>第 6.2.14 条</td><td>5/5</td><td colspan="2">抽查 5 处，全部合格</td><td>100%</td></tr>
<tr><td>3</td><td>卷材搭接宽度</td><td>−10mm</td><td>5/5</td><td colspan="2">抽查 5 处，合格 4 处</td><td>80.0%</td></tr>
<tr><td>4</td><td>屋面排汽构造</td><td>第 6.2.16 条</td><td>5/5</td><td colspan="2">抽查 5 处，全部合格</td><td>100%</td></tr>
<tr><td colspan="3">施工单位检查结果</td><td colspan="5">合格　　专业工长：
项目专业质量检查员：
年　月　日</td></tr>
<tr><td colspan="3">监理单位验收结论</td><td colspan="5">专业监理工程师：
年　月　日</td></tr>
</table>

屋面卷材防水层
分项工程验收

第五节　瓦面与板面工程质量验收

瓦面是指在屋顶最外面铺盖块瓦或沥青瓦，具有防水和装饰功能的构造层。板面是指在屋顶最外面铺盖金属板或玻璃板，具有防水和装饰功能的构造层。瓦面与板面作为一个子分部工程，包含烧结瓦和混凝土瓦铺装、沥青瓦罐装、金属板铺装和玻璃采光顶铺装等分项工程。

本小节以烧结瓦与混凝土瓦铺装检验批为例，参考现行国家标准《屋面工程质量验收规范》GB 50207—2012，分析烧结瓦与混凝土瓦铺装检验批在进行验收时，应满足哪些要求。

一、 检验批的划分原则

1. 屋面工程各分项工程宜按屋面面积每 500～1000m² 划分为一个检验批，不足 500m² 应按一个检验批（规范 GB 50207 第 3.0.14 条）。

2. 瓦面与板面工程各分项工程每个检验批的抽检数量，应按屋面面积每 100m² 抽查 1 处，每处应为 10m²，且不得少于 3 处（规范 GB 50207 第 7.1.8 条）。

二、 烧结瓦与混凝土瓦铺装施工质量要点

1. 平瓦和脊瓦应边缘整齐、表面光洁，不得有分层、裂纹和露砂等缺陷；平瓦的瓦爪与瓦槽的尺寸应配合。

2. 基层、顺水条、挂瓦条的铺设应符合下列规定：

(1) 基层应平整、干净、干燥，持钉层厚度应符合设计要求；

(2) 顺水条应垂直正脊方向铺钉在基层上，顺水条表面应平整，其间距不宜大于 500mm；

(3) 挂瓦条的间距应根据瓦片尺寸和屋面坡长经计算确定；

(4) 挂瓦条应铺钉平整、牢固，上棱应成一直线。

3. 挂瓦应符合下列规定：

(1) 挂瓦应从两坡的檐口同时对称进行，瓦后爪应与挂瓦条挂牢，并应与邻边、下面两瓦落槽密合；

(2) 檐口瓦、斜天沟瓦应用镀锌铁丝拴牢在挂瓦条上，每片瓦均应与挂瓦条固定牢固；

(3) 整坡瓦面应平整，行列应横平竖直，不得有翘角和张口现象；

(4) 正脊和斜脊应铺平挂直，脊瓦搭盖应顺主导风向和流水方向。

4. 烧结瓦和混凝土瓦铺装的有关尺寸，应符合下列规定：

(1) 瓦屋面檐口挑出墙面的长度不宜小于 300mm；

(2) 脊瓦在两坡面瓦上的搭盖宽度，每边不应小于 40mm；

(3) 脊瓦下端距坡面瓦的高度不宜大于 80mm；

(4) 瓦头伸入檐沟、天沟内的长度宜为 50～70mm；

(5) 金属檐沟、天沟伸入瓦内的宽度不应小于 150mm；

(6) 瓦头挑出檐口的长度宜为 50～70mm；

(7) 突出屋面结构的侧面瓦伸入泛水的宽度不应小于 50mm。

三、 烧结瓦与混凝土瓦铺装检验批质量验收标准

1. 主控项目

(1) 瓦材及防水垫层的质量，应符合设计要求。

检验方法：检查出厂合格证、质量检验报告和进场检验报告。

(2) 烧结瓦、混凝土瓦屋面不得有渗漏现象。

检验方法：雨后观察或淋水试验。

(3) 瓦片必须铺置牢固。在大风及地震设防地区或屋面坡度大于 100%时，应按设计要求采取固定加强措施。

检验方法：观察或手扳检查。

2. 一般项目

(1) 挂瓦条应分档均匀，铺钉应平整、牢固；瓦面应平整，行列应整齐，搭接应紧密，檐口应平直。

检验方法：观察检查。

(2) 脊瓦应搭盖正确，间距应均匀，封固应严密；正脊和斜脊应顺直，应无起伏现象。

检验方法：观察检查。

(3) 泛水做法应符合设计要求，并应顺直整齐、结合严密。

检验方法：观察检查。

(4) 烧结瓦和混凝土瓦铺装的有关尺寸，应符合设计要求。

检验方法：尺量检查。

四、 烧结瓦与混凝土瓦铺装检验批表格范例

烧结瓦与混凝土瓦铺装检验批质量验收记录见表 5-8。

烧结瓦与混凝土瓦铺装检验批质量验收记录 **表 5-8**

04040101 001

<table>
<tr><td colspan="3">单位（子单位）工程名称</td><td>某教学楼</td><td>分部（子分部）工程名称</td><td>建筑屋面分部-瓦面与板面子分部</td><td>分项工程名称</td><td>烧结瓦和混凝土瓦铺装分项</td></tr>
<tr><td colspan="3">施工单位</td><td></td><td>项目负责人</td><td></td><td>检验批容量</td><td>500m²</td></tr>
<tr><td colspan="3">分包单位</td><td></td><td>分包单位项目负责人</td><td></td><td>检验批部位</td><td>1-10/A-C 轴线屋面</td></tr>
<tr><td colspan="3">施工依据</td><td colspan="2">《屋面工程技术规范》GB 50345—2012</td><td>验收依据</td><td colspan="2">《屋面工程质量验收规范》GB 50207—2012</td></tr>
<tr><td colspan="3">验收项目</td><td>设计要求及规范规定</td><td>最小/实际抽样数量</td><td colspan="2">检查记录</td><td>检查结果</td></tr>
<tr><td rowspan="3">主控项目</td><td>1</td><td>瓦材及防水垫层的质量</td><td>设计要求</td><td>/</td><td colspan="2">质量证明文件齐全，通过进场验收</td><td>✓</td></tr>
<tr><td>2</td><td>屋面不得有渗漏现象</td><td>第 7.2.6 条</td><td>/</td><td colspan="2">试验合格，详见雨后淋水试验记录</td><td>✓</td></tr>
<tr><td>3</td><td>瓦片必须铺置牢固</td><td>第 7.2.7 条</td><td>5/5</td><td colspan="2">抽查 5 处，全部合格</td><td>✓</td></tr>
<tr><td rowspan="4">一般项目</td><td>1</td><td>挂瓦条应分档均匀，铺钉、瓦面应平整</td><td>第 7.2.8 条</td><td>5/5</td><td colspan="2">抽查 5 处，全部合格</td><td>100%</td></tr>
<tr><td>2</td><td>脊瓦应搭盖正确</td><td>第 7.2.9 条</td><td>5/5</td><td colspan="2">抽查 5 处，全部合格</td><td>100%</td></tr>
<tr><td>3</td><td>泛水做法</td><td>设计要求</td><td>5/5</td><td colspan="2">抽查 5 处，全部合格</td><td>100%</td></tr>
<tr><td>4</td><td>烧结瓦和混凝土瓦铺装的有关尺寸</td><td>设计要求</td><td>5/5</td><td colspan="2">抽查 5 处，全部合格</td><td>100%</td></tr>
<tr><td colspan="3">施工单位检查结果</td><td colspan="5">合格
专业工长：
项目专业质量检查员：
年 月 日</td></tr>
<tr><td colspan="3">监理单位验收结论</td><td colspan="5">专业监理工程师：
年 月 日</td></tr>
</table>

第六节 细部构造工程质量验收

女儿墙是建筑物屋顶四周围的矮墙，作为屋顶上的栏杆或房屋外形处理的一种措施，主要作用除了维护安全、防止掉落之外，也可避免防水层渗水，起到屋面防水的作用。上人屋顶的女儿墙的作用是保护人员的安全，并对建筑立面起装饰作用。

沿建筑物短轴方向布置的墙叫横墙，建筑物两端的横向外墙一般称为山墙，山墙一般称为外横墙。

细部构造工程作为一个子分部工程，包含檐口、檐沟和天沟、女儿墙和山墙、水落口、变形缝、伸出屋面管道、屋面出入口、反梁过水孔、设施基座、屋脊、屋顶窗等分项工程。

本小节以女儿墙和山墙检验批为例，参考现行国家标准《屋面工程质量验收规范》GB 50207—2012，分析女儿墙和山墙检验批在进行验收时，应满足哪些要求。

一、 检验批的划分原则

1. 屋面工程各分项工程宜按屋面面积每 500～1000m² 划分为一个检验批，不足 500m² 应按一个检验批（规范 GB 50207 第 3.0.14 条）

2. 细部构造工程各分项工程每个检验批应全数进行检验（规范 GB 50207 第 8.1.2 条）。

二、 女儿墙和山墙施工质量要点

1. 女儿墙的防水构造应符合下列规定：

（1）女儿墙压顶可采用混凝土或金属制品。压顶向内排水坡度不应小于 5%，压顶内侧下端应做滴水处理。

（2）女儿墙泛水处的防水层下应增设附加层，附加层在平面和立面的宽度均不应小于 250mm。

（3）低女儿墙泛水处的防水层可直接铺贴或涂刷至压顶下，卷材收头应用金属压条钉压固定，并应用密封材料封严；涂膜收头应用防水涂料多遍涂刷。

（4）高女儿墙泛水处的防水层泛水高度不应小于 250mm，防水层收头应符合第（3）款的规定；泛水上部的墙体应做防水处理。

（5）女儿墙泛水处的防水层表面，宜采用涂刷浅色涂料或浇筑细石混凝土保护。

2. 山墙的防水构造应符合下列规定：

（1）山墙压顶可采用混凝土或金属制品。压顶应向内排水，坡度不应小于 5%，压顶内侧下端应做滴水处理。

（2）山墙泛水处的防水层下应增设附加层，附加层在平面和立面的宽度均不应小于 250mm。

（3）烧结瓦、混凝土瓦屋面山墙泛水应采用聚合物水泥砂浆抹成，侧面瓦伸入泛水的宽度不应小于 50mm。

（4）沥青瓦屋面山墙泛水应采用沥青基胶结材料满粘一层沥青瓦片，防水层和沥青瓦收头应用金属压条钉压固定，并应用密封材料封严。

（5）金属板屋面山墙泛水应铺钉厚度不小于 0.45mm 的金属泛水板，并应顺流水方向搭接；金属泛水板与墙体的搭接高度不应小于 250mm，与压型金属板的搭盖宽度宜为 1～2 波，并应在波峰处采用拉铆钉连接。

三、 女儿墙和山墙检验批质量验收标准

1. 主控项目

（1）女儿墙和山墙的防水构造应符合设计要求。

检验方法：观察检查。

（2）女儿墙和山墙的压顶向内排水坡度不应小于 5%，压顶内侧下端应做成鹰嘴或滴水槽。

检验方法：观察和坡度尺检查。

（3）女儿墙和山墙的根部不得有渗漏和积水现象。

检验方法：雨后观察或淋水试验。

2. 一般项目

（1）女儿墙和山墙的泛水高度及附加层铺设应符合设计要求。

检验方法：观察和尺量检查。

（2）女儿墙和山墙的卷材应满粘，卷材收头应用金属压条钉压固定，并应用密封材料封严。

检验方法：观察检查。

（3）女儿墙和山墙的涂膜应直接涂刷至压顶下，涂膜收头应用防水涂料多遍涂刷。

检验方法：观察检查。

四、 女儿墙和山墙检验批表格范例

女儿墙和山墙检验批质量验收记录见表 5-9。

女儿墙和山墙检验批质量验收记录　　**表 5-9**

14050301 001

<table>
<tr><td colspan="3">单位（子单位）工程名称</td><td>某教学楼</td><td>分部（子分部）工程名称</td><td>建筑屋面分部-细部构造子分部</td><td>分项工程名称</td><td>女儿墙和山墙分项</td></tr>
<tr><td colspan="3">施工单位</td><td></td><td>项目负责人</td><td></td><td>检验批容量</td><td>4 处</td></tr>
<tr><td colspan="3">分包单位</td><td></td><td>分包单位项目负责人</td><td></td><td>检验批部位</td><td>1-10/A-C 轴线女儿墙</td></tr>
<tr><td colspan="3">施工依据</td><td colspan="2">《屋面工程技术规范》GB 50345—2012</td><td>验收依据</td><td colspan="2">《屋面工程质量验收规范》GB 50207—2012</td></tr>
<tr><td colspan="3">验收项目</td><td>设计要求及规范规定</td><td>最小/实际抽样数量</td><td colspan="2">检查记录</td><td>检查结果</td></tr>
<tr><td rowspan="3">主控项目</td><td>1</td><td>女儿墙和山墙的防水构造</td><td>设计要求</td><td>全/4</td><td colspan="2">共 4 处，检查 4 处，全部合格</td><td>√</td></tr>
<tr><td>2</td><td>压顶向内排水坡度</td><td>第 8.4.2 条</td><td>全/4</td><td colspan="2">共 4 处，检查 4 处，全部合格</td><td>√</td></tr>
<tr><td>3</td><td>根部不得有渗漏和积水现象</td><td>第 8.4.3 条</td><td>全/4</td><td colspan="2">共 4 处，检查 4 处，全部合格</td><td>√</td></tr>
</table>

续表

验收项目			设计要求及规范规定	最小/实际抽样数量	检查记录	检查结果
一般项目	1	泛水高度及附加层铺设	设计要求300mm	全/4	共4处，检查4处，全部合格	100%
	2	卷材粘贴、收头及封缝	第8.4.5条	全/4	共4处，检查4处，全部合格	100%
	3	涂膜涂刷	第8.4.6条	全/4	共4处，检查4处，全部合格	100%
施工单位检查结果			合格 专业工长： 项目专业质量检查员： 年 月 日			
监理单位验收结论			专业监理工程师： 年 月 日			

【本章小结】

本章着重介绍了建筑工程中屋面工程分部下基层与保护、保温与隔热、防水与密封、瓦面与板面、细部构造等子分部质量验收的标准。因篇幅有限，无法面面俱到地将所有分项工程、检验批的施工要点及质量验收标准一一细列。同学们应以本章内容为基础，扩展学习该分部其他分项的质量验收内容，并以求做到学以致用。

【课后习题】

一、单项选择题

1. 屋面工程各分项工程宜按屋面面积每(　　)划分为一个检验批，不足(　　)应按一个检验批。

A. 400～800m^2，400m^2　　B. 500～1000m^2，500m^2

C. 200～400m^2，200m^2　　D. 600～1200m^2，600m^2

2. 在基层与保护工程中，混凝土结构层宜采用结构找坡，坡度不应小于（　　）。

A. 1%　　B. 2%

C. 3%　　D. 5%

3. 保温与隔热工程各分项工程每个检验批的抽检数量，应按屋面面积每100m^2抽查（　　）处，每处应为10m^2，且不得少于（　　）处。

A. 1，3　　B. 2，3

C. 1，2　　D. 3，3

4. 机械固定法铺贴卷材时，卷材周边(　　)范围内应满粘。

A. 500mm　　B. 600mm

C. 800mm　　D. 400mm

5. 在烧结瓦与混凝土瓦铺装施工中，顺水条应垂直正脊方向铺钉在基层上，顺水条表面应平整，其间距不宜大于(　　)。

A. 300mm　　B. 400mm

C. 500mm　　D. 600mm

二、简答题

1. 基层与保护工程检验批的划分原则是什么?

2. 冷粘法铺贴卷材应符合哪些规定?

3. 女儿墙和山墙检验批主控项目有哪些?

第六章

分户验收

[引例]

2020年8月王先生购买的精装房交房了，经验楼后发现一系列问题，售楼部工作人员填写了一份《客户保修意见征询表》，王先生在表中提出，房屋存在的问题集中在四个方面：

1. 客厅墙面空鼓开裂（图6-1）

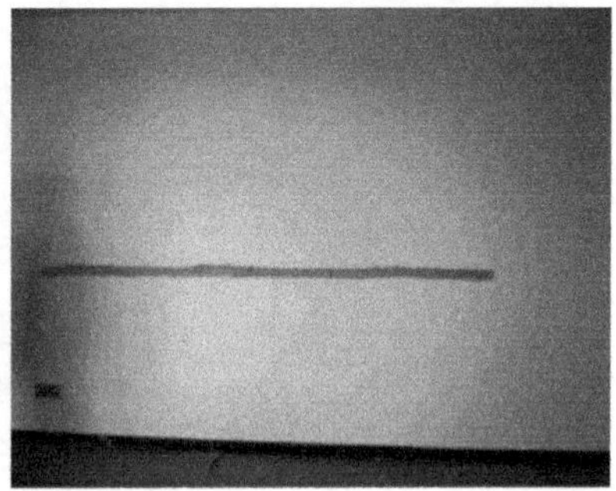

图6-1 客厅墙面空鼓开裂

2. 吊顶下垂（图6-2）

图6-2 吊顶下垂

3. 卧室木地板不平

4. 厨房

（1）厨房铝扣板缝过大，需调整（图 6-3）

图 6-3　铝扣板缝过大

（2）橱柜方案图未考虑燃气点火要求设计。

施工样板房完成后，由项目部牵头联合设计、客服、燃气安装单位对橱柜方案进行审核，发现 5A、2D 户型橱柜方案不能点火，其原因有：1）煤气炉下方通风设计不满足燃气点火要求；2）燃气进户后软管经过微波炉，不满足点火要求；3）软管长度超过 2m，不满足点火要求（图 6-4）。

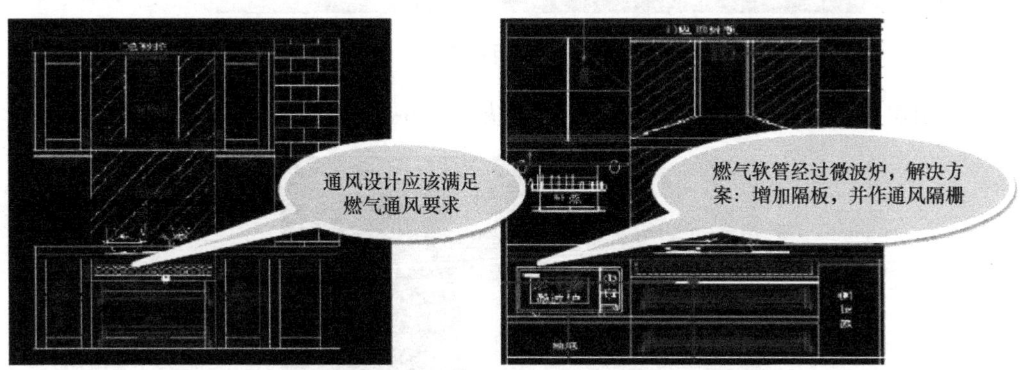

图 6-4　橱柜方案图

（3）橱柜排水方案设计问题。

厨房洗菜盆和排水管距离太远，无法排水（图 6-5）。

（4）厨房公共烟道反坎过宽，造成踢脚板不能安装。

（5）厨房门设计不合理问题。

厨房门设计为单扇平开门，门打开后正好挡着燃气炉，存在安全隐患且占用空间（图 6-6）。

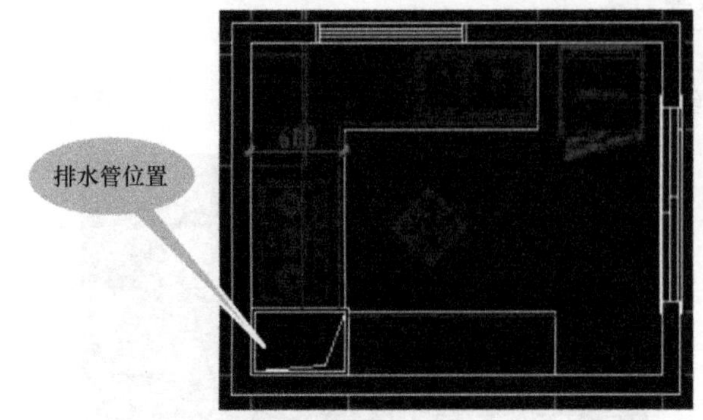

图 6-5 橱柜排水方案

图 6-6 厨房门

（6）厨房台面和厨房门之间冲突，无法解决（图 6-7）。

图 6-7 厨房台面和厨房门之间冲突

表末王先生注明“未具备收房条件，未收房”，并要求返修。

试问：通过此案例，我们可获得哪些启示？

引例答案

第一节 概 述

分户验收，即“一户一验”，是指住宅工程在按照国家有关标准、规范要求在成品住宅工程竣工验收前，建设单位组织施工单位、监理单位对住宅工程的每一户设计使用功能和观感质量进行的专门验收。并在分户验收合格后出具工程质量竣工验收记录。

《河南省成品住宅工程质量分户验收规程》DBJ41/T 194—2018 根据国家工程质量验收规范，结合河南省实际，以影响使用功能和观感质量为重点，对以下几个方面做了详细要求：

分户验收

一、 分户验收质量标准

住宅工程质量分户验收（以下简称分户验收），依据国家和省工程质量标准、规范，对每一户及单位工程每套住宅和规定的公共部位进行验收，并在分户验收合格后出具工程质量竣工验收记录。分户验收的质量标准主要包括《混凝土结构工程施工质量验收规范》GB 50204—2015、《建筑装饰装修工程质量验收标准》GB 50210—2018、《建筑地面工程施工质量验收规范》GB 50209—2010、《建筑给水排水及采暖工程施工质量验收规范》GB 50242—2002、《建筑电气工程施工质量验收规范》GB 50303—2015、《建筑工程施工质量验收统一标准》GB 50300—2013 以及经审查合格的施工图设计文件等相关规范标准。

二、 分户验收内容

分户验收应以可观察到的工程观感质量和影响使用功能的质量为主要验收项目，对每套住宅涉及的分户验收项目和验收内容进行验收。初装修住宅工程主要涉及下列 9 类，见表 6-1。

住宅工程质量分户验收内容 **表 6-1**

序号	验收内容	序号	验收内容
1	室内空间尺寸	6	室内通风与空调安装质量
2	楼地面、墙面及顶棚质量	7	室内智能建筑安装质量
3	门窗、护栏及扶手、套内楼梯质量	8	住宅部品安装质量
4	室内给水排水及供暖安装质量	9	室内环境质量
5	室内电气安装质量		

三、 分户验收数量和方法

分户验收检验批主控项目和一般项目的观感质量应全数检查验收。观感检查项目应通过目测观察的方法检查。平整、垂直、标高等需要实测实量的检查内容，应使用靠尺板、水平仪和尺子等专业检查工具，按照质量验收标准规定的检查数量和方法进行检查验收。每套住宅和规定的公共部位检验批在验收完，应及时填写住宅工程质量分户验收记录表。

四、 分户验收质量合格规定

1. 分户验收各主控项目的检查，应符合本规程的质量标准；

2. 分户验收各一般项目的检查，允许偏差项的80%及以上应在偏差范围内，且最大偏差值不应大于允许偏差值的1.5倍，实测极差值应不大于允许极差值；

3. 其他检验内容应符合《河南省成品住宅工程质量分户验收规程》DBJ41/T 194—2018相关章节的规定。

五、 分户验收的组织实施

由建设单位组织监理、施工单位实施，参加人员应为建设单位项目负责人、专业技术人员，监理单位总监理工程师、相关专业的技术人员，施工单位项目负责人、项目技术负责人、质量检查员、施工员等有关人员。已选定物业管理单位的，物业管理单位应当委派专业人员参加。

六、 分户验收的程序

1. 在分户验收前根据房屋情况确定检查部位和数量，并在施工图纸上注明。

2. 按照国家有关规范要求的方法，对分户验收内容进行检查。

3. 住宅工程质量分户验收不符合本规程规定时，应按下列要求进行处理（规程第3.0.6条）：

（1）施工单位制定处理方案报建设（监理）单位审核后，对不符合要求的部位进行返修或返工。

（2）处理完成后，应对返修或返工部位重新组织验收，直至全部符合要求。

4. 填写检查记录，发现工程观感质量和使用功能不符合规范或设计文件要求的，书面责成施工单位整改并对整改情况进行复查。

5. 分户验收合格后，必须按户出具由建设（项目）单位负责人、总监理工程师和施工单位负责人分别签字并加盖验收专用章的《住宅工程质量分户验收表》（见表6-1），住宅工程交付使用时，《住宅工程质量分户验收表》应当作为《住宅质量保证书》的附件，一并交给业主。

住宅质量保证书

七、 分户验收的其他要求

住宅工程竣工验收前，施工单位应制作工程标牌，并镶嵌在建筑外墙显著部位。

工程标牌

工程标牌应包括以下内容：

（1）工程名称、竣工日期；

（2）建设、设计、监理、施工单位全称；

（3）建设、设计、监理、施工单位负责人姓名。

建设单位还应当在《住宅质量保证书》中注明以下事项：

（1）保修范围、工程保修期限；

（2）施工单位工程质量保修负责人姓名、电话以及办公地点；

（3）物业公司名称、电话；

（4）工程质量保修程序和处理时限；

（5）建设单位工程质量保修监督电话。

以上事项在住宅工程交付使用时，在住宅单元入口进行公示，公示期不得少于 6 个月。各级建设行政主管部门或其委托的工程质量监督机构要高度重视住宅工程质量分户验收工作，加强对参加分户验收工作各方人员的培训和指导，在监督工程竣工验收过程中，抽查《住宅工程质量分户验收表》，随机抽查有关单位是否按照要求对质量分户验收中提出的问题进行了整改。

八、分户验收专业术语

1．室内空间尺寸

住宅工程户内各自然间相对应完成面之间的距离，主要包括净距（开间、进深）和净高尺寸。

2. 推算值

根据设计文件，由建筑设计层高、轴线等尺寸减去结构构件和内装层等尺寸计算得出的数值。

3. 偏差

实测值与推算值之差。

4. 极差

同一自然间内实测值中的最大值与最小值之差。

5. 住宅部品

按照一定的边界条件和配套技术，由两个或两个以上的住宅单一产品或复合产品在现场组装而成，构成住宅某一部位中的一个功能单元，能满足该部位一项或者几项功能要求的产品。包括屋顶、墙体、楼板、门窗、隔墙、卫生间、厨房、阳台、楼梯、储柜等部品类别。

第二节 室内空间尺寸分户验收

住宅工程质量分户验收过程中，室内空间尺寸超偏差现象比较普遍。由于分户验收处于工程完工阶段，对室内空间尺寸超偏差的整改和处理，往往返工量大、影响工期和带来较大经济损失。因此在施工过程中全面对室内空间尺寸进行控制，方能有效地保证工程质量和带来较大的经济效益。

室内空间的检查方法：

(1) 空间尺寸检查前应根据户型特点确定测量方案，并按设计要求和施工情况确定空间尺寸的推算值。

(2) 空间尺寸的测量宜按下列程序进行：

1) 在分户验收所附的套型图上标明房间编号。

2) 净开间、进深尺寸每个房间各测量不少于 2 处，测量位置宜在距墙角（纵横墙交界处）500mm。净高尺寸每个房间测量不少于 5 处，测量部位宜为房间四角距纵横墙 500mm 处及房间的几何中心处。

3) 所有的自然间全数检查。

4) 对于特殊形状的自然间可参照上述规则参照执行。

根据《河南省成品住宅工程质量分户验收规程》DBJ41/T 194—2018 室内空间尺寸验收的一般项目（第 4.0.1 条及第 4.0.2 条）：

(1) 住宅室内自然间墙面之间的净距（开间、进深）允许偏差为±15mm，净距（开间、进深）极差均不大于 15mm。

检查数量：每个自然间均测；

检验方法：用激光测距仪或钢尺检查。

(2) 住宅室内自然间的净高允许偏差为 15mm，同一平面的净高极差不大于 15mm。

检查数量：每个自然间均测；

检验方法：用激光测距仪或钢尺检查。

室内空间尺寸分户验收记录表见表 6-2。

室内空间尺寸分户验收记录表 **表 6-2**

<table>
<tr><td>工程名称</td><td colspan="9"></td><td colspan="4">房户号</td><td colspan="15">号楼 单元 楼 户</td></tr>
<tr><td>验收依据</td><td colspan="28">《河南省成品住宅工程质量分户验收规程》</td></tr>
<tr><td rowspan="3">房间编号</td><td colspan="3">推算值(mm)</td><td colspan="22">实测值(mm)</td><td colspan="3">极差(mm)</td></tr>
<tr><td>净高</td><td>开间</td><td>进深</td><td colspan="14">净高</td><td colspan="4">开间</td><td colspan="4">进深</td><td>净高</td><td>开间</td><td>进深</td></tr>
<tr><td>H</td><td>W</td><td>L</td><td>H_1</td><td>偏差值</td><td>H_2</td><td>偏差值</td><td>H_3</td><td>偏差值</td><td>H_4</td><td>偏差值</td><td>H_5</td><td>偏差值</td><td></td><td>偏差值</td><td></td><td>偏差值</td><td>W_1</td><td>偏差值</td><td>W_2</td><td>偏差值</td><td>L_1</td><td>偏差值</td><td>L_2</td><td>偏差值</td><td>H</td><td>W</td><td>L</td></tr>
<tr><td>1</td><td></td><td></td><td></td><td></td><td></td><td></td><td></td><td></td><td></td><td></td><td></td><td></td><td></td><td></td><td></td><td></td><td></td><td></td><td></td><td></td><td></td><td></td><td></td><td></td><td></td><td></td><td></td></tr>
<tr><td>2</td><td></td><td></td><td></td><td></td><td></td><td></td><td></td><td></td><td></td><td></td><td></td><td></td><td></td><td></td><td></td><td></td><td></td><td></td><td></td><td></td><td></td><td></td><td></td><td></td><td></td><td></td><td></td></tr>
<tr><td>3</td><td></td><td></td><td></td><td></td><td></td><td></td><td></td><td></td><td></td><td></td><td></td><td></td><td></td><td></td><td></td><td></td><td></td><td></td><td></td><td></td><td></td><td></td><td></td><td></td><td></td><td></td><td></td></tr>
<tr><td>4</td><td></td><td></td><td></td><td></td><td></td><td></td><td></td><td></td><td></td><td></td><td></td><td></td><td></td><td></td><td></td><td></td><td></td><td></td><td></td><td></td><td></td><td></td><td></td><td></td><td></td><td></td><td></td></tr>
<tr><td>5</td><td></td><td></td><td></td><td></td><td></td><td></td><td></td><td></td><td></td><td></td><td></td><td></td><td></td><td></td><td></td><td></td><td></td><td></td><td></td><td></td><td></td><td></td><td></td><td></td><td></td><td></td><td></td></tr>
<tr><td>6</td><td></td><td></td><td></td><td></td><td></td><td></td><td></td><td></td><td></td><td></td><td></td><td></td><td></td><td></td><td></td><td></td><td></td><td></td><td></td><td></td><td></td><td></td><td></td><td></td><td></td><td></td><td></td></tr>
</table>

续表

<table>
<tr><td>工程名称</td><td colspan="12"></td><td colspan="4">房户号</td><td colspan="12">号楼 单元 楼 户</td></tr>
<tr><td>验收依据</td><td colspan="28">《河南省成品住宅工程质量分户验收规程》</td></tr>
<tr><td rowspan="3">房间编号</td><td colspan="3">推算值(mm)</td><td colspan="22">实测值(mm)</td><td colspan="3">极差(mm)</td></tr>
<tr><td>净高</td><td>开间</td><td>进深</td><td colspan="14">净高</td><td colspan="4">开间</td><td colspan="4">进深</td><td>净高</td><td>开间</td><td>进深</td></tr>
<tr><td>H</td><td>W</td><td>L</td><td>H_1</td><td>偏差值</td><td>H_2</td><td>偏差值</td><td>H_3</td><td>偏差值</td><td>H_4</td><td>偏差值</td><td>H_5</td><td>偏差值</td><td></td><td>偏差值</td><td></td><td>偏差值</td><td>W_1</td><td>偏差值</td><td>W_2</td><td>偏差值</td><td>L_1</td><td>偏差值</td><td>L_2</td><td>偏差值</td><td>H</td><td>W</td><td>L</td></tr>
<tr><td>7</td><td></td><td></td><td></td><td></td><td></td><td></td><td></td><td></td><td></td><td></td><td></td><td></td><td></td><td></td><td></td><td></td><td></td><td></td><td></td><td></td><td></td><td></td><td></td><td></td><td></td><td></td><td></td><td></td></tr>
<tr><td>8</td><td></td><td></td><td></td><td></td><td></td><td></td><td></td><td></td><td></td><td></td><td></td><td></td><td></td><td></td><td></td><td></td><td></td><td></td><td></td><td></td><td></td><td></td><td></td><td></td><td></td><td></td><td></td><td></td></tr>
<tr><td>9</td><td></td><td></td><td></td><td></td><td></td><td></td><td></td><td></td><td></td><td></td><td></td><td></td><td></td><td></td><td></td><td></td><td></td><td></td><td></td><td></td><td></td><td></td><td></td><td></td><td></td><td></td><td></td><td></td></tr>
<tr><td>10</td><td></td><td></td><td></td><td></td><td></td><td></td><td></td><td></td><td></td><td></td><td></td><td></td><td></td><td></td><td></td><td></td><td></td><td></td><td></td><td></td><td></td><td></td><td></td><td></td><td></td><td></td><td></td><td></td></tr>
<tr><td>附图</td><td colspan="28"></td></tr>
<tr><td colspan="9">验收结论</td><td colspan="20"></td></tr>
<tr><td colspan="9">建设单位</td><td colspan="10">监理单位</td><td colspan="10">施工单位</td></tr>
<tr><td colspan="9">专业技术人员
（章）
年 月 日</td><td colspan="10">专业监理工程师
（章）
年 月 日</td><td colspan="10">技术负责人或验收人员：
（章）
年 月 日</td></tr>
</table>

第三节 楼地面、墙面及顶棚质量分户验收

一、室内楼地面

地面装修的种类有很多，如陶瓷地砖、石材、木地板、地面涂料、地毯等，选用不一样的材料其装饰效果也会有所不同。

陶瓷地砖、锦砖：陶瓷地砖坚固耐用、色彩鲜艳、易清洗、防火、耐腐蚀、耐磨、较石材质地轻，所以应用很广泛。

石材：铺地用石材主要是天然大理石和花岗石。它们高雅华丽，装饰效果好，但价格贵，是一种高级地面装饰材料。

地面装修材料

木地板：是当前一种传统地面材料。木地板古朴而大方，且有弹性，行走舒适、美观隔声，但是价格较高，是一种较高级的地面装饰材料。

地毯：纯毛地毯质地优良，柔软弹性好，美观高贵，但价格昂贵，且易虫蛀霉变。化纤地毯重量轻，耐磨、富有弹性而脚感舒适，色彩鲜艳且价格低于纯毛地毯。

地面涂料：具有适应性强、价格低廉、花色品种多、施工方便等特点。

塑料地板：与涂料、地毯相比，塑料地板使用性能较好，适应性强，耐腐蚀，行走舒适，花色品种多，装饰效果好，而且价格适中。

吸音板：吸音地板具有吸音率高、隔热性好、难燃级、结构紧密、形态稳定、重量很轻、施工安全方便、对人体无害、对环境无污染、无气味、耐水、水浸后排水性强、吸音性能不下降、形态不变等特点，还可以二次使用，销毁容易，对环境没有二次污染。

(一) 地砖、石材等湿式工法作业的面层质量分户验收标准

1. 主控项目

地砖、石材等湿式工法作业的面层与基层应结合牢固、无空鼓。

检查数量：全数检查。

检验方法：观察、用小锤轻击检查。

2. 一般项目

(1) 地砖、石材等湿式工法作业的面层应洁净、平整，色泽一致，接缝顺直、均匀。砖面层无裂纹、掉角和缺棱等缺陷，石材面层无磨痕、划痕。与地漏、管道结合处套割吻合，边角应整齐、光滑。

检查数量：全数检查。

检验方法：观察检查。

(2) 地砖、石材面层的允许偏差和检验方法应符合表 6-3 的规定。

地砖、石材面层的允许偏差和检验方法 表 6-3

项次	项目	允许偏差(mm)		检验方法
		地砖	石材	
1	表面平整度	2	1	用 2m 靠尺和塞尺检查
2	接缝高低差	0.5		用钢直尺和塞尺检查

检查数量：每个自然间随机抽查两处。

检验方法：见表中检验方法。

(二) 木、竹面层质量分户验收标准

1. 主控项目

木、竹等装配式面层铺设应牢固、无松动，走动无异响。

检查数量：全数检查。

检验方法：踩踏、行走检查。

2. 一般项目

(1) 木、竹等装配式面层表面应洁净，无污渍、无损伤。拼缝应严密、平直，拼缝宽度应均匀一致，相邻板材接头位置应错开。

检查数量：全数检查。

检验方法：观察检查。

(2) 木、竹等装配式面层的表面平整度允许偏差为 2mm，相邻板材高差允许偏差为 0.5mm。板块与墙之间应留 8～10mm 的缝隙。

检查数量：每个自然间随机抽查两处。

检验方法：用 2m 靠尺、塞尺、钢直尺检查。

(三)地毯面层质量分户验收标准

1. 主控项目

地毯表面应平服、图案吻合，拼缝处粘贴牢固、严密平整。

检查数量：全数检查。

检验方法：观察检查。

2. 一般项目

地毯毯面应洁净。表面不应翘边、显拼缝、露线和毛边，绒面应顺光一致。地毯同其他面层连接、收口处和墙边、柱子周围应顺直、压实，接口应和相邻地面齐平。

检查数量：全数检查。

检验方法：观察、尺量检查。

(四)有防水要求的面层质量分户验收标准

主控项目：卫生间、厨房、阳台等有排水要求的面层与相连接各类面层的高差应符合设计要求。面层坡度、坡向应正确，不应倒泛水、积水。面层与地漏、管道结合处应密封严密、无渗漏。

检查数量：全数检查。

检验方法：尺量、泼水、观察检查。

室内楼地面质量分户验收记录表见表 6-4。

室内楼地面质量分户验收记录表　　**表 6-4**

<table>
<tr><td colspan="3">工程名称</td><td></td><td>房(户)号</td><td>号楼　单元　楼　户</td></tr>
<tr><td colspan="3">验收依据</td><td colspan="3">《河南省成品住宅工程质量分户验收规程》</td></tr>
<tr><td colspan="4">验收内容</td><td>质量标准</td><td>验收记录</td></tr>
<tr><td rowspan="12">室内楼地面</td><td rowspan="5">主控项目</td><td colspan="2">地砖、石材等面层结合</td><td>5.1.1</td><td></td></tr>
<tr><td colspan="2">塑料块材观感质量</td><td>5.1.2</td><td></td></tr>
<tr><td colspan="2">木、竹等面层铺设</td><td>5.1.3</td><td></td></tr>
<tr><td colspan="2">地毯铺设</td><td>5.1.4</td><td></td></tr>
<tr><td colspan="2">有排水要求的楼地面</td><td>5.1.5</td><td></td></tr>
<tr><td rowspan="7">一般项目</td><td colspan="2">地砖、石材等面层观感质量</td><td>5.1.6</td><td></td></tr>
<tr><td colspan="2">地砖、石材面层允许偏差</td><td>5.1.7</td><td></td></tr>
<tr><td colspan="2">塑料块材的焊缝质量</td><td>5.1.8</td><td></td></tr>
<tr><td colspan="2">木、竹等面层允许偏差、留缝</td><td>5.1.9</td><td></td></tr>
<tr><td colspan="2">木、竹等面层观感质量</td><td>5.1.10</td><td></td></tr>
<tr><td colspan="2">地毯观感质量</td><td>5.1.11</td><td></td></tr>
<tr><td colspan="2">踢脚线安装质量</td><td>5.1.12</td><td></td></tr>
<tr><td colspan="3">验收结论</td><td colspan="3"></td></tr>
<tr><td colspan="3">建设单位</td><td colspan="2">监理单位</td><td>施工单位</td></tr>
<tr><td colspan="3">专业技术人员：
(章)
年　月　日</td><td colspan="2">专业监理工程师：
(章)
年　月　日</td><td>技术负责人(或验收人员)：
(章)
年　月　日</td></tr>
</table>

二、 室内墙面

室内墙面装饰材料种类众多，大致分为以下几种：

墙面涂料：墙面漆、有机涂料、无机涂料、有机无机涂料。

墙纸：纸面纸基壁纸、纺织物壁纸、天然材料壁纸、塑料壁纸。

墙布：玻璃纤维贴墙布、麻纤无纺墙布、化纤墙布。

墙面砖：陶瓷釉面砖、陶瓷墙面砖、陶瓷锦砖、玻璃马赛克。

石饰面板：天然大理石饰面板、天然花岗石饰面板、人造大理石饰面板、水磨石饰面板。

装饰板：木质装饰人造板、树脂浸渍纸高压装饰层积板、塑料装饰板、金属装饰板、矿物装饰板、陶瓷装饰壁画、穿孔装饰吸音板、植绒装饰吸音板。

（一）涂饰面层质量分户验收标准

墙面装饰材料

1. 主控项目

涂饰面层应涂饰均匀、粘结牢固，不得漏涂、透底、起皮和掉粉。

检查数量：全数检查。

检验方法：观察、手摸检查。

2. 一般项目

涂饰面层与其他界面交接处应吻合，界面应清晰。表面无泛碱、流坠。

检查数量：全数检查。

检验方法：观察检查。

（二）裱糊面层质量分户验收标准

1. 主控项目

（1）裱糊面层应粘贴牢固，不得有漏贴、补贴、脱层、空鼓和翘边。

检查数量：全数检查。

检验方法：观察、手摸检查。

（2）裱糊面层应平整、色泽一致，相邻两幅面层拼接应横平竖直，拼缝处花纹、图案应自然吻合，不离缝，不搭接，不显拼缝。

检查数量：全数检查。

检验方法：观察检查。

2. 一般项目

（1）裱糊面层与其他界面交接处应吻合严密，无污染，边缘应顺直，无飞边。阴角处搭接应顺光，阳角处无接缝。

检查数量：全数检查。

检验方法：观察检查。

（2）涂饰及裱糊面的允许偏差和检验方法应符合表 6-5 的规定。

涂饰及裱糊面的允许偏差和检验方法 **表 6-5**

项次	项目	允许偏差(mm)	检验方法
1	立面垂直度	3	用 2m 垂直检测尺检查

续表

项次	项目	允许偏差(mm)	检验方法
2	表面平整度	3	用2m靠尺和塞尺检查
3	阴阳角方正	3	用直角检测尺检查

检查数量：每个自然间随机抽查两处。

检验方法：见表6-5中检验方法。

(三) 墙砖、石材等湿式工法作业的面层质量分户验收标准

1. 主控项目

墙砖、石材等湿式工法作业的面层与基层应粘贴牢固、无空鼓。

检查数量：全数检查。

检验方法：观察、用小锤轻击检查。

2. 一般项目

(1) 墙砖、石材等湿式工法作业的面层应洁净、平整，色泽一致，接缝顺直、均匀。砖面层无裂纹、掉角和缺棱等缺陷，石材面层应无磨痕、划痕。与开关、插座、管道等结合处套割吻合，边角应整齐、光滑。

检查数量：全数检查。

检验方法：观察检查。

(2) 墙砖、石材等湿式工法作业面层粘贴的允许偏差和检验方法应符合表6-6的规定。

墙砖、石材等湿式工法作业面层粘贴的允许偏差和检验方法　　表6-6

项次	项目	允许偏差(mm)	检验方法
1	立面垂直度	3	用2m垂直检测尺检查
2	表面平整度	3	用2m靠尺和塞尺检查
3	阴阳角方正	3	用直角检测尺检查

检查数量：每个自然间随机抽查两处。

检验方法：见表中检验方法。

(四) 装配式板面层质量分户验收标准

1. 主控项目

装配式板面层与基层之间应连接牢固，无松动、无缺损。

检查数量：全数检查。

检验方法：观察、手试检查。

检验方法：观察、手试检查。

2. 一般项目

(1) 装配式板面层应平整、洁净、色泽一致。接缝应顺直、均匀。

检查数量：全数检查。

检验方法：观察检查。

(2) 装配式板面层安装的允许偏差和检验方法应符合表6-7的规定。

装配式板面层安装允许偏差和检验方法　表 6-7

项次	项目	允许偏差(mm)	检验方法
1	立面垂直度	2	用 2m 垂直检测尺检查
2	表面平整度	3	用 2m 靠尺和塞尺检查
3	接缝高低差	0.5	用钢直尺和塞尺检查

检查数量：随机抽查两处。

检验方法：见表 6-7 中检验方法。

室内墙面质量分户验收记录表见表 6-8。

室内墙面质量分户验收记录表　表 6-8

<table>
<tr><td colspan="2">工程名称</td><td></td><td>房(户)号</td><td colspan="2">号楼　单元　楼　户</td></tr>
<tr><td colspan="2">验收依据</td><td colspan="4">《河南省成品住宅工程质量分户验收规程》</td></tr>
<tr><td colspan="3">验收内容</td><td>质量标准</td><td colspan="2">验收记录</td></tr>
<tr><td rowspan="17">室内墙面</td><td rowspan="8">主控项目</td><td>墙面及外窗防水</td><td>5.2.1</td><td colspan="2"></td></tr>
<tr><td>涂饰面层粘结</td><td>5.2.2</td><td colspan="2"></td></tr>
<tr><td>裱糊面层粘贴</td><td>5.2.3</td><td colspan="2"></td></tr>
<tr><td>裱糊面层观感质量</td><td>5.2.4</td><td colspan="2"></td></tr>
<tr><td>墙砖、石材等墙面粘贴</td><td>5.2.5</td><td colspan="2"></td></tr>
<tr><td>装配式板面层安装</td><td>5.2.6</td><td colspan="2"></td></tr>
<tr><td>软包边框安装</td><td>5.2.7</td><td colspan="2"></td></tr>
<tr><td>软包面层安装</td><td>5.2.8</td><td colspan="2"></td></tr>
<tr><td rowspan="9">一般项目</td><td>涂饰面层观感质量</td><td>5.2.9</td><td colspan="2"></td></tr>
<tr><td>裱糊面层观感质量</td><td>5.2.10</td><td colspan="2"></td></tr>
<tr><td>涂饰及裱糊墙面允许偏差</td><td>5.2.11</td><td colspan="2"></td></tr>
<tr><td>墙砖、石材等墙面观感质量</td><td>5.2.12</td><td colspan="2"></td></tr>
<tr><td>墙砖、石材等墙面允许偏差</td><td>5.2.13</td><td colspan="2"></td></tr>
<tr><td>装配式板面层观感质量</td><td>5.2.14</td><td colspan="2"></td></tr>
<tr><td>装配式板面层允许偏差</td><td>5.2.15</td><td colspan="2"></td></tr>
<tr><td>软包面层观感质量</td><td>5.2.16</td><td colspan="2"></td></tr>
<tr><td>软包面层允许偏差</td><td>5.2.17</td><td colspan="2"></td></tr>
<tr><td colspan="3">验收结论</td><td colspan="3"></td></tr>
<tr><td colspan="3">建设单位</td><td colspan="2">监理单位</td><td>施工单位</td></tr>
<tr><td colspan="3">专业技术人员：

(章)
年　月　日</td><td colspan="2">专业监理工程师：

(章)
年　月　日</td><td>技术负责人(或验收人员)：

(章)
年　月　日</td></tr>
</table>

三、室内顶棚

家装顶棚吊顶种类也有很多种，常见的有：石膏板吊顶，吸音效果良好，防火阻燃易造型，主要用于客餐厅卧室及走廊。集成吊顶常用于厨卫。另外还有装配式吊顶、铝扣板吊顶、PVC 板吊顶、玻璃吊顶等。

室内顶棚质量分户验收标准：

室内顶棚装饰材料

1. 主控项目

(1) 顶棚不应有渗漏现象。

检查数量：全数检查。

检验方法：观察检查。

(2) 顶棚涂饰面层应涂饰均匀、粘结牢固，不得漏涂、透底、起皮和掉粉。

检查数量：全数检查。

检验方法：观察检查。

(3) 吊顶造型应符合设计要求。安装必须牢固，不得有翘曲变形、裂缝和缺损。

检查数量：全数检查。

检验方法：观察检查。

(4) 装配式（集成）吊顶支吊架、龙骨安装应牢固，板面与龙骨结合应紧密、可靠。

检查数量：全数检查。

检验方法：观察检查。

2. 一般项目

(1) 顶棚涂饰面层应平整、洁净，无划痕和明显色差。阴阳角应顺直。

检查数量：全数检查。

检验方法：观察检查。

(2) 吊顶板上的灯具、感烟探测器、喷淋头、风口等安装的位置应正确，与其他界面的交接应吻合、严密。

检查数量：全数检查。

检验方法：观察检查。

(3) 顶棚线条应接缝平顺、接口平滑。

检查数量：全数检查。

检验方法：观察检查。

(4) 装配式（集成）吊顶表面应洁净、平整，接缝顺直，与其他界面衔接处应吻合严密。收口条应平顺、接口平滑，阴阳角处应倒角对接，与板面服帖。

检查数量：全数检查。

检验方法：观察检查。

室内顶棚质量分户验收记录表见表 6-9。

室内顶棚质量分户验收记录表 表6-9

工程名称			房(户)号	号楼 单元 楼 户
验收依据	《河南省成品住宅工程质量分户验收规程》			
验收内容			质量标准	验收记录
室内顶棚	主控项目	顶棚渗漏情况	5.3.1	
		涂饰面层粘结	5.3.2	
		吊顶安装	5.3.3	
		装配式(集成)吊顶安装	5.3.4	
	一般项目	涂饰面层观感质量	5.3.5	
		灯具、风口等安装位置	5.3.6	
		顶棚线条观感质量	5.3.7	
		装配式(集成)吊顶观感质量	5.3.8	
验收结论				
建设单位		监理单位		施工单位
专业技术人员： (章) 年 月 日		专业监理工程师： (章) 年 月 日		技术负责人(或验收人员)： (章) 年 月 日

第四节 门窗、护栏及扶手、套内楼梯质量分户验收

一、门窗

(一) 门窗分类

门窗有木门窗、金属门窗、塑料门窗和特种门安装。金属门窗包括钢门窗、铝合金门窗和涂色镀锌钢板门窗等；特种门包括自动门、全玻门和旋转门等；门窗玻璃包括平板、吸热、反射、中空、夹层、夹丝、磨砂、钢化、防火和压花玻璃等。住宅中常见的是塑料门窗和铝合金门窗。

门窗种类

(二) 门窗质量分户验收标准

1. 主控项目

(1) 门窗的品种、类型、开启方式应符合设计要求。门窗框、扇安装必须牢固。门窗扇应开关灵活、关闭严密，无阻滞及反弹现象，无倒翘。推拉门窗扇必须有防脱落措施。

检查数量：全数检查。

检验方法：观察、开关、手扳检查。

(2) 门窗配件的型号、规格、数量应符合设计要求。安装应牢固，位置应正确，功能

应满足使用要求。

检查数量：全数检查。

检验方法：观察、开关、手扳检查。

(3) 窗外没有阳台或平台的外窗，窗台距楼面、地面的净高低于 0.90m 时，应设置防护设施。

检查数量：全数检查。

检验方法：观察、尺量检查。

(4) 当设置凸窗时应符合下列规定：

1) 窗台高度低于或等于 0.45m 时，防护高度从窗台面起算不应低于 0.90m；

2) 可开启窗扇窗洞口底距窗台面的净高低于 0.90m 时，窗洞口处应有防护措施，其防护高度从窗台面起算不应低于 0.90m。

检查数量：全数检查。

检验方法：观察、尺量检查。

(5) 七层及七层以上的建筑物外开窗、距最终完成面小于 500mm 的落地窗、面积大于 1.5m^2 的窗玻璃必须使用安全玻璃，并有安全标识。

检查数量：全数检查。

检验方法：观察、尺量检查，检查玻璃标识。

(6) 玻璃的安装方法应符合设计要求，安装后的玻璃应牢固，不得有裂纹、损伤。

检查数量：全数检查。

检验方法：观察、手试检查。

(7) 门窗套的造型、尺寸和固定方法应符合设计要求。安装应牢固。

检查数量：全数检查。

检验方法：观察、尺量、手扳检查。

(8) 入户门的功能应满足设计要求。其配件应齐全，安装应牢固，开关灵活，关闭严密。

检查数量：全数检查。

检验方法：观察、手扳、开关检查。

2. 一般项目

(1) 门窗表面应洁净、平整、光滑，无明显碰伤、划痕。

检查数量：全数检查。

检验方法：观察检查。

(2) 门窗扇的橡胶密封条或毛毡密封条应安装完好，不应脱槽。

检查数量：全数检查。

检验方法：观察检查。

(3) 门窗框与墙体之间的缝隙应填嵌饱满，并用密封胶密封。密封胶表面应光滑、顺直、无裂缝。

检查数量：全数检查。

检验方法：观察检查。

(4) 有排水孔的门窗，排水孔位置、数量及滴水线（槽）设置，窗台流水坡度应符合设计要求，其排水应畅通。

检查数量：全数检查。

检验方法：观察检查。

(5) 铝合金、塑料门窗框安装的允许偏差和检验方法应符合表 6-10 的规定。

铝合金、塑料门窗框安装的允许偏差和检验方法 **表 6-10**

项次	项目	允许偏差(mm)	检验方法
1	铝合金门窗框(含拼樘料)正、侧面垂直度	≤2.5	用垂直检测尺测量
2	塑料门窗框(含拼樘料)正、侧面垂直度	≤3	

检查数量：门窗分别随机抽查。

检验方法：见表 6-10 中检验方法。

(6) 玻璃表面应洁净，无污染。中空玻璃内外表面均应洁净，玻璃中空层内不得有灰尘和水蒸气。

检查数量：全数检查。

检验方法：观察检查。

(7) 门窗套应平整，线条顺直，接缝严密，色泽一致，门窗套及窗台面表面应无划痕及损坏。

检查数量：全数检查。

检验方法：观察检查。

二、 护栏及扶手、 套内楼梯质量分户验收标准

阳台是室内与室外之间的过渡空间，同时也是儿童活动较多的地方，栏杆（包括栏板的局部栏杆）的垂直杆件间距若设计不当，容易造成事故。根据人体工程学原理，栏杆垂直净距应小于0.11m，才能防止儿童钻出。同时为防止因栏杆上放置花盆儿坠落伤人，要求可搁置花盆的栏杆必须采取防止坠落措施。

阳台栏杆的防护高度是根据人体重心稳定和心理要求确定的，应随建筑高度增高而增高。阳台（包括封闭阳台）栏杆或栏板的构造一般与窗台不同，且人站在阳台前比站在窗前有更加靠近悬崖的眩晕感，如图 6-8 所示。

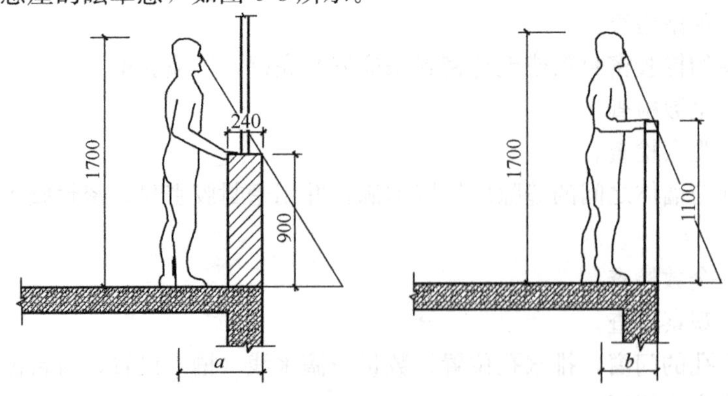

图 6-8 窗台与阳台的防护高度要求不同（单位：mm）

人体距离建筑外边沿的距离 b 明显小于 a，对其重心稳定性和心理安全要求更高（《住宅设计规范》GB 50096—2011 第 5.6.3 和 5.6.4 条）。

套内楼梯一般在两层住宅和跃层内作垂直交通使用。不管是当一边临空或者两侧有墙面，其楼梯净宽、墙面之间净宽都应满足搬运家具和日常手提东西上下楼梯最小宽度。此外，当两侧有墙时，为确保居民特别是老人、儿童上下楼梯的安全，应在其中一侧墙面设置扶手。

1. 主控项目

(1) 护栏及扶手、套内楼梯的造型、材质、规格、尺寸和安装位置应符合设计要求。护栏安装必须牢固。

检查数量：全数检查。

检验方法：观察、尺量、手扳检查。

(2) 阳台栏杆必须采用防止儿童攀登的构造，栏杆的垂直杆件间净距不应大于 0.11m，放置花盆处必须采取防坠落措施。

检查数量：全数检查。

检验方法：观察、尺量检查。

(3) 阳台栏板或栏杆净高，六层及六层以下不应低于 1.05m，七层及七层以上不应低于 1.10m。

检查数量：全数检查。

检验方法：观察、尺量检查。

(4) 护栏玻璃的品种、厚度、安装位置及方法应符合设计要求。安装应牢固。无框玻璃栏板不得有锋利边角。

检查数量：全数检查。

检验方法：观察、尺量检查、检查安全标识和产品合格证书。

(5) 套内楼梯选用成品楼梯时，应符合《住宅内用成品楼梯》JG/T 405—2013 的规定。套内楼梯护栏扶手高度不应小于 0.90m。楼梯水平段栏杆长度大于 0.50m 时，其扶手高度不应小于 1.05m。楼梯栏杆垂直杆件间净距不应大于 0.11m。

检查数量：全数检查。

检验方法：观察、尺量检查。

(6) 套内楼梯当一边临空时，梯段净宽不应小于 0.75m；当两侧有墙时，墙面之间净宽不应小于 0.90m。套内楼梯的踏步宽度不应小于 0.25m，高度为 0.15～0.175m。

检查数量：全数检查。

检验方法：观察、尺量检查。

2. 一般项目

(1) 护栏和扶手转角弧度应符合设计要求。表面应光滑，接缝应严密，不得有裂缝、翘曲及损坏。

检查数量：全数检查。

检验方法：观察检查。

(2) 玻璃栏板应与边框吻合、平行。接缝应严密，表面应平顺、洁净。

检查数量：全数检查。

检查方法：观察检查。

护栏及扶手、套内楼梯质量分户验收记录表见表 6-11。

护栏及扶手、套内楼梯质量分户验收记录表 **表 6-11**

工程名称			房(户)号	号楼 单元 楼 户
验收依据	《河南省成品住宅工程质量分户验收规程》			
验收内容			质量标准	验收记录
护栏及扶手、套内楼梯	主控项目	护栏及扶手、套内楼梯选型及安装	6.2.1	
		阳台栏杆防护	6.2.2	
		阳台栏板或栏杆防护高度	6.2.3	
		护栏玻璃选型及安装	6.2.4	
		套内楼梯选型及防护	6.2.5	
		套内楼梯梯段、踏步尺寸	6.2.6	
	一般项目	护栏和扶手观感质量	6.2.7	
		玻璃栏板观感质量	6.2.8	
验收结论				
建设单位		监理单位		施工单位
专业技术人员： (章) 年 月 日		专业监理工程师： (章) 年 月 日		技术负责人(或验收人员)： (章) 年 月 日

第五节 室内给水排水及供暖安装质量分户验收

一、 室内给水安装

室内给水系统主要由以下五部分组成：

(1) 引入管：室外供水管网穿越建筑物外墙（或基础）进入室内称为引入管，一般以距外墙 2m 处计算。

(2) 室内管路：主要由埋地管、立管、水平干管、支管等组成。

(3) 配水点：各种类型卫生洁具的用水龙头、消火栓、用水设备、喷洒头等。

(4) 附属设备：根据建筑物的性质、高度、消防等级而设置的加压、稳压设备、高位水箱及贮水池（箱）等。

(5) 计量及控制部分：建筑物入口处或住宅建筑单元安装计量水表和分户水表。管路安装控制阀门、逆止阀、报警阀、水流指示器等。

室内给水安装质量分户验收标准：

1. 主控项目

(1) 室内给水管道设置应符合设计要求。各配水点位置正确，接口严密、无渗漏。明装管道安装横平竖直，支架、吊架安装牢固。

检查数量：全数检查。

检验方法：观察、手扳检查。

(2) 卫浴设备的冷、热水管安装应（正向面对）左热右冷、上热下冷。

检查数量：全数检查。

检验方法：观察检查。

(3) 室内给水管阀门的安装位置和方向应正确，阀门应开关灵活、关闭严密。

检查数量：全数检查。

检验方法：观察、开关检查。

(4) 室内给水各用水点应进行通水试验。

检查数量：全数检查。

检验方法：观察、开关检查。

2. 一般项目

(1) 管路中的各种阀件表面应洁净、无污渍、无损伤。

检查数量：全数检查。

检验方法：观察检查。

(2) 给水管道穿过楼板、墙、梁等处宜设置钢套管或塑料套管。安装在楼板内的套管，其顶部高出完成地面 20mm；安装在卫生间及厨房内的套管，其顶部应高出完成地面 50mm。穿过楼板的套管与管道之间缝隙宜用阻燃密实材料和防水油膏填实，且端面应光滑；安装在墙壁内的套管其两端应与墙面平齐，且穿墙套管与管道之间缝隙宜用阻燃密实材料填实。

检查数量：全数检查。

检验方法：观察检查和尺量检查。

二、 室内排水安装

室内排水系统主要由五部分组成：受水器、管道（排水管、通气管）、清通装置、提升设备、污水局部处理构筑物（图 6-9）。

室内排水安装质量分户验收标准：

主控项目：

(1) 室内排水管道及管件设置应符合设计要求。接口应无渗漏，水平管道坡度应准确，严禁有倒坡或平坡现象。

检查数量：全数检查。

检验方法：观察检查。

(2) 室内生活污水管道上设置的检查口或清扫口应符合设计要求。暗装排水立管的检

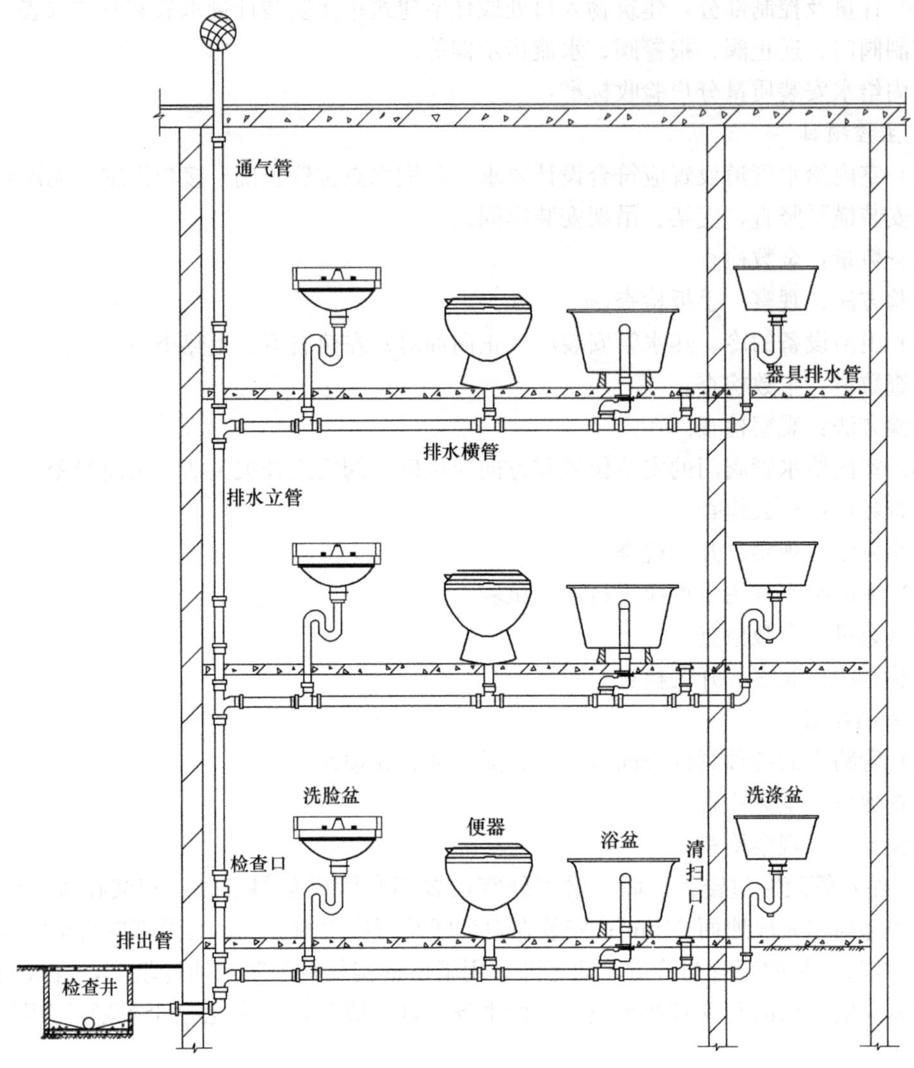

图 6-9 室内排水系统

查口处应设置检修门。

检查数量：全数检查。

检验方法：观察检查。

(3) 高层建筑中明装的排水塑料管，应按设计要求设置阻火圈或防火套管。阻火圈或防火套管安装应符合相关技术标准要求。

检查数量：全数检查。

检验方法：观察检查。

(4) 排水通气管不得与风道或烟道连接。

检查数量：全数检查。

检验方法：观察检查。

室内给水排水安装质量分户验收记录表见表 6-12。

室内给水排水安装质量分户验收记录表 表 6-12

工程名称				房(户)号	号楼 单元 楼 户
验收依据	《河南省成品住宅工程质量分户验收规程》				
验收内容				质量标准	验收记录
给水安装	主控项目	室内给水管道安装		7.1.1	
		冷、热水配水点设置		7.1.2	
		阀门安装		7.1.3	
		通水试验		7.1.4	
	一般项目	阀件外观		7.1.5	
		套管设置		7.1.6	
排水安装	主控项目	室内排水管道及管件安装		7.2.1	
		检查口、清扫口设置		7.2.2	
		阻火圈、防火套管设置		7.2.3	
		通气管设置		7.2.4	
卫生器具安装	主控项目	卫生器具安装		7.3.1	
		卫生器具给水配件安装		7.3.2	
		卫生器具排水配件安装		7.3.3	
		卫生器具满水试验		7.3.4	
		地漏安装		7.3.5	
		卫生器具打胶质量		7.3.6	
	一般项目	卫生器具支、托架安装		7.3.7	
		浴缸安装		7.3.8	
验收结论					
建设单位			监理单位		施工单位
专业技术人员： （章） 年 月 日			专业监理工程师： （章） 年 月 日		技术负责人(或验收人员)： （章） 年 月 日

三、 卫生器具安装质量分户验收

卫生器具是住宅及公共建筑卫生间里不可缺少的用水设备，随着建筑装饰装修技术及标准的日渐提高，卫生间可实现厕所、洗浴、盥洗等多个功能。为达到一定的装饰效果，管道安装也趋向于暗敷设，这增加了检修维护的困难。而卫生间也是用水相对集中的地方，卫生器具安装达不到要求，就容易漏水，给生活带来诸多不便。

卫生器具安装质量分户验收标准：

1. 主控项目

(1) 卫生器具安装位置、配件规格和固定方法应符合设计要求。安装应牢固、无松动。

检查数量：全数检查。

检验方法：观察、手扳检查。

(2) 卫生器具给水配件应安装牢固，表面无损伤，开关灵活，关闭严实，无滴漏。

检查数量：全数检查。

检验方法：手扳、观察、开关检查。

(3) 卫生器具排水配件应完好，安装牢固，无损伤，接口密封严密，无滴漏。构造内无存水弯的卫生器具与生活排水管道连接时，在排水口以下应设存水弯，其水封深度不得小于 50mm，严禁有双水封现象。

检查数量：全数检查。

检验方法：手扳、观察、尺量检查。

(4) 卫生器具应做满水试验。排水栓关闭时应密封严密，无渗漏水，且溢水口泄水畅通；排水栓排水时应排水顺畅，无阻滞。

检查数量：全数检查。

检验方法：放水检查。

(5) 地漏设置位置应符合设计要求。地漏箅子（安装）应低于相邻的排水地面，平整牢固，排水应畅通，周边无渗漏。有水封地漏的水封应构造正确，且水封高度不小于 50mm，严禁采用钟罩（扣碗）式地漏。

检查数量：全数检查。

检验方法：观察、尺量检查。

2. 一般项目

(1) 卫生器具与台面、墙面、地面交接处的密封胶应连续、无破损和污染。

检查数量：全数检查。

检验方法：观察检查。

(2) 卫生器具的支、托架必须防腐良好，安装平整、牢固，与卫生器具接触紧密、平稳。

检查数量：全数检查。

检验方法：观察、手扳检查。

(3) 除浴缸的原配管外，浴缸排水应采用硬管连接。有饰面的浴缸，其侧面靠近排水口处应有检修口。

检查数量：全数检查。

检验方法：观察、手扳检查。

四、 室内供暖安装

供暖系统主要由热源、供暖管道和散热设备三部分组成（图 6-10）。此外，还有为保证系统正常工作而设置的辅助设备，如膨胀水箱、水泵、排气装置、除污器等。室内供暖分机械循环热水供暖系统和蒸汽供暖系统。

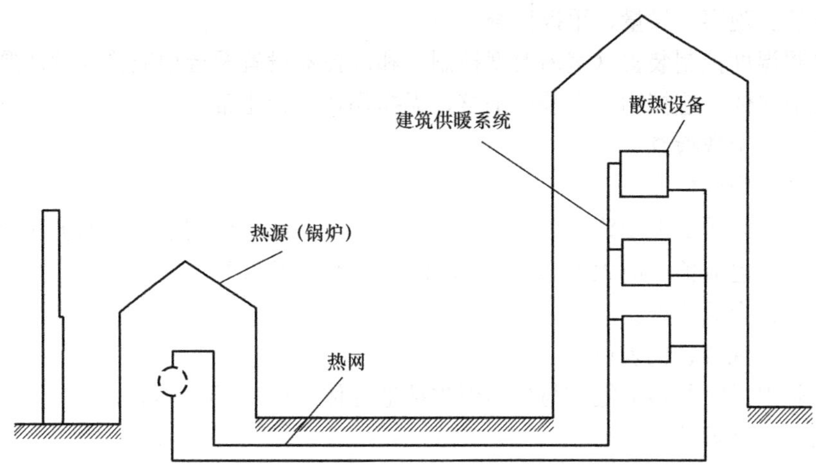

图 6-10 供暖系统

室内供暖安装质量分户验收标准：

1. 主控项目

（1）管道及管配件安装应符合下列要求：

1）供回水环路管道材质、管径及控制阀件型号规格等和安装位置应符合设计要求；

2）当供回水环路管道地面暗敷或嵌入墙体时，管道出地面或墙面及内装节点均应符合设计要求；

3）散热器水平支管坡向应有利于排气，且坡度应为 1%。管道安装横平竖直、固定牢固、无松动，管卡位置合理。

检查数量：全数检查。

检验方法：观察、手扳检查。

（2）散热器位置、型号、片数（或尺寸）应符合设计要求。散热器支架、托架数量应符合现行国家标准《建筑给水排水及采暖工程施工质量验收规范》GB 50242—2002 的规定，固定牢固，配件齐全。

检查数量：全数检查。

检验方法：观察、手扳检查。

（3）地面辐射供暖分水器、集水器应符合下列要求：

1）分水器、集水器（含连接件等）安装位置应符合设计要求，并有产品商标或标识。

2）分水器、集水器材质、规格和分支环路数及管径应符合设计要求，固定应牢固，且分水器、集水器上均应设置手动或自动排气阀，每个分支环路供回水管上均应设置可关断阀门。

3）分水器、集水器的总进出水管材质、管径、阀门、过滤器、温控阀、泄水阀及总出水管之间的旁通管的设置应符合设计要求。金属连接件的连接密封性与构造形式应符合现行国家标准《冷热水用分集水器》GB/T 29730—2013 中的要求，接头连接严密，无渗漏。

4）分支环路管塑料的外露部分应套置防护套管，套管应高出面层 150～200mm。

检查数量：全数检查。

检验方法：观察、尺量、手扳检查。

(4) 供暖温度控制装置（室内温度控制）和温控器设置及选型应符合设计要求。温控器附近应无散热体、遮挡物。安装应平整，无损伤，运行正常。

检查数量：全数检查。

检验方法：观察检查。

(5) 电辐射采暖配电线路应单设分支配电线路，并应采用剩余电流保护功能的双极断路器，剩余动作电流值不应大于 30mA，动作时间不大于 0.1s。

检查数量：全数检查。

检验方法：观察、仪表检查。

(6) 电辐射采暖的接地线应与户内保护接地导体（PE）可靠连接。

检查数量：全数检查。

检验方法：观察检查。

(7) 电辐射采暖局部等电位联结的金属网，应与室内局部等电位端子可靠联结。

检查数量：全数检查。

检验方法：观察检查。

2. 一般项目

散热器表面应洁净，无划痕。散热器背面与完成后的内墙面安装距离宜为 30mm。

检查数量：随机抽查 2 组。

检验方法：观察、尺量检查。

室内供暖安装质量分户验收记录表见表 6-13。

室内供暖安装质量分户验收记录表 **表 6-13**

<table>
<tr><td colspan="2">工程名称</td><td colspan="2"></td><td>房(户)号</td><td colspan="2">号楼 单元 楼 户</td></tr>
<tr><td colspan="2">验收依据</td><td colspan="5">《河南省成品住宅工程质量分户验收规程》</td></tr>
<tr><td colspan="4">验收内容</td><td>质量标准</td><td colspan="2">验收记录</td></tr>
<tr><td rowspan="8">供暖安装</td><td rowspan="7">主控项目</td><td colspan="2">供暖管道及配件安装</td><td>7.4.1</td><td colspan="2"></td></tr>
<tr><td colspan="2">散热器安装</td><td>7.4.2</td><td colspan="2"></td></tr>
<tr><td colspan="2">分、集水器安装</td><td>7.4.3</td><td colspan="2"></td></tr>
<tr><td colspan="2">温控器安装</td><td>7.4.4</td><td colspan="2"></td></tr>
<tr><td colspan="2">电辐射采暖配电</td><td>7.4.5</td><td colspan="2"></td></tr>
<tr><td colspan="2">电辐射采暖接地</td><td>7.4.6</td><td colspan="2"></td></tr>
<tr><td colspan="2">电辐射采暖局部等电位</td><td>7.4.7</td><td colspan="2"></td></tr>
<tr><td>一般项目</td><td colspan="2">散热器外观质量</td><td>7.4.8</td><td colspan="2"></td></tr>
<tr><td colspan="3">验收结论</td><td colspan="4"></td></tr>
<tr><td colspan="3">建设单位</td><td colspan="2">监理单位</td><td colspan="2">施工单位</td></tr>
<tr><td colspan="3">专业技术人员：
（章）
年 月 日</td><td colspan="2">专业监理工程师：
（章）
年 月 日</td><td colspan="2">技术负责人(或验收人员)：
（章）
年 月 日</td></tr>
</table>

第六节　室内电气安装质量分户验收

一、户内配电箱安装

1. 主控项目

(1) 户内配电箱型号、规格、材质和安装位置应符合设计要求。箱（盘）应采用不燃材料。总开关及各回路的保护电器规格、参数符合设计要求。

检查数量：全数检查。

检验方法：观察检查。

(2) 户内配电箱内的保护电器安装应牢固，动作应灵敏可靠。

回路名称或编号标识应正确、齐全。剩余电流动作保护器（RCD）应在施加额定剩余动作电流（I）的情况下测试动作时间，且测试值应符合设计要求（剩余电流动作保护器的动作电流不应大于30mA，动作时间不大于0.1s）。

检查数量：全数检查。

检验方法：观察检查，仪表测试。

(3) 户内配电箱内接线应符合下列要求：

1) 户内配电箱应有可靠的防电击保护措施。

2) 各用电回路的导线型号、规格（截面积）、绝缘层颜色（色标）及回路编号应正确。无绞接现象，不伤线芯，导线连接应紧密，多芯线不应断股，与插接式端子连接端部应拧紧烫锡。

3) 同一电器器件端子上的导线连接不应多于2根，截面积应相同，防松垫圈等零件应齐全。

4) 中性线（N）和保护接地线（PE）应经汇流排连接，不同回路的N或PE线不应连接在汇流排同一端子上。

检查数量：全数检查。

检验方法：观察、旋转检查。

2. 一般项目

户内配电箱箱盖应安装端正，紧贴墙面，涂层完整，无污损。箱内配线应整齐。

检查数量：全数检查。

检验方法：观察检查。

二、照明灯具安装

1. 主控项目

(1) 灯具安装位置、参数应符合设计要求，并应符合下列规定：

1) 灯具固定应牢固可靠；

2) 螺口灯头的相线应接于灯头中间的端子上；

3) 灯具控制回路应与照明配电箱回路的标识一致。

检查数量：每户抽查不少于2套。

检验方法：观察、感应电笔检查。

(2) Ⅰ类灯具外露可导电部分必须采用铜芯软导线与保护导体可靠连接，连接处应设置接地标识，铜芯软导线的截面积应与进入灯具的电源线截面积相同。

检查数量：每户抽查不少于2套。

检验方法：观察、感应电笔检查。

(3) 可燃装饰面不宜安装嵌入式射灯、点光源等高温灯具。

检查数量：全数检查。

检验方法：观察检查。

(4) 灯具与感烟探测器、喷头、可燃物之间的安全距离应符合设计要求。

检查数量：每户抽查不少于2套。

检验方法：观察检查。

2. 一般项目

(1) 灯具的外壳应完整，配件齐全、完好，无机械变形、涂层脱落、灯罩破裂等缺陷。

检查数量：每户抽查不少于2套。

检验方法：观察检查。

(2) 嵌入式灯具的边框应紧贴完成面。

检查数量：每户抽查不少于2套。

检验方法：观察检查。

三、开关、插座安装

1. 主控项目

(1) 开关、插座型号、规格及安装位置应符合设计要求。开关、插座回路数及控制应符合设计要求，且应与户内配电箱回路的标识一致。

检查数量：全数检查。

检验方法：观察检查。

(2) 插座接线应符合下列要求：

1) 对于单相两孔插座，面对插座的右孔或上孔应与相线连接，左孔或下孔与中性导体(N)连接；对于单相三孔插座，面对插座的右孔应与相线连接，左孔与中性导体(N)连接。

2) 单相三孔、三相五孔插座的保护接地导体(PE)应接在上孔。插座保护接地导体端子不得与中性导体端子连接。同一户内的三相插座，其接线的相序应一致。

3) 保护接地导体(PE)在插座间不得串联连接。

4) 相线与中性导体(N)不应利用插座本体的接线端子转接供电。

检查数量：相位全数检查，串联及转接每种插座型号不少于1处。

检验方法：观察、感应电笔或验电器检查。

(3) 安装高度在1.8m及以下的电源插座应采用安全型插座。

检查数量：全数检查。

检验方法：观察检查。

(4) 有淋浴设施的卫生间防护0～2区内严禁设置电源插座。

检查数量：全数检查。

检验方法：观察检查。

(5) 照明开关相线应经开关控制，单控开关的通断位置应一致。多联开关控制有序、不错位。

检查数量：每户抽查不少于2处。

检验方法：观察、感应电笔检查。

(6) 当开关、插座安装在可燃材料上时，面板应紧贴底盒。

检查数量：全数检查。

检验方法：观察检查。

2. 一般项目

(1) 开关、插座面板安装应端正、牢固，紧贴饰面，四周无缝隙，表面无污染、无碎裂、划伤，装饰帽（板）齐全。

检查数量：全数检查。

检验方法：观察检查。

(2) 照明开关、室内温控开关安装位置应便于操作，相同型号并列安装及同一室内开关安装高度一致，开关边缘距门框（或口）边150～200mm。

检查数量：全数检查。

检验方法：观察检查。

(3) 同一高度的开关插座安装高度允许偏差应符合表6-14的规定。

开关插座安装高度允许偏差　　表6-14

序号	项目	质量要求及允许偏差(mm)
1	同一室内同一标高偏差	≤5.0
2	同一墙面安装偏差	≤2.0
3	并列安装偏差	≤0.5

检查数量：每种类型抽查不少于1组。

检验方法：尺量检查。

四、局部等电位联结

主控项目：

(1) 设有洗浴设备的卫生间局部等电位端子箱设置位置、联结内容、联结导体的材料及截面积应符合设计要求，且等电位端子箱不应被覆盖。

检查数量：全数检查。

检验方法：观察检查。

(2) 需做等电位联结的金属管道、浴缸、淋浴器、热水器、散热器等外露可接近导体和可接近的外界可导电部分应连接可靠，且应采用专用接线螺栓或抱箍连接，连接处螺帽应紧固，防松零件应齐全。

检查数量：全数检查。

检验方法：观察检查。

室内电气安装质量分户验收记录表见表6-15。

室内电气安装质量分户验收记录表 **表6-15**

<table>
<tr><td colspan="2">工程名称</td><td></td><td>房(户)号</td><td>号楼 单元 楼 户</td></tr>
<tr><td colspan="2">验收依据</td><td colspan="3">《河南省成品住宅工程质量分户验收规程》</td></tr>
<tr><td colspan="3">验收内容</td><td>质量标准</td><td>验收记录</td></tr>
<tr><td rowspan="4">户内配电箱安装</td><td rowspan="3">主控项目</td><td>户内配电箱选型及安装</td><td>8.1.1</td><td></td></tr>
<tr><td>箱内保护元器件</td><td>8.1.2</td><td></td></tr>
<tr><td>户内配电箱内接线</td><td>8.1.3</td><td></td></tr>
<tr><td>一般项目</td><td>户内配电箱外观及配线</td><td>8.1.4</td><td></td></tr>
<tr><td rowspan="6">照明灯具安装</td><td rowspan="4">主控项目</td><td>灯具选型及安装</td><td>8.2.1</td><td></td></tr>
<tr><td>Ⅰ类灯具接线</td><td>8.2.2</td><td></td></tr>
<tr><td>高温灯具安装</td><td>8.2.3</td><td></td></tr>
<tr><td>灯具与其他设施距离</td><td>8.2.4</td><td></td></tr>
<tr><td rowspan="2">一般项目</td><td>灯具外观质量</td><td>8.2.5</td><td></td></tr>
<tr><td>嵌入式灯具外观质量</td><td>8.2.6</td><td></td></tr>
<tr><td rowspan="9">开关、插座安装</td><td rowspan="6">主控项目</td><td>开关、插座选型及安装</td><td>8.3.1</td><td></td></tr>
<tr><td>插座接线</td><td>8.3.2</td><td></td></tr>
<tr><td>安全型插座</td><td>8.3.3</td><td></td></tr>
<tr><td>有淋浴设施的卫生间插座设置</td><td>8.3.4</td><td></td></tr>
<tr><td>照明开关安装质量</td><td>8.3.5</td><td></td></tr>
<tr><td>可燃材料上的开关、插座安装</td><td>8.3.6</td><td></td></tr>
<tr><td rowspan="3">一般项目</td><td>开关、插座安装外观质量</td><td>8.3.7</td><td></td></tr>
<tr><td>开关安装位置</td><td>8.3.8</td><td></td></tr>
<tr><td>开关、插座安装高度允许偏差</td><td>8.3.9</td><td></td></tr>
<tr><td rowspan="2">局部等电位联结</td><td rowspan="2">主控项目</td><td>局部等电位箱安装</td><td>8.4.1</td><td></td></tr>
<tr><td>局部等电位联结</td><td>8.4.2</td><td></td></tr>
<tr><td colspan="3">验收结论</td><td colspan="2"></td></tr>
<tr><td colspan="3">建设单位</td><td>监理单位</td><td>施工单位</td></tr>
<tr><td colspan="3">专业技术人员：
(章)
年 月 日</td><td>专业监理工程师：
(章)
年 月 日</td><td>技术负责人(或验收人员)：
(章)
年 月 日</td></tr>
</table>

第七节　室内通风与空调安装质量分户验收

一、送排风系统安装

1. 主控项目

（1）厨房、卫生间竖向排气道，应符合下列规定：

1）厨房、卫生间竖向布置的排气道截面尺寸及安装位置应符合设计要求。防火止回阀功能应符合设计要求，且应采用定型产品，外壳标牌或标识齐全。

2）防火止回阀安装方向应正确，四周密封严密，阀板摆动灵活，回位正确。

检查数量：全数检查。

检验方法：观察检查。

（2）新风（换气）系统应运行及功能转换正常，无异响。室内风口与风管连接严密、可靠。

检查数量：全数检查。

检验方法：观察、试运行检查。

（3）外墙预留的各类设备孔洞位置及节点处理应符合设计要求。预留孔洞应内高外低、坡向室外，不得出现倒坡现象。

检查数量：全数检查。

检验方法：观察检查。

2. 一般项目

新风（换气）系统应符合下列规定：

（1）室内风口平整，表面无划伤、缺损，与装饰面交界处衔接自然，无明显缝隙。

（2）室内送风口与感烟探测器最近边的水平距离不应小于1.5m。

检查数量：全数检查。

检验方法：观察、尺量检查。

二、空调系统安装

1. 主控项目

（1）空调室内机、室外机的型号、规格和技术参数应符合设计要求；室外机和室内机安装位置应正确，固定应牢固、可靠。

检查数量：全数检查。

检验方法：观察检查。

（2）空调系统应运转及功能转换正常，无异响。冷凝水排水畅通，并集中汇排到室外的冷凝水排水管道。风口与风管的连接严密、牢固。

检查数量：全数检查。

检验方法：观察、试运行检查。

2. 一般项目

空调系统应符合下列规定：

(1) 室内风口平整，表面无划伤、缺损，与装饰面交界处衔接自然，无明显缝隙。调节应灵活。

(2) 室内送风口与感烟探测器最近边的水平距离不应小于 1.5m。

检查数量：全数检查。

检验方法：观察检查。

室内通风与空调安装质量分户验收记录表见表 6-16。

室内通风与空调安装质量分户验收记录表 **表 6-16**

<table>
<tr><td colspan="2">工程名称</td><td></td><td>房(户)号</td><td>号楼 单元 楼 户</td></tr>
<tr><td colspan="2">验收依据</td><td colspan="3">《河南省成品住宅工程质量分户验收规程》</td></tr>
<tr><td colspan="3">验收内容</td><td>质量标准</td><td>验收记录</td></tr>
<tr><td rowspan="4">送排风系统安装</td><td rowspan="3">主控项目</td><td>厨卫间竖向排气道安装</td><td>9.1.1</td><td></td></tr>
<tr><td>新风系统安装</td><td>9.1.2</td><td></td></tr>
<tr><td>外墙预留孔洞</td><td>9.1.3</td><td></td></tr>
<tr><td>一般项目</td><td>新风风口安装</td><td>9.1.4</td><td></td></tr>
<tr><td rowspan="3">空调系统安装</td><td rowspan="2">主控项目</td><td>空调内外机选型及安装</td><td>9.2.1</td><td></td></tr>
<tr><td>空调系统运行检查</td><td>9.2.2</td><td></td></tr>
<tr><td>一般项目</td><td>空调风口安装</td><td>9.2.3</td><td></td></tr>
<tr><td colspan="3">验收结论</td><td colspan="2"></td></tr>
<tr><td colspan="3">建设单位</td><td>监理单位</td><td>施工单位</td></tr>
<tr><td colspan="3">专业技术人员：

(章)
年 月 日</td><td>专业监理工程师：

(章)
年 月 日</td><td>技术负责人(或验收人员)：

(章)
年 月 日</td></tr>
</table>

第八节 室内智能建筑安装质量分户验收

一、信息设施安装

1. 主控项目

(1) 家居配线箱规格、型号及安装位置应符合设计要求。部件齐全，安装牢固。线缆接线牢固，排线规整，标识清晰。

检查数量：全数检查。

检验方法：观察检查。

（2）电话插座、信息插座、电视插座型号、规格、安装位置和数量应符合设计要求。线缆与电话插座、信息插座、电视插座连接正确、可靠。

检查数量：全数检查。

检验方法：观察检查。

2. 一般项目

（1）家居配线箱箱盖紧贴墙面、开启灵活；箱体面板涂层完整，无污损；内部整洁、无明显污染。

检查数量：全数检查。

检验方法：观察检查。

（2）电话插座、信息插座、电视插座面板安装应平正、牢固、紧贴墙面，表面应无污损、划伤、破损。

检查数量：全数检查。

检验方法：观察检查。

二、 安全防范安装

1. 主控项目

（1）对讲系统室内机的功能、安装位置应符合设计要求。对讲系统语音、图像应清晰，并与管理机联动正常。对讲系统室内机操作应正常，动作准确可靠。

检查数量：全数检查。

检验方法：观察、操作检查。

（2）户内报警控制系统的功能、安装位置应符合设计要求。布撤防、报警和显示记录等功能应准确可靠。

检查数量：全数检查。

检验方法：观察、操作检查。

（3）可燃气体泄漏报警探测器的安装位置应符合设计要求。

检查数量：全数检查。

检验方法：观察检查。

2. 一般项目

对讲系统室内机、户内报警控制系统、可燃气体泄漏报警探测器的安装应平正、牢固，表面清洁，无污损。

检查数量：全数检查。

检验方法：观察检查。

三、 智能家居控制系统安装

1. 主控项目

（1）智能家居系统的功能、安装位置应符合设计要求。

检查数量：全数检查。

检验方法：观察检查。

(2) 智能家居控制系统对户内受控设施、设备的控制动作应准确可靠。

检查数量：全数检查。

检验方法：操作检查。

2. 一般项目

智能家居控制器安装牢固，表面洁净，无污损。

检查数量：全数检查。

检验方法：观察检查。

室内智能建筑安装质量分户验收记录表见表 6-17。

室内智能建筑安装质量分户验收记录表 **表 6-17**

<table>
<tr><td colspan="2">工程名称</td><td></td><td>房(户)号</td><td>号楼 单元 楼 户</td></tr>
<tr><td colspan="2">验收依据</td><td colspan="3">《河南省成品住宅工程质量分户验收规程》</td></tr>
<tr><td colspan="3">验收内容</td><td>质量标准</td><td>验收记录</td></tr>
<tr><td rowspan="4">信息设施安装</td><td rowspan="2">主控项目</td><td>家居配线箱选型及安装</td><td>10.1.1</td><td></td></tr>
<tr><td>信息插座等选型及安装</td><td>10.1.2</td><td></td></tr>
<tr><td rowspan="2">一般项目</td><td>家居配线箱外观质量</td><td>10.1.3</td><td></td></tr>
<tr><td>信息插座等外观质量</td><td>10.1.4</td><td></td></tr>
<tr><td rowspan="4">安全防范安装</td><td rowspan="3">主控项目</td><td>对讲系统室内机安装及运行</td><td>10.2.1</td><td></td></tr>
<tr><td>报警控制系统安装及运行</td><td>10.2.2</td><td></td></tr>
<tr><td>可燃气体泄漏报警探测器安装</td><td>10.2.3</td><td></td></tr>
<tr><td>一般项目</td><td>安防设施外观质量</td><td>10.2.4</td><td></td></tr>
<tr><td rowspan="3">智能家居控制系统安装</td><td rowspan="2">主控项目</td><td>智能家居系统选型及安装</td><td>10.3.1</td><td></td></tr>
<tr><td>智能家居控制系统运行</td><td>10.3.2</td><td></td></tr>
<tr><td>一般项目</td><td>智能家居控制器安装</td><td>10.3.3</td><td></td></tr>
<tr><td colspan="2">验收结论</td><td colspan="3"></td></tr>
<tr><td colspan="2">建设单位</td><td colspan="2">监理单位</td><td>施工单位</td></tr>
<tr><td colspan="2">专业技术人员：

(章)
年 月 日</td><td colspan="2">专业监理工程师：

(章)
年 月 日</td><td>技术负责人(或验收人员)：

(章)
年 月 日</td></tr>
</table>

第九节　住宅部品安装质量分户验收

住宅部品安装质量分户验收标准：

1. 主控项目

(1) 橱柜、收纳柜的造型、安装位置及方法应符合设计要求。安装必须牢固。配件的品种、规格应符合设计要求。配件应齐全，安装应牢固。

检查数量：全数检查。

检验方法：观察、手试检查。

(2) 橱柜、收纳柜的柜门和抽屉应开关灵活，回位正确，无翘曲、回弹现象。

检查数量：全数检查。

检验方法：观察、开关检查。

(3) 厨房设备运行及功能转换正常。

检查数量：全数检查。

检验方法：试运行检查。

(4) 淋浴间（房）的材质、规格、开启方式应符合设计要求。各固定连接件应安装牢固、可靠；选用玻璃材质时必须为安全玻璃，并有安全标识；淋浴间（房）门开关灵活。

检查数量：全数检查。

检验方法：观察、开关、手试检查。

(5) 淋浴间内各给水、排水系统应进水顺畅、排水通畅、不堵塞。

检查数量：全数检查。

检验方法：观察、通水检查。

(6) 窗帘盒的造型、固定方法应符合设计要求。安装应牢固。

检查数量：全数检查。

检验方法：观察、手扳检查。

(7) 造型部品与基层连接的水平线和定位线的位置、距离应一致，接缝严密，安装应牢固。

检查数量：全数检查。

检验方法：观察、手试、尺量检查。

(8) 晾晒架安装位置和固定方法应符合设计要求。安装应牢固。

检查数量：全数检查。

检验方法：观察、手试检查。

2. 一般项目

(1) 橱柜、收纳柜与台面板、底座、顶棚、墙体等处的交接、嵌合应严密、不松动，交接线应顺直。

检查数量：全数检查。

检验方法：观察、手试检查。

(2) 橱柜、收纳柜内表面和柜体可视表面应平整、洁净、色泽一致，无裂缝（纹）、翘曲、脱焊（胶）、胶迹、毛刺、划痕和碰伤等缺陷。

检查数量：全数检查。

检验方法：观察、手试检查。

（3）橱柜、收纳柜的对开门高低差应一致。

检查数量：全数检查。

检验方法：观察检查。

（4）厨房设备的外观应清洁、无污损。

检查数量：全数检查。

检验方法：观察检查。

（5）灶具单元不应正对窗户开启扇设置，安装应平稳，嵌入式灶具与橱柜台面四周无缝隙。灶具的离墙间距不应小于200mm。

检查数量：全数检查。

检验方法：观察、尺量检查。

（6）户内燃气管道与燃具连接的软管长度不应大于2m，中间不得有接口、弯折、拉伸、龟裂、老化等现象。燃具的连接应严密，安装应牢固，不渗漏。

检查数量：全数检查。

检验方法：观察、检查检测报告。

（7）燃气热水器、户式燃气供暖热水炉的排气管应水平直接通至户外。

检查数量：全数检查。

检验方法：观察检查。

（8）与厨房其他设备接口相连的管线应匹配，并应满足厨房使用功能的要求。

检查数量：全数检查。

检验方法：观察，手试检查。

（9）淋浴间表面应洁净、无污损。

检查数量：全数检查。

检验方法：观察检查。

（10）金属类造型部品安装，紧固件位置应正确，焊接点应在隐蔽处，表面无毛刺。

检查数量：全数检查。

检验方法：观察检查。

（11）晾晒架的机械传动机构操作应平稳，定位应正确，伸展、收回应灵活连续，无停顿、滞阻。

检查数量：全数检查。

检验方法：观察、手试检查。

（12）晾晒架应外观整洁，无损伤、划痕。

检查数量：全数检查。

检验方法：观察检查。

（13）镜子表面应平整、洁净，成像应清晰、保真、无变形。

检查数量：全数检查。

检验方法：观察检查。

(14) 不同界面交界处结构胶或密封胶的打注应饱满、密实、连续均匀、光滑顺直。

检查数量：全数检查。

检验方法：观察检查。

住宅部品安装质量分户验收记录表见表 6-18。

住宅部品安装质量分户验收记录表 **表 6-18**

<table>
<tr><td colspan="3">工程名称</td><td></td><td>房(户)号</td><td colspan="2">号楼 单元 楼 户</td></tr>
<tr><td colspan="3">验收依据</td><td colspan="4">《河南省成品住宅工程质量分户验收规程》</td></tr>
<tr><td colspan="4">验收内容</td><td>质量标准</td><td colspan="2">验收记录</td></tr>
<tr><td rowspan="22">住宅部品安装质量</td><td rowspan="8">主控项目</td><td colspan="2">橱柜、收纳柜选型及安装</td><td>11.1.1</td><td colspan="2"></td></tr>
<tr><td colspan="2">柜门和抽屉的开关性能</td><td>11.1.2</td><td colspan="2"></td></tr>
<tr><td colspan="2">厨房设备运行</td><td>11.1.3</td><td colspan="2"></td></tr>
<tr><td colspan="2">淋浴间选型及安装</td><td>11.1.4</td><td colspan="2"></td></tr>
<tr><td colspan="2">淋浴间通水检查</td><td>11.1.5</td><td colspan="2"></td></tr>
<tr><td colspan="2">窗帘盒造型及安装</td><td>11.1.6</td><td colspan="2"></td></tr>
<tr><td colspan="2">造型部品安装</td><td>11.1.7</td><td colspan="2"></td></tr>
<tr><td colspan="2">晾晒架安装</td><td>11.1.8</td><td colspan="2"></td></tr>
<tr><td rowspan="14">一般项目</td><td colspan="2">橱柜、收纳柜与其他部位的交接、嵌合质量</td><td>11.1.9</td><td colspan="2"></td></tr>
<tr><td colspan="2">橱柜、收纳柜外观质量</td><td>11.1.10</td><td colspan="2"></td></tr>
<tr><td colspan="2">橱柜、收纳柜的对开门高低差</td><td>11.1.11</td><td colspan="2"></td></tr>
<tr><td colspan="2">厨房设备外观质量</td><td>11.1.12</td><td colspan="2"></td></tr>
<tr><td colspan="2">灶具安装</td><td>11.1.13</td><td colspan="2"></td></tr>
<tr><td colspan="2">燃具管道连接</td><td>11.1.14</td><td colspan="2"></td></tr>
<tr><td colspan="2">燃气具排气管安装</td><td>11.1.15</td><td colspan="2"></td></tr>
<tr><td colspan="2">与厨房其他设备管线安装</td><td>11.1.16</td><td colspan="2"></td></tr>
<tr><td colspan="2">淋浴间外观质量</td><td>11.1.17</td><td colspan="2"></td></tr>
<tr><td colspan="2">金属类造型部品安装质量</td><td>11.1.18</td><td colspan="2"></td></tr>
<tr><td colspan="2">晾晒架安装</td><td>11.1.19</td><td colspan="2"></td></tr>
<tr><td colspan="2">晾晒架外观质量</td><td>11.1.20</td><td colspan="2"></td></tr>
<tr><td colspan="2">镜子安装</td><td>11.1.21</td><td colspan="2"></td></tr>
<tr><td colspan="2">不同界面交界处打胶质量</td><td>11.1.22</td><td colspan="2"></td></tr>
<tr><td colspan="3">验收结论</td><td colspan="4"></td></tr>
<tr><td colspan="3">建设单位</td><td colspan="2">监理单位</td><td colspan="2">施工单位</td></tr>
<tr><td colspan="3">专业技术人员：

（章）
年 月 日</td><td colspan="2">专业监理工程师：

（章）
年 月 日</td><td colspan="2">技术负责人(或验收人员)：

（章）
年 月 日</td></tr>
</table>

第十节 室内环境质量分户验收

室内环境质量分户验收标准：

主控项目：

(1) 室内环境质量检测应委托具有相应资质的检测机构进行，并在分户验收阶段进行。

(2) 成品住宅室内环境检测以套为单位。样本的采集应代表套内所有空间环境。

(3) 住宅室内空气环境质量验收，应在工程完工至少 7d 以后进行。

(4) 成品住宅室内空气环境污染物浓度控制应符合现行国家标准《民用建筑工程室内环境污染控制标准》GB 50325—2020 的规定。室内空气环境污染物浓度限值应符合表 6-19的规定。

成品住宅室内空气环境污染物浓度限值 **表 6-19**

项次	污染物	浓度限值	项次	污染物	浓度限值
1	氡	≤200Bq/m³	4	氨	≤0.2mg/m³
2	甲醛	≤0.08mg/m³	5	TVOC	≤0.05mg/m³
3	苯	≤0.009mg/m³			

注：1. 表中污染物浓度限量，除氡外均以同步测定的室外上风向空气相应值为空白值。
2. 表中污染物浓度测量值的极限值判定，采用全数值比较法。

(5) 成品住宅室内声环境质量应符合下列规定：

1) 成品住宅室内声环境限值应符合表 6-20 的规定。

成品住宅室内允许噪声级限值 **表 6-20**

房间名称	允许噪声级(A 声级，dB)	
	昼间	夜间
卧室	≤45	≤37
起居室	≤45	≤45

2) 管线穿过楼板和墙体时，孔洞周边应采取密封隔声措施。

(6) 成品住宅室内光环境质量应符合表 6-21 的规定（光照度限值表，可分卧室、起居室等）。

住宅建筑照明标准值 **表 6-21**

房间或场所		参考平面及其高度	照度标准值(lx)	显色指数(Ra)
起居室	一般活动	0.75m 水平面	100	80
	书写、阅读	0.75m 水平面	300*	
卧室	一般活动	0.75m 水平面	75	80
	书写、阅读	0.75m 水平面	150*	

续表

房间或场所		参考平面及其高度	照度标准值(lx)	显色指数(Ra)
餐厅		0.75m 餐桌面	150	80
厨房	一般活动	0.75m 水平面	100	80
	操作台	台面	150*	
卫生间		0.75m 水平面	100	80

注：* 是混合照明度。

室内环境质量分户验收记录表见表 6-22。

室内环境质量分户验收记录表 **表 6-22**

工程名称		房(户)号	号楼 单元 楼 户
验收依据	《河南省成品住宅工程质量分户验收规程》		
验收内容	检测报告影印件		
室内环境质量			

第十一节 分户验收资料整理

根据《河南省成品住宅工程质量分户验收规程》DBJ41/T 194—2018 第 3.0.5 条要求，分户验收时形成的资料应符合以下规定：

1. 验收时应按本规程附录表的规定填写，填写的内容应真实齐全、用词规范、结论准确。

2. 分户验收合格后，《单位（子单位）成品住宅工程质量分户验收意见表》（表 6-23）、《成品住宅工程质量分户验收单户汇总表》（表 6-24）由建设、监理、施工（及物业）单位的项目负责人分别签字确认并加盖单位公章。

单位（子单位）成品住宅工程质量分户验收意见表 **表 6-23**

单位(子单位)工程名称			
建设单位		施工单位	
监理单位		总户数	
验收依据	《河南省成品住宅工程质量分户验收规程》		
验收情况	依据《河南省成品住宅工程质量分户验收规程》，由建设单位组织监理、施工单位成立的分户验收小组于____年____月____日至____年____月____日，对本成品住宅单位工程每一单户的室内空间尺寸，楼地面、墙面及顶棚质量，门窗、护栏及扶手、套内楼梯质量，室内给水排水及供暖安装质量，室内电气安装质量，室内通风与空调安装质量，室内智能建筑安装质量，住宅部品安装质量，室内环境质量进行了工程质量分户验收工作。		
验收结论			

建设单位	监理单位	施工单位
项目负责人： （公章） 年 月 日	总监理工程师： （公章） 年 月 日	项目负责人： （公章） 年 月 日

成品住宅工程质量分户验收单户汇总表　　表 6-24

<table>
<tr><td colspan="2">工程名称</td><td colspan="2"></td><td>房(户)号</td><td>号楼　单元　楼　户</td></tr>
<tr><td colspan="2">验收依据</td><td colspan="4">《河南省成品住宅工程质量分户验收规程》</td></tr>
<tr><td>序号</td><td colspan="3">验收内容</td><td colspan="2">验收结论</td></tr>
<tr><td>1</td><td colspan="3">室内空间尺寸</td><td colspan="2"></td></tr>
<tr><td>2</td><td colspan="3">楼地面、墙面及顶棚质量</td><td colspan="2"></td></tr>
<tr><td>3</td><td colspan="3">门窗、护栏及扶手、套内楼梯质量</td><td colspan="2"></td></tr>
<tr><td>4</td><td colspan="3">室内给水排水及供暖安装质量</td><td colspan="2"></td></tr>
<tr><td>5</td><td colspan="3">室内电气安装质量</td><td colspan="2"></td></tr>
<tr><td>6</td><td colspan="3">室内通风与空调安装质量</td><td colspan="2"></td></tr>
<tr><td>7</td><td colspan="3">室内智能建筑安装质量</td><td colspan="2"></td></tr>
<tr><td>8</td><td colspan="3">住宅部品安装质量</td><td colspan="2"></td></tr>
<tr><td>9</td><td colspan="3">室内环境质量</td><td colspan="2"></td></tr>
<tr><td colspan="3">综合验收结论</td><td colspan="3"></td></tr>
<tr><td colspan="3">建设单位</td><td colspan="2">监理单位</td><td>施工单位</td></tr>
<tr><td colspan="3">项目负责人：

（公章）
年　月　日</td><td colspan="2">总监理工程师：

（公章）
年　月　日</td><td>项目负责人：

（公章）
年　月　日</td></tr>
</table>

3.《成品住宅工程质量分户验收单户汇总表》复印件或影印件应作为住宅质量保证书的附件一并交付。

4. 分户验收资料应整理、组卷，由建设单位归档专项保存，存档期限不应少于 5 年。

【本章小结】

本章介绍了河南省成品住宅工程竣工验收前，建设单位组织施工单位、监理单位对住宅工程的每一户设计使用功能和观感质量进行的专门验收。因篇幅有限，所验收内容涉及的规范不能更详细地展开，希望同学们应以本章内容为基础，学习过程中多参看相关规范，并以求做到学以致用。

【课后习题】

一、单项选择题

1. 分户验收各一般项目的检查，允许偏差项应在(　　)偏差范围内，且最大偏差值不应大于允许偏差值的1.5倍，实测极差值应(　　)允许极差值。

A. 80%及以上，不小于　　B. 80%及以上，不大于

C. 80%及以下，不大于　　D. 80%及以下，不小于

2. 进行室内空间检查时，净开间、进深尺寸每个房间各测量不少于(　　)处，测量位置宜在距墙角(纵横墙交界处)500mm。净高尺寸每个房间测量不少于(　　)处，测量部位宜为房间四角距纵横墙500mm处及房间的几何中心处。

A. 2，2　　B. 5，2

C. 2，5　　D. 5，5

3. 木、竹等装配式面层的表面平整度允许偏差为(　　)mm，相邻板材高差允许偏差为(　　)mm。

A. 2，0.5　　B. 0.5，2

C. 2，2　　D. 0.5，0.5

4. 阳台栏杆的垂直杆件间净距不应大于0.11m，栏板或栏杆净高，六层及六层以下不应低于(　　)m，七层及七层以上不应低于(　　)m。

A. 1.05，1.05　　B. 1.10，1.10

C. 1.10，1.05　　D. 1.05，1.10

5. 分户验收合格后，《单位(子单位)成品住宅工程质量分户验收意见表》《成品住宅工程质量分户验收单户汇总表》由(　　)单位的项目负责人分别签字确认并加盖单位公章。

A. 建设、监理、施工　　B. 建设、施工

C. 建设、监理　　D. 建设、监理、施工(及物业)

二、简答题

1. 简述分户验收的组织实施。

2. 简述分户验收的程序。

第二篇

建筑工程资料管理

第七章

建筑工程资料概述

第一节　建筑工程资料概念及内容

一、建筑工程资料基本概念

建筑工程资料是工程建设从项目的提出、筹备、勘测、设计、施工到竣工投产等过程中形成的文件材料、图纸、图表、计算材料、声像材料等各种形式的信息总和，简称为工程资料。国家现行标准《建筑工程施工质量验收统一标准》GB 50300—2013、《建筑工程资料管理规程》JGJ/T 185—2009、《建设工程文件归档规范》GB/T 50328—2014（2019年版）等规范，对工程资料管理的相关概念和要求做出了明确规定。

1. 建设工程

依据《建设工程文件归档规范》GB/T 50328—2014（2019年版），经批准按照一个总体设计进行施工，经济上实行统一核算，行政上具有独立组织形式，实行统一管理的建设工程基本单位。它由一个或若干个具有内在联系的单位工程所组成。

2. 建筑工程

依据《建筑工程施工质量验收统一标准》GB 50300—2013，建筑工程是通过对各类房屋建筑及其附属设施的建造和与其配套线路、管道、设备等的安装所形成的工程实体。

3. 建设工程文件

依据《建设工程文件归档规范》GB/T 50328—2014（2019年版），建设工程文件是指在工程建设过程中形成的各种形式的信息记录，包括工程准备阶段文件、监理文件、施工文件、竣工图和竣工验收文件，简称为工程文件。

4. 建筑工程资料

依据《建筑工程资料管理规程》JGJ/T 185—2009，建筑工程资料是指建筑工程在建设过程中形成的各种形式信息记录的统称，简称为工程资料。

5. 建筑工程资料管理

依据《建筑工程资料管理规程》JGJ/T 185—2009，建筑工程资料的填写、编制、审核、审批、收集、整理、组卷、移交及归档等工作的统称，简称工程资料管理。

6. 建设工程档案

依据《建设工程文件归档规范》GB/T 50328—2014（2019 年版），建设工程档案是指在工程建设活动中直接形成的具有归档保存价值的文字、图纸、图表、声像、电子文件等各种形式的历史记录，简称工程档案。

7. 建设工程电子文件

依据《建设电子文件与电子档案管理规范》CJJ/T 117—2017，建设工程电子文件是指在工程建设过程中形成的，可依靠计算机等数字设备阅读、处理，并可在通信网络上传送的数字格式的信息记录，简称工程电子文件；依据《建设工程文件归档规范》GB/T 50328—2014（2019 年版），建设工程电子文件是指在工程建设过程中通过数字设备及环境生成，以数码形式存储于磁带、磁盘或光盘等载体，依赖计算机等数字设备阅读、处理，并可在通信网络上传送的文件。

8. 建设工程电子档案

依据《建设工程文件归档规范》GB/T 50328—2014（2019 年版），建设工程电子档案是指工程建设过程中形成的，具有参考和利用价值并作为档案保存的电子文件及其元数据。

9. 建设工程声像档案

依据《建设工程文件归档规范》GB/T 50328—2014（2019 年版），建设工程声像档案是指记录工程建设活动，具有保存价值的，用照片、影片、录音带、录像带、光盘、硬盘等记载的声音、图片和影像等历史记录。

二、 建筑工程资料主要内容

依据《建设工程文件归档规范》GB/T 50328—2014（2019 年版），建设工程文件包括工程准备阶段文件、监理文件、施工文件、竣工图和竣工验收资料。依据《建筑工程资料管理规程》JGJ/T 185—2009，建筑工程资料包括工程准备阶段文件、监理资料、施工资料、竣工图和竣工验收资料。《建设工程文件归档规范》GB/T 50328—2014（2019 年版）与《建筑工程资料管理规程》JGJ/T 185—2009 对工程文件（工程资料）的划分在内涵上是相近的，下文参考《建设工程文件归档规范》GB/T 50328—2014（2019 年版）对工程文件的各项定义。

1. 工程准备阶段文件

工程开工以前，在立项、审批、用地、勘察、设计、招标投标等工程准备阶段形成的文件。

2. 监理文件

监理文件是指监理单位在工程设计、施工等监理过程中形成的文件。

3. 施工文件

施工文件是指施工单位在施工过程中形成的文件。

4. 竣工图

竣工图是指工程竣工验收后，真实反映建设工程施工结果的图样。

5. 竣工验收文件

竣工验收文件是指在建设工程项目竣工验收活动中形成的文件。

三、 建筑工程资料管理的主要内容

建筑工程资料管理的主要内容包括建筑工程资料的填写、编制、审核、审批、收集、整理、组卷、移交及归档等工作。《建设工程文件归档规范》GB/T 50328—2014（2019年版）明确了资料的整理、组卷、归档等资料管理工作的概念。

1. 整理

按照一定的原则，对工程文件进行挑选、分类、组合、排列、编目，使之有序化的过程。

2. 组卷

按照一定的原则和方法，将有保存价值的工程资料分类整理成案卷的过程，亦称立卷。

3. 案卷

由互有联系的若干文件组成的档案保管单位。

4. 归档

归档是指文件形成部门或形成单位完成其工作任务后，将形成的文件整理立卷后，按规定向本单位档案室或向城建档案管理机构移交的过程。

5. 城建档案管理机构

城建档案管理机构是指管理本地区城建档案工作的专门机构，以及接收、收集、保管和提供利用城建档案的城建档案馆、城建档案室。

建筑工程资料管理

第二节 建筑工程资料管理的意义和职责

一、 建筑工程资料管理的意义

建筑工程资料管理是保证工程质量与安全的重要环节，是建筑工程施工管理程序化、规范化和制度化的具体体现。建筑工程资料作为建设工程合法身份与合格质量的证明文件，是工程竣工交付使用的必备文件，也是对工程进行检查、验收、维修、改建和扩建的原始依据。因此，做好建筑工程资料管理工作具有重要意义。

（1）建筑工程资料管理是项目管理的一项重要工作。信息管理在项目管理中占有重要地位，良好的资料管理是实现工程项目信息化、规范化和高效率运转的重要保证。

（2）建筑工程资料是建设工程合法身份与合格质量的证明文件，是工程竣工交付使用的必备文件。建筑工程的质量既反映在建筑物的实体质量，即所谓硬件；也反映在该项工程的资料质量上，即所谓软件。任何一项工程如果工程资料不符合标准规定，则判定该项工程不合格。可见，工程资料质量不合格对工程质量具有否决权。

（3）工程资料的可追溯性为工程的检查、管理、使用、维护、改造、扩建提供可靠的依据。

二、 建筑工程资料管理各方职责

建设过程涉及规划、勘察、设计、施工、监理等各项工作，在不同阶段形成不同的工程资料或文件，各工程建设参与单位均需要进行建筑工程资料管理。建筑工程资料应实行分级管理，由建设、监理、施工等单位项目负责人负责全过程的管理工作。资料管理工作主要包括工程资料与档案的收集、积累、整理、立卷、验收与移交，工程建设过程中资料的收集、整理和审核工作应有专职人员负责，定期培训。

1. 建设单位在工程资料与档案的整理立卷、验收移交工作中应履行的职责

(1) 在工程招标及与勘察、设计、施工、监理等单位签订合同、协议时，应对移交工程文件的套数、费用、质量、时间等提出明确要求。

(2) 负责收集和整理工程准备阶段、竣工验收阶段形成的文件，并应进行立卷归档。

(3) 负责组织、监督和检查勘察、设计、施工、监理等单位的工程文件的形成、积累和立卷归档工作。

(4) 负责收集和汇总各工程建设阶段各单位立卷归档的工程档案。

(5) 收集和整理竣工验收文件，并进行立卷归档。

(6) 在组织工程竣工验收前，应按本规范的要求将全部文件材料收集齐全并形成工程档案的立卷；在组织竣工验收时，应组织对工程档案进行验收，验收结论应在工程竣工验收报告、专家组竣工验收意见中明确。

(7) 对列入城建档案管理机构接受范围的工程，工程竣工验收备案前，应向城建档案管理机构移交一套符合规定的工程档案。

2. 勘察、设计、施工、监理等单位履行的职责

(1) 负责收集和整理工程建设过程中各个阶段的工程资料；

(2) 确保各参建单位的工程资料真实、有效、齐全完整；

(3) 对工程建设中收集整理的工程资料进行立卷、归档；

(4) 对本单位形成的工程资料档案立卷后及时向建设单位移交。

3. 实行总承包的施工单位资料管理的职责

除上述职责外，施工单位对工程实行总承包的，总包单位负责收集、汇总各分包单位形成的工程档案，并及时向建设单位移交；各分包单位应将本单位形成的工程资料整理、立卷，移交给总包单位。

4. 城建单位资料管理的职责

城建档案管理机构对工程资料的立卷归档工作进行指导和服务，并按规范要求对建设单位移交的建设工程档案进行联合验收。

三、 工程资料员的职责

资料员是在建筑与市政工程施工现场，从事施工信息资料的收集、整理、保管、归档、移交等工作的专业人员。资料员的资料收集、整理、编制成册等工作直接影响工程资料的最终质量，因此资料员在资料管理过程中担负着十分重要的责任。工程资料管理人员应经过工程文件归档整理的专业培训。

1. 资料员应具备的专业技能和专业知识

依据《建筑与市政工程施工现场专业人员职业标准》JGJ/T 250—2011，资料员应具备的专业技能和专业知识见表7-1、表7-2。

资料员应具备的专业技能 表7-1

项次	分类	专业技能
1	资料计划管理	能够参与编制施工资料管理计划
2	资料收集整理	能够建立施工资料台账； 能够进行施工资料交底； 能够收集、审查、整理施工资料
3	资料使用保管	能够检索、处理、存储、传递、追溯、应用施工资料
4	资料归档移交	能够对施工资料立卷、归档、验收、移交
5	资料信息系统管理	能够参与建立施工资料计算机辅助管理平台； 能够应用专业软件进行施工资料的处理

资料员应具备的专业知识 表7-2

项次	分类	专业知识
1	通用知识	熟悉国家工程建设相关法律法规； 了解工程材料的基本知识； 熟悉施工图绘制、识读的基本知识； 了解工程施工工艺和方法； 熟悉工程项目管理的基本知识
2	基础知识	了解建筑构造、建筑设备及工程预算的基本知识； 掌握计算机和相关资料管理软件的应用知识； 掌握文秘、公文写作基本知识
3	岗位知识	熟悉与本岗位相关的标准和管理规定； 熟悉工程竣工验收备案管理知识； 掌握城建档案管理、施工资料管理及建筑业统计的基础知识

2. 资料员的工作职责

资料员负责工程项目的资料档案管理、计划、统计管理及内业管理工作。依据《建筑与市政工程施工现场专业人员职业标准》JGJ/T 250—2011，资料员应具备的工作职责见表7-3。

资料员主要工作职责　　**表 7-3**

项次	分类	主要工作职责
1	资料计划管理	参与制订施工资料管理计划； 参与建立施工资料管理规章制度
2	资料收集整理	负责建立施工资料台账，进行施工资料交底； 负责施工资料的收集、审查及整理
3	资料使用保管	负责施工资料的往来传递、追溯及借阅管理； 负责提供管理数据、信息资料
4	资料归档移交	负责施工资料的立卷、归档； 负责施工资料的封存和安全保密工作； 负责施工资料的验收与移交
5	资料信息系统管理	参与建立施工资料管理系统； 负责施工资料管理系统的运用、服务和管理

3. 资料员的职业素养

（1）具有社会责任感和良好的职业操守，诚实守信，严谨务实，爱岗敬业，团结协作；

（2）遵守相关法律法规、标准和管理规定；

（3）树立安全至上、质量第一的理念，坚持安全生产、文明施工；

（4）具有节约资源、保护环境的意识；

（5）具有终生学习理念，不断学习新知识、新技能。

例如，某公司资料员在实际工程中承担的工作职责：

（1）按照工程施工进度，及时做好各类技术资料的收集、整理和归档工作。

资料员的基本要求和职责

（2）资料整理分类清晰、卷面整洁、字迹工整、内容填写规范。

（3）根据国家规范要求及行业主管部门的有关规定，向有关人员做好资料交底工作，及时催收相关资料。

（4）联系材料检测部门，做好原材料以及各类试件的送检工作。及时取回检测报告，对检测不合格的报告应立即通知技术负责人或相关的管理人员。

（5）及时收集来自企业内部以及政府有关部门的各类与工程建设相关的信息，并通知项目（副）经理或与之相关的人员。

（6）负责施工过程的影像资料的拍摄、收集与整理等工作。

（7）参加检验批、分部分项工程，隐蔽工程验收；协助和整理施工技术资料。

（8）做好公司综合管理体系文件规定的相关工作。

第三节 建筑工程资料的形成、分类与保存

一、建筑工程资料的形成

建筑工程资料的形成阶段可以划分为工程准备阶段、工程实施阶段和工程竣工阶段，在每个阶段分别有不同的主体参与，同时也产生相应的工程资料。依据《建筑工程资料管理规程》JGJ/T 185—2009，建筑工程资料的形成过程如图 7-1 所示。

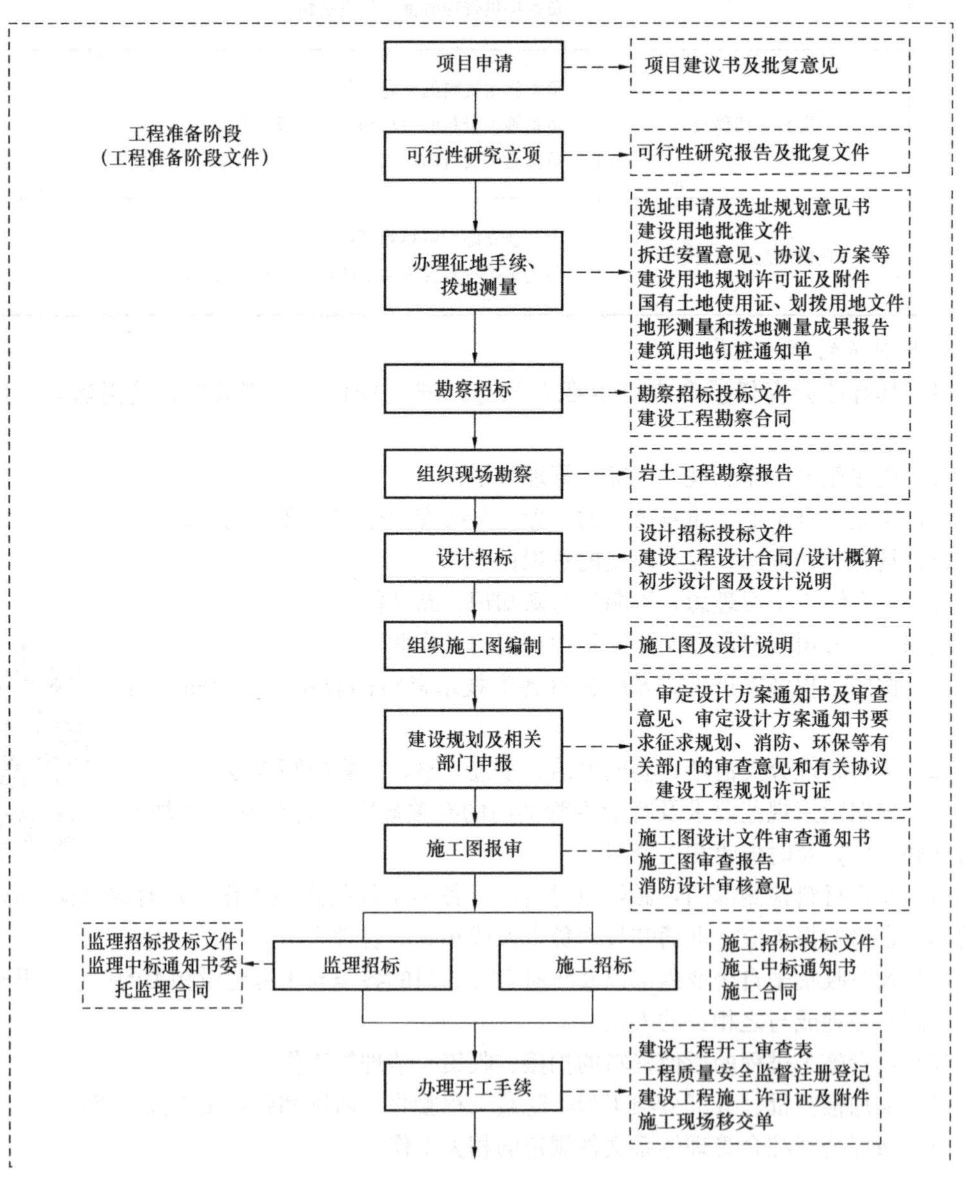

图 7-1 建筑工程资料形成过程（一）

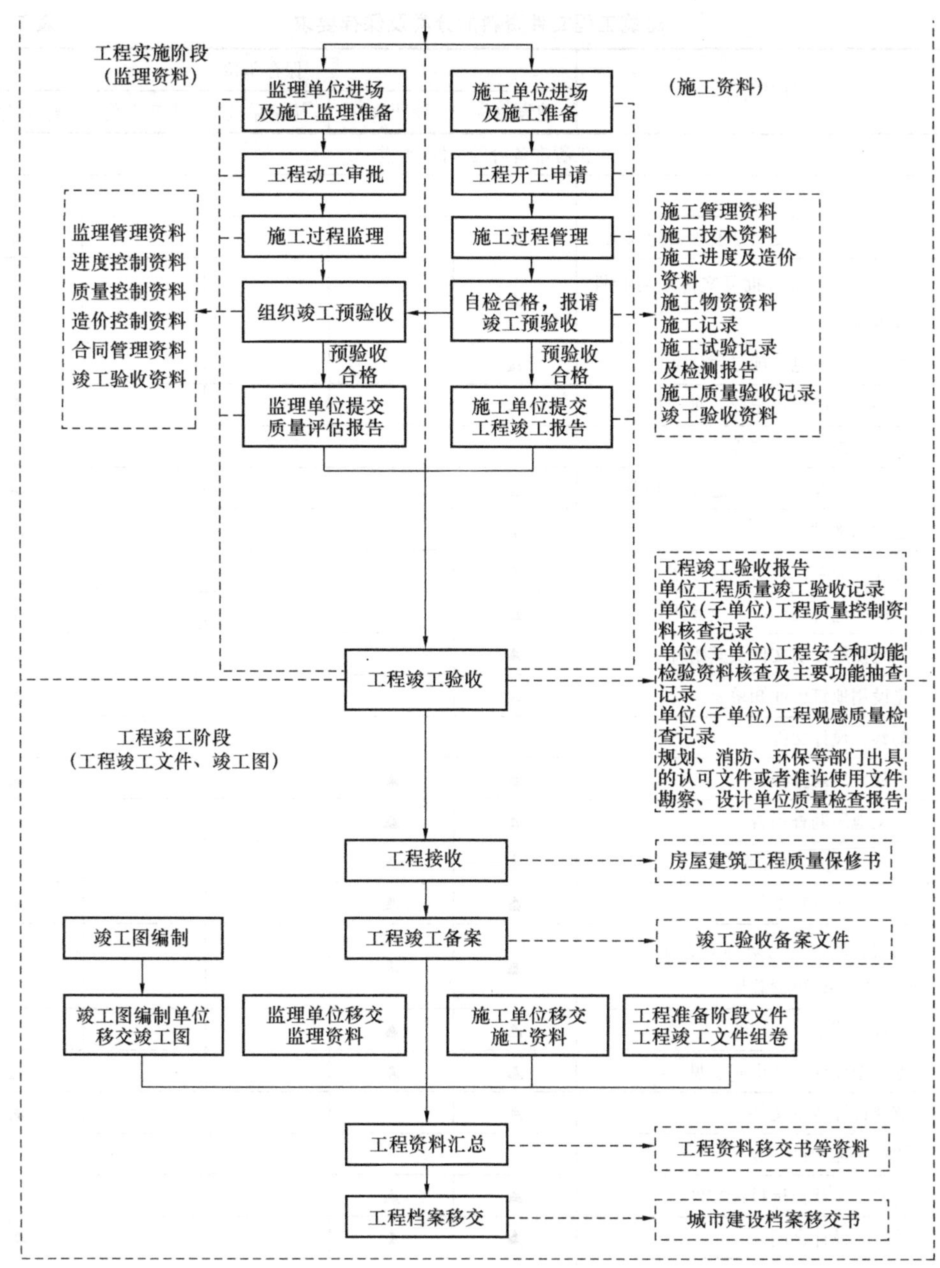

图 7-1　建筑工程资料形成过程（二）

注：《建设工程文件归档规范》GB/T 50328—2014（2019 年版）在修订过程中删除了“在组织工程竣工验收前，提请当地的城建档案管理机构对工程档案进行预验收”的要求，本图未进行更改。

二、 建筑工程资料的分类与保存

《建设工程文件归档规范》GB/T 50328—2014（2019 年版）从整体上把全部的资料划分为 5 大类，即工程准备阶段文件（A 类）、监理文件（B 类）、施工文件（C 类）、竣工图（D 类）和工程竣工验收文件（E 类），每一大类资料又细分为若干小类，详见表 7-4。

建筑工程文件资料的分类及保存要求 **表 7-4**

类别	归档文件	保存单位				
		建设单位	设计单位	施工单位	监理单位	城建档案馆
工程准备阶段文件(A类)						
A1	立项文件					
1	项目建议书批复文件及项目建议书	▲				▲
2	可行性研究报告批复文件及可行性研究报告	▲				▲
3	专家论证意见、项目评估文件	▲				▲
4	有关立项的会议纪要、领导批示	▲				▲
A2	建设用地、拆迁文件					
1	选址申请及选址规划意见通知书	▲				▲
2	建设用地批准书	▲				▲
3	拆迁安置意见、协议、方案等	▲				△
4	建设用地规划许可证及其附件	▲				▲
5	土地使用证明文件及其附件	▲				▲
6	建设用地钉桩通知单	▲				▲
A3	勘察、设计文件					
1	工程地质勘查报告	▲	▲			▲
2	水文地质勘查报告	▲	▲			▲
3	初步设计文件(说明书)	▲	▲			
4	设计方案审查意见	▲	▲			▲
5	人防、环保、消防等有关主管部门(对设计方案)审查意见	▲	▲			▲
6	设计计算书	▲	▲			△
7	施工图设计文件审查意见	▲	▲			▲
8	节能设计备案文件	▲				▲
A4	招标投标文件					
1	勘察、设计招标投标文件	▲	▲			
2	勘察、设计合同	▲	▲			▲
3	施工招标投标文件	▲		▲	△	
4	施工合同	▲		▲	△	▲
5	工程监理招标投标文件	▲			▲	
6	监理合同	▲			▲	▲
A5	开工审批文件					
1	建设工程规划许可证及附件	▲		△	△	▲
2	建设工程施工许可证	▲		▲	▲	▲
A6	工程造价文件					
1	工程投资估算材料	▲				

续表

类别	归档文件	保存单位				
		建设单位	设计单位	施工单位	监理单位	城建档案馆
2	工程设计概算材料	▲				
3	招标控制价格文件	▲				
4	合同价格文件	▲		▲		△
5	结算价格文件	▲		▲		△
A7	工程建设基本信息					
1	工程概况信息表	▲		△		▲
2	建设单位工程项目负责人及现场管理人员名册	▲				▲
3	监理单位工程项目总监及监理人员名册	▲			▲	▲
4	施工单位工程项目经理及质量管理人员名册	▲		▲		▲
监理文件(B类)						
B1	监理管理文件					
1	监理规划	▲			▲	▲
2	监理实施细则	▲		△	▲	▲
3	监理月报	△			▲	
4	监理会议纪要	▲		△	▲	
5	监理工作日志				▲	
6	监理工作总结				▲	▲
7	工作联系单	▲		△	△	
8	监理工程师通知	▲		△	△	△
9	监理工程师通知回复单	▲		△	△	△
10	工程暂停令	▲		△	△	▲
11	工程复工报审表	▲		▲	▲	▲
B2	进度控制文件					
1	工程开工报审表	▲		▲	▲	▲
2	施工进度计划报审表	▲		△	△	
B3	质量控制文件					
1	质量事故报告及处理资料	▲		▲	▲	▲
2	旁站监理记录	△		△	▲	
3	见证取样和送检人员备案表	▲		▲	▲	
4	见证记录	▲		▲	▲	
5	工程技术文件报审表			△		
B4	造价控制文件					
1	工程款支付	▲		△	△	

续表

类别	归档文件	保存单位				
		建设单位	设计单位	施工单位	监理单位	城建档案馆
2	工程款支付证书	▲		△	△	
3	工程变更费用报审表	▲		△	△	
4	费用索赔申请表	▲		△	△	
5	费用索赔审批表	▲		△	△	
B5	工期管理文件					
1	工程延期申请表	▲		▲	▲	▲
2	工程延期审批表	▲			▲	▲
B6	监理验收文件					
1	竣工移交证书	▲		▲	▲	▲
2	监理资料移交书	▲			▲	
施工文件(C类)						
C1	施工管理文件					
1	工程概况表	▲		▲	▲	△
2	施工现场质量管理检查记录			△	△	
3	企业资质证书及相关专业人员岗位证书	△		△	△	△
4	分包单位资质报审表	▲		▲	▲	
5	建设单位质量事故勘查记录	▲		▲	▲	▲
6	建设工程质量事故报告书	▲		▲	▲	▲
7	施工检测计划	△		△	△	
8	见证试验检测汇总表	▲		▲	▲	▲
9	施工日志			▲		
C2	施工技术文件					
1	工程技术文件报审表	△		△	△	
2	施工组织设计及施工方案	△		△	△	△
3	危险性较大分部分项工程施工方案	△		△	△	△
4	技术交底记录	△		△		
5	图纸会审记录	▲	▲	▲	▲	▲
6	设计变更通知单	▲	▲	▲	▲	▲
7	工程洽商记录(技术核定单)	▲	▲	▲	▲	▲
C3	进度造价文件					
1	工程开工报审表	▲	▲	▲	▲	▲
2	工程复工报审表	▲	▲	▲	▲	▲
3	施工进度计划报审表			△	△	
4	施工进度计划			△	△	
5	人、机、料动态表			△	△	
6	工程延期申请表	▲		▲	▲	▲
7	工程款支付申请表	▲		△	△	

续表

类别	归档文件	保存单位				
		建设单位	设计单位	施工单位	监理单位	城建档案馆
8	工程变更费用报审表	▲		△	△	
9	费用索赔申请表	▲		△	△	
C4	施工物资出厂质量证明及进场检测文件					
	出厂质量证明文件及检测报告					
1	砂、石、砖、水泥、钢筋、隔热保温、防腐材料、轻骨料出厂证明文件	▲		▲	▲	△
2	其他物资出厂合格证、质量保证书、检测报告和报关单或商检证等	△		▲	△	
3	材料、设备的相关检验报告、型式检测报告、3C强制认证合格证书或3C标志	△		▲	△	
4	主要设备、器具的安装使用说明书	▲		▲	△	
5	进口的主要材料设备的商检证明文件	△		▲		
6	涉及消防、安全、卫生、环保、节能的材料、设备的检测报告或法定机构出具的有效证明文件	▲		▲	▲	△
7	其他施工物资产品合格证、出厂检验报告					
	进场检验通用表格					
1	材料、构配件进场检验记录			△	△	
2	设备开箱检验记录			△	△	
3	设备及管道附件试验记录	▲		▲	△	
	进场复试报告					
1	钢材试验报告	▲		▲	▲	▲
2	水泥试验报告	▲		▲	▲	▲
3	砂试验报告	▲		▲	▲	▲
4	碎(卵)石试验报告	▲		▲	▲	▲
5	外加剂试验报告	△		▲	▲	▲
6	防水涂料试验报告	▲		▲	△	
7	防水卷材试验报告	▲		▲	△	
8	砖(砌块)试验报告	▲		▲	▲	▲
9	预应力筋复试报告	▲		▲	▲	▲
10	预应力锚具、夹具和连接器复试报告	▲		▲	▲	▲

续表

类别	归档文件	保存单位				
		建设单位	设计单位	施工单位	监理单位	城建档案馆
11	装饰装修用门窗复试报告	▲		▲	△	
12	装饰装修用人造木板复试报告	▲		▲	△	
13	装饰装修用花岗石复试报告	▲		▲	△	
14	装饰装修用安全玻璃复试报告	▲		▲	△	
15	装饰装修用外墙面砖复试报告	▲		▲	△	
16	钢结构用钢材复试报告	▲		▲	▲	▲
17	钢结构用防火涂料复试报告	▲		▲	▲	▲
18	钢结构用焊接材料复试报告	▲		▲	▲	▲
19	钢结构用高强度大六角头螺栓连接副复试报告	▲		▲	▲	▲
20	钢结构用扭剪型高强度螺栓连接副复试报告	▲		▲	▲	▲
21	幕墙用铝塑板、石材、玻璃、结构胶复试报告	▲		▲	▲	▲
22	散热器、供暖系统保温材料、通风与空调工程绝热材料、风机盘管机组、低压配电系统电缆的见证取样复试报告	▲		▲	▲	▲
23	节能工程材料复试报告	▲		▲	▲	▲
24	其他物资进场复试报告					
C5	施工记录文件					
1	隐蔽工程验收记录	▲		▲	▲	▲
2	施工检查记录			△		
3	交接检查记录			△		
4	工程定位测量记录	▲		▲	▲	▲
5	基槽验线记录	▲		▲	▲	▲
6	楼层平面放线记录			△	△	△
7	楼层标高抄测记录			△	△	△
8	建筑物垂直度、标高观测记录	▲		▲	△	△
9	沉降观测记录	▲		▲	△	▲
10	基坑支护水平位移监测记录			△	△	
11	桩基、支护测量放线记录			△	△	
12	地基验槽记录	▲	▲	▲	▲	▲
13	地基钎探记录	▲		△	△	▲
14	混凝土浇灌申请书			△	△	

续表

类别	归档文件	保存单位				
		建设单位	设计单位	施工单位	监理单位	城建档案馆
15	预拌混凝土运输单			△		
16	混凝土开盘鉴定			△	△	
17	混凝土拆模申请单			△	△	
18	混凝土预拌测温记录			△		
19	混凝土养护测温记录			△		
20	大体积混凝土养护测温记录			△		
21	大型构件吊装记录	▲		△	△	▲
22	焊接材料烘焙记录			△		
23	地下工程防水效果检查记录	▲		△	△	
24	防水工程试水检查记录	▲		△	△	
25	通风(烟)道、垃圾道检查记录	▲		△	△	
26	预应力筋张拉记录	▲		▲	△	▲
27	有粘结预应力结构灌浆记录	▲		▲	△	▲
28	钢结构施工记录	▲		▲	△	
29	网架(索膜)施工记录	▲		▲	△	▲
30	木结构施工记录	▲		▲	△	
31	幕墙注胶检查记录	▲		▲	△	
32	自动扶梯、自动人行道的相邻区域检查记录	▲		▲	△	
33	电梯电气装置安装检查记录	▲		▲	△	
34	自动扶梯、自动人行道电气装置检查记录	▲		▲	△	
35	自动扶梯、自动人行道整机安装质量检查记录	▲		▲	△	
36	其他施工记录文件					
C6	施工试验记录及检测文件					
	通用表格					
1	设备单机试运转记录	▲		▲	△	△
2	系统试运转调试记录	▲		▲	△	△
3	接地电阻测试记录	▲		▲	△	△
4	绝缘电阻测试记录	▲		▲	△	△
	建筑与结构工程					
1	锚杆试验报告	▲		▲	△	△
2	地基承载力检验报告	▲		▲	△	▲
3	桩基检测报告	▲		▲	△	▲

续表

类别	归档文件	保存单位				
		建设单位	设计单位	施工单位	监理单位	城建档案馆
4	土工击实试验报告	▲		▲	△	▲
5	回填土试验报告(应附图)	▲		▲	△	▲
6	钢筋机械连接试验报告	▲		▲	△	△
7	钢筋焊接连接试验报告	▲		▲	△	△
8	砂浆配合比申请书、通知单			△	△	△
9	砂浆抗压强度试验报告	▲		▲	△	▲
10	砌筑砂浆试块强度统计、评定记录	▲		▲	△	△
11	混凝土配合比申请书、通知单	▲		△	△	△
12	混凝土抗压强度试验报告	▲		▲	△	▲
13	混凝土试块强度统计、评定记录	▲		▲	△	△
14	混凝土抗渗试验报告	▲		▲	△	△
15	砂、石、水泥放射性指标报告	▲		▲	△	△
16	混凝土碱总量计算书	▲		▲	△	△
17	外墙饰面砖样板粘结强度试验报告	▲		▲	△	△
18	后置埋件抗拔试验报告	▲		▲	△	△
19	超声波探伤报告、探伤记录	▲		▲	△	△
20	钢构件射线探伤报告	▲		▲	△	△
21	磁粉探伤报告	▲		▲	△	△
22	高强度螺栓抗滑移系数检测报告	▲		▲	△	△
23	钢结构焊接工艺评定			△	△	△
24	网架节点承载力试验报告	▲		▲	△	△
25	钢结构防腐、防火涂料厚度检测报告	▲		▲	△	△
26	木结构胶缝试验报告	▲		▲	△	
27	木结构构件力学性能试验报告	▲		▲	△	△
28	木结构防护剂试验报告	▲		▲	△	△
29	幕墙双组分硅酮结构胶混匀性及拉断试验报告	▲		▲	△	△
30	幕墙的抗风压性能、空气渗透性能、雨水渗透性能及平面内变形性能检测报告	▲		▲	△	△
31	外门窗的抗风压性能、空气渗透性能和雨水渗透性能检测报告	▲		▲	△	△
32	墙体节能工程保温板材与基层粘结强度现场拉拔试验	▲		▲	△	△

续表

类别	归档文件	保存单位				
		建设单位	设计单位	施工单位	监理单位	城建档案馆
33	外墙保温浆料同条件养护试件试验报告	▲		▲	△	△
34	结构实体混凝土强度验收记录	▲		▲	△	△
35	结构实体钢筋保护层厚度验收记录	▲		▲	△	△
36	围护结构现场实体检验	▲		▲	△	△
37	室内环境检测报告	▲		▲	△	△
38	节能性能检测报告	▲		▲	△	▲
39	其他建筑与结构施工试验记录与检测文件					
	给水排水及供暖工程					
1	灌(满)水试验记录	▲		△	△	
2	强度严密性试验记录	▲		▲	△	△
3	通水试验记录	▲		△	△	
4	冲(吹)洗试验记录	▲		▲	△	
5	通球试验记录	▲		△	△	
6	补偿器安装记录			△	△	
7	消火栓试射记录	▲		▲	△	
8	安全附件安装检查记录			▲	△	
9	锅炉烘炉试验记录			▲	△	
10	锅炉煮炉试验记录			▲	△	
11	锅炉试运行记录	▲		▲	△	
12	安全阀定压合格证书	▲		▲	△	
13	自动喷水灭火系统联动试验记录	▲		▲	△	△
14	其他给水排水及供暖施工试验记录与检测文件					
	建筑电气工程					
1	电气接地装置平面示意图表	▲		▲	△	△
2	电气器具通电安全检查记录	▲		△	△	
3	电气设备空载试运行记录	▲		▲	△	△
4	建筑物照明通电试运行记录	▲		▲	△	△
5	大型照明灯具承载试验记录	▲		▲	△	
6	漏电开关模拟试验记录	▲		▲	△	
7	大容量电气线路结点测温记录	▲		▲	△	
8	低压配电电源质量测试记录	▲		▲	△	
9	建筑物照明系统照度测试记录	▲		△	△	

续表

类别	归档文件	保存单位				
		建设单位	设计单位	施工单位	监理单位	城建档案馆
10	其他建筑电气施工试验记录与检测文件					
	智能建筑工程					
1	综合布线测试记录	▲		▲	△	△
2	光纤损耗测试记录	▲		▲	△	△
3	视频系统末端测试记录	▲		▲	△	△
4	子系统检测记录	▲		▲	△	△
5	系统试运行记录	▲		▲	△	△
6	其他智能建筑施工试验记录与检测文件					
	通风与空调工程					
1	风管漏光检测记录	▲		△	△	
2	风管漏风检测记录	▲		▲	△	
3	现场组装除尘器、空调机漏风检测记录			△	△	
4	各房间室内风量测量记录	▲		△	△	
5	管网风量平衡记录	▲		△	△	
6	空调系统试运转调试记录	▲		▲	△	△
7	空调水系统试运转调试记录	▲		▲	△	△
8	制冷系统气密性试验记录	▲		▲	△	△
9	净化空调系统检测记录	▲		▲	△	△
10	防排烟系统联合试运行记录	▲		▲	△	△
11	其他通风与空调施工试验记录与检测文件					
	电梯工程					
1	轿厢平层准确度测量记录	▲		△	△	
2	电梯层门安全装置检测记录	▲		▲	△	
3	电梯电气安全装置检测记录	▲		▲	△	
4	电梯整机功能检测记录	▲		▲	△	
5	电梯主要功能检测记录	▲		▲	△	
6	电梯负荷运行试验记录	▲		▲	△	△
7	电梯负荷运行试验曲线图表	▲		▲	△	
8	电梯噪声测试记录	△		△	△	
9	自动扶梯、自动人行道安全装置检测记录	▲		▲	△	

续表

类别	归档文件	保存单位				
		建设单位	设计单位	施工单位	监理单位	城建档案馆
10	自动扶梯、自动人行道整机性能、运行试验记录	▲		▲	△	△
11	其他电梯施工试验记录与检测文件					
C7	施工质量验收文件					
1	检验批质量验收记录	▲		△	△	
2	分项工程质量验收记录	▲		▲	▲	
3	分部(子分部)工程质量验收记录	▲		▲	▲	▲
4	建筑节能分部工程质量验收记录	▲		▲	▲	▲
5	自动喷水系统验收缺陷项目划分记录	▲		△	△	
6	程控电话交换系统分项工程质量验收记录	▲		▲	△	
7	会议电视系统分项工程质量验收记录	▲		▲	△	
8	卫星数字电视系统分项工程质量验收记录	▲		▲	△	
9	有线电视系统分项工程质量验收记录	▲		▲	△	
10	公共广播与紧急广播系统分项工程质量验收记录	▲		▲	△	
11	计算机网络系统分项工程质量验收记录	▲		▲	△	
12	应用软件系统分项工程质量验收记录	▲		▲	△	
13	网络安全系统分项工程质量验收记录	▲		▲	△	
14	空调与通风系统分项工程质量验收记录	▲		▲	△	
15	变配电系统分项工程质量验收记录	▲		▲	△	
16	公共照明系统分项工程质量验收记录	▲		▲	△	
17	给水排水系统分项工程质量验收记录	▲		▲	△	
18	热源和热交换系统分项工程质量验收记录	▲		▲	△	

续表

类别	归档文件	保存单位				
		建设单位	设计单位	施工单位	监理单位	城建档案馆
19	冷冻和冷却水系统分项工程质量验收记录	▲		▲	△	
20	电梯和自动扶梯系统分项工程质量验收记录	▲		▲	△	
21	数据通信接口分项工程质量验收记录	▲		▲	△	
22	中央管理工作站及操作分站分项工程质量验收记录	▲		▲	△	
23	系统实时性、可维护性、可靠性分项工程质量验收记录	▲		▲	△	
24	现场设备安装及检测分项工程质量验收记录	▲		▲	△	
25	火灾自动报警及消防联动系统分项工程质量验收记录	▲		▲	△	
26	综合防范功能分项工程质量验收记录	▲		▲	△	
27	视频安防监控系统分项工程质量验收记录	▲		▲	△	
28	入侵报警系统分项工程质量验收记录	▲		▲	△	
29	出入口控制(门禁)系统分项工程质量验收记录	▲		▲	△	
30	巡更管理系统分项工程质量验收记录	▲		▲	△	
31	停车场(库)管理系统分项工程质量验收记录	▲		▲	△	
32	安全防范综合管理系统分项工程质量验收记录	▲		▲	△	
33	综合布线系统安装分项工程质量验收记录	▲		▲	△	
34	综合布线系统性能检测分项工程质量验收记录	▲		▲	△	
35	系统集成网络连接分项工程质量验收记录	▲		▲	△	
36	系统数据集成分项工程质量验收记录	▲		▲	△	

续表

类别	归档文件	保存单位				
		建设单位	设计单位	施工单位	监理单位	城建档案馆
37	系统集成整体协调分项工程质量验收记录					
38	系统集成综合管理及冗余功能分项工程质量验收记录	▲		▲	△	
39	系统集成可维护性和安全性分项工程质量验收记录	▲		▲	△	
40	电源系统分项工程质量验收记录	▲		▲	△	
41	其他施工质量验收文件					
C8	施工验收文件					
1	单位（子单位）工程竣工预验收报验表	▲		▲		▲
2	单位（子单位）工程质量竣工验收记录	▲	△	▲		▲
3	单位(子单位)工程质量控制资料核查记录	▲		▲		▲
4	单位(子单位)工程安全和功能检验资料核查及主要功能抽查记录	▲		▲		▲
5	单位（子单位）工程观感质量检查记录	▲		▲		▲
6	施工资料移交书	▲		▲		
7	其他施工验收文件					
竣工图(D类)						
1	建筑竣工图	▲		▲		▲
2	结构竣工图	▲		▲		▲
3	钢结构竣工图	▲		▲		▲
4	幕墙竣工图	▲		▲		▲
5	室内装饰竣工图	▲		▲		
6	建筑给水排水及供暖竣工图	▲		▲		▲
7	建筑电气竣工图	▲		▲		▲
8	智能建筑竣工图	▲		▲		▲
9	通风与空调竣工图	▲		▲		▲
10	室外工程竣工图	▲		▲		▲
11	规划红线内的室外给水、排水、供热、供电、照明管线等竣工图	▲		▲		▲
12	规划红线内的道路、园林绿化、喷灌设施等竣工图	▲		▲		▲

续表

类别	归档文件	保存单位				
		建设单位	设计单位	施工单位	监理单位	城建档案馆
	工程竣工验收文件(E类)					
E1	竣工验收与备案文件					
1	勘察单位工程质量检查报告	▲		△	△	▲
2	设计单位工程质量检查报告	▲	▲	△	△	▲
3	施工单位工程竣工报告	▲		▲	△	▲
4	监理单位工程质量评估报告	▲		△	▲	▲
5	工程竣工验收报告	▲	▲	▲	▲	▲
6	工程竣工验收会议纪要	▲	▲	▲	▲	▲
7	专家组竣工验收意见	▲	▲	▲	▲	▲
8	工程竣工验收证书	▲	▲	▲	▲	▲
9	规划、消防、环保、民防、防雷、档案等部门出具的验收文件或意见	▲	▲	▲	▲	▲
10	房屋建筑工程质量保修书	▲				▲
11	住宅质量保证书、住宅使用说明书	▲		▲		▲
12	建设工程竣工验收备案表	▲	▲	▲	▲	▲
13	城市建设档案移交书	▲				▲
E2	竣工决算文件					
1	施工决算文件	▲		▲		△
2	监理决算文件	▲			▲	△
E3	工程声像资料等					
1	开工前原貌、施工阶段、竣工新貌照片	▲		△	△	▲
2	工程建设过程的录音、录像资料(重大工程)	▲		△	△	▲
E4	其他工程文件					

注：表中符号“▲”表示必须归档保存；“△”表示选择性归档保存。

(1) 工程准备阶段文件（A类）。即建筑工程开工前，在立项、审批、用地、勘察、设计、招标投标等工程准备阶段形成的文件，包括立项文件（A1），建设用地、拆迁文件（A2），勘察、设计文件（A3），招标投标文件（A4），开工审批文件（A5），工程造价文件（A6），工程建设基本信息（A7）。

(2) 监理文件（B类）。监理文件是指监理单位在工程设计、施工等监理过程中形成的文件，包括监理管理文件（B1）、进度控制文件（B2）、质量控制文件（B3）、造价控制文件（B4）、工期管理文件（B5）和监理验收文件（B6）。

（3）施工文件（C类）。施工文件是指施工单位在施工过程中形成的文件，包括施工管理文件（C1）、施工技术文件（C2）、进度造价文件（C3）、施工物资出厂质量证明及进场检测文件（C4）、施工记录文件（C5）、施工试验记录及检测文件（C6）、施工质量验收文件（C7）、施工验收文件（C8）。

（4）竣工图（D类）。竣工图是工程竣工验收后，能真实反映建筑工程施工结果的图样，包括建筑竣工图、结构竣工图、钢结构竣工图、幕墙竣工图、室内装饰竣工图、建筑给水排水及供暖竣工图、建筑电气竣工图等。

工程资料的分类与保存

（5）工程竣工验收文件（E类）。竣工验收文件是指建设工程项目竣工验收活动中形成的文件。包括竣工验收与备案文件（E1）、竣工决算文件（E2）、工程声像资料等（E3）、其他工程文件（E4）。

第四节　建筑工程资料的立卷

立卷是指按照一定的原则和方法，将有保存价值的文件分门别类整理成案卷，亦称组卷。案卷是指由互有联系的若干文件组成的档案保管单位。《建设工程文件归档规范》GB/T 50328—2014（2019年版）对工程文件立卷做出了明确规定。

一、立卷流程、原则与方法

1. 立卷流程

（1）对属于归档范围的工程文件进行分类，确定归入案卷的文件材料；

（2）对卷内文件材料进行排列、编目、装订（或装盒）；

（3）排列所有案卷，形成案卷目录。

2. 立卷的原则

（1）立卷应遵循工程文件的自然形成规律和工程专业的特点，保持卷内文件的有机联系，便于档案的保管和利用；

（2）工程文件应按不同的形成、整理单位及建设程序，按工程准备阶段文件、监理文件、施工文件、竣工图、竣工验收文件分别进行立卷，并可根据数量多少组成一卷或多卷；

（3）一项建设工程由多个单位工程组成时，工程文件应按单位工程立卷；

（4）不同载体的文件应分别立卷。

3. 立卷的方法

（1）工程准备阶段文件应按建设程序、形成单位等进行立卷；

（2）监理文件应按单位工程、分部工程或专业、阶段等进行立卷；

（3）施工文件应按单位工程、分部（分项）工程进行立卷；

（4）竣工图应按单位工程分专业进行立卷；

（5）竣工验收文件应按单位工程分专业进行立卷；

（6）声像资料应按建设工程各阶段立卷，重大事件及重要活动的声像资料应按专题立卷，声像档案与纸质档案应建立相应的标识关系。

4. 立卷的要求

（1）专业承（分）包施工的分部、子分部（分项）工程应分别单独立卷。

（2）室外工程应按室外建筑环境和室外安装工程单独立卷。

（3）当施工文件中部分内容不能按一个单位工程分类立卷时，可按建设工程立卷。

（4）图纸与案卷符合以下要求：

1）不同幅面的工程图纸，应统一折叠成A4幅面（297mm×210mm）；

2）案卷不宜过厚，文字材料卷厚度不宜超过20mm，图纸卷厚度不宜超过50mm；

3）案卷内不应有重份文件，印刷成册的工程文件宜保持原状。

二、卷内文件排列

（1）卷内文件应按《建设工程文件归档规范》GB/T 50328—2014（2019年版）的类别和顺序排列，参见表7-4。

（2）文字材料应按事项、专业顺序排列。同一事项的请示与批复、同一文件的印本与定稿、主体与附件不应分开，并应按批复在前、请示在后，印本在前、定稿在后，主体在前、附件在后的顺序排列。

（3）图纸应按专业排列，同专业图纸应按图号顺序排列。

（4）当案卷内既有文字材料又有图纸时，文字材料应排在前面，图纸应排在后面。

三、案卷编目

1. 卷内文件页号编制规定

（1）卷内文件均应按有书写内容的页面编号。每卷单独编号，页号从“1”开始。

（2）页号编写位置：单面书写的文件在右下角；双面书写的文件，正面在右下角，背面在左下角。折叠后的图纸一律在右下角。

（3）成套图纸或印刷成册的文件材料，自成一卷的，原目录可代替卷内目录，不必重新编写页码。

（4）案卷封面、卷内目录、卷内备考表不编写页号。

2. 卷内目录编制规定

（1）卷内目录排列在卷内文件首页之前，式样宜符合图7-2的要求。

（2）序号应以一份文件为单位编写，用阿拉伯数字从1依次标注。

（3）责任者应填写文件的直接形成单位或个人。有多个责任者时，应选择两个主要责任者，其余用“等”代替。

（4）文件编号应填写文件形成单位的发文号或图纸的图号，或设备、项目代号。

（5）文件题名应填写文件标题的全称。当文件无标题时，应根据内容拟写标题，拟写标题外应加“[ ]”符号。

（6）日期应填写文件的形成日期或文件的起止日期，竣工图应填写编制日期。日期中“年”应用四位数字表示，“月”和“日”应分别用两位数字表示。

（7）页次应填写文件在卷内所排的起始页号，最后一份文件应填写起止页号。

（8）备注应填写需要说明的问题。

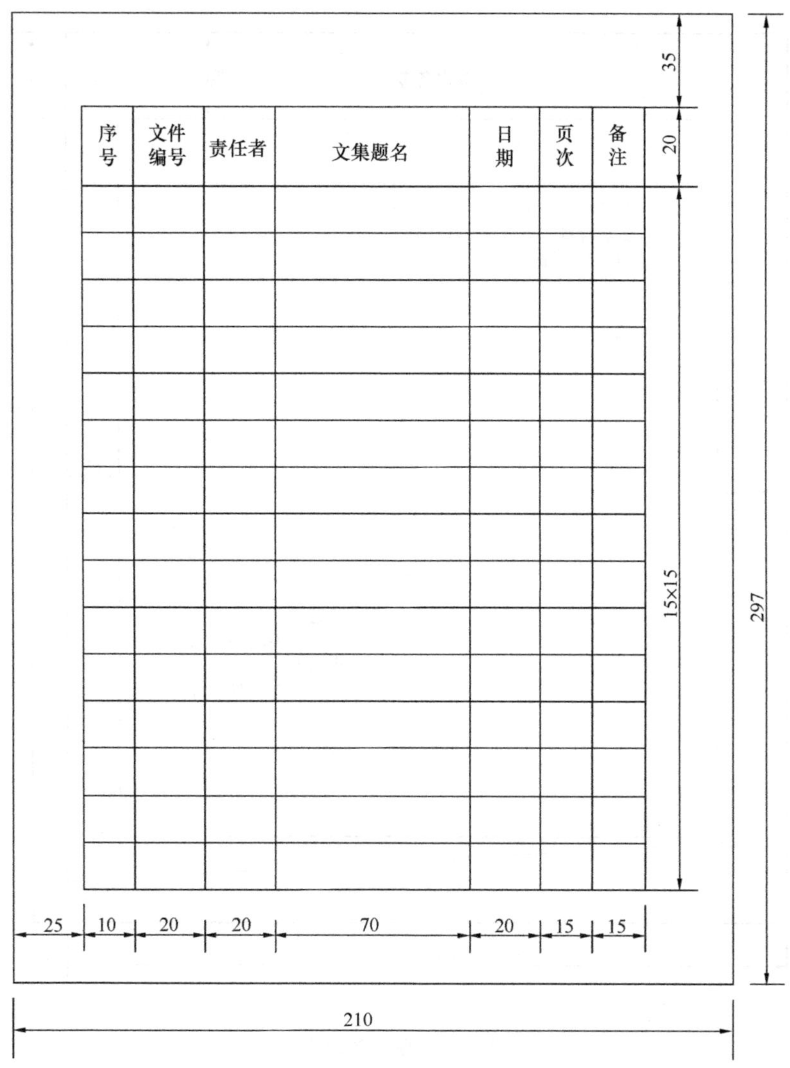

图 7-2　卷内目录

3. 卷内备考表编制规定

（1）卷内备考表应排列在卷内文件的尾页之后，式样宜符合图 7-3 的要求。

（2）卷内备考表应标明卷内文件的总页数、各类文件页数或照片张数及立卷单位对案卷情况的说明。

（3）立卷单位的立卷人和审核人应在卷内备考表上签名；年、月、日应按立卷、审核时间填写。

4. 案卷封面编制规定

（1）案卷封面应印刷在卷盒、卷夹的正表面，也可采用内封面形式。案卷封面的式样宜符合图 7-4 的要求。

（2）案卷封面的内容应包括档号、案卷题名、编制单位、起止日期、密级、保管期限、本案卷所属工程的案卷总量、本案卷在该工程案卷总量中的排序。

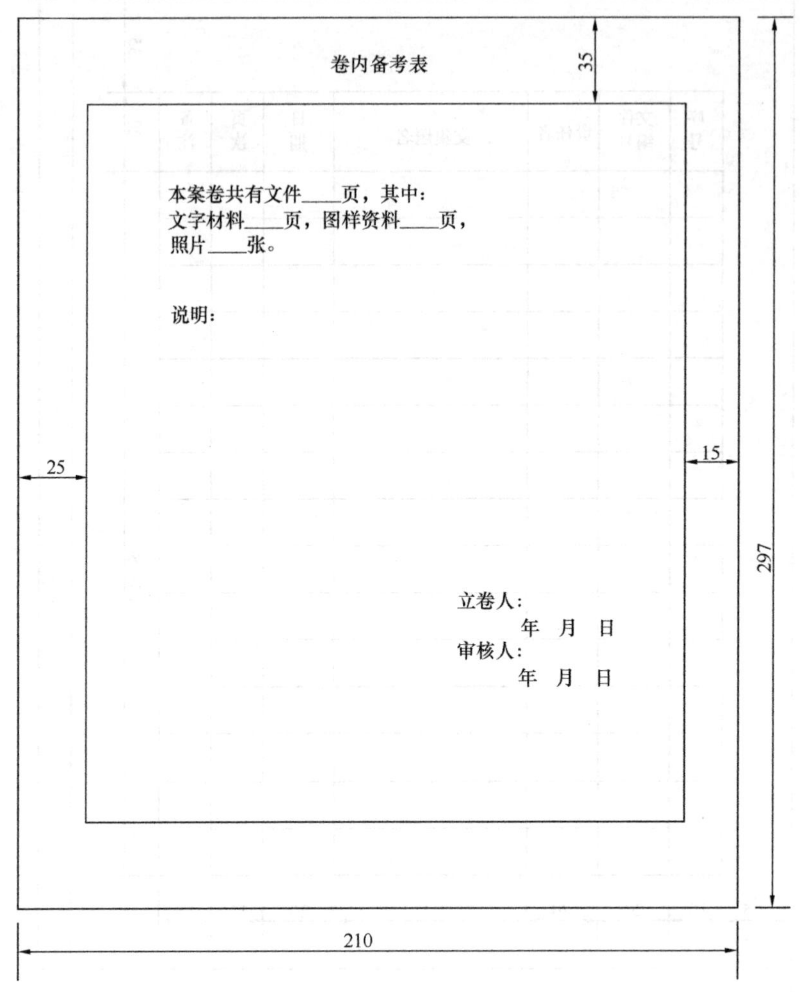

图 7-3 卷内备考表

（3）档号应由分类号、项目号和案卷号组成。档号由档案保管单位填写。

（4）案卷题名应简明、准确地揭示卷内文件的内容。

（5）编制单位应填写案卷内文件的形成单位或主要责任者。

（6）起止日期应填写案卷内全部文件形成的起止日期。

（7）保管期限应根据卷内文件的保存价值在永久保管、长期保管、短期保管三种保管期限中选择划定。当同一案卷内有不同保管期限的文件时，该案卷保管期限应从长。

（8）密级应在绝密、机密、秘密三个级别中选择划定。当同一案卷内有不同密级的文件时，应以高密级为本卷密级。

5. 案卷脊背应由档号、案卷题名构成，由档案保管单位填写（图 7-5）。

6. 案卷题名编写规定

（1）建筑工程案卷题名应包括工程名称（含单位工程名称）、分部工程或专业名称及卷内文件概要等内容；当房屋建筑有地名管理机构批准的名称或正式名称时，应以正式名

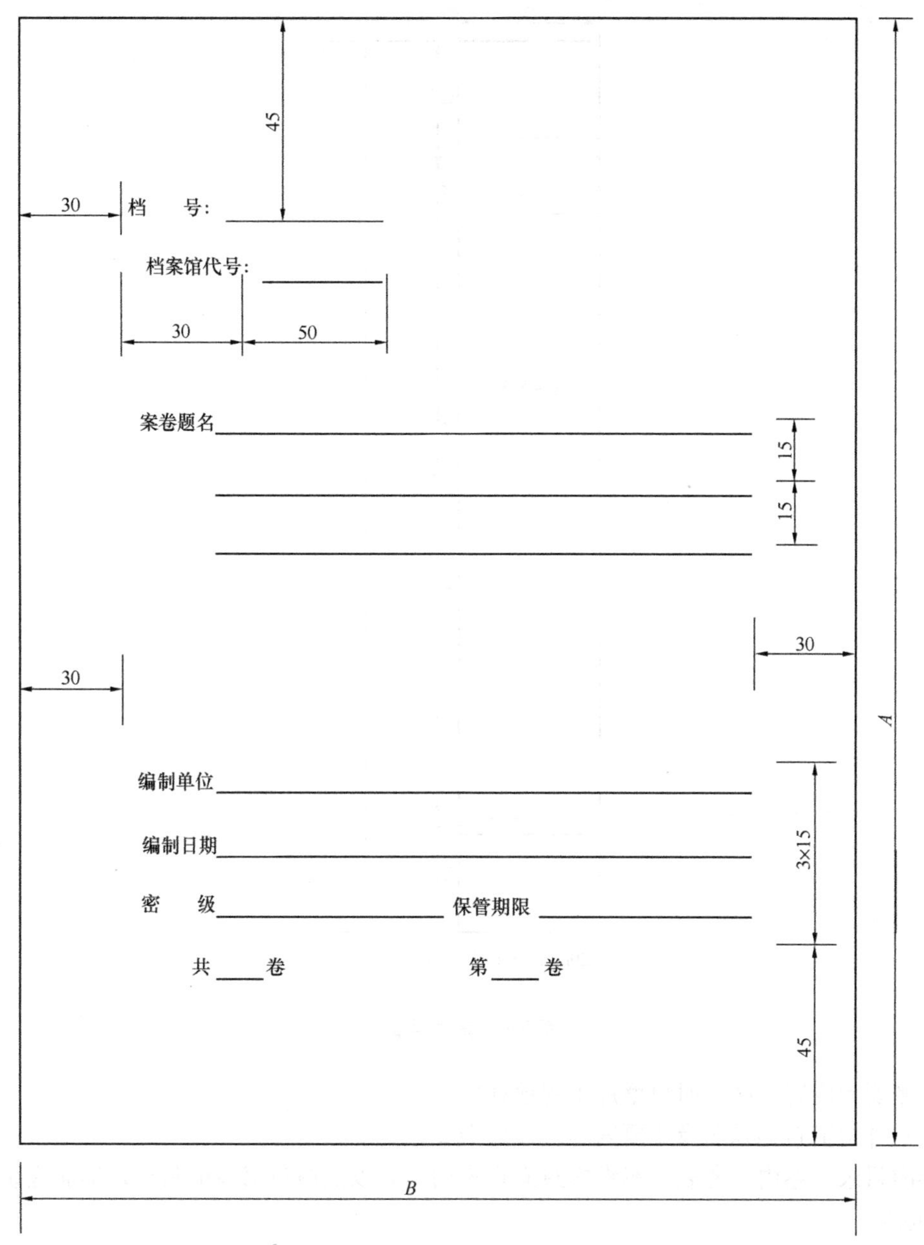

图 7-4　案卷封面

称为工程名称，建设单位名称可省略；必要时可增加工程地址内容。

（2）道路、桥梁工程案卷题名应包括工程名称（含单位工程名称）、分部工程或专业名称及卷内文件概要等内容；必要时可增加工程地址内容。

（3）地下管线工程案卷题名应包括工程名称（含单位工程名称）、专业管线名称和卷

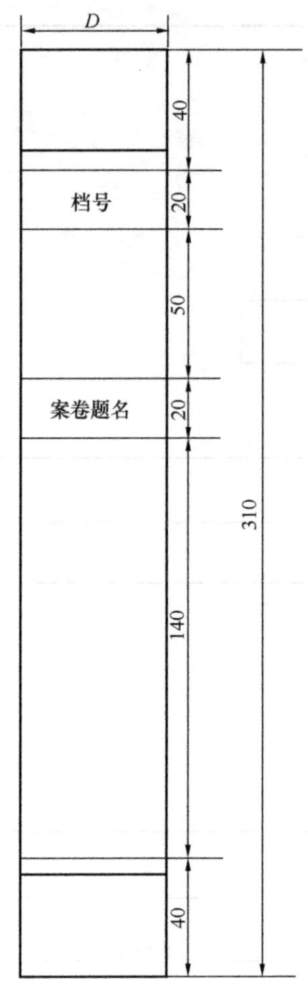

图 7-5 案卷背脊

内文件概要等内容；必要时可增加工程地址内容。

（4）外文资料的题名及主要内容应译成中文。

卷内目录、卷内备考表、案卷内封面宜采用 70g 以上白色书写纸制作，幅面应统一采用 A4 幅面。

四、案卷装订、装具

（1）案卷可采用装订与不装订两种形式。文字材料必须装订。装订时不应破坏文件的内容，并应保持整齐、牢固，便于保管和利用。

（2）案卷装具可采用卷盒、卷夹两种形式，并应符合下列规定：

1）卷盒的外表尺寸应为 310mm×220mm，厚度可为 20mm、30mm、40mm、50mm；

2）卷夹的外表尺寸应为 310mm×220mm，厚度宜为20～30mm；

3）卷盒、卷夹应采用无酸纸制作。

五、 案卷目录编制

（1）案卷应按《建设工程文件归档规范》GB/T 50328—2014 的类别和顺序排列，参见表 7-4。

（2）案卷目录的编制应符合下列规定。

1）案卷目录式样宜符合图 7-6 的要求；

2）编制单位应填写负责立卷的法人组织或主要责任者；

3）编制日期应填写完成立卷工作的日期。

案卷号	案卷题名	卷内数量			编制单位	编制日期	保管期限	密级	备注
		文字（页）	图纸（张）	其他					

图 7-6　案卷目录式样

建筑工程的组卷

第五节　建筑工程资料的归档

一、 归档文件范围

（1）工程建设有关的重要活动、记载工程建设主要过程和现状、具有保存价值的各种载体的文件，均应收集齐全、整理立卷后归档。

（2）工程文件的具体归档范围应符合表 7-4 的要求。

（3）声像资料的归档范围和质量要求应符合现行行业标准《城建档案业务管理规范》CJJ/T 158—2011 的要求。

(4) 不属于归档范围、没有保存价值的工程文件，文件形成单位可自行组织销毁。

二、 归档文件质量要求

(1) 建筑工程资料应使用原件。因各种原因不能使用原件的，应在复印件上加盖单位公章，原件存放，注明原件存放处，并有经办人签字及时间。

(2) 建筑工程资料应真实反映工程的实际情况，资料的内容必须真实、准确，与工程实际相符合。

(3) 建筑工程资料的内容及其深度必须符合国家有关的技术标准。

(4) 计算机输出文字、图件以及手工书写材料，其字迹的耐久性和耐用性应符合现行国家标准《信息与文献 纸张上书写、打印和复印字迹的耐久和耐用性 要求与测试方法》GB/T 32004—2015 的规定。

(5) 建筑工程文件资料应字迹清楚、图样清晰、图表整洁，签字盖章手续完备。签字必须使用档案规定用笔。如采用碳素墨水、蓝黑墨水等耐久性强的书写材料，不得使用铅笔、圆珠笔、红色墨水、纯蓝墨水、复写纸等易褪色的书写材料。工程资料的照片及声像档案应图像清晰、声音清楚、文字说明或内容准确。

(6) 建筑工程文件中文字材料幅面尺寸规格宜为 A4 幅面（297mm×210mm）。图纸宜采用国家标准图幅。不同幅面工程图纸可参考《技术制图 复制图的折叠方法》GB/T 10609.3—2009 统一折叠成 A4 幅面（297mm×210mm），图标栏露在外面。

(7) 工程文件的纸张，其耐久性和耐用性应符合现行国家标准《信息与文献 档案纸耐久性和耐用性要求》GB/T 24422—2009 的规定。建筑工程文件的纸张应采用能够长期保存的耐久性强、韧性大的纸张。图纸一般采用蓝晒图，竣工图应是新蓝图。

(8) 所有竣工图均应加盖竣工图章。竣工图章的基本内容应包括“竣工图”字样、施工单位、编制人、审核人、技术负责人、编制日期、监理单位、现场监理、总监。竣工图章尺寸为 50～80mm。竣工图章应使用不易褪色的红印泥，应盖在图标栏上方空白处。竣工图章示例如图 7-7 所示。

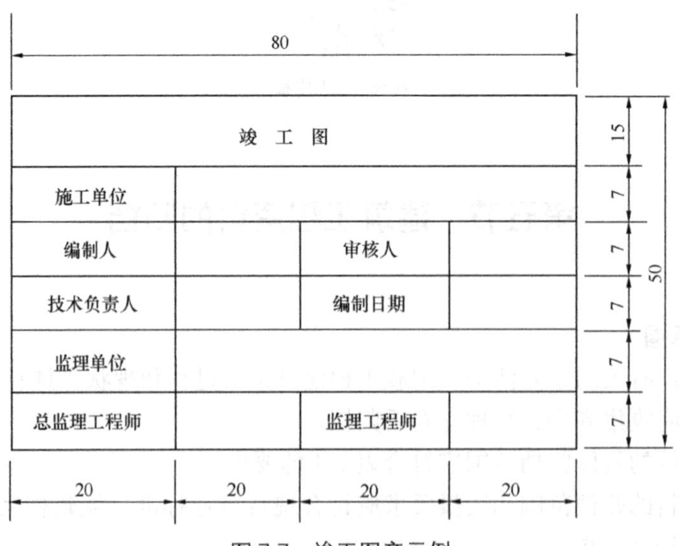

图 7-7 竣工图章示例

(9) 利用施工图改绘竣工图，必须标明变更修改依据；凡施工图结构、工艺、平面布置等有重大改变，或变更部分超过图面 1/3 的，应当重新绘制竣工图。

(10) 归档的建设工程电子文件应采用或转换为表 7-5 所列文件格式。

工程电子文件归档格式表 **表 7-5**

文件类别	格　式
文本（表格）文件	OFD、DOC、DOCX、XLS、XLSX、PDF/A、XML、TXT、RTF
图像文件	JPEG、TIFF
图形文件	DWG、PDF/A、SVG
视频文件	AVS、AVL、MPFG2、MPFG4
音频文件	AVS、WAV、AIF、MID、MP3
数据库文件	SQL、DDL、DBF、MDB、ORA
虚拟现实/3D 图像文件	WRL、3DS、VRML、X3D、IFC、RVT、DGN
地理信息数据文件	DXF、SHP、SDB

(11) 归档的建设工程电子文件应包含元数据，保证文件的完整性和有效性。元数据应符合现行行业标准《建设电子档案元数据标准》CJJ/T 187—2012 的规定。

(12) 归档的建设工程电子文件应采用电子签名等手段，所载内容应真实可靠。

(13) 归档的建设工程电子文件的内容必须与其纸质档案一致。

(14) 建设工程电子文件离线存档的存储媒体，可采用移动硬盘、闪存盘、光盘、磁带等。

(15) 存储移交电子档案的载体应经过检测，应无病毒、无数据读写故障，并应确保接收方能通过适当设备读出数据。

(16) 工程文件应随工程建设进度同步形成，不得事后补编。

(17) 每项建设工程应编制一套电子档案，随纸质档案一并移交城建档案管理机构。电子档案签署了具有法律效力的电子印章或电子签名的，可不移交相应纸质档案。

三、 工程文件归档

归档文件必须经过分类整理，归档文件范围和质量应符合现行国家标准《建设工程文件归档规范》GB/T 50328—2014（2019 年版）的相关规定。

电子文件归档应包括在线式归档和离线式归档两种方式，可根据实际情况选择其中一种或两种方式进行归档。

文件归档时间应符合下列规定：

(1) 根据建设程序和工程特点，归档可分阶段分期进行，也可在单位或分部工程通过竣工验收后进行。

(2) 勘察、设计单位应在任务完成后，施工、监理单位应在工程竣工验收前，将各自形成的有关工程档案向建设单位归档。

工程档案的编制不得少于两套，一套应由建设单位保管，“一”套（原件）应移交当地城建档案管理机构保存。设计、施工及监理单位需向本单位归档的文件，应按国家有关规定和现行国家标准《建设工程文件归档规范》GB/T 50328—2014（2019 年版）要求（见表 7-4）立卷归档。

第六节 建筑工程资料的验收与移交

一、建筑工程的验收

建筑工程竣工验收前，参建各方单位的主管（技术）负责人，应对本单位形成的工程资料进行竣工审查；建设单位应按照国家验收规范规定和有关规定的要求；对参建各方汇总的资料进行验收，使其完整、准确。

建设工程档案验收时，应查验下列主要内容：

(1) 工程档案齐全、系统、完整，全面反映工程建设活动和工程实际状况；

(2) 工程档案已整理立卷，立卷符合本规范的规定；

(3) 竣工图的绘制方法、图式及规格等符合专业技术要求，图面整洁，盖有竣工图章；

(4) 文件的形成、来源符合实际，要求单位或个人签章的文件，其签章手续完备；

(5) 文件的材质、幅面、书写、绘图、用墨、托裱等符合要求；

(6) 电子档案格式、载体等符合要求；

(7) 声像档案内容、质量、格式符合要求。

二、建筑工程资料的移交

(1) 列入城建档案管理机构接收范围的工程，建设单位在工程竣工验收备案前，必须向城建档案管理机构移交一套符合规定的工程档案。停建、缓建建设工程的档案，暂由建设单位保管。改建、扩建和维修工程，建设单位应当组织设计、施工单位根据实际情况修改、补充和完善原工程资料。对改变的部分，应当重新编制工程档案，并在工程验收备案前向城建档案馆移交。建设单位向城建档案馆移交工程档案时，应办理移交手续，填写移交目录，双方签字、盖章后交接。

(2) 勘察、设计、施工单位在收齐工程文件并整理立卷后，建设单位、监理单位应根据城建档案管理机构的要求，对归档文件完整、准确、系统情况和案卷质量进行审查。审查合格后方可向建设单位移交。勘察、设计、施工、监理等单位向建设单位移交档案时应编制移交清单，双方签字、盖章后方可交接。

建筑工程资料
的验收

【本章小结】

本章主要介绍了建筑工程资料的基本概念和组成、资料员的职业素养和技能要求等，并从工程资料的立卷流程出发，详细介绍了建设工程文件归档质量要求和保管期限，建筑工程资料的立卷原则和方法、卷内文件的排列、案卷的编目、案卷的装订及装具，建筑工程资料的验收和移交。

【课后习题】

一、单项选择题

1. 建筑工程资料管理内容不包括(　　)。

A. 资料的填写　　B. 资料的编制

C. 资料的收集　　D. 资料的应用

2. (　　)是工程竣工验收后，真实反映建筑工程施工结果的图样。

A. 施工图　　B. 竣工图

C. 修改后的施工图　　D. 会审后的施工图

3. 建筑工程资料的主要内容包括(　　)部分。

A. 2　　B. 3

C. 4　　D. 5

4. 《建设工程文件归档规范》GB/T 50328—2014 中“50328”的含义是(　　)。

A. 国家标准　　B. 顺序号

C. 推荐标准　　D. 发布年号

5. 建筑工程资料管理的意义主要有(　　)。

A. 以下均正确

B. 建筑工程资料是建设工程合法身份与合格质量的证明文件，是工程竣工交付使用的必备文件

C. 工程资料的可追溯性为工程的检查、管理提供可靠的依据

D. 工程资料的可追溯性为工程的使用、维护、改造、扩建提供可靠的依据

6. 下面哪项不属于资料员的职责(　　)。

A. 协助项目经理做好对外协调、接待工作

B. 参加分部、分项工程的验收工作

C. 代替质检员签字

D. 参与图纸的设计变更

7. 对列入当地城建档案管理部门接收范围的工程，(　　)应在工程竣工验收后，向当地城建管理部门移交一套符合规定的工程资料。

A. 监理单位　　B. 建设单位

C. 工程质量监督机构　　D. 施工单位

8. 同一案卷内有秘密、机密、绝密三种不同密级的文件，应以(　　)作为本卷的密级。

A. 秘密　　B. 机密

C. 绝密　　D. 都可以

二、简答题

1. 请简述建筑工程资料的主要内容。

2. 请简述工程资料立卷的方法与要求。

第八章

监理文件

第一节　监理文件概述

依据 2019 年版《建设工程文件归档规范》GB/T 50328—2014，监理文件是监理单位在工程设计、施工等监理过程中形成的文件。在对建筑工程资料进行归档时，监理文件主要由监理管理文件、进度控制文件、造价控制文件、工期管理文件、监理验收文件五大部分组成。

一、监理文件管理内容

工程监理文件的管理是监理工程师受建设单位委托，在进行建设工程监理的工作期间，对建设工程实施过程中形成的与监理相关的文件和档案进行收集积累、加工整理、立卷归档和检索利用等一系列管理工作。

建设工程监理文件档案资料管理的主要内容包括：

（1）监理文件和档案收文与登记；

（2）监理文件档案资料传阅与登记；

（3）监理文件资料发文与登记；

（4）监理文件档案资料分类存放；

（5）监理文件档案资料归档。

二、监理文件管理意义

对监理文件档案资料进行有效的管理，其意义主要体现在以下几个方面：

（1）对监理文件档案资料进行科学管理，可以为建设工程监理工作的顺利开展创造良好的前提条件。建设工程监理的主要任务是进行工程项目的目标控制，而控制的是信息。如果没有信息，监理工程师就无法实施有效的控制，在建设工程实施过程中产生的各种信息经过收集、加工和传递，以监理文件档案资料的形式被管理和保存，成为有价值的监理信息资源，它是监理工程师进行建设工程目标控制的客观依据。

（2）对监理文件档案资料进行科学管理，可以极大地提高监理工作效率。对监理文件档案资料进行系统、科学的整理归类，形成监理文件档案资料库，当监理工程师需要时，就能从档案资料库中及时有针对性地找到完整的资料，从而迅速地解决监理工作中产生的问题。反之，如果文件档案资料管理分散，就会导致混乱，甚至导致资料的丢失，最终影响监理工程师的正确决策。

(3) 对监理文件档案资料进行科学管理，可以为建设工程档案的归档提供可靠保证。监理文件档案资料的管理，是把监理过程中各项工作中形成的全部文字、声像、图纸及报表等文件资料进行统一的管理和保存，从而确保文件和档案资料的完整性。一方面，在项目建成竣工以后，监理工程师可将完整的监理资料移交建设单位，作为建设项目的工程监理档案；另一方面，完整的工程监理文件档案资料是建设工程监理单位具有重要历史价值的资料，监理工程师可从中获得宝贵的监理经验，有利于不断提高建设工程监理工作的水平。

第二节 监理管理文件

一、 监理管理文件的构成

依据 2019 年版《建设工程文件归档规范》GB/T 50328—2014，监理管理文件具体包含以下内容：监理规划、监理实施细则、监理月报、监理会议纪要、监理工作日志、监理工作总结、工作联系单、监理工程师通知、监理工程师通知回复单、工程暂停令、工程复工报审表。见表 8-1。

监理管理文件 **表 8-1**

类别	归档文件	保存单位				
		建设单位	设计单位	施工单位	监理单位	城建档案馆
B1	监理管理文件					
1	监理规划	▲			▲	▲
2	监理实施细则	▲		△	▲	▲
3	监理月报	△			▲	
4	监理会议纪要	▲		△	▲	
5	监理工作日志				▲	
6	监理工作总结				▲	▲
7	工作联系单	▲		△	△	
8	监理工程师通知	▲		△	△	△
9	监理工程师通知回复单	▲		△	△	△
10	工程暂停令	▲		△	△	▲
11	工程复工报审表	▲		▲	▲	▲

二、监理管理文件范例表格

1. 工作联系单

项目监理机构应协调工程建设相关方的关系。项目监理机构与工程建设相关方之间的工作联系，除另有规定外宜采用工作联系单形式进行。工作联系单应按表 8-2 的要求填写。

监理工作联系单是指在施工过程中，与监理有关各方的工作联系用表。即与监理有关的某一方需向另一方或几方告知某一事项，或督促某项工作，或提出某项建议时发出的联系文件。本表用于项目监理机构与工程建设有关方（包括建设、施工、监理、勘察设计和上级主管部门）相互之间的日常书面工作联系，有特殊规定的除外。

在进行工作联系单表格填写时，应注意以下事项：

（1）工作联系的内容包括：施工过程中，与监理有关的某一方需向另一方或几方告知某一事项或督促某项工作、提出某项建议等。

（2）发出单位有权签发的负责人应为：建设单位的现场代表、施工单位的项目经理、监理单位的项目总监理工程师、设计单位的本工程设计负责人及项目其他参建单位的相关负责人等。

工作联系单 **表 8-2**

工程名称：××商务大厦 编号：YZ-L001

致：××建设工程监理有限公司××商务大厦监理项目部 ××建筑安装工程有限公司××商务大厦项目部 我方已与设计单位商定于 2011 年 2 月 20 日上午 9 时进行本工程设计交底和图纸会审工作，请贵方做好有关准备工作。 发文单位（盖章） 负责人（签字）××× 2011 年 2 月 10 日

2. 监理工程师通知

监理工程师通知又可称为监理通知单，是指监理单位认为在工程实施过程中需要让建设、设计、勘察、施工、材料供应等各方应知的事项而发出的监理文件。

在监理工作中，项目监理机构按《建设工程监理合同》授予的权限，针对施工单位出现的各种问题，对施工单位所发出的指令、提出的要求，除另有规定外，均应采用本表。监理工程师现场发出的口头指令及要求，也应采用本表予以确认。监理工程师通知的内容，施工单位应认真执行，并将执行结果用监理通知回复单报监理机构复核。

根据现行国家标准《建设工程监理规范》GB/T 50319—2013，项目监理机构发现施工存在质量问题的，或施工单位采用不适当的施工工艺，或施工不当，造成工程质量不合格的，应及时签发监理通知单，要求施工单位整改。整改完毕后，项目监理机构应根据施工单位报送的监理通知回复单对整改情况进行复查，提出复查意见。

项目监理机构应检查施工进度计划的实施情况，发现实际进度严重滞后于计划进度且影响合同工期时，应签发监理通知单，要求施工单位采取调整措施加快施工进度。总监理工程师应向建设单位报告工期延误风险。在施工进度计划实施过程中，项目监理机构应检查和记录实际进度情况，发生施工进度计划调整的，应报项目监理机构审查，并经建设单位同意后实施。发现实际进度严重滞后于计划进度且影响合同工期时，项目监理机构应签发监理通知单、召开专题会议，督促施工单位按批准的施工进度计划实施。

项目监理机构应巡视检查危险性较大的分部分项工程专项施工方案实施情况。发现未按专项施工方案实施时，应签发监理通知单，要求施工单位按专项施工方案实施。

项目监理机构在实施监理过程中，发现工程存在安全事故隐患时，应签发监理通知单，要求施工单位整改；情况严重时，应签发工程暂停令，并应及时报告建设单位。施工单位拒不整改或不停止施工时，项目监理机构应及时向有关主管部门报送监理报告。紧急情况下，项目监理机构通过电话、传真或者电子邮件向有关主管部门报告的，事后应形成监理报告。

监理通知单应按表 8-3 的要求填写，监理通知回复单应按表 8-4 的要求填写。施工单位发生下列情况时，项目监理机构应发出监理工程师通知：在施工过程中出现不符合设计要求、工程建设标准、合同约定；使用不合格的工程材料、构配件和设备；在工程质量、进度、造价等方面存在违法、违规等行为。

施工单位收到监理通知单并整改合格后，应使用监理通知回复单回复，并附相关资料。

在进行监理通知单表格填写时，应注意以下事项：

(1) 本表可由总监理工程师或专业监理工程师签发，对于一般问题可由专业监理工程师签发，对于重大问题应由总监理工程师或经其同意后签发。

(2)“事由”应填写通知内容的主题词，相当于标题。

(3)“内容”应写明发生问题的具体部位、具体内容，并写明监理工程师的要求、依据。必要时，应补充相应的文字、图纸、图像等作为附件进行具体说明。

监理通知单　　**表 8-3**

工程名称：××商务大厦　　编号：TZ-035

致：××建筑安装工程有限公司××商务大厦项目部（施工项目经理部） 事由：关于 5F 梁板钢筋验收事宜 内容： 我部监理工程师在 5F 梁板钢筋安装验收过程发现现场钢筋安装存在以下问题： 1. ③轴～④轴处框架梁处楼板上层钢筋保护层过厚，偏差大于《混凝土结构工程施工质量验收规范》GB 50204—2015 表 5.5.2 中“板受力钢筋保护层厚度偏差±3mm”的规定。 2. 楼板留洞（⑤轴～⑥轴/Ⓔ轴～Ⓕ轴）补强钢筋、八字筋不满足设计要求长度。 要求贵部立即对 5F 梁板钢筋架设高度及补强钢筋长度按设计要求进行整改，自检合格后再报送我部验收，整改未合格前不得进入下道工序施工。 项目监理机构（盖章） 总/专业监理工程师（签字）××× 2020 年 12 月 10 日

3. 监理工程师通知回复

监理通知回复是指监理单位发出监理通知，施工单位对监理通知单或工程质量整改通知执行完成后，报项目监理机构请求复查的回复用表。施工单位完成监理工程师通知回复单中要求继续整改的工作后，仍用此表回复。本表用于施工单位在收到监理通知单后，根据通知要求进行整改、自查合格后，向项目监理机构报送回复意见。

根据现行国家标准《建设工程监理规范》GB/T 50319—2013，项目监理机构发现施工存在质量问题的，或施工单位采用不适当的施工工艺，或施工不当，造成工程质量不合格的，应及时签发监理通知单，要求施工单位整改。整改完毕后，项目监理机构应根据施工单位报送的监理通知回复单对整改情况进行复查，提出复查意见。回复意见应根据监理通知回复单的要求，简要说明落实整改的过程、结果及自检情况，必要时应附整改相关证明资料，包括检查记录、对应部位的影像资料等。

监理通知单应按表 8-3 的要求填写，监理通知回复单应按表 8-4 的要求填写。

在进行监理通知回复表格填写时，应注意以下事项：

收到施工单位报送的监理通知回复单后，一般可由原发出通知单的专业监理工程师对现场整改情况和附件资料进行核查，认可整改结果后，由专业监理工程师签认。

监理通知回复单 **表 8-4**

工程名称：××商务大厦 编号：TZH-035

<table>
<tr><td>致：××建设工程监理有限公司××商务大厦监理项目部（项目监理机构）
我方接到编号为TZ-035 的监理通知单后，已按要求完成相关工作，请予以复查。
附：需要说明的情况
根据项目监理机构所提出的要求，我司在接到通知后，立即对通知单中所提钢筋安装过程出现的问题进行整改：
1. 对于③轴～④轴处框架梁处楼板上层钢筋保护层过厚的问题，已通过增加钢筋支架数量、提高楼板上层钢筋标高的措施进行整改。
2. 已按设计要求调整楼板留洞（⑤轴～⑥轴/Ⓔ轴～Ⓕ轴）补强钢筋、八字筋。
以上几项内容均已按要求整改，自检符合要求，请项目监理机构复查。
附件：整改后图片 8 张。

施工项目经理部（盖章）
项目经理（签字）××
2020 年 12 月 11 日</td></tr>
<tr><td>复查意见：
经复查验收，已对通知单中所提问题进行了整改，并符合设计和规范要求。要求在今后的施工过程中引起重视，避免此类问题的再发生。

项目监理机构（盖章）
总监理工程师或专业监理工程 师（签字）××
2020 年 12 月 12 日</td></tr>
</table>

4. 工程暂停令

工程暂停令是指施工过程中发生了需要停工处理的事件，由总监理工程师签发的暂时停止施工的指令性文件。总监理工程师应根据暂停工程的影响范围和影响程度，依据现行国家标准《建设工程监理规范》GB 50319—2013 第 6.2.2 条，按照承包合同和委托监理合同的约定签发工程暂停令。签发工程暂停令时，应注明停工部位及范围。

项目监理机构在实施监理过程中，发现工程存在安全事故隐患时，应签发监理通知单，要求施工单位整改；情况严重时，应签发工程暂停令，并应及时报告建设单位。施工单位拒不整改或不停止施工时，项目监理机构应及时向有关主管部门报送监理报告。

总监理工程师在签发工程暂停令时，可根据停工原因的影响范围和影响程度，确定停工范围，并应按施工合同和建设工程监理合同的约定签发工程暂停令。

项目监理机构发现下列情况之一时，总监理工程师应及时签发工程暂停令：

（1）建设单位要求暂停施工且工程需要暂停施工的；

（2）施工单位未经批准擅自施工或拒绝项目监理机构管理的；

（3）施工单位未按审查通过的工程设计文件施工的；

（4）施工单位违反工程建设强制性标准的；

(5) 施工存在重大质量、安全事故隐患或发生质量、安全事故的。

总监理工程师签发工程暂停令，应事先征得建设单位同意。在紧急情况下，未能事先征得建设单位同意的，应在事后及时向建设单位书面报告。施工单位未按要求停工或复工的，项目监理机构应及时报告建设单位。

发生情况（1）时，建设单位要求停工，总监理工程师经过独立判断，认为有必要暂停施工的，可签发工程暂停令；认为没有必要暂停施工的，不应签发工程暂停令。

发生情况（2）时，施工单位擅自施工的，总监理工程师应及时签发工程暂停令；施工单位拒绝执行项目监理机构的要求和指令时，总监理工程师应视情况签发工程暂停令。

发生情况（3）、（4）、（5）时，总监理工程师均应及时签发工程暂停令。

总监理工程师签发工程暂停令应事先征得建设单位同意，在紧急情况下未能事先报告时，应在事后及时向建设单位作出书面报告。

工程暂停令应按规范表 8-5 的要求填写。

工程暂停令 **表 8-5**

工程名称：××商务大厦 编号：T-001

致：××建筑安装工程有限公司××商务大厦项目部（施工项目经理部） 由于××商务大厦工程基坑开挖导致基坑南侧管线竖向位移从 2010 年 7 月 18 日起连续三天超过设计报警值原因，现通知你方于2010 年7 月20 日15 时起，暂停基坑开挖部位（工序）施工，并按下述要求做好后续工作。 要求： 暂停基坑开挖，采取有效措施控制因基坑变形而导致的基坑南侧管线位移，待管线位移得到有效控制后再报工程复工报审表申请复工。 项目监理机构（盖章） 总监理工程师（签字、加盖执业印章）××× 2020 年 7 月 20 日

在进行工程暂停令表格填写时，应注意以下事项：

(1) 本表内应注明工程暂停的原因、部位和范围、停工期间应进行的工作等。

(2) 总监理工程师签发工程暂停令应事先征得建设单位同意，在紧急情况下未能事先报告的，应在事后及时向建设单位作出书面报告。

5. 工程复工报审表

本表用于因各种原因工程暂停后，停工原因消失后，施工单位准备恢复施工，向监理单位提出复工申请时使用。

根据现行国家标准《建设工程监理规范》GB/T 50319—2013，当暂停施工原因消失，具备复工条件时，施工单位提出复工申请的，项目监理机构应审查施工单位报送的工程复工报审表及有关材料，符合要求后，总监理工程师应及时签署审查意见，并应报建设单位批准后签发工程复工令；施工单位未提出复工申请的，总监理工程师应根据工程实际情况指令施工单位恢复施工。总监理工程师签发工程复工令，应事先征得建设单位同意。工程复工报审时，应附有能够证明已具备复工条件的相关文件资料，包括相关检查记录、有针对性的整改措施及其落实情况、会议纪要、影像资料等。

工程复工报审表应按表8-6的要求填写。

在进行工程复工报审表表格填写时，应注意以下事项：

（1）表中证明文件可以为相关检查记录、制定的针对性整改措施及措施的落实情况、会议纪要、影像资料等。当导致暂停的原因是危及结构安全或使用功能时，整改完成后，应有建设单位、设计单位、监理单位各方共同认可的整改完成文件，其中涉及建设工程鉴定的文件必须由有资质的检测单位出具。

（2）收到施工单位报送的工程复工报审表后，经专业监理工程师按照停工指示或监理部发出的工程暂停令指出的停工原因进行调查、审核和评估，并对施工单位提出的复工条件证明资料进行审核后提出意见，由总监理工程师做出是否同意申请的批复。

工程复工报审表 **表8-6**

工程名称：××商务大厦 编号：FG-001

致：××建设工程监理有限公司××商务大厦监理项目部（项目监理机构） 编号为T-001《工程暂停令》所停工的基坑开挖部位，现已满足复工条件，我方申请于 2020 年 7 月 24 日复工，请予以审批。 附证明文件资料： 基坑监测报告 施工项目经理部（盖章） 项目经理（签字）××× 2020年7月23日
审核意见： 施工单位采取了有效措施控制基坑变形，通过基坑监测数据分析，基坑南侧市政管线竖向位移已得到有效控制，具备复工条件，同意复工要求。 项目监理机构（盖章） 总监理工程师（签字）××× 2020年7月23日
审批意见： 经审查，条件已具备，同意复工要求。 建设单位（盖章） 建设单位代表（签字）××× 2020年7月23日

第三节　进度控制文件

一、进度控制文件的构成

依据2019年版《建设工程文件归档规范》GB/T 50328—2014，进度控制文件具体包含以下内容：工程开工报审表、施工进度计划报审表，见表8-7。

进度控制文件　　表8-7

类别	归档文件	保存单位				
		建设单位	设计单位	施工单位	监理单位	城建档案馆
B2	进度控制文件					
1	工程开工报审表	▲		▲	▲	▲
2	施工进度计划报审表	▲		△	△	

二、进度控制文件范例表格

1. 工程开工报审表

本表适用于单位工程项目开工报审。施工合同中含有多个单位工程且开工时间不一致时，同时开工的单位工程应填报一次。总监理工程师审核开工条件并经建设单位同意后签发工程开工令。

根据现行国家标准《建设工程监理规范》GB/T 50319—2013，总监理工程师应组织专业监理工程师审查施工单位报送的工程开工报审表及相关资料；同时具备下列条件时，应由总监理工程师签署审核意见，并应报建设单位批准后，总监理工程师签发工程开工令：

（1）设计交底和图纸会审已完成。

（2）施工组织设计已由总监理工程师签认。

（3）施工单位现场质量、安全生产管理体系已建立，管理及施工人员已到位，施工机械具备使用条件，主要工程材料已落实。

（4）进场道路及水、电、通信等已满足开工要求。

总监理工程师应在开工日期7天前向施工单位发出工程开工令。工期自总监理工程师发出的工程开工令中载明的开工日期起计算。施工单位应在开工日期后尽快施工。

工程开工报审表应按表8-8的要求填写。

在进行工程开工报审表填写时，应注意以下事项：

（1）表中建设项目或单位工程名称应与施工图中的工程名称一致。

（2）表中证明文件是指证明已具备开工条件的相关资料［施工组织设计的审批，施工现场质量管理检查记录表《建筑工程施工质量验收统一标准》（GB 50300—2013 表A.0.1）的内容审核情况，主要材料、设备的准备情况，现场临时设施准备情况等说明］。

（3）本表项目总监理工程师应根据《建设工程监理规范》GB/T 50319—2013

第5.1.8条款中所列条件审核后签署意见，并报建设单位同意后签发开工令。

（4）本表必须由项目经理签字并加盖施工单位公章。

工程开工报审表 **表8-8**

工程名称：××商务大厦 编号：KG-BOO1

<table>
<tr><td>
致：××置业有限公司（建设单位）
××建设工程监理有限公司××商务大厦监理项目部（项目监理机构）
我方承担的××商务大厦工程，已完成相关准备工作，具备了开工条件，特申请于2020年3月18日开工，请予以审批。
附件：证明文件资料：
施工现场质量管理检查记录表

施工单位（盖章）
项目经理（签字）××
2020年3月11日
</td></tr>
<tr><td>
审核意见：
1. 本项目已进行设计交底及图纸会审，图纸会审中的相关意见已经落实。
2. 施工组织设计已经项目监理机构审核同意。
3. 施工单位已建立相应的现场质量、安全生产管理体系。
4. 相关管理人员及特种施工人员资质已审查并已到位，主要施工机械已进场并验收完成，主要工程材料已落实。
5. 现场施工道路及水、电、通信及临时设施等已按施工组织设计落实。
经审查，本工程现场准备工作满足开工要求，请建设单位审批。

项目监理机构（盖章）
总监理工程师（签字、加盖执业印章）×××
2020年3月13日
</td></tr>
<tr><td>
审批意见：
本工程已取得施工许可证，相关资金已经落实并按合同约定拨付施工单位，同意开工。

建设单位（盖章）
建设单位代表（签字）×××
2020年3月14日
</td></tr>
</table>

2. 施工进度计划报审表

本表为施工单位向项目监理机构报审工程进度计划的用表，由施工单位填报，项目监理机构审批。

监理工程师应该根据工程的环境条件（工程规模、质量标准、工艺复杂程度、施工的现场条件、施工队伍的条件等），全面分析施工单位编制的施工进度计划是否是资源上保证、技术上可靠、经济上合理、财务上可行。工程进度计划的种类有总进度计划，年、季、月、周进度计划及关键工程进度计划等，报审时均可使用本表。

施工进度计划报审表应按表 8-9 的要求填写。

在进行施工进度计划报审表填写时，应注意以下事项：

（1）施工单位应按施工合同约定的日期，将总体进度计划提交监理工程师，监理工程师按合同约定的时间予以确认或提出修改意见。

（2）群体工程中单位工程分期进行施工的，施工单位应按照建设单位提供图纸及有关资料的时间，分别编制各单位工程的进度计划，并向项目监理机构报审。

（3）施工单位报审的总体进度计划必须经其企业技术负责人审批，且编制、审核、批准人员签字及单位公章齐全。

审核要点包括以下几方面：

（1）开工、竣工日期；

（2）关键线路；

（3）主要工程材料及设备供应、劳动力、水、电配套能否保证施工进度计划的需要，供应是否均衡；

（4）施工条件（资金、图纸、施工现场、采购的物资等）。

施工进度计划报审表 **表 8-9**

工程名称：××商务大厦 编号：JH-001

致：××建设工程监理有限公司××商务大厦监理项目部（项目监理机构） 我方根据施工合同的有关规定，已完成××商务大厦工程施工进度计划的编制和批准，请予以审查。 附件：（施工总进度计划：工程总进度计划） □阶段性进度计划 施工项目经理部（盖章） 项目经理（签字）×× 2020 年 3 月 11 日
审查意见： 经审查，本工程总进度计划施工内容完整，总工期满足合同要求，符合国家相关工期管理规定，同意按此计划组织施工。 专业监理工程师（签字）×× 2020 年 3 月 14 日
审核意见： 同意按此施工进度计划组织施工。 项目监理机构（盖章） 总监理工程师（签字）××× 2020 年 3 月 15 日

第四节 质量控制文件

一、质量控制文件的构成

依据2019年版《建设工程文件归档规范》GB/T 50328—2014，质量控制文件具体包含以下内容：质量事故报告及处理资料、旁站监理记录、见证取样和送检人员备案表、见证记录、工程技术文件报审表，见表8-10。

质量控制文件 表8-10

类别	归档文件	保存单位				
		建设单位	设计单位	施工单位	监理单位	城建档案馆
B3	质量控制文件					
1	质量事故报告及处理资料	▲		▲	▲	▲
2	旁站监理记录	△		△	▲	
3	见证取样和送检人员备案表	▲		▲	▲	
4	见证记录	▲		▲	▲	
5	工程技术文件报审表			△		

二、 质量控制文件范例表格

1. 旁站监理记录

旁站监理记录是针对单项工程而言，按照国家监理规范条例对其进行现场监督指导，并记录下施工全过程的情况。旁站监理是监理工作的一个重要环节，必须认真切实地完成并做好记录。

旁站监理记录表应按表8-11的要求填写。

表8-11适用于监理人员对关键部位、关键工序的施工质量，实施全过程现场跟踪监督活动的实时记录。

根据现行国家标准《建设工程监理规范》GB/T 50319—2013，项目监理机构应根据工程特点和施工单位报送的施工组织设计，确定旁站的关键部位、关键工序，安排监理人员进行旁站，并应及时记录旁站情况。项目监理机构应将影响工程主体结构安全的、完工后无法检测其质量的或返工会造成较大损失的部位及其施工过程作为旁站的关键部位、关键工序。

表8-11中施工情况包括施工单位质检人员到岗情况、特殊工种人员持证情况以及施工机械、材料准备及关键部位、关键工序的施工是否按（专项）施工方案及工程建设强制性标准执行等情况。处理情况是指旁站人员对于所发现问题的处理。

在进行旁站监理记录表格填写时，应注意以下事项：

(1) 该表为项目监理机构记录旁站工作情况的通用表式。项目监理机构可根据需要增加附表。

(2) 该表中“施工情况”应记录所旁站部位（工序）的施工作业内容、主要施工机械、材料、人员和完成的工程数量等内容及监理人员检查旁站部位施工质量的情况。

2. 旁站监理工作要点

旁站监理工作要点包括以下几方面：

(1) 旁站监理的范围；

(2) 旁站监理的主要任务；

(3) 旁站监理工作的主要操作程序；

(4) 旁站监理必须考核的内容。

旁站监理记录表 **表 8-11**

工程名称：××商务大厦 编号：PZ-010

旁站的关键部位、关键工序	1. 层结构剪力墙、柱； 2. 层梁、板混凝土浇筑	施工单位	××建筑安装工程有限公司
旁站开始时间	2020 年 10 月 31 日 15 时 0 分	旁站结束时间	2020 年 11 月 1 日 4 时 20 分
旁站的关键部位、关键工序施工情况： 采用商品混凝土，4 根振动棒振捣，现场施工员 1 名，质检员 1 名，班长 1 名，施工作业人员 25 名，完成的混凝土数量共有 695m³（其中 1 层剪力墙、柱 C40 230m³，2 层梁、板 C30 465m³），施工情况正常。 现场共做混凝土试块 10 组（C30 6 组，5 标养，1 同条件；C40 4 组，3 标养，1 同条件）。 检查了施工单位现场质检人员到岗情况，施工单位能执行施工方案，核查了商品混凝土的强度等级和出厂合格证，结果情况正常。 剪力墙、柱、梁、板浇捣顺序严格按照方案执行。 现场抽检混凝土坍落度，梁、板 C30 为 175mm、190mm、185mm、175mm（设计坍落度 180±30mm），剪力墙、柱 C40 为 175mm、185mm、175mm（设计坍落度 180±30mm）。			
发现的问题及处理情况： 因 11 月 1 日凌晨 4 点开始下小雨，为避免混凝土表面外观质量受影响，应做好防雨措施，进行表面覆盖。 旁站监理人员（签字）：×× 2020 年 11 月 15 日			

第五节 造价控制文件

一、造价控制文件的构成

依据 2019 年版《建设工程文件归档规范》GB/T 50328—2014，造价控制文件具体包含以下内容：工程款支付、工程款支付证书、工程变更费用报审表、费用索赔申请表、费用索赔审批表，见表 8-12。

造价控制文件 表 8-12

类别	归档文件	保存单位				
		建设单位	设计单位	施工单位	监理单位	城建档案馆
B4	造价控制文件					
1	工程款支付	▲		△	△	
2	工程款支付证书	▲		△	△	
3	工程变更费用报审表	▲		△	△	
4	费用索赔申请表	▲		△	△	
5	费用索赔审批表	▲		△	△	

二、 造价控制文件范例表格

1. 工程款支付证书

工程款支付证书是项目监理机构在收到施工单位的工程款支付申请表后，根据承包合同和有关规定审查复核后签署的，用于建设单位向施工单位支付工程款的证明文件。它是项目监理机构向建设单位转呈的支付证明书。

本表适用于项目监理机构收到经建设单位签署审批意见的工程复工报审表后，根据建设单位的审批意见，签发本表作为工程款支付的证明文件。

根据现行国家标准《建设工程监理规范》GB/T 50319—2013，项目监理机构应按下列程序进行工程计量和付款签证：

（1）专业监理工程师对施工单位在工程款支付报审表中提交的工程量和支付金额进行复核，确定实际完成的工程量，提出到期应支付给施工单位的金额，并提出相应的支持性材料；

（2）总监理工程师对专业监理工程师的审查意见进行审核，签认后报建设单位审批；

（3）总监理工程师根据建设单位的审批意见，向施工单位签发工程款支付证书；

项目监理机构应及时审查施工单位提交的工程款支付申请，进行工程计量，并与建设单位、施工单位沟通协商一致后，由总监理工程师签发工程款支付证书。其中，项目监理机构对施工单位提交的进度付款申请应审核以下内容：

（1）截至本次付款周期末已实施工程的合同价款；

（2）增加和扣减的变更金额；

（3）增加和扣减的索赔金额；

（4）支付的预付款和扣减的返还预付款；

（5）扣减的质量保证金；

（6）根据合同应增加和扣减的其他金额。

项目监理机构应从第一个付款周期开始，在施工单位的进度付款中，按专用合同条款的约定扣留质量保证金，直至扣留的质量保证金总额达到专用合同条款约定的金额或比例为止。质量保证金的计算额度不包括预付款的支付、扣回以及价格调整的金额。

工程款支付证书应按表 8-13 的要求填写。

在进行工程款支付证书表格填写时，应注意以下几个问题：

（1）项目监理机构应按现行国家标准《建设工程监理规范》GB/T 50319—2013 第 5.3.1 条规定的程序进行工程计量和付款签证；

（2）随本表应附施工单位报送的工程款支付报审表及其附件；

（3）项目监理机构将工程款支付证书签发给施工单位时，应同时抄报建设单位。

工程款支付证书 **表 8-13**

工程名称：××商务大厦 编号：ZF-002（支）

致：××建筑安装工程有限公司（施工单位） 根据施工合同约定，经审核编号为ZF-002 工程款支付报审表，扣除有关款项后，同意支付工程款项共计（大写）人民币壹仟玖佰贰拾万贰仟捌佰零贰元整 （小写：￥19202802.00 元）。 其中： 1. 施工单位申报款为：19937257.00 元； 2. 经审核施工单位应得款为：19611038.00 元； 3. 本期应扣款为：408236.00 元； 4. 本期应付款为：19202802.00 元。 附件：工程支付报审表（ZF-002）及附件 项目监理机构（盖章） 总监理工程师（签字、加盖执业印章）××× 2020 年 10 月 29 日

2. 费用索赔申请表

本表为施工单位报请项目监理机构审核工程费用索赔事项的用表。

根据现行国家标准《建设工程监理规范》GB/T 50319—2013，项目监理机构可按下列程序处理施工单位提出的费用索赔：

（1）受理施工单位在施工合同约定的期限内提交的费用索赔意向通知书。

（2）收集与索赔有关的资料。

（3）受理施工单位在施工合同约定的期限内提交的费用索赔报审表。

（4）审查费用索赔报审表。需要施工单位进一步提交详细资料时，应在施工合同约定的期限内发出通知。

（5）与建设单位和施工单位协商一致后，在施工合同约定的期限内签发费用索赔报审表，并报建设单位。

总监理工程师在签发索赔报审表时，可附一份索赔审查报告。索赔审查报告内容包括受理索赔的日期、索赔要求、索赔过程、确认的索赔理由及合同依据、批准的索赔额及其计算方法等。证明材料应包括：索赔意向书、索赔事项的相关证明材料。

费用索赔报审表应按表 8-14 的要求填写。

在进行费用索赔报审表填写时，应注意以下几个问题：

（1）依据合同规定，非施工单位原因造成的费用增加，导致施工单位要求费用补偿时方可申请。

（2）施工单位在费用索赔事件结束后的规定时间内，填报费用索赔报审表，向项目监理机构提出费用索赔。表中应详细说明索赔事件的经过、索赔理由、索赔金额的计算，并附上证明材料。

(3) 收到施工单位报送的费用索赔报审表后，总监理工程师应组织专业监理工程师按标准规范及合同文件有关章节要求进行审核与评估，并与建设单位、施工单位协商一致后进行签认，报建设单位审批，不同意部分应说明理由。

费用索赔报审表 **表 8-14**

工程名称：××商务大厦　　　　编号：SP-002

<table>
<tr><td>致：××建设工程监理有限公司××商务大厦监理项目部（项目监理机构）
根据施工合同专用合同条款第 16.1.2 第（4）、（5）条款，由于甲供应材料未及时进场，致使工程延误，且造成我司现场施工人员停工的原因，我方申请索赔金额（大写）叁万伍仟元人民币，请予以批准。
索赔理由：因甲供进口大理石石材，未按时到货，造成我司现场施工人员窝工，及其他后续工作无法进行。

附件：□索赔金额的计算
□证明材料

施工项目经理部（盖章）
项目经理（签字）××
2020 年 8 月 15 日</td></tr>
<tr><td>审核意见：
□不同意此项索赔
□同意此项索赔，索赔金额为（大写）人民币壹万叁仟伍佰元整。
同意/不同意索赔的理由：由于停工 10 天中有 3 天为施工单位应承担的责任，另外有 2 天虽为开发商应承担的责任，但不影响机械使用及人员可另作安排别的工种工作，此 2 天只须赔付人工降效费，只有 5 天须赔付机械租赁费及人员窝工费。
5×(1000+15×100)+2×10×50=13500 元
注：根据协议，机械租赁费每天按 1000 元、人员窝工费每天按 100 元、人工降效费每天按 50 元计算。
附件：□索赔审查报告

项目监理机构（盖章）
总监理工程师（签字、加盖执业章）×××
2020 年 8 月 18 日</td></tr>
<tr><td>审批意见：
同意监理意见。

建设单位（盖章）
建设单位代表（签字）×××
2020 年 8 月 25 日</td></tr>
</table>

第六节　工 期 管 理 文 件

一、 工期管理文件的构成

依据 2019 年版《建设工程文件归档规范》GB/T 50328—2014，工期管理文件具体包含以下内容：工程延期申请表、工程延期审批表，见表 8-15。

工期管理文件　表 8-15

类别	归档文件	保存单位				
		建设单位	设计单位	施工单位	监理单位	城建档案馆
B5	工期管理文件					
1	工程延期申请表	▲		▲	▲	▲
2	工程延期审批表	▲			▲	▲

二、 工期管理文件范例表格

1. 工程延期申请表

工程延期申请表是指非施工单位原因造成的工期延期，导致施工单位要求工期补偿时采用的申请用表。

根据现行国家标准《建设工程监理规范》GB/T 50319—2013，当影响工期事件具有持续性时，项目监理机构应对施工单位提交的阶段性工程临时延期报审表进行审查，并应签署工程临时延期审核意见后报建设单位。当影响工期事件结束后，项目监理机构应对施工单位提交的工程最终延期报审表进行审查，并应签署工程最终延期审核意见后报建设单位。

工程延期申请（报审）表应按表 8-16 的要求填写。

2. 工程延期申请表填写注意事项

在进行工程延期报审表填写时，应注意以下几个问题：

（1）施工单位在工程延期的情况发生后，应在合同规定的时限内填报工程临时延期报审表，向项目监理机构申请工程临时延期。工程延期事件结束，施工单位向工程项目监理机构最终申请确定工程延期的日历天数及延迟后的竣工日期。

（2）施工单位应详细说明工程延期依据、工期计算、申请延长竣工日期，并附上证明材料。

（3）收到施工单位报送的工程延期报审表后，经专业监理工程师按标准规范及合同文件有关章节要求，对本表及其证明材料进行核查并提出意见，签认工程延期审批表，并由总监理工程师审核后报建设单位审批。工程延期事件结束，施工单位向工程项目监理机构最终申请确定工程延期的日历天数及延迟后的竣工日期；项目监理机构在按程序审核评估后，由总监理工程师签认工程延期审批表，不同意延期的应说明理由。

工程延期报审表 **表 8-16**

工程名称：××商务大厦 编号：YQ-001

<table>
<tr><td>致：<u>××建设工程监理有限公司××商务大厦监理项目部</u>（项目监理机构）
根据施工合同第<u>2.4条、第7.5条</u>（条款），由于<u>非我方原因停水、停电</u>原因，我方申请工程临时/最终延期<u>2</u>（日历天），请予以批准。
附件：
1. 工程延期依据及工期计算：16小时/8小时=2（天）；
2. 证明材料：(1) 停水通知/公告；(2) 停电通知/公告。
施工项目经理部（盖章）
项目经理（签字）<u>××</u>
2020年6月6日</td></tr>
<tr><td>审核意见：
(同意临时或最终延长工期<u>2</u>（日历天）。工程竣工日期从施工合同约定的<u>2020</u>年<u>7</u>月<u>18</u>日延迟到<u>2020</u>年<u>7</u>月<u>20</u>日。
□不同意延长工期，请按约定竣工日期组织施工。
项目监理机构（盖章）
总监理工程师（签字、加盖执业章）<u>××</u>
2020年6月7日</td></tr>
<tr><td>审批意见：
同意临时延长工程工期2天。
建设单位（盖章）
建设单位代表（签字）<u>×××</u>
2020年6月8日</td></tr>
</table>

第七节 监 理 验 收 文 件

一、监理验收文件的构成

依据2019年版《建设工程文件归档规范》GB/T 50328—2014，监理验收文件具体包含以下内容：竣工移交证书、监理资料移交书，见表8-17。

监理验收文件 **表 8-17**

类 别	归档文件	保存单位				
		建设单位	设计单位	施工单位	监理单位	城建档案馆
B6	监理验收文件					
1	竣工移交证书	▲		▲	▲	▲
2	监理资料移交书	▲			▲	

二、监理验收文件范例表格

1. 竣工移交证书

根据现行国家标准《建设工程监理规范》GB/T 50319—2013，施工现场监理工作全部完成或建设工程监理合同终止时，项目监理机构可撤离施工现场。项目监理机构撤离施工现场前，应由工程监理单位书面通知建设单位，并办理相关移交手续。在竣工移交时采用此表（表 8-18）。

竣工移交证书 **表 8-18**

<table>
<tr><th colspan="2">竣工移交证书</th></tr>
<tr><td>工程名称</td><td>某住宅小区工程</td></tr>
<tr><td colspan="2">致：
××集团开发有限公司
兹证明承包单位 ××建设集团有限公司按施工合同的全部内容 施工的
××商住楼 工程，
已按合同的要求完成，并验收合格，即日起该工程移交建设单位管理，并进入保修阶段。

附件：单位工程验收记录。

总监理工程师（签字）： ×××
监理单位（章）： 日期： 年 月 日

建设单位代表（签字）： ×××
建设单位（章）： 日期： 年 月 日</td></tr>
</table>

2. 监理资料移交书

根据现行国家标准《建设工程监理规范》GB/T 50319—2013，工程监理单位应根据工程特点和有关规定，保存监理档案，并应向有关单位、部门移交需要存档的监理文件资料。工程监理单位应按合同约定向建设单位移交监理档案，工程监理单位自行保存的监理档案保存期可分为永久、长期、短期三种。监理单位向有关单位、部门移交需要存档的监理文件资料时采用此表（表 8-19）。

监理资料移交书 **表 8-19**

B6-1

<table>
<tr><td>移交单位</td><td colspan="2"></td></tr>
<tr><td>接收单位</td><td colspan="2"></td></tr>
<tr><td>工程名称</td><td colspan="2">____和平小区 01 号</td></tr>
<tr><td colspan="3">移交单位向接收单位移交工程监理资料共计　　盒。
其中包括文字材料　　册，图样资料　　，其他材料　　，另交竣工图光盘　　张。(移交单位可根据资料具体移交内容进行调整)

附：移交明细表</td></tr>
<tr><td colspan="2">移交单位（公章）：</td><td>接收单位（公章）：</td></tr>
<tr><td colspan="2">项目负责人：</td><td>部门负责人：</td></tr>
<tr><td colspan="2">移交人（签字）：

联系电话：</td><td>接收人（签字）：

联系电话：</td></tr>
<tr><td colspan="2">移交时间：　　　　年　　月　　日</td><td>接收时间：　　　　年　　月　　日</td></tr>
</table>

【本章小结】

本章主要介绍了监理文件的组成，并分小节介绍了监理管理文件、进度控制文件、质量控制文件、造价控制文件、工期管理文件、监理验收文件 6 类监理文件。本章学习的重点是工程监理资料的内容和分类、各种监理资料的表格样式及各种资料的填写要求及方法。

【课后习题】

一、单项选择题

1. 监理文件是(　　)。在工程设计、施工等监理过程中形成的文件。

A. 建设单位　　　　B. 监理单位

C. 施工单位　　　　D. 设计单位

2.(　　)是指监理单位认为在工程实施过程中需要让建设、设计、勘察、施工、材料供应等各方应知的事项而发出的监理文件。

A. 监理工程师通知　　B. 工作联系单

C. 监理规划　　D. 监理月报

3.(　　)适用于监理人员对关键部位、关键工序的施工质量，实施全过程现场跟踪监督活动的实时记录。

A. 见证记录　　B. 工程技术文件报审表

C. 旁站监理记录　　D. 施工进度计划报审表

4. 以下属于工期管理文件的是(　　)。

A. 工程延期申请表　　B. 工程款支付证书

C. 费用索赔申请表　　D. 施工进度计划报审表

5. 项目监理机构撤离施工现场前，应由工程监理单位书面通知(　　)，并办理相关移交手续。

A. 建设单位　　B. 监理单位

C. 施工单位　　D. 设计单位

二、简答题

1. 监理文件档案资料管理具有哪些意义?

2. 监理管理文件包含哪几个方面?

3. 工程款支付证书通常适用于哪些情况?

第九章

施工文件

第一节 施工文件概述

一、 施工文件的分类

依据 2019 年版《建设工程文件归档规范》GB/T 50328—2014，施工文件是指施工单位在施工过程中形成的文件。按照工程资料的分类方法，施工单位的文件为 C 类文件，包括施工管理文件（C1 类）、施工技术文件（C2 类）、施工进度造价文件（C3 类）、施工物资出厂质量证明及进场检测文件（C4 类）、施工记录文件（C5 类）、施工试验记录及检测文件（C6 类）、施工质量验收文件（C7 类）、施工验收文件（C8 类）。

二、 施工文件管理内容及意义

施工资料是在施工过程中实施具体项目形成的文字记录，是以资料体现工程实施具体过程存在的形式，是竣工后追溯工程实际情况的必查资料。施工资料的管理涉及与项目实施有关的监理、设计、材料设备供应、材料检测以及各个主管部门等，因此在建筑工程的各类资料中最为复杂、最为重要。对施工文件进行科学管理，形成完备齐全的施工过程资料，可以保证施工、验收、改扩建工程等工程顺利高效推进。

根据相关规定，在施工过程中所形成的资料，应该按照报验和报审程序，通过施工单位的有关部门审核后，再报送建设、监理等单位进行审核认定；报审具有时限性的要求，与工程有关的各单位宜在合同中约定清楚报验、报审的时间及应该承担的责任。如果没有约定，则施工资料的申报和审批应遵守国家和当地建设行政主管部门的有关规定，并不得影响正常施工。对于有分包的工程，应在分包合同中明确约定施工资料的提交份数、时间、质量要求和责任。分包单位应在工程完工时，按照合同的约定将施工资料及时移交给施工总承包单位。分包工程的施工资料由施工总承包单位向建设单位负责。

施工资料填写要求及范例

第二节　施工管理文件

一、施工管理文件的构成

依据 2019 年版《建设工程文件归档规范》GB/T 50328—2014，施工管理文件具体包含工程概况表、施工现场质量管理检察记录、企业资质证书及相关专业人员岗位证书、分包单位资质报审表、建设工程质量事故勘察记录、建设工程质量事故报告书、施工检测计划、见证试验检测汇总表、施工日志九项内容，见表 9-1。

施工管理文件归档范围　　**表 9-1**

类别	归档文件	保存单位				
		建设单位	设计单位	施工单位	监理单位	城建档案
施工文件（C 类）						
C1	施工管理文件					
1	工程概况表	▲		▲	▲	△
2	施工现场质量管理检查记录			△	△	
3	企业资质证书及相关专业人员岗位证书	△		△	△	△
4	分包单位资质报审表	▲		▲	▲	
5	建设工程质量事故勘察记录	▲		▲	▲	▲
6	建设工程质量事故报告书	▲		▲	▲	▲
7	施工检测计划	△		△	△	
8	见证试验检测汇总表	▲		▲	▲	▲
9	施工日志			▲		

二、施工管理文件常见表格填写

1. 施工现场质量管理检查记录

施工现场质量管理检查记录是建立健全质量管理体系的具体要求。一般一个标段或一个单位（子单位）工程检查一次，在开工前检查，由施工单位现场负责人填写，由监理单位的总监理工程师（建设单位项目负责人）验收。施工现场质量管理检查记录主要包括项目部质量管理体系、现场质量责任制、主要专业工种操作上岗证书、分包单位管理制度、图纸会审记录、地质勘查资料、施工技术标准、施工组织设计及施工方案的编制与审批、物资采购管理制度、施工设施和机械设备管理制度、计量设备配备、检测试验管理制度、工程质量检查验收制度等。

施工现场质量管理检查记录填写时应注意以下几方面：

(1) 表头部分：

表头部分填写建筑工程施工质量管理各方责任主体的概况。由施工单位的现场负责人填写。工程名称栏应填写工程名称的全称，与合同或招标投标文件的工程名称一致。施工许可证（开工证）填写当地建设行政主管部门批发给的施工许可证（开工证）的编号。建设单位、设计单位、监理单位、施工单位栏应按照合同填写单位名称全称，相应负责人栏应填写合同书上签字人或签字人以文字形式委托的代表。

(2) 检查项目部分：

1) 现场质量管理制度。主要是图样会审、设计交底、技术交底、施工组织设计编制审批程序、工序交接、质量检查评定制度，质量好的奖励及达不到质量要求的处罚方法，以及质量例会制度及质量问题处理制度等，主要是施工单位现场管理的各种制度。

2) 质量责任制栏。质量负责人的分工，各项质量责任制的落实规定，定期检查及有关人员奖罚制度等。

3) 主要专业工种操作上岗证书栏。起重、塔式起重机等垂直运输司机，钢筋、混凝土、焊接、瓦工、防水工等建筑结构工种，电工、管道等安装工种的上岗证，以当地建设行政主管部门的规定为准，包括资料员和见证取（送）样员证。

4) 分包方资质与对分包单位的管理制度栏。专业承包单位的资质应在其承包业务范围内承建工程，超出范围的应办特许证书，否则不能承包工程。在有分包的情况下，总承包单位应有管理分包单位的制度，主要是质量、技术的管理制度等。

5) 施工图样审查情况栏。重点是看建设行政主管部门出具的施工图审查批准书及审查机构出具的审查报告。填写施工图审查批准编号。

6) 地质勘查资料栏。有勘查资质的单位出具正式的地质勘查报告，地下部分施工方案制定时和施工组织总平面图编制时可做参考，地质勘查报告经施工单位审查部门审查。

7) 施工组织设计、施工方案及审批栏。检查编写内容、有针对性的具体措施，编制程序、内容完整合理，有编制单位、审核单位、批准单位，并有贯彻执行的措施。

8) 施工技术标准栏。是施工作业的依据和保证工程质量的基础，承建企业应建立技术标准档案，包括施工现场应有的施工技术标准。可作为培训工人、技术交底和施工作业的主要依据，也是质量检查评定的标准。

9) 工程质量检查制度栏。包括三个方面：一是原材料、设备进场检验制度；二是施工过程的试验报告；三是竣工后的抽查检测，应专门制订抽测项目、抽测时间、抽测单位等计划（如结构实体检测项目及方案），使监理、建设单位等都做到心中有数。可以单独制订一个计划，也可以在施工组织设计中作为一项内容。

10) 搅拌站及计量设置栏。主要说明设置在工地搅拌站的计量设施的精确度、管理制度等内容。预拌混凝土或安装专业没有这项内容。

11) 现场材料、设备存放在管理栏。这是为保证材料、设备质量必须有的措施。要根据材料、设备性能及相应原材料规范制定管理制度，监理相应的库房等。

(3) 检查项目填写内容：

由施工单位负责人填写，填写之后，将有关文件的原件或复印件附在后面，请总监理工程师（建设单位项目负责人）验收核查，验收核查后返还施工单位，并签字认可。

填表时间是在开工日期之前，监理单位的总监理工程师（建设单位项目负责人）应对施工现场进行检查，这是保证开工后施工顺利和保证工程质量的基础，目的是做好施工前的准备。

直接将有关资料的名称写上，资料较多时，可将有关资料进行编号，并注明份数。

（4）通常情况下一个工程的一个标段或一个单位工程只检查一次，如分段施工、人员更换，或管理工作不到位时，可再次检查。

（5）如总监理工程师或建设单位项目负责人检查验收不合格，施工单位必须限期改正，否则不许开工。

施工现场质量管理检查记录范例见表 9-2。

施工现场质量管理检查记录表　　　**表 9-2**

开工日期：　　年　　月　　日

<table>
<tr><td colspan="2">工程名称</td><td colspan="5">郑州××××制造有限公司 2 号厂房</td></tr>
<tr><td colspan="2">开工日期</td><td colspan="2">2016 年 06 月 27 日</td><td>施工许可证
（开工证）</td><td colspan="2">××××××××××</td></tr>
<tr><td colspan="2">建设单位</td><td colspan="2">郑州××××制造有限公司</td><td>项目负责人</td><td colspan="2">××</td></tr>
<tr><td colspan="2">设计单位</td><td colspan="2">河南省××××设计院有限公司</td><td>项目负责人</td><td colspan="2">××</td></tr>
<tr><td colspan="2">监理单位</td><td colspan="2">郑州××建设监理有限公司</td><td>总监理工程师</td><td colspan="2">×××</td></tr>
<tr><td colspan="2">施工单位</td><td>郑州市×××有限责任公司</td><td>项目经理</td><td>×××</td><td>项目技术负责人</td><td>×××</td></tr>
<tr><td>序号</td><td colspan="3">项目</td><td colspan="3">内　容</td></tr>
<tr><td>1</td><td colspan="3">现场质量管理制度</td><td colspan="3">①质量例会制度；②月评比及奖罚制度；③三检及交接检制度；④设计交底会制度；⑤技术交底制；⑥质量与经济挂钩制度</td></tr>
<tr><td>2</td><td colspan="3">质量责任制</td><td colspan="3">①岗位责任制；②挂牌制度</td></tr>
<tr><td>3</td><td colspan="3">主要专业工种操作上岗证书</td><td colspan="3">测量工、钢筋、起重工、电焊工、资料员、取送样员等有证</td></tr>
<tr><td>4</td><td colspan="3">分包方资质与分包单位的管理制度</td><td colspan="3">/</td></tr>
<tr><td>5</td><td colspan="3">施工图审查情况</td><td colspan="3">河南省房屋建筑工程施工图设计文件审查合格书　编号：×××</td></tr>
<tr><td>6</td><td colspan="3">地质勘查资料</td><td colspan="3">岩土工程勘察报告</td></tr>
<tr><td>7</td><td colspan="3">施工组织设计、施工方案及审批</td><td colspan="3">施工组织设计编制、审核、批准签章齐全</td></tr>
<tr><td>8</td><td colspan="3">施工技术标准</td><td colspan="3">有模板、钢筋、混凝土浇筑等 20 多种（工艺标准）</td></tr>
<tr><td>9</td><td colspan="3">工程质量检验制度</td><td colspan="3">①原材料及施工检验制度；②抽测项目的检测计划</td></tr>
<tr><td>10</td><td colspan="3">搅拌站及计量设置</td><td colspan="3">有管理制度和计量设施精确度及控制措施</td></tr>
<tr><td>11</td><td colspan="3">现场材料、设备存放与管理</td><td colspan="3">钢材、砂、石、水泥、砖、玻璃、地面砖等的管理办法</td></tr>
<tr><td>12</td><td colspan="3"></td><td colspan="3"></td></tr>
<tr><td colspan="7">检查结论：现场质量管理制度基本完整。

总监理工程师
（建设单位项目负责人）　　　　年　　月　　日</td></tr>
</table>

注：本表由施工单位填写，施工单位和监理单位各保存一份。

2. 施工日志

施工日志是记录项目实施过程中技术质量管理和生产经营活动的日记。要求从工程开工之日起至竣工之日止逐日记录，内容完整，能全面反映工程情况，一般由项目经理部确定专人负责填写。它是单位工程在施工过程中对有关施工技术和管理工作的原始记录，是施工活动各方面情况的综合记载，是查阅全过程施工状况的根据之一。施工单位填写的施工日志应一式一份，并自行保存。

(1) 施工日志的内容

1) 日期、天气。

2) 工程部位、施工队伍。

3) 施工活动记载：

① 主要分部、分项工程施工的起、止日期。

② 施工阶段特殊情况（停电、停水、停工、窝工等）的记录并注明原因。

③ 质量、安全、设备事故（或未遂事故）发生的原因、处理意见和处理方法的记录，处理后隐蔽验收的结论记录。

④ 设计单位在现场解决问题的记录（或变更设计应由设计单位补齐变更设计联系单）。

⑤ 变更施工方法或在紧急情况下采取的特殊措施和施工方法的记录；若有改变原设计处，在征得设计同意后，还应补充设计变更通知等内容和情况。

⑥ 进行技术交底、技术复核和隐蔽工程验收等情况的摘要记载。

⑦ 有关领导或部门对该项工程所作的决定或建议，凡涉及结构变更问题的只有设计部门才有权决定。

⑧ 其他（砂浆试块编号、混凝土试块编号等）。

(2) 施工日志的填写要求

1) 施工日志从工程开始施工起至工程竣工止，由单位工程负责人逐日进行记载，要求记载的内容必须连续和完整。

2) 施工日志应以单位工程为记载对象，对于同一建设单位的不同单位工程，也可同册记载，但内容必须按幢号分别记录。施工日志填写范例见表 9-3。

施工日志 GD2201013□□□□ **表 9-3**

年 月 日

温度：2 时 140℃，8 时 170℃，14 时 210℃，20 时 200℃，日平均：180℃；天气：上午 阴， 下午 晴

施工内容	分项工程	层段位置	工作班组	工作人数	进度情况
	砌框架填充墙	二层①～⑩轴	王全中班	21	1.2m 高
	模板安装	八层框架柱	刘富值班	32	28 根
主要纪事	1. 上午 9 时许，质监站×××工程师与驻场专业监理××工程师到二层检查砌砖质量；×××发抽查通知一份，提出①灰沙砖淋水过多；②现场砂浆堆放应设砂浆槽。 2. ×××做监督抽检：抽取灰沙砖 5 块，做标志后送质监站试验室；同时留砌筑砂浆试块一组（M7.5）。 3. 下午 3 点多运来广钢产 ϕ22 圆钢 38.6t，随车送来合格证（原件）一份，其中炉号 TSG3060（24.3t），TSG3061（14.3t）。 4. 监理××××通知 4 层楼面模板拆卸已批准，并且送上拆模通知单。 5. 接市建筑业联合会通知，明天上午约 11 点，联合会结构评优专家小组来检查				

施工员： 记录员： 第 页

第三节 施工技术文件

一、施工技术文件的构成

依据2019年版《建设工程文件归档规范》GB/T 50328—2014，施工技术文件具体包含工程技术文件报审表、施工组织设计及施工方案、危险性较大分部分项工程施工方案、技术交底记录、图纸会审记录、设计变更通知单、工程洽商记录（技术核定单），见表9-4。

施工技术文件归档范围 **表9-4**

类别	归档文件	保存单位				
		建设单位	设计单位	施工单位	监理单位	城建档案馆
施工文件（C类）						
C2	施工技术文件					
1	工程技术文件报审表	△		△	△	
2	施工组织设计及施工方案	△		△	△	△
3	危险性较大分部分项工程施工方案	△		△	△	△
4	技术交底记录	△		△		
5	图纸会审记录	▲	▲	▲	▲	▲
6	设计变更通知单	▲	▲	▲	▲	▲
7	工程洽商记录（技术核定单）	▲	▲	▲	▲	▲

二、施工技术文件常见表格

1. 工程技术文件报审表

施工组织设计或（专项）施工方案报审表、施工方案报审表、专项施工方案报审表等均属于工程技术文件报审表。工程技术文件报审表除用于施工组织设计或（专项）施工方案报审及施工组织设计（方案）发生改变后的重新报审外，还可用于对危及结构安全或使用功能的分项工程整改方案的报审及重点部位、关键工序的施工工艺、四新技术的工艺方法和确保工程质量措施的报审。

施工单位编制的施工组织设计应由施工单位技术负责人审核签字并加盖施工单位公章。有分包单位的，分包单位编制的施工组织设计或（专项）施工方案均应由施工单位按规定完成相关审批手续后，报送项目监理机构审核。

在进行表格填写时，应注意以下事项：

（1）对分包单位编制的施工组织设计或（专项）施工方案均应由施工单位按相关规定完成相关审批手续后，报项目监理机构审核。

（2）施工单位编制的施工组织设计经施工单位技术负责人审批同意并加盖施工单位公

章后，与施工组织设计报审表一并报送项目监理机构。

(3) 对危及结构安全或使用功能的分项工程整改方案的报审，在证明文件中应有建设单位、设计单位、监理单位各方共同认可的书面意见。

施工组织设计或（专项）施工方案报审表范例见表 9-5。

施工组织设计或（专项）施工方案报审表 **表 9-5**

工程名称：××商务大厦 编号：SZ-005

<table>
<tr><td>致：××工程监理有限公司监理项目部（项目监理机构）
我方已完成××工程施工组织设计或（专项）施工方案的编制，并按规定已完成相关审批手续，请予以审查。
附：施工组织设计
□专项施工方案
□施工方案

施工项目经理部（盖章）
项目经理（签字）×××
2010 年 3 月 10 日</td></tr>
<tr><td>审查意见：
1. 编审程序符合相关规定；
2. 本施工组织设计编制内容能够满足本工程施工质量目标、进度目标、安全生产和文明施工目标，均满足施工合同要求；
3. 施工平面布置满足工程质量进度要求；
4. 施工进度、施工方案及工程质量保证措施可行；
5. 资金、劳动力、材料、设备等资源供应计划与进度计划基本衔接；
6. 安全生产保障体系及采用的技术措施基本符合相关标准要求。

专业监理工程师（签字）×××
2010 年 3 月 15 日</td></tr>
<tr><td>审核意见：
同意专业监理工程师的意见，请严格按照施工组织设计组织施工。

项目监理机构（盖章）
总监理工程师（签字盖执业印章）×××
2010 年 3 月 16 日</td></tr>
<tr><td>审批意见（仅对超过一定规模的危险性较大分部分项工程专项方案）：

建设单位（盖章）
建设单位代表（签字）
年 月 日</td></tr>
</table>

2. 技术交底记录

（1）技术交底记录是分部分项工程实施过程中具体要求与指导文件，是施工操作的依据。一般按分项工程编制，编制时要符合施工图、设计变更、施工技术规范、施工质量验收标准、操作规程、施工组织设计、施工方案、分项工程施工操作技术、新技术施工方法的要求，是施工组织设计和施工方案的具体化，具有很强的可操作性。交底时应注意关键项目、重点部位、新技术、新材料项目，结合操作要求、技术规定、质量、安全、定额、工期及注意事项，详细交代清楚。交底的方法可采用书面交底，也可采用会议交底，但是须有书面交底记录。

（2）技术交底记录应根据工程性质、类别和技术复杂程度分级进行，交底人由总工程师、技术质量部门负责人、项目技术负责人、有关技术质量人员及施工人员分别负责，并由交底人和被交底人签字确认。

技术交底记录范例见表9-6。

技术交底记录　　表9-6

C2-04

工程名称	×××教学楼	编　　号	×××
交底项目		交底日期	×年×月×日
引用规范规程			
控制要点： 略。			
接受人：×××		交底人：×××	

3. 图纸会审记录

图纸会审记录是对已正式签署的设计文件进行交底、审查和会审，对提出的问题予以记录的技术文件。施工图纸会审记录是施工图纸的补充文件，是工程施工的依据之一。认真做好施工图纸会审，对减少施工中的差错、提高工程质量、确保施工安全、创优良工程、保证施工顺利进行，具有十分重要的作用。

施工图纸会审工作必须有组织、有领导、有步骤地进行，一般由建设单位在施工前组织，设计单位交底，施工单位参加。会审过程对于施工图中将要遇到的设计矛盾、技术难点进行协调解决，由施工单位进行记录整理汇总，填写图纸会审记录，经各方签字后实施。参加会审的专业人员和单位，都要进行签字盖章。

图纸会审记录的要求有：

1）图纸会审记录由组织会审的单位汇总达成一致意见，交设计、施工等单位会签后，定稿打印。

2）图纸会审记录应写明工程名称、会审日期、会审地点、参加会审的单位名称和人员姓名。

3）图纸会审记录打印完毕经建设单位、设计单位和施工单位盖章后，发给持施工图纸的所有单位，其发送份数与施工图纸的份数相同。

4）施工图纸会审提出的问题如涉及需要补充或修改设计图纸等内容时，应由设计单位负责在一定的期限内提供设计变更通知单或变更图纸。

5）对会审会议上所提问题的解决办法，施工图纸会审记录中必须有明确的意见。

6）施工图纸会审记录是工程施工的正式文件，不得在会审记录上涂改或任意变更其内容。

图纸会审记录范例见表 9-7。

图纸会审记录 **表 9-7**

工程名称		×××教学楼工程	会审范围	建筑结构
主持人		×××	日　期	××年×月×日
参加人员	建设单位	×××、×××	设计单位	×××、×××
	监理单位	×××、×××	施工单位	×××、××××××
序号	图号	提出问题	会审意见	
1	结施 01	结构总说明，7.77 以下柱、梁、基础是 C35，板是否也是 C35；7.77～11.07 柱为 C30，考虑到一次性浇捣，梁板是否可改为 C30？	另定	补联系单
2	结施 02	7 轴 A 轴交接处是双桩，而结施 3 是单桩承台？	为双桩承台	
3	结施 04	底板后浇带板底标高－3.80 有误，改为－3.45；地下室水池侧壁剖面，底板厚度 250 是否该改为 300？	为 300	
4	建施 04	3-10 轴交 N 轴剪力墙外侧为 N 轴中，而建施 5 此部分砖砌为 N 轴外挑 120，120 如何挑出？		补联系单

建设单位 监理单位 设计单位 施工单位

代表（盖章）：××× 代表（盖章）：××× 代表（盖章）：×××代表（盖章）：×××

4. 计变更通知单

设计变更针对项目设计的建筑构造、细部做法、使用功能、钢筋代换、细部尺寸修改、设计计算错误等问题提出修改意见，提出修改意见的可以是建设单位、设计单位、施工单位。设计变更必须经过设计单位同意，并提出设计变更通知单或设计变更图纸。

由设计单位或建设单位提出的设计图纸修改，应由设计单位提出设计变更联系单；由施工单位提出的设计变更，施工单位应提出技术联系单，通过监理或建设单位确认后，由设计单位提供设计变更联系单。工程设计变更时，设计单位签发设计变更通知单，经项目总监理工程师（建设单位负责人）审定后，转交施工单位实施。

设计变更通知单填写范例见表 9-8。

设计变更通知单 表 9-8

工程名称	××工程	变更项目	室内地面材料变更
主 送	×××	编 号	×××
抄 送	×××	日 期	××年×月×日
变更理由	建设单位要求		
变更内容： 1. 室内走廊原设计水磨石面层改为大理石面层。 2. 教室地面面层原设计水磨石改为 800mm×800mm 地面砖。			
设计单位（公章）：××××设计院			
技术负责人：××× 审核人：××× 设计人：×××			

第四节 施工进度造价文件

一、 施工进度造价文件的构成

依据 2019 年版《建设工程文件归档规范》GB/T 50328—2014，施工进度资料主要由工程开工报审表、工程复工报审表、施工进度计划报审表等 6 项组成，施工造价资料主要由工程款支付申请表、工程变更费用报审表、费用索赔申请表 3 项组成，见表 9-9。

进度造价文件归档范围 表 9-9

类别	归档文件	保存单位				
		建设单位	设计单位	施工单位	监理单位	城建档案馆
施工文件（C 类）						
C3	进度造价文件					
1	工程开工报审表	▲	▲	▲	▲	▲
2	工程复工报审表	▲	▲	▲	▲	▲
3	施工进度计划报审表			△	△	
4	施工进度计划			△	△	
5	人、机、料动态表			△	△	
6	工程延期申请表	▲		▲	▲	▲
7	工程款支付申请表	▲		△	△	
8	工程变更费用报审表	▲		△	△	
9	费用索赔申请表	▲		△	△	

二、 施工进度造价文件常见表格

1. 报审表

工程开工/复工报审表是用于工程项目开工或停工后恢复施工的报审用表，施工单位报项目监理机构复核和批复开工及复工时间。整个项目一次开工，只填报一次，如工程项目中含有多个单位工程且开工时间不同，则每个单位工程都应填报一次。

工程开工/复工报审表、施工进度计划报审表均一式三份，项目监理机构、建设单位、施工单位各一份。工程开工/复工报审表的表格形式、内容要求、填写注意事项详见第八章第二、三节相关表格。

2. 施工进度计划

施工进度计划是以拟建工程为对象，规定各项工程内容的施工顺序和开工、竣工时间的施工计划。按编制对象的不同可分为：施工总进度计划、单位工程进度计划、分阶段（或专项工程）工程进度计划、分部分项工程进度计划四种。

施工进度计划的编制是按流水作业原理的计划方法进行的，作用是将整个施工进程联系起来，形成一个有机的整体，可采用网络图或横道图表示，并附必要说明；对于工程规模较复杂的工程，宜采用网络图表示。

根据《建设工程文件归档规范》GB/T 50328—2014（2019 年版）的规定，施工进度计划由施工单位编制生成（图 9-1），一式两份，分别交给监理单位、施工单位选择性保存。

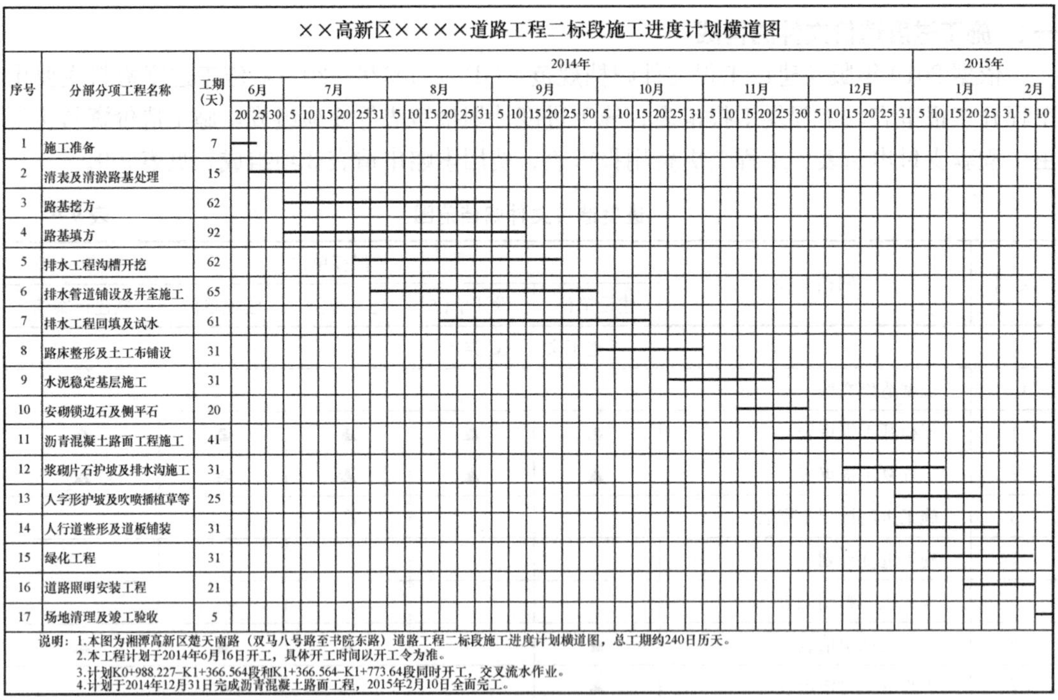

××高新区××××道路工程二标段施工进度计划横道图

2014年																																											2015年								
6月			7月						8月						9月						10月						11月						12月						1月						2月	
20	25	30	5	10	15	20	25	31	5	10	15	20	25	31	5	10	15	20	25	30	5	10	15	20	25	31	5	10	15	20	25	30	5	10	15	20	25	31	5	10	15	20	25	31	5	10

序号	分部分项工程名称	工期（天）
1	施工准备	7
2	清表及清淤路基处理	15
3	路基挖方	62
4	路基填方	92
5	排水工程沟槽开挖	62
6	排水管道铺设及井室施工	65
7	排水工程回填及试水	61
8	路床整形及土工布铺设	31
9	水泥稳定基层施工	31
10	安砌锁边石及侧平石	20
11	沥青混凝土路面工程施工	41
12	浆砌片石护坡及排水沟施工	31
13	人字形护坡及吹喷播植草等	25
14	人行道整形及道板铺装	31
15	绿化工程	31
16	道路照明安装工程	21
17	场地清理及竣工验收	5

说明：1.本图为湘潭高新区楚天南路（双马八号路至书院东路）道路工程二标段施工进度计划横道图，总工期约240日历天。
2.本工程计划于2014年6月16日开工，具体开工时间以开工令为准。
3.计划K0+988.227–K1+366.564段和K1+366.564–K1+773.64段同时开工，交叉流水作业。
4.计划于2014年12月31日完成沥青混凝土路面工程，2015年2月10日全面完工。

图 9-1 施工进度计划横道图

3. 人、机、料动态表

根据现行行业标准《建筑工程资料管理规程》JGJ/T 185—2009 规定，人、机、料动态表样表见表 9-10，主要内容有工程基本信息，劳动力、主要机械和主要材料使用情况。该表应由施工单位填写，根据工程的不同阶段填报主要项目。

根据现行国家标准《建设工程文件归档规范》GB/T 50328—2014（2019 年版）规

定，人、机、料动态表由施工单位生成，一式两份，分别交给监理单位、施工单位选择性保存。

____年____月人、机、料动态表 **表 9-10**

<table>
<tr><td colspan="3" rowspan="2">工程名称</td><td colspan="2" rowspan="2"></td><td colspan="2">编号</td><td colspan="3"></td></tr>
<tr><td colspan="2">日期</td><td colspan="3"></td></tr>
<tr><td colspan="10">致：__________（监理单位）
根据____年____月施工进度情况，我方现报上____年____月人、机、料统计表。</td></tr>
<tr><td rowspan="3">劳动力</td><td colspan="2">工种</td><td></td><td></td><td></td><td></td><td></td><td></td><td>合计</td></tr>
<tr><td colspan="2">人数</td><td></td><td></td><td></td><td></td><td></td><td></td><td></td></tr>
<tr><td colspan="2">持证人数</td><td></td><td></td><td></td><td></td><td></td><td></td><td></td></tr>
<tr><td rowspan="4">主要机械</td><td colspan="2">机械名称</td><td colspan="2">生产厂家</td><td colspan="2">规格、型号</td><td colspan="2">数量</td><td></td></tr>
<tr><td colspan="2"></td><td colspan="2"></td><td colspan="2"></td><td colspan="2"></td><td></td></tr>
<tr><td colspan="2"></td><td colspan="2"></td><td colspan="2"></td><td colspan="2"></td><td></td></tr>
<tr><td colspan="2"></td><td colspan="2"></td><td colspan="2"></td><td colspan="2"></td><td></td></tr>
<tr><td rowspan="4">主要材料</td><td>名称</td><td>单位</td><td colspan="2">上月库存量</td><td colspan="2">本月进场量</td><td colspan="2">本月消耗量</td><td>本月库存量</td></tr>
<tr><td></td><td></td><td colspan="2"></td><td colspan="2"></td><td colspan="2"></td><td></td></tr>
<tr><td></td><td></td><td colspan="2"></td><td colspan="2"></td><td colspan="2"></td><td></td></tr>
<tr><td></td><td></td><td colspan="2"></td><td colspan="2"></td><td colspan="2"></td><td></td></tr>
<tr><td colspan="10">附件：

施工单位____________
项目经理____________</td></tr>
</table>

4. 造价类文件

工程款支付申请表、工程变更费用报审表、费用索赔申请表等均属于造价文件。监理文件、施工文件均包括此类造价文件，相应的表格内容、表格形式及填写注意事项详见第八章第五节。

第五节 施工物资出厂质量证明及进场检测文件

一、 施工物资出厂质量证明及进场检测文件的构成

依据 2019 年版《建设工程文件归档规范》GB/T 50328—2014，施工物资出厂质量证明及进场检测文件主要包括出厂质量证明文件及检测报告、进场检验通用表格、进场复试报告三大类，每一大类又由若干项组成，见表 9-11。

施工物资出厂质量证明及进场检测文件归档范围 表 9-11

类别	归档文件	保存单位				
		建设单位	设计单位	施工单位	监理单位	城建档案馆
施工文件（C类）						
C4	施工物资出厂质量证明及进场检测文件					
	出厂质量证明文件及检测报告					
1	砂、石、砖、水泥、钢筋、隔热保温、防腐材料、轻骨料出厂证明文件	▲		▲	▲	△
2	其他物资出厂合格证、质量保证书、检测报告和报关单或商检证等	△		▲	△	
3	材料、设备的相关检验报告、型式检测报告、3C强制认证合格证书或3C标志	△		▲	△	
4	主要设备、器具的安装使用说明书	▲		▲	△	
5	进口的主要材料设备的商检证明文件	△		▲		
6	涉及消防、安全、卫生、环保、节能的材料、设备的检测报告或法定机构出具的有效证明文件	▲		▲	▲	△
7	其他施工物资产品合格证、出厂检验报告					
	进场检验通用表格					
1	材料、构配件进场检验记录			△	△	
2	设备开箱检验记录			△	△	
3	设备及管道附件试验记录	▲		▲	△	
	进场复试报告					
1	钢材试验报告	▲		▲	▲	▲
2	水泥试验报告	▲		▲	▲	▲
3	砂试验报告	▲		▲	▲	▲
4	碎（卵）石试验报告	▲		▲	▲	▲
5	外加剂试验报告	△		▲	▲	▲
6	防水涂料试验报告	▲		▲	△	
7	防水卷材试验报告	▲		▲	△	
8	砖（砌块）试验报告	▲		▲	▲	▲
9	预应力筋复试报告	▲		▲	▲	▲
10	预应力锚具、夹具和连接器复试报告	▲		▲	▲	▲
11	装饰装修用门窗复试报告	▲		▲	△	
12	装饰装修用人造木板复试报告	▲		▲	△	
13	装饰装修用花岗石复试报告	▲		▲	△	

续表

类别	归档文件	保存单位				
		建设单位	设计单位	施工单位	监理单位	城建档案馆
14	装饰装修用安全玻璃复试报告	▲		▲	△	
15	装饰装修用外墙面砖复试报告	▲		▲	△	
16	钢结构用钢材复试报告	▲		▲	▲	▲
17	钢结构用防火涂料复试报告	▲		▲	▲	▲
18	钢结构用焊接材料复试报告	▲		▲	▲	▲
19	钢结构用高强度大六角头螺栓连接副复试报告	▲		▲	▲	▲
20	钢结构用扭剪型高强螺栓连接副复试报告	▲		▲	▲	▲
21	幕墙用铝塑板、石材、玻璃、结构胶复试报告	▲		▲	▲	▲
22	散热器、供暖系统保温材料、通风与空调复试报告	▲		▲	▲	▲
23	节能工程材料复试报告	▲		▲	▲	▲
24	其他物资进场复试报告					

二、 出厂质量证明文件及检测报告

出厂质量证明文件及检测报告主要包括建筑材料、成品、半成品、构配件、设备等工程物资出厂质量证明文件，包括产品合格证、出厂检验（试验）报告、产品生产许可证和质量保证书等（图 9-2、图 9-3）。质量证明文件应反映工程物资的品种、规格、数量、性能指标等，并与实际进场物资相符。实行生产许可证制度的还要有许可证编号。

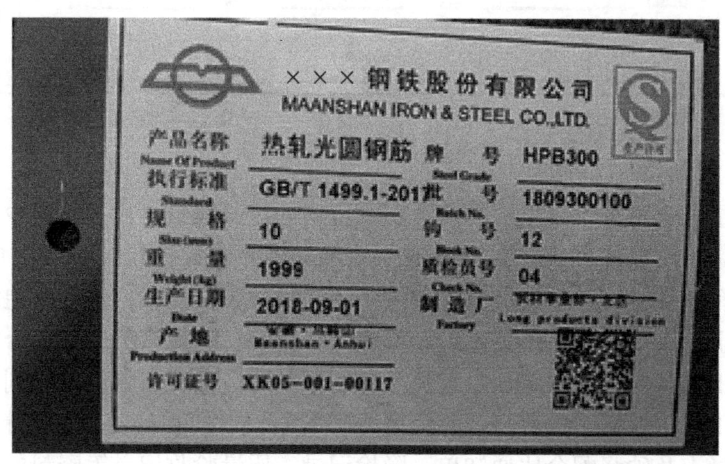

图 9-2　钢筋标牌

××××工程材料检测有限责任公司

检验报告

检验编号：第 AL-HQ-10-2398 号　　　　共 3 页 第 1 页

工程名称	/		检验类别	委托检验
样品名称	斯卡特70系列断桥铝合金平开窗		委托人	满令行
规格型号mm	900*900*70		检验日期	2014.04.28
委托单位	××××铝业有限公司		检验数量	3樘
生产单位	××××铝业有限公司		开启方式	平开
检验项目	气密、水密、抗风压性能检测		检验设备	MCD三性检测设备
检验依据	GB/T 7106-2019 建筑外门窗气密、水密、抗风压性能分级及检测方法			
工程设计值	正压气密等级	/	水密等级	/
	负压气密等级	/	抗风压等级	/

检验结论

抗风压性能属国标 GB/T7106-2019 第 6 级

气密性能属国标 GB/T7106-2019 第 7 级

水密性能属国标 GB/T7106-2019 第 3 级

××××工程材料检测有限责任公司

（检验专用章）

签发日期 2020年05月04日

批准：×××　审核：×××　检验：×××

图 9-3 门窗性能检验报告

（1）如批量较大，提供的出厂质量证明（合格证）又较少，或用量较少，供应单位不能提供原件时，可用复印件（抄件）备查，应加盖原件存放单位公章，并应注明原件证号、存放单位和抄件时间，并且应有抄件人签字和抄件单位盖章，具有可追溯性。出厂质量证明（合格证）应做背书，由技术员、材料采购员和材料保管员分别在合格证背面上签字，注明使用工程名称、使用部位、批量和进场日期后，交资料员整理排列编号，进入资料管理流程。出厂质量证明（合格证）应该分类编号，以便在施工试验资料、技术交底、施工日志、混凝土及砂浆配合比通知单、隐检记录、质量验收记录等资料的编制整理时填写，使工程资料的内容与实际工程一一对应，具有可追溯性。

（2）涉及结构安全和使用功能的材料需要代换且改变了设计要求时，必须有设计单位签署的认可文件。涉及安全、卫生和环保的物资应有相应资质等级检测单位的检测报告，如压力容器、消防设备、生活供水设备、卫生洁具等。

（3）新材料和新产品应由具备鉴定资格的单位或部门出具鉴定证书，同时具有产品质量标准和试验要求及安装、维修、使用和工艺标准等相关技术文件，使用前应按其质量标准和试验要求进行试验或检验。

（4）进口材料和设备等应有商检证明（国家认证委员会公布的强制性 CCC 产品除外）、中文版的质量证明文件、性能检测报告以及中文版的安装、维修、使用、试验要求等技术文件。

（5）供应单位或加工单位负责收集、整理和保存所供物资原材料的质量证明文件，施工单位则需收集、整理和保存供应单位或加工单位提供的质量证明文件和进场后进行的试（检）验报告。各单位应对各自范围内工程资料的汇集、整理结果负责，并保证工程资料的可追溯性。

三、 进场检验通用表格

建筑工程采用的主要材料、半成品、成品、构配件、器具、设备等应实行进场验收，施工、供应、监理单位共同对其品种、规格、数量、外观质量及出厂质量证明文件进行检验，填写材料、构配件进场检验记录、设备开箱检验记录。进场经施工单位自检合格后填写工程物资进场报验表，报监理单位审核签字。涉及安全、功能的有关物资应按工程施工质量验收规范及相关规定进行复试和有见证取样送检，及时提供相应试（检）验报告，填写试样委托单送检测单位试验。

1. 材料、构配件进场检验记录

材料、构配件进场后，应由建设、监理单位会同施工单位共同对进场物资进行检查验收，根据现行行业标准《建筑工程资料管理规程》JGJ/T 185—2009 规定，填写材料、构配件进场检验记录，见表 9-12。

以给水排水、采暖工程为例，材料、构配件进场验收记录填写说明如下：

（1）按规定应进场复试的工程物资，必须在进场检查验收合格后取样复试。

（2）表格内检验项目应按《建筑给水排水及采暖工程施工质量验收规范》GB 50242—2002 第 3.2.1 条填写为“品种、规格、外观、质量合格证明文件”。

（3）抽检比例也要依据《建筑给水排水及采暖工程施工质量验收规范》GB 0242—2002 相关条目规定。

（4）本表由施工单位填写，监理单位和施工单位各保存一份。

材料、构配件进场检验记录 **表 9-12**

编号：×××

工程名称		××工程			检验日期	×年×月×日	
序号	名称	规格 型号	进场 数量	生产厂家 合格证号	检验项目	检验结果	备注
1	铜三通	80mm×40mm	8		品种、规格、外观、质量合格证明文件	合格	

续表

工程名称		××工程			检验日期	×年×月×日	
序号	名称	规格型号	进场数量	生产厂家 合格证号	检验项目	检验结果	备注
2	铜套法兰	50mm	10		品种、规格、外观、质量合格证明文件	合格	
3	铜大小头	50mm×40mm	3		品种、规格、外现、质量合格证明文件	合格	
4							
5							
检验结论： 品种、规格、外观、质量合格证明文件符合设计及施工质量验收规范要求。							
签字栏	建设（监理）单位		施工单位				
			专业质量员		专业工长	检验员	

2. 设备开箱检验记录

建筑工程所使用的设备进场后，应由施工单位、建设（监理）单位、供货单位共同开箱检查，并进行记录，然后填写工程物资进场报验单报请监理单位核查确认，并填写设备开箱检查记录，范例详见表 9-13。

设备开箱检查的主要内容包括：设备的产地、品种、规格、外观、数量、附件情况、标识和质量证明文件、相关技术文件等。设备必须具有中文质量合格证明文件，规格、型号及性能检测报告应符合国家技术标准设计要求，进场时应做检查验收。主要器具和设备必须有完整的安装使用说明书。在运输、保管和施工过程中，应采取有效措施防止损坏或腐蚀。

设备开箱检验应注意：对于检验结果出现的缺损附件、备件要列出明细，待供应单位更换后重新验收；测试情况的填写应依据专项施工及验收规范相关条目。

设备开箱检验记录填写应注意：

（1）凡有数据要求的项目必须填写实际测量的数据。

（2）“检查结果”栏需进行详细记录，对于发现包装、文件、部件的缺损情况应做出准确的文字描述。没有数据要求的项目可填写“符合规范要求”的字样。

（3）在实际检查未涉及表格所列的项目时，可将此项目用“/”在“检查结果”栏中划除。

（4）发现的问题必须由建设（监理）单位、供应单位和安装单位形成共同的处理意见，形成的处理意见填写在表格的“处理意见”栏中，每单位各保存一份，以备对处理意见解决情况进行核实检查。

设备开箱检验记录 **表 9-13**

编号：×××

设备名称		离心水泵	检查日期	××年×月×日		
规格型号		×××	总数量	×××台		
装箱单号		×××	检验数量	×××台		
检验记录	包装情况	包装完整良好，无损坏。标识明确				
	随机文件	设备装箱单 1 份。中文质量合格证明 1 份。安装使用说明 1 份				
	备件与附件	配套法兰、螺栓、螺母等齐全				
	外观情况	外观良好，无损坏锈蚀现象				
	测试情况	良好				
检验结果	缺、损附备件明细表					
	序号	名称	规格	单位	数量	备注
结论： 设备包装、外观状况、测试情况良好。随机文件、备件与附件齐全，符合设计及施工质量验收规范要求。						
签字栏	建设（监理）单位		施工单位		供应单位	

3. 设备及管道附件试验记录

设备、阀门、密封水箱（罐），成组散热器及其他散热设备于安装前均应按规定进行强度试验并做记录，填写设备及管道附件试验记录。设备、密封水箱（罐）的试验应符合设计、施工质量验收规范或产品说明书的规定。

根据现行行业标准《建筑工程资料管理规程》JGJ/T 185—2009 规定，设备及管道附件试验记录见表 9-14。

设备及管道附件试验记录 **表 9-14**

设备及管道附件试验记录		资料编号	×××	
工程名称	××大厦	系统名称	给水系统	
设备/管道 附件名称	铜阀门	试验日期	××年×月×日	
试验要求： 阀门公称压力为 1.6MPa，非金属密封；强度试验压力为公称压力的 1.5 倍，严密性试验压力为公称压力的 1.1 倍；强度试验时间为 60s，严密性试验时间为 15s；试验压力在试验时间内应保持不变，且壳体填料及阀瓣密封面无渗漏。				
型号、材质	钢闸阀	铜球阀		
规格	*DN*25	*DN*15		
总数量	300	1450		
试验数量	30	145		
公称或工作压力（MPa）	1.6	1.6		

续表

型号、材质		钢闸阀	铜球阀		
	试验压力降（MPa）	0	0		
	渗漏情况	无渗漏	无渗漏		
	试验结论	合格	合格		
严密性试验	试验压力（MPa）	1.8	1.8		
	试验持续时间（s）	30	30		
	试验压力降（MPa）	0	0		
	渗漏情况	无渗漏	无渗漏		
	试验结论	合格	合格		
签字栏	施工单位	××建筑公司	专业技术负责人	专业质量员	专业工长
			××	××	××
	监理（建设）单位	××监理公司		专业工程师	××

四、 进场复试报告

进场复试报告主要指对进场后的施工材料、构配件、设备等工程物资材料进行检验，由第三方出具对工程物资质量、规格及型号是否符合要求的报告。下面以钢材为例介绍其出场证明文件与进场复试报告。

钢材工程中应用的钢材有钢筋、型钢及连接材料。钢材进场时应有出厂质量证明文件并进行见证取样和送检。

（1）出厂质量证明及出厂试验报告单的要求。产品的出厂合格证由其生产厂家质量检验部门提供给使用单位，用以证明其产品质量已达到各项规定的指标。其主要内容包括：出厂日期、检验部门印章、合格证的编号、钢种、规格、数量、力学性能、化学成分等数据和结论。

（2）见证取样及试验要求。进场时应按炉罐（批）号及规格分批检验，核对标志及外观检查，并应按照有关标准的规定抽取试样做力学性能试验。钢筋和型钢的必试项目有物理必试项目和化学分析。其中物理必试项目包括拉力试验，如屈服强度、抗拉强度、伸长率；冷弯试验，如冷拔低碳钢丝为反复弯曲试验。化学分析主要是分析材料中的碳（C）、硫（S）、磷（P）、锰（Mn）、硅（Si）等的含量。

（3）钢筋和型钢的试验报告单中的各个栏目，如委托单位、工程名称及部位、委托试样编号、试件种类、钢材种类、试验项目、试件代表数量、送样时间、试验委托人等，试验报告单中试验编号、各项试验的测算数据及结论、报告日期、试验人、计算人、审核人、负责人签字、试验单位公章等必须齐全。

（4）其他要求。如果钢筋、型钢存在下列情况之一，如进口的钢筋或钢材，在加工过程中发生脆断或焊接性能不良或力学性能显著不正常的，必须做化学成分检验。试验报告单中的指标，如果有一项不符合技术要求，则应取双倍试件进行复试，复试合格该批合格。如果复试不合格，则判定该验收批钢筋为不合格。不合格的材料不得使用，并应做出相应的处理报告。复试合格单附于此报告单的后面存档。对于有特殊用途要求的，还应进行相应的专项试验。与钢材相关的资料，应有出厂质量证明及出厂试验报告单、见证取样送样单、现场试验钢材试验报告（C4-03-1）、供应单位提供的钢筋机械连接形式检验报告。钢材试验报告（C4-03-1）填写样表见表 9-15。

钢材试验报告

表 9-15

河南省××××××××××××有限公司
钢筋物理性能检验检测报告

见证取样
ZJZ01003

委托编号：WT2020909057　　报告编号：JC202091503142
委托单位：××××××　　工 程 号：XQ2005280001
工程名称：××××××××
施工单位：×××××
见证单位：××××××××　　监 督 号：/
检验类别：见证送检　　受样日期：2020 年 11 月 23 日
钢筋种类：普通热轧带肋钢筋　　检验日期：2020 年 11 月 23 日
钢筋牌号：HRB400E　　签发日期：2020 年 11 月 23 日
规格（mm）：10　　代表批量：3.822t
厂家批号：河南××××××有限公司 20113920　　样品状态：无裂纹、折叠

检验依据：GB/T 28900-2012、GB/T 1499.2-2018
工程部位：汽车坡道、二次结构

重量偏差（%）		3.2	
试件编号		1	2
屈服强度 R_{eL}（MPa）		425	440
抗拉强度 R_m（MPa）		555	565
最大力总延伸率 A_{gt}（%）		12.9	12.8
强屈比		1.31	1.28
屈标比		1.06	1.10
反向弯曲结果	正向弯曲 90°后反向弯曲 20°	合格	
	弯芯直径：$D=5d$		
结　论	依据 GB/T 1499.2—2018 标准，所检项目符合要求。		
备　注	1. 见证人：×××　见证证号：H41180050000193； 2. 取样人：×××　见证证号：H41190060100055； 3. 报告无“检验检测专用章”无效； 4. 报告无签发、审核、检验人签字无效； 5. 对本检验检测报告如有异议，应在收到报告 15 日内以书面形式向本单位提出； 6. 本检验检测机构不负责抽样（如样品是由客户提供）时，结果仅适用于客户提供的样品； 7. 未经本检验检测机构批准，不得复制（合文复制除外）报告。		
检验检测单位地址：郑州市×××××××　电话：××××-××××××××××			

签发：×××　　审核：×××　　检验×××　　检验检测单位：（盖章）

第六节 施工记录文件

一、施工记录文件的构成

施工记录是施工过程中对重要工程项目或关键部位的施工方法、使用材料、构配件、操作人员、时间、施工情况等进行的记载，施工记录应经有关人员签字。依据《建设工程文件归档规范》GB/T 50328—2014（2019 年版），施工记录文件主要包括隐蔽工程验收记录、工程定位测量记录、施工记录等 36 项组成，见表 9-16。施工记录文件可以大致划分为通用记录、测量观测记录、施工记录三部分。其中，隐蔽工程验收记录、施工检查记录、交接检查记录属于通用表格。

施工记录文件归档范围　　表 9-16

类别	归档文件	保存单位				
		建设单位	设计单位	施工单位	监理单位	城建档案馆
施工文件（C 类）						
C5	施工记录文件					
1	隐蔽工程验收记录	▲		▲	▲	▲
2	施工检查记录			△		
3	交接检查记录			△		
4	工程定位测量记录	▲		▲	▲	▲
5	基槽验线记录	▲		▲	▲	▲
6	楼层平面放线记录			△	△	△
7	楼层标高抄测记录			△	△	△
8	建筑物垂直度、标高观测记录	▲		▲	△	△
9	沉降观测记录	▲		▲	△	▲
10	基坑支护水平位移监测记录			△	△	
11	桩基、支护测量放线记录			△	△	
12	地基验槽记录	▲	▲	▲	▲	▲
13	地基钎探记录	▲		△	△	▲
14	混凝土浇灌申请书			△	△	
15	预拌混凝土运输单			△		
16	混凝土开盘鉴定			△	△	
17	混凝土拆模申请单			△	△	
18	混凝土预拌测温记录			△		
19	混凝土养护测温记录			△		
20	大体积混凝土养护测温记录			△		
21	大型构件吊装记录	▲		△	△	▲
22	焊接材料烘焙记录			△		
23	地下工程防水效果检查记录	▲		△	△	
24	防水工程试水检查记录	▲		△	△	

续表

类别	归档文件	保存单位				
		建设单位	设计单位	施工单位	监理单位	城建档案馆
25	通风（烟）道、垃圾道检查记录	▲		△	△	
26	预应力筋张拉记录	▲		▲	△	▲
27	有粘结预应力结构灌浆记录	▲		▲	△	▲
28	钢结构施工记录	▲		▲	△	
29	网架（索膜）施工记录	▲		▲	△	▲
30	木结构施工记录	▲		▲	△	
31	幕墙注胶检查记录	▲		▲	△	
32	自动扶梯、自动人行道的相邻区域检查记录	▲		▲	△	
33	电梯电气装置安装检查记录	▲		▲	△	
34	自动扶梯、自动人行道电气装置检查记录	▲		▲	△	
35	自动扶梯、自动人行道整机安装质量检查记录	▲		▲	△	
36	其他施工记录文件					

二、 施工记录通用表格

1. 隐蔽工程验收记录

凡本工序操作完毕，将被下道工序所掩盖、包裹而再无从检查的工程项目，在隐蔽前必须进行隐蔽工程验收。隐蔽工程验收记录是指为下道工序所隐蔽的工程项目，关系到结构性能和使用功能的重要部位或项目的隐蔽检查记录。

（1）隐蔽工程验收应满足以下要求：

1）隐蔽工程验收记录应按专业、分层、分段、分部位按施工程序进行填写。内容包括位置、标高、材质、品种、规格、数量、焊接接头、防腐、管盒固定、管口处理等，需附图时应附图。

2）隐蔽工程项目施工完毕后，施工单位应进行自检。自检合格，由施工单位填写隐蔽工程验收记录，并在隐蔽工程验收记录上附有关的质量验收及测试资料，包括原材料试验单、质量验收记录、出厂合格证等，以备查验。

3）隐蔽工程具备验收条件后，施工单位专业技术负责人和专业工长、专业质检员，报请监理单位进行验收。验收后由建设或监理单位专业监理工程师（建设单位项目专业负责人）签署验收意见及验收结论。

4）隐蔽工程验收过程中如果有需要进行处理的问题，处理后必须进行复验，并且办理复验手续，填写复验日期，并做出复验结论。

5）凡未经过隐蔽工程验收或验收不合格的工程，不得进入下道工序施工。

（2）隐蔽工程验收记录在填写时需注意以下几点：

1）“隐检项目”具体写明（子）分部工程名称和施工工序主要检查内容，比如桩基工程钢筋笼安装。

2）“隐检时间”按预计验收时间填写。

3）“隐蔽验收部位”按隐检项目的检查部位或检验批所在部位填写。

4）“隐检依据”指施工图纸（图号）、设计变更、工程洽商及相关的施工质量验收规范、规程，本工程的施工组织设计、施工方案、技术交底等。特殊的隐检项目如新材料、新工艺、新设备等要标注具体的执行标准文号和企业标准文号。

5）“隐检内容”应将隐检验收项目的具体内容描述清楚，不得落项。包括主要原材料名称、规格/型号及试（检）验报告编号，主要连接件的复试报告编号，主要施工方法。若文字不能表述清楚，可用示意简图或采用照片进行说明。

6）“检查意见”由监理（建设）单位填写，验收意见要明确并下结论。针对第一次验收未通过的要注明质量问题，并提出复查要求。

7）“复查结论”针对检查提出的问题进行复查并填写意见，注明复查日期。当检查无问题时，复查结论栏不应填写。

8）隐蔽工程验收记录上签字要齐全，参加验收人员须本人签字。

根据现行行业标准《建筑工程资料管理规程》JGJ/T 185—2009 规定，隐蔽工程验收记录格式见表 9-17。施工单位填写的应一式四份，并应由建设单位、监理单位、施工单位、城建档案馆各保存一份。

隐蔽工程验收记录 **表 9-17**

编号：

<table>
<tr><td>工程名称</td><td colspan="4">××大厦</td></tr>
<tr><td>隐检项目</td><td colspan="2">避雷引线</td><td>隐蔽日期</td><td>××年×月×日</td></tr>
<tr><td>隐检部位</td><td colspan="4">地上三层①～⑤轴线　＋8.90m 标高</td></tr>
<tr><td colspan="5">隐检依据：施工图图号 电-7 设计变更/洽商（编号 / ）及有关国家现行标准等。
主要材料名称及规格/型号 硬质 PVC 管</td></tr>
<tr><td colspan="5">隐检内容：
（1）避雷引线共 26 处，分别利用两根 25mm 柱主筋上下对应引上，位置符合电气施工图纸。
（2）柱主筋采用搭接焊接。焊接长度大于钢筋直径的 6 倍，且两面施焊；药皮已清除，无夹渣咬肉现象。
以上隐检内容已做完。请予以检查。

申报人：</td></tr>
<tr><td colspan="5">检查结论：

经检查：避雷引线位置、施工做法、柱主筋搭接符合设计要求及《建筑电气工程施工质量验收规范》GB 50303—2015 的要求。

检查结论：　□同意隐蔽　　□不同意，修改后进行复查</td></tr>
<tr><td colspan="5">复查结论：

复查人：
复查日期：</td></tr>
<tr><td rowspan="3">签字栏</td><td rowspan="2">建设（监理）单位</td><td>施工单位</td><td colspan="2">××建筑工程公司</td></tr>
<tr><td>专业技术负责人</td><td>专业质量员</td><td>专业工长</td></tr>
<tr><td></td><td></td><td></td><td></td></tr>
</table>

2. 施工检查记录

应进行施工检查的重要工序皆应填写相应施工检查记录。无相应施工记录表格的应填写施工检查记录。施工检查记录由检查依据、检查内容、检查结论、复查结论四个部分组成。其中，检查依据通常为所参考的技术标准，检查内容需能详细说明检查的具体情况，最后依据检查情况做出检查结论。当检查内容不符合要求时，应及时进行整改，并对整改部分及时做出复查结论。根据现行行业标准《建筑工程资料管理规程》JGJ/T 185—2009的规定，施工检查记录格式见表9-18，此表应一式一份，由施工单位自行保存。

施工检查记录 **表9-18**

编号：

工程名称	××工业厂房	预检项目	钢柱焊接
检查部位	①～⑨轴钢柱	检查日期	××年×月×日
检查依据： (1) 施工图纸。 (2)《钢结构工程施工质量验收标准》GB 50205—2020。			
检查内容： (1) 18根柱子焊接质量。 (2) 18根柱子矫正。			
检查结论： 检查符合《钢结构工程施工质量验收标准》GB 50205—2020的要求。			
复查结论： 复查人： 复查日期：			
施工单位	××建筑工程公司		
专业技术负责人		专业质量员	专业工长

3. 交接检查记录

分部（分项）工程完成，在不同专业施工单位进行移交，应由移交单位、接收单位和见证单位共同对移交工程进行验收。根据现行行业标准《建筑工程资料管理规程》JGJ/T 185—2009规定，交接检查记录格式见表9-19，由移交、接收和见证单位各保存一份。

交接检查记录表在填写时应注意：

(1) 写明移交单位和接收单位名称，明确交接部位和日期。

(2)“交接内容”，应根据图纸和规范要求填写齐全、明了。

(3)“检查结果”，应根据专业交接检查的检查项目和内容认真检查，检查结果栏详实全面。当检查有问题时，要具体写明，并应进行复查。

(4)“复查意见”对照“检查结果”所提意见进行复查，并明确复查是否合格。“检查结果”无问题时，复查意见栏不应填写。复查应由接收单位进行。

(5)“见证单位意见”，见证单位应根据实际检查情况，并汇总移交和接收单位意见形成见证单位意见。当在总承包管理范围内的分包单位之间移交时，见证单位为总承包单位；当在总承包单位和其他专业分包单位之间移交时，见证单位应为建设（监理）单位。

(6) 最后，移交单位、见证单位、接受单位应签字确认。

交接检查记录 **表 9-19**

编号：

<table>
<tr><td>工程名称</td><td colspan="3">××大厦</td></tr>
<tr><td>移交单位名称</td><td>××机电安装工程公司</td><td>接收单位名称</td><td>××消防公司</td></tr>
<tr><td>交接部位</td><td>整个工程消防系统配管</td><td>检查日期</td><td>××年×月×日</td></tr>
<tr><td colspan="4">交接内容：
(1) 该工程消防系统配管使用的管材的规格、型号。
(2) 管路敷设质量情况。
(3) 成品保护情况。</td></tr>
<tr><td colspan="4">检查结论：
(1) 该工程消防系统配管使用××（型号）、××（规格）钢管，符合施工图纸要求。
(2) 管路敷设的位置、敷设的质量符合设计及施工规范要求。
(3) 该工程消防系统配管已全部施工完毕。带线已穿完，管口已进行封堵，无堵塞现象。</td></tr>
<tr><td colspan="4">复查结论：

复查人：
复查日期：</td></tr>
<tr><td colspan="4">见证单位意见：
同意交接。
见证单位名称：</td></tr>
<tr><td rowspan="2">签字栏</td><td>移交单位</td><td>接收单位</td><td>见证单位</td></tr>
<tr><td></td><td></td><td></td></tr>
</table>

三、 测量观测类记录常用表格

测量观测记录主要指施工过程中需要借助工具量测、观测、放线等形成的重要施工依据的数据、资料记录。常见的测量观测记录有工程定位测量记录、基槽验线记录、楼层平面放线记录、楼层标高抄测记录、建筑物垂直度及标高观测记录、沉降观测记录等测量观测类记录。

1. 工程定位测量记录

工程定位测量依据规划部门提供的建筑红线或控制点的坐标，按照总平面图设计要求，测设建筑物位置、主控轴线、建筑物的±0.000高程，建立场地控制网。

工程定位测量记录填写说明：

(1) 工程名称要与图纸标签栏内名称相一致；

（2）“委托单位”填写建设单位或总承包单位；

（3）图纸编号应填写施工蓝图编号；

（4）“平面坐标依据、高程依据”由测绘院或建设单位提供，应以市规划委员会钉桩坐标为标准；

（5）定位抄测示意图要标注准确、具体；

（6）“复测结果”一栏必须填写具体数字、各坐标点的具体数值。

根据现行行业标准《建筑工程资料管理规程》JGJ/T 185—2009 规定，工程定位测量记录格式见表 9-20，由建设单位、监理单位、施工单位、城建档案馆各保存一份。

工程定位测量记录　　**表 9-20**

编号：

工程名称	××综合楼	委托单位	××公司
图纸编号	×××	施测日期	××年×月×日
平面坐标依据		复测日期	××年×月×日
高程依据		使用仪器	
允许误差		仪器校验日期	××年×月×日

定位抄测示意图：

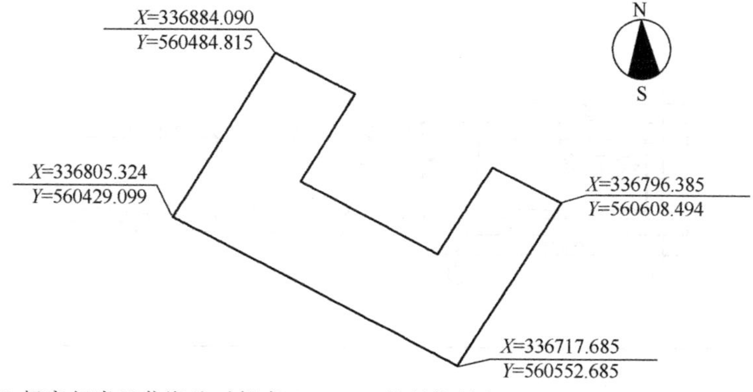

设计±0.000 标高相当于黄海绝对标高 5.600m。规划控制点 A（336850.876，560785.653），绝对标高 5.389m；B（336901.876，560985.649），绝对标高 5.087。

复测结果：

签字栏	建设（监理）单位	施工（测量）单位	测量人员岗位证书号	
		专业技术负责人	复测人	施测人

2. 基槽验线记录

基槽验线依据场地控制网和基础平面图，检验基础正式施工前建筑物的位置、标高、基槽断面尺寸、坡度等，看其是否符合设计要求并应填写基槽验线记录。

基槽验线记录填写说明：

（1）“验线依据及内容”一栏填写由建设单位或测绘院提供的坐标、高程控制点或工程测量定位控制柱、高程点等，内容要描述清楚。

(2)“基槽平面、剖面简图”一栏要画出基槽平、剖面简图轮廓线，应标注主轴线尺寸，标注断面尺寸、高程。

(3)“检查意见”一栏将检查意见表达清楚，不得用“符合要求”一词代替检查意见(应有测量的具体数据误差)。

基槽验线记录填写式样见表 9-21，建设单位、施工单位、城建档案馆各保存一份。

基槽验线记录 **表 9-21**

编号：

<table>
<tr><td colspan="2">工程名称</td><td>××教学楼</td><td>日期</td><td colspan="2">×年×月×日</td></tr>
<tr><td colspan="6">验线依据及内容：
依据：(1) 施工图纸（图号××），设计变更/洽商（编号××）。
(2) 本工程施工测量方案。
(3) 定位轴线控制图。
内容：根据主控轴线和基底平面图，检验建筑物基底外轮廓线、集水坑（电梯井）、垫层标高、基槽断面尺寸及边坡坡度（1∶0.5）等。</td></tr>
<tr><td colspan="6">基槽平面、剖面简图：
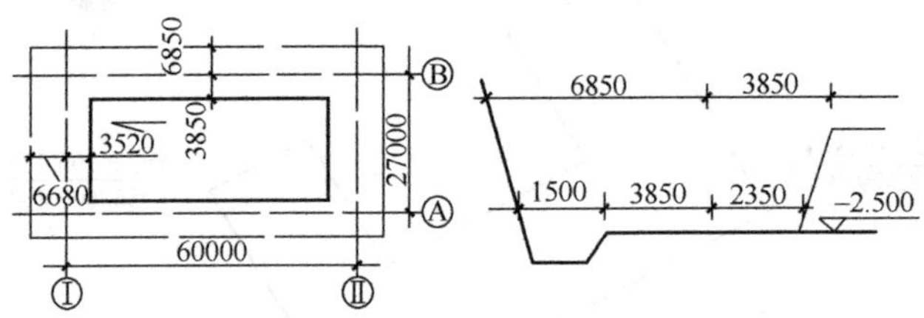
</td></tr>
<tr><td colspan="6">检查意见：
经检查：基底控制轴线，垫层标高（误差：−1mm），基槽开挖的断面尺寸（误差：+2mm），坡度边线、坡度等各项指标符合设计要求及本工程《施工测量方案》规定，可进行下道工序施工。</td></tr>
<tr><td rowspan="3">签字栏</td><td rowspan="2">建设（监理）单位</td><td>施工测量单位</td><td colspan="3">××建筑工程公司</td></tr>
<tr><td>专业技术负责人</td><td>专业质量员</td><td colspan="2">施测人</td></tr>
<tr><td></td><td></td><td></td><td colspan="2"></td></tr>
</table>

3. 楼层平面放线记录

楼层放线是指每个施工部位完成到一个水平面时，如底板、顶板要在这个平面板（顶板）上投测向上一层的平面位置线。

楼层平面放线记录填写说明：

(1)“放线部位”一栏一定应注明楼层（分层、分轴线或施工流水段）。若是建筑面积小，没有划分施工流水段，就按轴线填写。

（2）“放线内容”一栏包括轴线竖向投测控制线、各层墙柱轴线、墙柱边线、门窗洞口位置线、垂直度偏差等。

（3）“放线依据”应填写定位控制桩、地下/地上××层平面（图号××）等。

（4）“放线简图”若是平面放线要标注轴线尺寸、放线尺寸，若是外墙、门窗洞口放线要画剖面简图，注明放线的标高尺寸。

（5）“检查意见”一栏应由监理人员填写，要表达清楚，不得用“符合要求”一词代替检查意见。

楼层平面放线记录见表 9-22，由施工单位填写，施工单位、监理单位、城建档案馆选择性保存。

楼层平面放线记录 **表 9-22**

编号：

<table>
<tr><td colspan="2">工程名称</td><td></td><td>日期</td><td colspan="2"></td></tr>
<tr><td colspan="2">放线部位</td><td></td><td>放线内容</td><td colspan="2"></td></tr>
<tr><td colspan="6">放线依据：</td></tr>
<tr><td colspan="6">放线简图：</td></tr>
<tr><td colspan="6">检查意见：</td></tr>
<tr><td rowspan="3">签字栏</td><td colspan="2">建设（监理）单位</td><td>施工单位</td><td colspan="2"></td></tr>
<tr><td colspan="2"></td><td>专业技术负责人</td><td>专业质检员</td><td>施测人</td></tr>
<tr><td colspan="2"></td><td></td><td></td><td></td></tr>
</table>

4. 楼层标高抄测记录

楼层标高抄测内容包括＋0.5m（或＋1.0m）水平控制线、皮数杆等，施工单位应在完成楼层标高抄测记录后，填写楼层标高抄测记录，并报监理单位审核。

楼层标高抄测记录填写说明：

（1）“抄测部位”一栏应根据施工方案分层、分轴线或施工流水段填写明确。

（2）抄测内容：写明是＋0.5m 线还是＋1.0m 线标高、标志点位置、测量工具等，涉及数据的应注明具体数据。

（3）“抄测依据”一栏要根据测绘院给出的高程点、施工图等。

（4）“检查说明”栏应画简图予以说明，标明所在楼层建筑＋0.5m（或＋1.0m）水平控制线标志点位置、相对标高、重要控制轴线、指北针方向、分楼层段的具体图名等。

（5）“检查意见”一栏由监理人员签署。要将检查意见表达清楚，不得用“符合要求”。

楼层标高抄测记录格式见表9-23，由施工单位填写，施工单位、监理单位、城建档案馆选择性保存。

楼层标高抄测记录 **表9-23**

编号：

<table>
<tr><td colspan="2">工程名称</td><td></td><td>日期</td><td colspan="2"></td></tr>
<tr><td colspan="2">抄测部位</td><td></td><td>测量内容</td><td colspan="2"></td></tr>
<tr><td colspan="6">抄测依据：</td></tr>
<tr><td colspan="6">检查说明：</td></tr>
<tr><td colspan="6">检查意见：</td></tr>
<tr><td rowspan="3">签字栏</td><td colspan="2">建设（监理）单位</td><td>施工单位</td><td colspan="2"></td></tr>
<tr><td colspan="2" rowspan="2"></td><td>专业技术负责人</td><td>专业质检员</td><td>施测人</td></tr>
<tr><td></td><td></td><td></td></tr>
</table>

5. 建筑物垂直度、标高观测记录

施工单位在结构工程施工和工程竣工时，选定测量点及测量次数，对建筑物垂直度和全高进行实测，填写建筑物垂直度、标高、全高测量记录。

建筑物垂直度、标高测量记录填写说明：

（1）“施工阶段”一栏应填写清楚，如“结构工程”。

（2）观测说明：采用仪器类型、观测点位布置、观测时间的确定等，均应说明。

（3）观测示意图。按实际建筑物轮廓画示意图，标注观测点位置。

（4）“观测结果”一栏将观测的数值填上。

（5）“结论”一栏根据观测的数值下结论。

根据现行行业标准《建筑工程资料管理规程》JGJ/T 185—2009，建筑物垂直度、标高观测记录格式见表9-24，由建设、监理、施工单位各保存一份。

建筑物垂直度、标高观测记录 **表 9-24**

编号：

<table>
<tr><td>工程名称</td><td colspan="4"></td></tr>
<tr><td>施工阶段</td><td></td><td>观测日期</td><td colspan="2">×年×月×日</td></tr>
<tr><td colspan="5">测量说明：</td></tr>
<tr><td colspan="2">垂直度测量（全高）</td><td colspan="3">标高测量（全高）</td></tr>
<tr><td>测量部位</td><td>实测偏差</td><td>观测部位</td><td colspan="2">实测偏差</td></tr>
<tr><td>一层</td><td>西 1、东 3、北 2、南 1</td><td>一层</td><td colspan="2">3</td></tr>
<tr><td>二层</td><td>东 2、西 1、东北-2、南 1</td><td>二层</td><td colspan="2">−4</td></tr>
<tr><td>三层</td><td>西 1、东 2、北 1、南 1</td><td>三层</td><td colspan="2">−3</td></tr>
<tr><td></td><td></td><td></td><td colspan="2"></td></tr>
<tr><td></td><td></td><td></td><td colspan="2"></td></tr>
<tr><td colspan="5">结论：
工程垂直度、标高测量结果符合设计及规范规定。</td></tr>
</table>

<table>
<tr><td rowspan="3">签字栏</td><td>建设（监理）单位</td><td>施工单位</td><td colspan="2"></td></tr>
<tr><td></td><td>专业技术负责人</td><td>专业质检员</td><td>施测人</td></tr>
<tr><td></td><td></td><td></td><td></td></tr>
</table>

6. 沉降观测记录

施工单位依据观测方案，按工程形象（载荷阶段）测量和记录各沉降观测点的沉降值，整理填写沉降观测成果表，绘制沉降观测点分布图及沉降曲线图，编制沉降观测分析报告。建筑物沉降观测示意图及沉降观测记录样表填写见表 9-25、表 9-26。

沉降观测示意图 **表 9-25**

工程名称：×××教学楼　　制图日期：　×年×月×日

<table>
<tr><td>沉降观测平面示意图：
（略）</td><td>沉降观测点示意图：
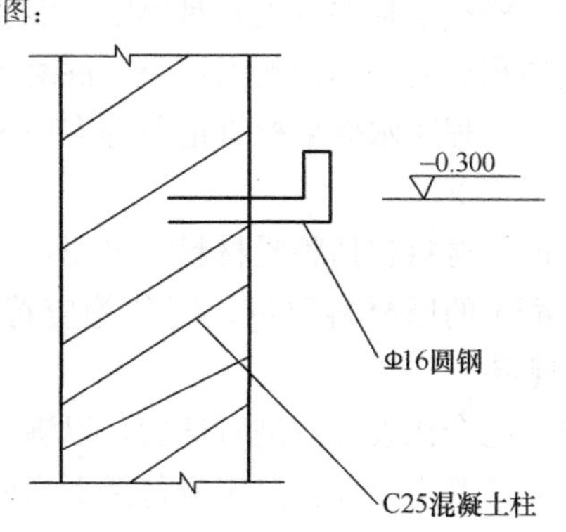

注：建筑物±0.000 相当于黄海标高 5.600m，
沉降观测点设置在建筑物-0.300m 处。</td></tr>
</table>

施工单位：×××建筑工程公司　　项目技术负责人：×××

沉降观测记录 **表 9-26**

共 页

工程名称：×××教学楼 第 页

<table>
<tr><td rowspan="14">沉降观测结果表</td><td rowspan="4">观测点编号</td><td colspan="3">第1次</td><td colspan="3">第2次</td><td colspan="3">第3次</td><td colspan="3">第4次</td></tr>
<tr><td colspan="3">×年×月×日</td><td colspan="3">×年×月×日</td><td colspan="3">×年×月×日</td><td colspan="3">2004年6月11日</td></tr>
<tr><td rowspan="2">标高(m)</td><td colspan="2">沉降量（mm）</td><td rowspan="2">标高(m)</td><td colspan="2">沉降量（mm）</td><td rowspan="2">标高(m)</td><td colspan="2">沉降量（mm）</td><td rowspan="2">标高(m)</td><td colspan="2">沉降量（mm）</td></tr>
<tr><td>本次</td><td>累计</td><td>本次</td><td>累计</td><td>本次</td><td>累计</td><td>本次</td><td>累计</td></tr>
<tr><td>M1</td><td>5.512</td><td></td><td></td><td>5.509</td><td>3</td><td>3</td><td>5.507</td><td>2</td><td>5</td><td>5.505</td><td>2</td><td>7</td></tr>
<tr><td>M2</td><td>5.498</td><td></td><td></td><td>5.495</td><td>3</td><td>3</td><td>5.493</td><td>2</td><td>5</td><td>5.490</td><td>3</td><td>8</td></tr>
<tr><td>M3</td><td>5.563</td><td></td><td></td><td>5.561</td><td>2</td><td>2</td><td>5.559</td><td>2</td><td>4</td><td>5.557</td><td>2</td><td>6</td></tr>
<tr><td>M4</td><td>5.534</td><td></td><td></td><td>5.531</td><td>3</td><td>3</td><td>5.528</td><td>3</td><td>6</td><td>5.527</td><td>1</td><td>7</td></tr>
<tr><td></td><td></td><td></td><td></td><td></td><td></td><td></td><td></td><td></td><td></td><td></td><td></td><td></td></tr>
<tr><td></td><td></td><td></td><td></td><td></td><td></td><td></td><td></td><td></td><td></td><td></td><td></td><td></td></tr>
<tr><td></td><td></td><td></td><td></td><td></td><td></td><td></td><td></td><td></td><td></td><td></td><td></td><td></td></tr>
<tr><td></td><td></td><td></td><td></td><td></td><td></td><td></td><td></td><td></td><td></td><td></td><td></td><td></td></tr>
<tr><td></td><td></td><td></td><td></td><td></td><td></td><td></td><td></td><td></td><td></td><td></td><td></td><td></td></tr>
<tr><td></td><td></td><td></td><td></td><td></td><td></td><td></td><td></td><td></td><td></td><td></td><td></td><td></td></tr>
<tr><td colspan="2">工程状态</td><td colspan="3">三层结构完工</td><td colspan="3">四层结构完工</td><td colspan="3">五层结构完工</td><td colspan="3">主体结构完工</td></tr>
<tr><td colspan="2">观测者</td><td colspan="3">×××</td><td colspan="3">×××</td><td colspan="3">×××</td><td colspan="3">×××</td></tr>
<tr><td colspan="2">记录者</td><td colspan="3">×××</td><td colspan="3">×××</td><td colspan="3">×××</td><td colspan="3">×××</td></tr>
<tr><td colspan="2">专业监理工程师：（建设单位项目负责人）</td><td colspan="3"></td><td colspan="3"></td><td colspan="3"></td><td colspan="3"></td></tr>
</table>

施工单位：×××建筑工程公司 项目技术负责人：×××

四、 施工记录类常用表格

施工记录类通用表格主要指在施工过程中直接形成工程实体的施工重要过程的记录类资料。施工记录类资料包括混凝土开盘鉴定、混凝土运输单、混凝土浇灌申请书、混凝土拆模申请单、大体积混凝土养护测温记录、混凝土结构同条件养护试件测温记录、大型构件吊装记录、地下工程防水效果检查记录等多项因实际施工产生的重要记录。

1. 混凝土开盘鉴定

预拌混凝土的原材料包括胶凝材料如水泥，粗细骨料如石子、砂，外加剂、掺和料以及水等。预拌混凝土的原材料质量、制备等应符合现行国家标准《预拌混凝土》GB/T 14902—2012 的规定。

各种原材料的配合比设计应进行试验，以满足施工和标准的要求。对首次使用的混凝土配合比应进行开盘鉴定，开盘鉴定应包括下列内容：

（1）混凝土的原材料与配合比设计所采用原材料的一致性；

（2）出机混凝土工作性与配合比设计要求的一致性；

（3）混凝土强度；

（4）混凝土凝结时间；

（5）工程有要求时，尚应包括混凝土耐久性能等。

开盘鉴定由施工单位、监理单位、搅拌机组、混凝土试配单位进行，保证现场施工所用材料、拌合物性能与试验条件相符，以满足设计要求和施工需要。

混凝土开盘鉴定后，鉴定结论由参加各方协商填写。混凝土开盘鉴定样表如图 9-4 所示。

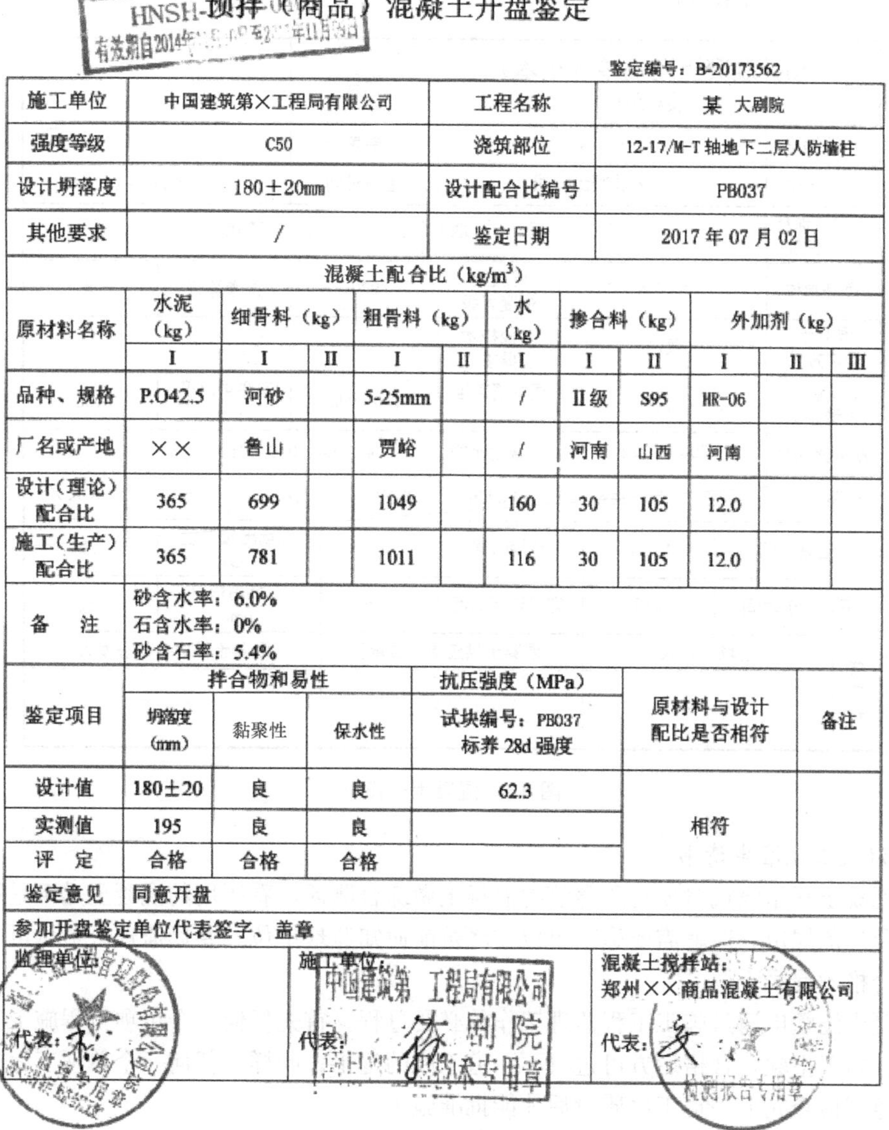

预拌（商品）混凝土开盘鉴定

鉴定编号：B-20173562

施工单位	中国建筑第×工程局有限公司	工程名称	某 大剧院
强度等级	C50	浇筑部位	12-17/M-T 轴地下二层人防墙柱
设计坍落度	180±20mm	设计配合比编号	PB037
其他要求	/	鉴定日期	2017 年 07 月 02 日

混凝土配合比（kg/m³）

原材料名称	水泥（kg）	细骨料（kg）		粗骨料（kg）		水（kg）	掺合料（kg）		外加剂（kg）		
	I	I	II	I	II	I	I	II	I	II	III
品种、规格	P.O42.5	河砂		5-25mm		/	II级	S95	HR-06		
厂名或产地	××	鲁山		贾峪		/	河南	山西	河南		
设计（理论）配合比	365	699		1049		160	30	105	12.0		
施工（生产）配合比	365	781		1011		116	30	105	12.0		
备　注	砂含水率：6.0% 石含水率：0% 砂含石率：5.4%										

鉴定项目	拌合物和易性			抗压强度（MPa）	原材料与设计配比是否相符	备注
	坍落度（mm）	黏聚性	保水性	试块编号：PB037 标养 28d 强度		
设计值	180±20	良	良	62.3	相符	
实测值	195	良	良			
评　定	合格	合格	合格			
鉴定意见	同意开盘					

参加开盘鉴定单位代表签字、盖章

监理单位：	施工单位：	混凝土搅拌站：郑州××商品混凝土有限公司
代表：	代表：	代表：

图 9-4　混凝土开盘鉴定

2. 混凝土运输单

混凝土运输应符合下列规定：

(1) 混凝土宜采用搅拌运输车运输，运输车辆应符合国家现行有关标准的规定；

(2) 运输过程中应保证混凝土拌合物的均匀性和工作性；

(3) 应采取保证连续供应的措施，并应满足现场施工的需要。

预拌混凝土运输交接时，预拌混凝土供应单位应随车向施工单位提供预拌混凝土运输单。应检查提供运输单的混凝土等级等指标与委托单合同是否相符、实际坍落度是否符合要求。冬期施工时应测量现场出罐温度。

混凝土运输单样表如图 9-5 所示。

<table>
<tr><td colspan="4">预拌混凝土运输单（正本）
表C5-9</td><td>编号</td><td colspan="3"></td></tr>
<tr><td>合同编号</td><td colspan="3">×××</td><td>任务单号</td><td colspan="3">×××</td></tr>
<tr><td>供应单位</td><td colspan="3">××混凝土公司</td><td>生产日期</td><td colspan="3">2003-4-3</td></tr>
<tr><td>工程名称及施工部位</td><td colspan="7">××工程 地上六层 6-12/B-G轴墙体</td></tr>
<tr><td>委托单位</td><td colspan="2">×××</td><td>混凝土强度等级</td><td>C30</td><td colspan="2">抗渗等级</td><td>/</td></tr>
<tr><td>混凝土输送方式</td><td colspan="2">泵送</td><td>其他技术要求</td><td colspan="4">/</td></tr>
<tr><td>本车供应方量(m³)</td><td colspan="2">30</td><td>要求坍落度(mm)</td><td>140～160</td><td colspan="2">实测坍落度(mm)</td><td>150</td></tr>
<tr><td>配合比编号</td><td colspan="2">2003-0012</td><td>配合比比例</td><td colspan="4">C:W:S:G=1.0:0.49:2.42:3.17</td></tr>
<tr><td>运距(km)</td><td>20</td><td>车号</td><td>京F32057</td><td>车次</td><td>16</td><td>司机</td><td>×××</td></tr>
<tr><td>出站时间</td><td colspan="2">13:38</td><td>到场时间</td><td>14:28</td><td colspan="2">现场出罐温度(℃)</td><td>20</td></tr>
<tr><td>开始浇筑时间</td><td colspan="2">14:36</td><td>完成浇筑时间</td><td>14:59</td><td colspan="2">现场坍落度(mm)</td><td>150</td></tr>
<tr><td rowspan="2">签字栏</td><td colspan="2">现场验收人</td><td colspan="2">混凝土供应单位质量员</td><td colspan="3">混凝土供应单位签发人</td></tr>
<tr><td colspan="2">×××</td><td colspan="2">×××</td><td colspan="3">×××</td></tr>
</table>

图 9-5 混凝土运输单

3. 混凝土浇灌申请书

在混凝土开始浇筑时要对所浇筑的混凝土做综合测评，看所用的混凝土是不是符合设计要求及规范规定。这就需要施工单位在浇筑前通知监理单位，要让监理人员认可所用混凝土是合格的混凝土。

混凝土浇灌申请是施工工程监理工作的必要过程。首先任何一个单项工程施工完成后都要进行施工报验，合格后方可进行下一道工序的施工；同样，任何一个单项工程施工前必须由监理检查完上一道工序质量后才能批准施工。

混凝土浇筑前应完成下列工作：

(1) 隐蔽工程验收和技术复核；

(2) 对操作人员进行技术交底；

（3）根据施工方案中的技术要求，检查并确认施工现场具备的实施条件；

（4）施工单位填报混凝土浇灌申请单并经监理单位签认。

混凝土浇灌申请单见表 9-27。

混凝土浇灌申请单　　**表 9-27**

工程名称：　　　　编号：

<table>
<tr><td colspan="6">致：__________（项目监理机构）</td></tr>
<tr><td colspan="6">我方已完成__________（部位）混凝土浇筑准备工作，自检结果如下表。现申请于____年____月____日____时开始浇筑。本次计划浇筑强度等级为______混凝土______立方米，请审查批准。</td></tr>
<tr><td colspan="6">浇筑准备工作自查结果</td></tr>
<tr><td>名称</td><td>结果</td><td>检查人</td><td>名称</td><td>结果</td><td>检查人</td></tr>
<tr><td>钢材连接、安装检查</td><td></td><td></td><td>安装预留、预埋</td><td></td><td></td></tr>
<tr><td>模板支撑体系、模板安装</td><td></td><td></td><td>测量放线检查</td><td></td><td></td></tr>
<tr><td>混凝土开盘鉴定、混凝土配合比</td><td></td><td></td><td>浇筑准备情况检查</td><td></td><td></td></tr>
<tr><td colspan="6">附件：

施工项目经理部（盖章）
项目经理（签字）
年　月　日</td></tr>
<tr><td colspan="6">复查意见：
审查结论：□同意　□整改认可后浇筑　□不同意

项目监理机构（盖章）
监理工程师（签字）
年　月　日</td></tr>
</table>

4. 混凝土施工记录

混凝土工程施工过程中应对混凝土搅拌过程、浇筑过程、试块留置情况、材料使用情况、监理单位旁站见证情况进行记录，填写混凝土工程施工记录。

混凝土工程施工记录填写样表见表 9-28。

混凝土工程施工记录 **表 9-28**

<table>
<tr><td colspan="2">工程名称</td><td colspan="4">×××工程</td><td colspan="2">编号</td><td colspan="3">××××</td></tr>
<tr><td colspan="2">施工单位</td><td colspan="4">×××建筑工程公司</td><td colspan="2">施工部位</td><td colspan="3">5层楼板</td></tr>
<tr><td colspan="2">搅拌方式</td><td colspan="4">机械</td><td colspan="2">施工日期</td><td colspan="3">×年×月×日～×日</td></tr>
<tr><td colspan="2">振捣方法</td><td colspan="4">机械</td><td colspan="2">养护方法</td><td colspan="3">浇水、草帘覆盖</td></tr>
<tr><td colspan="2">浇筑量（m³）</td><td></td><td colspan="3">混凝土强度设计等级</td><td colspan="2">C20</td><td colspan="2">配合比报告编号</td><td>××××</td></tr>
<tr><td colspan="2" rowspan="2">记录项目
材料名称</td><td rowspan="2">水泥</td><td rowspan="2">砂</td><td rowspan="2">石</td><td rowspan="2">水</td><td colspan="3">外加剂</td><td colspan="2">掺合料</td></tr>
<tr><td></td><td></td><td></td><td></td><td></td></tr>
<tr><td colspan="2">施工配合比</td><td>1</td><td>2.34</td><td>4.52</td><td>0.6</td><td></td><td></td><td></td><td></td><td></td></tr>
<tr><td colspan="2">kg/m³</td><td>281</td><td>657</td><td>1265</td><td>168</td><td></td><td></td><td></td><td></td><td></td></tr>
<tr><td colspan="2">kg/盘</td><td>100</td><td>234</td><td>452</td><td>60</td><td></td><td></td><td></td><td></td><td></td></tr>
<tr><td colspan="2">材料试验报告编号</td><td>×××</td><td>×××</td><td>×××</td><td>×××</td><td></td><td></td><td></td><td></td><td></td></tr>
<tr><td colspan="3">坍落度设计值（cm）</td><td colspan="3">6.0cm</td><td colspan="3">坍落度实测值（cm）</td><td colspan="2">5.5cm</td></tr>
<tr><td colspan="2">混凝土浇筑时间</td><td colspan="9">××年×月×日×时×分至××年×月×日×时×分</td></tr>
<tr><td rowspan="6">试件留置</td><td rowspan="3">同条件</td><td>试块编号</td><td>×××</td><td>×××</td><td></td><td></td><td></td><td></td><td></td><td></td></tr>
<tr><td>送样编号</td><td>××</td><td>××</td><td></td><td></td><td></td><td></td><td></td><td></td></tr>
<tr><td>报告编号</td><td>××</td><td>××</td><td></td><td></td><td></td><td></td><td></td><td></td></tr>
<tr><td rowspan="3">标养</td><td>试块编号</td><td>×××</td><td>×××</td><td></td><td></td><td></td><td></td><td></td><td></td></tr>
<tr><td>送样编号</td><td>××</td><td>××</td><td></td><td></td><td></td><td></td><td></td><td></td></tr>
<tr><td>报告编号</td><td>××</td><td>××</td><td></td><td></td><td></td><td></td><td></td><td></td></tr>
<tr><td colspan="11">测温情况</td></tr>
<tr><td colspan="2">日:时:分</td><td></td><td></td><td></td><td></td><td></td><td></td><td colspan="3"></td></tr>
<tr><td colspan="2">天气情况</td><td></td><td></td><td></td><td></td><td></td><td></td><td colspan="3"></td></tr>
<tr><td rowspan="4">原材料
（℃）</td><td>水</td><td></td><td></td><td></td><td></td><td></td><td></td><td colspan="3"></td></tr>
<tr><td>砂</td><td></td><td></td><td></td><td></td><td></td><td></td><td colspan="3"></td></tr>
<tr><td>石</td><td></td><td></td><td></td><td></td><td></td><td></td><td colspan="3"></td></tr>
<tr><td>水泥</td><td></td><td></td><td></td><td></td><td></td><td></td><td colspan="3"></td></tr>
<tr><td rowspan="2">拌合物</td><td>出罐（℃）</td><td></td><td></td><td></td><td></td><td></td><td></td><td colspan="3"></td></tr>
<tr><td>入模（℃）</td><td></td><td></td><td></td><td></td><td></td><td></td><td colspan="3"></td></tr>
</table>

施工技术
负责人：
×××　　　　　　　　记录人：×××

5. 混凝土拆模申请单

由于过早拆模、混凝土强度不足而造成混凝土结构构件沉降变形、缺棱掉角、开裂，甚至塌陷的情况时有发生。为保证结构的安全和使用功能，提出了拆模时混凝土强度的要求。该强度通常反映为同条件养护混凝土试件的强度。拆模三要素：强度、时间、部位，根据不同部位的构件强度确定拆模的时间。考虑到悬臂构件更容易因混凝土强度不足而引发事故，对其拆模时的混凝土强度应从严要求。

现行国家标准《混凝土结构工程施工质量验收规范》GB 50204—2015 要求拆模前要进行验收检查。《混凝土结构工程施工质量验收规范》GB 50204—2015 删除了模板拆除请监理验收的规定。《混凝土结构工程施工规范》GB 50666—2011 对于混凝土拆模时的强度进行了详细规定，混凝土拆模要经施工单位的技术负责人批准。

混凝土拆模申请单样表如图 9-6 所示。

<table>
<tr><td colspan="4">混凝土拆模申请单
表C5-7</td><td>资料编号</td><td colspan="2">02-01-C5-010</td></tr>
<tr><td colspan="2">工程名称</td><td colspan="5">龙里县朵花老街本侧停车库及停车场</td></tr>
<tr><td colspan="2">申请拆模部位</td><td colspan="5"></td></tr>
<tr><td>混凝土
强度等级</td><td>C30</td><td>混凝土浇筑
完成时间</td><td>年 月 日</td><td>申请
拆模日期</td><td colspan="2">年 月 日</td></tr>
<tr><td colspan="7">构件类型
（注：在所选择构件类型的□内划“√”）</td></tr>
<tr><td>□墙</td><td>□柱</td><td>板
□跨度≤2m
☑2m<跨度≤8m
□跨度>8m</td><td>梁
☑跨度≤8m
□跨度>8m</td><td>☑悬臂构件</td><td colspan="2">________
____
________</td></tr>
<tr><td colspan="2">拆模时混凝土强度要求</td><td>龄期
(d)</td><td>同条件混凝土
抗压强度
(MPa)</td><td>达到设计
强度等级
(%)</td><td colspan="2">强度报告
编号</td></tr>
<tr><td colspan="2">应达到设计强度 100 %
（或______MPa）</td><td>25</td><td>31.1、30.6、31.1</td><td>104%、102%、104%</td><td colspan="2">106、107、108</td></tr>
<tr><td colspan="7">审批意见：
混凝土达到设计要求的拆模强度（附同条件混凝土强度报告），同意拆模。支撑回顶，保证三层连续支撑。

批准拆模日期： 年 月 日</td></tr>
<tr><td colspan="2">施工单位</td><td colspan="5">中铁×××局××公司</td></tr>
<tr><td colspan="2">专业技术负责人</td><td colspan="3">专业质检员</td><td colspan="2">申请人</td></tr>
<tr><td colspan="2"></td><td colspan="3"></td><td colspan="2"></td></tr>
</table>

图 9-6 混凝土拆模申请单

6. 混凝土预拌测温记录

根据现行行业标准《建筑工程冬期施工规程》JGJ/T 104—2011 规定，冬季混凝土施工时，应进行搅拌测温（包括现场搅拌、商品混凝土）并记录。混凝土冬期施工搅拌测温记录包括大气温度、原材料温度、出罐温度、入模温度等。

测温的具体要求应有书面技术交底，执行人必须按照规定操作。

该表由施工单位填写签字完毕后交资料员归档。“现场搅拌”或“预拌混凝土”字样填入“备注”栏。表格中各温度值需标注正负号。

混凝土搅拌测温记录样表如图 9-7 所示。

混凝土搅拌测温记录 表C5-12								编　号		01-C5-017		
工程名称		北大科技成果转化中心										
混凝土 强度等级		C40P10						坍落度		180±20mm		
水泥品种 及强度等级		P.O 42.5						搅拌方式		机械		
测温时间				大气温度(℃)	原材料温度(℃)				出罐温度(℃)	入模温度(℃)	备注	
年	月	日	时		水泥	砂	石	水				
2008	2	24	23	-3	/	/	/	/	+17	+15	预拌混凝土	
2008	2	24	0	-4	/	/	/	/	+18	+16	预拌混凝土	
施工单位				×××项目部								
专业技术负责人				专业质检员					记录人			

注：本表由施工单位填写并保存。

图 9-7　混凝土搅拌测温记录

7. 通风（烟）道检查记录

建筑通风（烟）道应全部做通（抽）风和漏风、串风等检查试验，并填写通风（烟）道检查记录。通风（烟）道检查记录填写见表 9-29。

通风（烟）道检查记录　　　　**表 9-29**

工程名称：×××教学楼　　　　填写日期：×年×月×日

试验项目	试验标准	单位	数量	试验结果和处理情况			操作人员验收签证
				试验情况	处理情况	试验日期	
卫生间透气道	×××	支	××	畅通、无阻塞	无	×年×月×日	×××
厨房烟道	×××	支	××	畅通、无阻塞	无	×年×月×日	×××
验收意见：符合要求，同意验收。			专业监理工程师：××× （建设单位项目专业技术负责人）			施工单位项目技术负责人：×××	

第七节 施工试验记录及检测文件

一、 施工试验记录及检测资料文件的构成

施工试验记录及检测资料是对关系到使用安全和使用功能的重要已完分部分项工程质量、设备单机试运转、系统调试运行进行现场检测、试验或实物取样试验等所形成的资料。依据《建设工程文件归档规范》GB/T 50328—2014（2019 年版），施工试验记录及检测资料由通用表格、建筑与结构工程、给水排水及采暖工程、建筑电气工程等 7 项组成（详见第七章表 7-4）。以建筑与结构工程为例，施工试验记录及检测资料文件归档范围见表 9-30。

施工试验记录及检测资料文件归档范围 **表 9-30**

类别	归档文件	保存单位				
		建设单位	设计单位	施工单位	监理单位	城建档案馆
施工文件（C 类）						
C6	施工试验记录及检测文件					
通用表格						
1	设备单机试运转记录	▲		▲	△	△
2	系统试运转调试记录	▲		▲	△	△
3	接地电阻测试记录	▲		▲	△	△
4	绝缘电阻测试记录	▲		▲	△	△
	建筑与结构工程					
1	锚杆试验报告	▲		▲	△	△
2	地基承载力检验报告	▲		▲	△	▲
3	桩基检测报告	▲		▲	△	▲
4	土工击实试验报告	▲		▲	△	▲
5	回填土试验报告（应附图）	▲		▲	△	▲
6	钢筋机械连接试验报告	▲		▲	△	△
7	钢筋焊接连接试验报告	▲		▲	△	△
8	砂浆配合比申请书、通知单			△	△	△
9	砂浆抗压强度试验报告	▲		▲	△	▲
10	砌筑砂浆试块强度统计、评定记录	▲		▲		△
11	混凝土配合比申请书、通知单	▲		△	△	△
12	混凝土抗压强度试验报告	▲		▲	△	▲
13	混凝土试块强度统计、评定记录	▲		▲	△	△
14	混凝土抗渗试验报告	▲		▲	△	△
15	砂、石、水泥放射性指标报告	▲		▲	△	△

续表

类别	归档文件	保存单位				
		建设单位	设计单位	施工单位	监理单位	城建档案馆
16	混凝土碱总量计算书	▲		▲	△	△
17	外墙饰面砖样板粘结强度试验报告	▲		▲	△	△
18	后置埋件抗拔试验报告	▲		▲	△	△
19	超声波探伤报告、探伤记录	▲		▲	△	△
20	钢构件射线探伤报告	▲		▲	△	△
21	磁粉探伤报告	▲		▲	△	△
22	高强度螺栓抗滑移系数检测报告	▲		▲	△	△
23	钢结构焊接工艺评定			△	△	△
24	网架节点承载力试验报告	▲		▲	△	△
25	钢结构防腐、防火涂料厚度检测报告	▲		▲	△	△
26	木结构胶缝试验报告	▲		▲	△	
27	木结构构件力学性能试验报告	▲		▲	△	△
28	木结构防护剂试验报告	▲		▲	△	△
29	幕墙双组分硅酮结构胶混匀性及拉断试验报告	▲		▲	△	△
30	幕墙的抗风压性能、空气渗透性能、雨水渗透性能及平面内变形性能检测报告	▲		▲	△	△
31	外门窗的抗风压性能、空气渗透性能和雨水渗透性能检测报告	▲		▲	△	△
32	墙体节能工程保温板材与基层粘结强度现场拉拔试验	▲		▲	△	△
33	外墙保温浆料同条件养护试件试验报告	▲		▲	△	△
34	结构实体混凝土强度验收记录	▲		▲	△	△
35	结构实体钢筋保护层厚度验收记录	▲		▲	△	△
36	围护结构现场实体检验	▲		▲	△	△
37	室内环境检测报告	▲		▲	△	△
38	节能性能检测报告	▲		▲	△	▲
39	其他建筑与结构施工试验记录与检测文件					

二、 施工试验记录通用表格

1. 设备单机试运转记录

由施工单位、监理单位对已安装完的设备工程进行设备单机试运转测试，填写设备单机试运转记录。

2. 系统调试、试运行记录

由施工单位、监理单位对已安装完的排水与采暖系统、水处理系统、通风系统、制冷系统、净化系统、电气系统及智能系统等进行调试、试运行，填写系统调试、试运行记录。

三、 建筑与结构工程施工试验记录及检测文件

1. 施工试验记录

检测按规定应委托有相应资质的检测单位进行，并填写现场检测委托单。现场检测委托单样表填写见表 9-31。

现场检测委托单　　**表 9-31**

委托编号	××××	检测编号	××××
工程名称	××工程	委托日期	××年×月×日
委托单位	××建筑工程有限公司	检测日期	××年×月×日
施工单位	××建筑工程有限公司	施工日期	××年×月×日
监理单位	××监理公司	建筑面积	×××
检测部位	6 层梁	联系人	×××
基体材料	混凝土	联系电话	××××××
设计要求	××mm		
检测项目： 钢筋保护厚度的检测。			
委托人：×××	见证人：×××	委托单位（章）：××建筑工程公司	

按照设计要求和规范规定由施工单位做施工检测的工程项目，当没有专用施工检测用表时，应填写施工检测记录。

2. 锚固抗拔承载力检测报告

锚固抗拔承载力检测用于建筑工程结构上的预埋件、后置埋件、植筋等涉及结构安全与使用功能的工程项目，由施工单位委托检测单位检测锚固抗拔承载力，检测单位出具锚固抗拔承载力检测报告。

3. 地基承载力检验报告

当设计要求或地基处理需要进行地基承载力检测时，由施工单位委托检测单位检测，检测单位出具地基平板载荷试验报告，并绘制检测平面示意图。

4. 土工击实试验报告

土方回填工程由施工单位委托试验单位测定土的最大干密度和最优含水率，确定最小干密度控制值，进行土方回填施工，试验单位出具土工击实试验报告。

5. 回填土试验报告

回填土完工后施工单位委托试验单位进行现场分段、分层取样检测回填土的质量，由试验单位出具回填土密度检测报告，并应附有按要求绘制的回填土取样点平面示意图。

6. 钢筋机械连接（焊接）检测报告

正式连接工程开始前及施工过程中，应对每批进场钢筋在现场条件下进行工艺检验，工艺检验合格后方可进行焊接或机械连接的施工。

钢筋连接验收批的划分及取样数量和必试项目应符合相关规定，由试验单位出具钢筋焊（连）接检测报告。

7. 砌筑砂浆

砌筑工程施工前，施工单位应填写砂浆配合比申请单（见表 9-32），委托试验单位出具砂浆配合比试验报告。

砌筑工程施工过程中的砌筑砂浆按规定留置的龄期为 28d 标养试件，取样数量执行规定要求，并实行见证取样和送检，由试验单位出具砂浆抗压强度检测报告。

砂浆强度不合格，或未按规定留置试件的，由检测机构进行贯入法砌筑砂浆强度检测，检测单位出具贯入法砌筑砂浆强度检测报告。

砌筑工程验收时应进行强度统计评定，填写砌筑砂浆试块抗压强度统计、评定记录。

砂浆配合比申请单 **表 9-32**

砂浆配合比申请单 （表式 C5-2-6）				编号	
				委托编号	12345
工程名称	××学院学生公寓				
委托单位	××建设有限公司		试验委托人	×××	
砂浆种类	水泥砂浆		强度等级	M7.5	
水泥品种	P. S32.5			厂名	×××
水泥进场日期	×年×月×日			试验编号	×××
砂产地	×××	粗细级别	×区中砂	试验编号	×××
掺合料种类	×××	外加剂种类		×××	
申请日期	×年×月×日	要求		×年×月×日	

8. 混凝土

混凝土施工前施工单位应委托检测机构进行混凝土强度配合比试验，试验室出具混凝土配合比试验报告。

施工过程中施工单位应按规定留置龄期为 28d 标养试件和同条件养护试件，取样数量执行规定要求，并实行见证取样和送检，填写混凝土、砂浆委托单，由检测单位出具混凝土抗压强度检测报告。冬期施工还应有受冻临界强度和负温转入常温 28d 同条件试件的抗压强度检测报告。

混凝土工程验收应进行强度统计评定，填写混凝土试块抗压强度统计、评定记录。

抗渗混凝土应有混凝土抗渗性能检测报告。

有特殊性能要求的混凝土，应有专项试验检测资料。

混凝土、砂浆委托单样表填写见表 9-33。

同条件养护混凝土试块强度评定样表填写见表 9-34。

混凝土、砂浆委托单　　　　**表 9-33**

委托编号	××××	试验编号	××××
委托单位	××建筑工程公司	委托日期	××年×月×日
工程名称	××教学楼	成型日期	××年×月×日
使用部位	5层框架柱	试验日期	××年×月×日
设计强度等级	C30	龄期	28d
配合比（质量比）	水泥：中砂：石：水：泵送剂：粉煤灰=1：××：××：××：××：××	水泥品种强度等级	××42.5
水灰比	××	砂子品种规格	中砂Ⅱ级
水泥用量	××kg/m³	石子品种规格	碎石最大粒径××mm
掺合料品种掺量	Ⅱ级粉煤灰　××kg/m³	外加剂品种掺量	PHF泵送剂3%
坍落度（稠度）	××	试件规格（mm）	150×150×150
养护条件	标准养护	试验项目	抗压强度
备注： 略			
取样人：×××　　见证人：×××　　选样单位（章）：××建筑工程公司			

同条件养护混凝土试块强度评定表　　　　**表 9-34**

工程名称	××工程				编号	××××				
施工单位	××建筑工程公司				施工部位	基础				
验收部位构件名称	基础承台、梁				日期	×年×月×日				
设计强度：C30										
各组试块试压强度	1	2	3	4	5	6	7	8	9	10
	34.6	34.7	35.0	35.1	31.3	31.6	31.2	42.2	39.2	40.2
	40.7	39.0	38.6	36.0	36.8	36.4	36.6	36.1	36.4	36.6
	36.3	36.4	39.0	39.9	40.4	44.9	44.9	37.8	41.4	39.6
	41.2	40.5	40.4	36.1	36.9	38.4	37.8	36.6		
本批混凝土试块共38组，采用数理统计方法评定强度： 根据合格条件1：$\overline{M}f_{cu}-\lambda_1\times sf_{cu}\geqslant f_{cuk}$ $\overline{M}f_{cu}$=(34.6+34.7+35.0+…+35.1)×1.1/38=37.45MPa λ_1=1.60，sf_{cu}=3.01MPa 则 $\overline{M}f_{cu}-\lambda_1\times sf_{cu}$=37.45−1.64×3.01=32.63MPa>f_{cuk}=30.0MPa　符合合格规定。 根据合格条件2：$f_{cu\cdot min}\geqslant\lambda_2 f_{cuk}$ 则 $f_{cu\cdot min}$=31.2MPa>$\lambda_2 f_{cuk}$=0.85×30.0=25.5MPa　符合合格规定。										
结论：该验收批混凝土试块强度评定为合格。										
监理单位意见： 该验收批混凝土试块强度评定为合格。 监理工程师签字：×××					施工单位： 该验收批混凝土试块强度评定为合格。 技术负责人签字：×××					

9. 混凝土钢筋保护层厚度

混凝土结构实体检验按照规定要对混凝土钢筋保护层厚度、混凝土实体强度进行结构实体检验，并实行见证取样或确定检测部位，委托检测机构检测，由检测机构检测出具结构同条件养护试件的混凝土抗压强度检测报告和钢筋保护层厚度检测报告。

10. 外墙饰面砖样板粘结强度试验报告

建筑装饰装修工程使用的砂浆和混凝土应有配合比试验报告和强度检测报告，有抗渗要求的还应有抗渗性能检测报告。

外墙饰面砖粘贴前，应在相同基层上做样板件，并对样板件的饰面砖粘结强度进行检测，出具外墙饰面砖样板粘结强度试验报告，检验方法和结果判定应符合相关标准规定。

11. 外墙保温浆料同条件养护试件检验报告

建筑工程完工后，应对外墙进行保温性能检测，由检测机构出具外墙保温浆料同条件养护试件检验报告。

12. 室内环境污染物检测报告

建筑工程室内环境污染物检测应按照现行国家规范要求，工程交付使用前对室内环境进行质量验收。

由建设单位填写室内环境污染物检测委托单，委托检测机构进行检测，并出具室内环境污染物检测报告。

第八节 施工质量验收文件

一、施工质量验收文件的构成

依据现行国家标准《建筑工程施工质量验收统一标准》GB 50300—2013，建筑工程施工质量验收应划分为单位（子单位）工程、分部（子分部）工程、分项工程和检验批。依据现行国家标准《建设工程文件归档规范》GB/T 50328—2014（2019 年版），施工质量验收文件由 41 项组成，见表 9-35。其中检验批质量验收记录、分项工程质量验收记录、分部（子分部）工程质量验收记录是最基础的质量验收记录表格。

施工质量验收文件 表 9-35

类别	归档文件	保存单位				
		建设单位	设计单位	施工单位	监理单位	城建档案馆
C7	施工质量验收文件					
1	检验批质量验收记录	▲		△	△	
2	分项工程质量验收记录	▲		▲	▲	
3	分部（子分部）工程质量验收记录	▲		▲	▲	▲
4	建筑节能分部工程质量验收记录	▲		▲	▲	▲
5	自动喷水系统验收缺陷项目划分记录	▲		△	△	
6	程控电话交换系统分项工程质量验收记录	▲		▲	△	

续表

类别	归档文件	保存单位				
		建设单位	设计单位	施工单位	监理单位	城建档案馆
7	会议电视系统分项工程质量验收记录	▲		▲	△	
8	卫星数字电视系统分项工程质量验收记录	▲		▲	△	
9	有线电视系统分项工程质量验收记录	▲		▲	△	
10	公共广播与紧急广播系统分项工程质量验收记录	▲		▲	△	
11	计算机网络系统分项工程质量验收记录	▲		▲	△	
12	应用软件系统分项工程质量验收记录	▲		▲	△	
13	网络安全系统分项工程质量验收记录	▲		▲	△	
14	空调与通风系统分项工程质量验收记录	▲		▲	△	
15	变配电系统分项工程质量验收记录	▲		▲	△	
16	公共照明系统分项工程质量验收记录	▲		▲	△	
17	给水排水系统分项工程质量验收记录	▲		▲	△	
18	热源和热交换系统分项工程质量验收记录	▲		▲	△	
19	冷冻和冷却水系统分项工程质量验收记录	▲		▲	△	
20	电梯和自动扶梯系统分项工程质量验收记录	▲		▲	△	
21	数据通信接口分项工程质量验收记录	▲		▲	△	
22	中央管理工作站及操作分站分项工程质量验收记录	▲		▲	△	
23	系统实时性、可维护性、可靠性分项工程质量验收记录	▲		▲	△	
24	现场设备安装及检测分项工程质量验收记录	▲		▲	△	
25	火灾自动报警及消防联动系统分项工程质量验收记录	▲		▲	△	
26	综合防范功能分项工程质量验收记录	▲		▲	△	
27	视频安防监控系统分项工程质量验收记录	▲		▲	△	
28	入侵报警系统分项工程质量验收记录	▲		▲	△	
29	出入口控制（门禁）系统分项工程质量验收记录	▲		▲	△	
30	巡更管理系统分项工程质量验收记录	▲		▲	△	
31	停车场（库）管理系统分项工程质量验收记录	▲		▲	△	
32	安全防范综合管理系统分项工程质量验收记录	▲		▲	△	
33	综合布线系统安装分项工程质量验收记录	▲		▲	△	
34	综合布线系统性能检测分项工程质量验收记录	▲		▲	△	
35	系统集成网络连接分项工程质量验收记录	▲		▲	△	
36	系统数据集成分项工程质量验收记录	▲		▲	△	

续表

类别	归档文件	保存单位				
		建设单位	设计单位	施工单位	监理单位	城建档案馆
37	系统集成整体协调分项工程质量验收记录					
38	系统集成综合管理及冗余功能分项工程质量验收记录	▲		▲	△	
39	系统集成可维护性和安全性分项工程质量验收记录	▲		▲	△	
40	电源系统分项工程质量验收记录	▲		▲	△	
41	其他施工质量验收文件					

二、检验批质量验收记录表

1. 检验批的划分

检验批，可根据施工、质量控制和专业验收的需要，按工程量、楼层、施工段、变形缝进行划分。参照专业验收规范的规定，土建专业检验批的划分方法示例如下：

(1) 现行国家标准《建筑地基基础工程施工质量验收标准》GB 50202—2018 中没有具体规定检验批的划分方法，根据施工经验，如果工程量很大或者施工组织设计与专项施工方案中要求分段施工的，可以按照施工段划分。

(2) 现行国家标准《地下防水工程质量验收规范》GB 50208—2011 中的第 3.0.13 条对分项工程检验批及抽样数量的规定如下：

1) 主体结构防水工程和细部构造防水工程应按结构层、变形缝或后浇带等施工段划分检验批；

2) 特殊施工法结构防水工程应按隧道区间、变形缝等施工段划分检验批；

3) 排水工程和注浆工程应各为一个检验批；

4) 各检验批的抽样检验数量：细部构造应为全数检查，其他均应符合本规范的规定。

(3) 现行国家标准《混凝土结构工程施工质量验收规范》GB 50204—2015 中第 3.0.1 条规定各分项工程可根据与施工和生产方式相一致且便于控制施工质量的原则，按进场批次、工作班、楼层、结构缝或施工段划分若干检验批。

(4) 现行国家标准《砌体结构工程施工质量验收规范》GB 50203—2011 中第 3.0.20 条规定砌体结构工程检验批的划分应同时符合下列规定：

1) 所用材料类型及同类型材料的强度等级相同；

2) 不超过 $250m^3$ 砌体；

3) 主体结构砌体一个楼层（基础砌体可按一个楼层计）；填充墙砌体量少时可多个楼层合并。

(5) 现行国家标准《建筑地面工程施工质量验收规范》GB 50209—2010 中第 3.0.21 条中建筑地面工程施工质量的检验，应符合下列规定：

1) 基层（各构造层）和各类面层的分项工程的施工质量验收应按每一层次或每层施工段（或变形缝）划分检验批，高层建筑的标准层可按每三层（不足三层按三层计）划分检验批。

2）每检验批应以各子分部工程的基层（各构造层）和各类面层所划分的分项工程按自然间（或标准间）检验，抽查数量应随机检验不应少于 3 间；不足 3 间，应全数检查；其中走廊（过道）应以 10 延长米为 1 间，工业厂房（按单跨计）、礼堂、门厅应以两个轴线为 1 间计算。

3）有防水要求的建筑地面子分部工程的分项工程施工质量每检验批抽查数量应按其房间总数随机检验不应少于 4 间，不足 4 间，应全数检查。

（6）现行国家标准《建筑装饰装修工程质量验收标准》GB 50210—2018 规定如下：

1）条文 4.1.5 抹灰工程的各分项工程的检验批应按下列规定划分：相同材料、工艺和施工条件的室外抹灰工程每 1000m^2 应划分为一个检验批，不足 1000m^2 时也应划分为一个检验批；相同材料、工艺和施工条件的室内抹灰工程每 50 个自然间应划分为一个检验批，不足 50 间也应划分为一个检验批，大面积房间和走廊可按抹灰面积每 30m^2 计为 1 间。

2）条文 5.1.5 外墙防水工程的各分项工程的检验批应按下列规定划分：相同材料、工艺和施工条件的外墙防水抹灰工程每 1000m^2 应划分为一个检验批，不足 1000m^2 时也应划分为一个检验批。

3）条文 6.1.5 门窗工程的各分项工程的检验批应按下列规定划分：同一品种、类型和规格的木门窗、金属门窗、塑料门窗及门窗玻璃每 100 樘应划分为一个检验批，不足 100 樘也应划分为一个检验批。同一品种、类型和规格的特种门每 50 樘应划分为一个检验批，不足 50 樘也应划分为一个检验批。

4）条文 7.1.5、8.1.5 吊顶工程及轻质隔墙工程的各分项工程的检验批应按下列规定划分：同一品种吊顶工程每 50 个自然间应划分为一个检验批，不足 50 间也应划分为一个检验批，大面积房间和走廊可按吊顶面积每 30m^2 计为 1 间。同一品种轻质隔墙工程每 50 个自然间应划分为一个检验批，不足 50 间也应划分为一个检验批，大面积房间和走廊可按吊顶面积每 30m^2 计为 1 间。

5）条文 9.1.5 、10.1.5 饰面板（砖）工程的各分项工程的检验批应按下列规定划分：相同材料、工艺和施工条件的室内饰面板（砖）工程每 50 间应划分为一个检验批，不足 50 间也应划分为一个检验批，大面积房间和走廊按饰面板（砖）面积 30m^2 计为 1 间；相同材料、工艺和施工条件的室外饰面板（砖）工程每 1000m^2 应划为一个检验批，不足 1000m^2 也应划分为一个检验批。

（7）现行国家标准《屋面工程质量验收规范》GB 50207—2012 中第 3.0.14 条规定：

屋面工程各分项工程宜按屋面面积每 500～1000m^2 划分为一个检验批，不足 500m^2 应按一个检验批；每个检验批的抽检数量应按《屋面工程质量验收规范》GB 50207—2012 第 4～8 章的规定执行。根据施工经验，标高不同的屋面宜划分为不同的检验批进行验收。

2. 检验批质量验收记录表式样

根据现行国家标准《建筑工程施工质量验收统一标准》GB 50300—2013，检验批质量验收记录表式样见表 9-36。

检验批质量验收记录 **表 9-36**

编号××××××××□□□

单位（子单位）工程名称		分部（子分部）工程名称		分项工程名称	
施工单位		项目负责人		检验批容量	
分包单位		分包单位项目负责人		检验批部位	
施工依据			验收依据		
	验收项目		设计要求及规范规定	最小/实际抽样数量	检查记录	检查结果
主控项目	1					
	2					
	3					
	4					
	5					
	6					
	7					
	8					
	9					
	10					
一般项目	1					
	2					
	3					
	4					
	5					
施工单位检查结果	专业工长： 项目专业质量检查员： 年 月 日					
监理单位验收结论	专业监理工程师： 年 月 日					

3. 检验批质量验收记录表填写

(1) 检验批质量验收记录表编码

检验批质量验收记录表的右上方编号××××××××□□□是按单位工程的分部工程、子分部工程、分项工程的代码、检验批批代码（依据专业验收规范）和资料顺序号统一为11位的数字编号，写在表的右上角，前8位数字均印在表上，后留下划线空格，检查验收时填写检验批的顺序号。各工程代码可参考现行国家标准《建筑工程施工质量验收统一标准》GB 50300—2013 确定，其编号规则具体说明如下：

第1、2位数字为分部工程代码；

第3、4位数字为子分部工程代码；

第5、6位数字为分项工程代码；

第7、8位数字为检验批代码；

第9、10、11位是各检验批验收的顺序号。

需要注意的是，有些检验批表格在不同分部工程中是通用的，但检验批编号的填写是不同的。如砖砌体检验批质量验收可能出现在地基基础分部，也可能出现在主体结构分部，但在不同分部工程其编号是不同的。

（2）表头填写说明

检验批表格中的单位工程填写全称，如为群体工程名称，则填写群体工程名称——单位工程名称，如“××学校——3 号教学楼”。

分部工程、分项工程名称，依据现行国家标准《建筑工程施工质量验收统一标准》GB 50300—2013 划分的分部分项名称填写。

施工单位、项目负责人等则据实填写，应与合同内容保持一致。

检验批容量，指本检验批所检验的实际工程数量，据实填写。

检验批部位，指本检验批的抽样范围，即在工程的哪个部位，据实填写。

施工依据，可填写企业标准、地方标准、行业标准等施工规范或施工方案。

验收依据，填写验收依据的标准名称及编号。

需要注意的是，检验批容量的填写有时是有限值的，比如砖砌体验收规范要求一个检验不超过 $250m^3$，所以砖砌体检验批容量填写时不能超过 $250m^3$。检验批容量是否有限制约束需要根据规范进行判断。

（3）表格内容填写

主控项目和一般项目的验收项目、设计要求及规范规定依据专业质量验收规范规定的主控项目和一般项目进行填写。

“最小/实际抽样数量”填写，需要根据专业质量验收规范的条文规定并结合现行国家标准《建筑工程施工质量验收统一标准》GB 50300—2013 进行最小抽样数量的确定，最小和实际抽样数量的填写常见以下几种形式：

全数检查的项目，写入“全/实际抽样数量”；

一般抽样项目，写入“最小/实际抽样数量”；

对于材料、设备及试验类规范条文，即非抽样项目，写入“/”，即不进行抽样；

本次验收未涉及验收项目，此栏也写入“/”。

检查记录的填写常见有以下形式：

对于一般抽样项目，一般将检查数据填入原始记录文件中，在检验批验收记录表中直接填入检查结果“如抽查几处，合格几处”。

对于一些无法直接取得检查数据及结果，需要通过检查相应的合格证、第三方检测报告等手段获取项目检查结论的项目，我们一般使用文字描述性，如“质量文件齐全，详见试验编号×××××”。

常见的检查结果的填写也有以下几种形式：

对于文字描述型项目，即定性项目。不区分一般项目和主控项目，常用“√、×”来表示检查结果。

对于抽样项目，即定量项目，要区分一般项目和主控项目，主控项目常用“√、×”来表示检查结果，一般项目常用合格率来表示检查结果。

施工单位检查结果和监理单位验收结论据实填写。检验批验收记录表应经施工单位专业工长、项目专业质量检查员以及监理单位专业监理工程师签字认可，才具备有效性。

素土，灰土地基检验批质量验收记录填写见表 9-37。

素土、灰土地基检验批质量验收记录 **表 9-37**

01010101001

<table>
<tr><td colspan="2">单位（子单位）工程名称</td><td>××学校——3号楼</td><td>分部（子分部）工程名称</td><td>地基与基础/地基</td><td>分项工程名称</td><td>素土、灰土地基</td></tr>
<tr><td colspan="2">施工单位</td><td>××建筑公司</td><td>项目负责人</td><td>××</td><td>检验批容量</td><td>1000m^2</td></tr>
<tr><td colspan="2">分包单位</td><td>/</td><td>分包单位项目负责人</td><td></td><td>检验批部位</td><td>1~7/A~D轴</td></tr>
<tr><td colspan="2">施工依据</td><td colspan="2">《建筑地基处理技术规范》JGJ 79—2012</td><td>验收依据</td><td colspan="2">《建筑地基基础工程施工质量验收标准》GB 50202—2018</td></tr>
<tr><td rowspan="4">主控项目</td><td colspan="2">验收项目</td><td>设计要求及规范规定</td><td>最小/实际抽样数量</td><td>检查记录</td><td>检查结果</td></tr>
<tr><td>1</td><td>地基承载力</td><td>不小于设计值</td><td>/</td><td>试验合格，报告编号×××××8</td><td>✓</td></tr>
<tr><td>2</td><td>配合比</td><td>设计值</td><td>/</td><td>试验合格，报告编号×××××8</td><td>✓</td></tr>
<tr><td>3</td><td>压实系数</td><td>不小于设计值</td><td>/</td><td>试验合格，报告编号×××××8</td><td>✓</td></tr>
<tr><td rowspan="5">一般项目</td><td>1</td><td>石灰粒径（mm）</td><td>≤5</td><td>/</td><td>抽查 32 处，全部合格</td><td>✓</td></tr>
<tr><td>2</td><td>土料有机质含量（%）</td><td>≤5</td><td>/</td><td>抽查 32 处，全部合格</td><td>✓</td></tr>
<tr><td>3</td><td>土颗粒粒径（mm）</td><td>≤15</td><td>/</td><td>抽查 32 处，全部合格</td><td>✓</td></tr>
<tr><td>4</td><td>含水量（与要求的最优含水量比较）（%）</td><td>±2</td><td>/</td><td>抽查 32 处，全部合格</td><td>✓</td></tr>
<tr><td>5</td><td>分层厚度偏差（与设计要求比较）（mm）</td><td>±50</td><td>32/32</td><td>抽查 32 处，全部合格</td><td>100%</td></tr>
<tr><td colspan="3">施工单位
检查结果</td><td colspan="4">符合要求
专业工长：××
项目专业质量检查员：××
××年××月××日</td></tr>
<tr><td colspan="3">监理单位
验收结论</td><td colspan="4">合格
专业监理工程师：××
××年××月××日</td></tr>
</table>

检验批质量验收
记录表格填写

三、 分项工程质量验收记录

1. 分项工程质量验收记录表

依据现行国家标准《建筑工程施工质量验收统一标准》GB 50300—2013，分项工程质量验收记录见表 9-38。

分项工程质量验收记录　　**表 9-38**

编号××××××

<table>
<tr><td colspan="2">单位（子单位）
工程名称</td><td colspan="2"></td><td>分部（子分部）
工程名称</td><td colspan="3"></td></tr>
<tr><td colspan="2">分项工程数量</td><td colspan="2"></td><td>检验批数量</td><td colspan="3"></td></tr>
<tr><td colspan="2">施工单位</td><td colspan="2"></td><td>项目负责人</td><td></td><td>项目技术负责人</td><td></td></tr>
<tr><td colspan="2">分包单位</td><td colspan="2"></td><td>分包单位
项目负责人</td><td></td><td>分包内容</td><td></td></tr>
<tr><td>序号</td><td>检验批名称</td><td>检验批容量</td><td>部位/区段</td><td colspan="2">施工单位检查结果</td><td colspan="2">监理单位验收结论</td></tr>
<tr><td>1</td><td></td><td></td><td></td><td colspan="2"></td><td colspan="2"></td></tr>
<tr><td>2</td><td></td><td></td><td></td><td colspan="2"></td><td colspan="2"></td></tr>
<tr><td>3</td><td></td><td></td><td></td><td colspan="2"></td><td colspan="2"></td></tr>
<tr><td>4</td><td></td><td></td><td></td><td colspan="2"></td><td colspan="2"></td></tr>
<tr><td>5</td><td></td><td></td><td></td><td colspan="2"></td><td colspan="2"></td></tr>
<tr><td>6</td><td></td><td></td><td></td><td colspan="2"></td><td colspan="2"></td></tr>
<tr><td>7</td><td></td><td></td><td></td><td colspan="2"></td><td colspan="2"></td></tr>
<tr><td>8</td><td></td><td></td><td></td><td colspan="2"></td><td colspan="2"></td></tr>
<tr><td>9</td><td></td><td></td><td></td><td colspan="2"></td><td colspan="2"></td></tr>
<tr><td>10</td><td></td><td></td><td></td><td colspan="2"></td><td colspan="2"></td></tr>
<tr><td>11</td><td></td><td></td><td></td><td colspan="2"></td><td colspan="2"></td></tr>
<tr><td>12</td><td></td><td></td><td></td><td colspan="2"></td><td colspan="2"></td></tr>
<tr><td>13</td><td></td><td></td><td></td><td colspan="2"></td><td colspan="2"></td></tr>
<tr><td>14</td><td></td><td></td><td></td><td colspan="2"></td><td colspan="2"></td></tr>
<tr><td>15</td><td></td><td></td><td></td><td colspan="2"></td><td colspan="2"></td></tr>
<tr><td colspan="8">说明：</td></tr>
<tr><td colspan="3">施工单位检查结果</td><td colspan="5">项目专业技术负责人：
年　月　日</td></tr>
<tr><td colspan="3">监理单位验收结论</td><td colspan="5">专业监理工程师：
年　月　日</td></tr>
</table>

2. 分项工程质量验收记录表格填写

(1) 分项工程质量验收记录表编码

分项工程质量验收记录表的右上方为××××××共 6 位数字编号。一个分项工程只有一个分项工程质量验收记录，因此分项工程没有顺序码。各工程代码可参考现行国家标准《建筑工程施工质量验收统一标准》GB 50300—2013 确定。

第 1、2 位数字为分部工程代码；

第 3、4 位数字为子分部工程代码；

第 5、6 位数字为分项工程代码。

（2）表头填写说明

分项工程质量验收记录表表头填写要求同检验批质量验收记录表。

（3）表格内容填写

分项工程数量填写该分项工程的实际工程量。

检验批数量指本分项工程所含检验批的数量。

检验批名称、容量、部位、区段、施工单位检查结果、监理单位验收结论信息依据检验批质量验收记录表中的信息进行填写。

施工单位检查结果及监理单位验收结论据实填写。

说明栏需要填写所含检验批的质量验收记录是否完整。

施工单位检查结果由施工单位项目专业技术负责人填写“是否符合要求”，并签署相应的日期。需要注意的是，分包单位施工的分项工程验收时，分包单位人员不签字，但分包单位的相关信息应填写在表头处。经验收合格，监理单位验收结论由专业监理工程师填写，常填写“验收是否合格”等结论。经相关人员签字认可，分项工程质量验收记录表才具备有效性。

素土、灰土地基分项工程质量验收记录填写见表 9-39。

素土、灰土地基分项工程质量验收记录 **表 9-39**

01010101

<table>
<tr><td colspan="2">单位（子单位）工程名称</td><td colspan="2">××教学楼——3 号楼</td><td>分部（子分部）
工程名称</td><td colspan="3">地基与基础/地基</td></tr>
<tr><td colspan="2">分项工程数量</td><td colspan="2">2</td><td>检验批数量</td><td colspan="3">2</td></tr>
<tr><td colspan="2">施工单位</td><td colspan="2">××建筑公司</td><td>项目负责人</td><td>××</td><td>项目技术负责人</td><td>××</td></tr>
<tr><td colspan="2">分包单位</td><td colspan="2">/</td><td>分包单位
项目负责人</td><td>/</td><td>分包内容</td><td>/</td></tr>
<tr><td>序号</td><td>检验批名称</td><td>检验批容量</td><td>部位/区段</td><td colspan="2">施工单位检查结果</td><td colspan="2">监理单位验收结论</td></tr>
<tr><td>1</td><td>素土、灰土地基</td><td>1000m²</td><td>1～7/A～D 轴</td><td colspan="2">符合要求</td><td colspan="2">验收合格</td></tr>
<tr><td>2</td><td>素土、灰土地基</td><td>1000m²</td><td>7～14/A～D 轴</td><td colspan="2">符合要求</td><td colspan="2">验收合格</td></tr>
<tr><td>3</td><td></td><td></td><td></td><td colspan="2"></td><td colspan="2"></td></tr>
<tr><td>4</td><td></td><td></td><td></td><td colspan="2"></td><td colspan="2"></td></tr>
<tr><td colspan="8">说明：检验批的质量验收记录齐全完整，符合要求。</td></tr>
<tr><td colspan="3">施工单位检查结果</td><td colspan="5">符合要求
项目专业技术负责人：××
××年××月××日</td></tr>
<tr><td colspan="3">监理单位
验收结论</td><td colspan="5">合格
专业监理工程师：××
××年××月××日</td></tr>
</table>

分项工程质量
验收记录表

四、分部（子分部）工程质量验收记录

1. 分部（子分部）工程质量验收记录表

依据现行国家标准《建筑工程施工质量验收统一标准》GB 50300—2013，分部（子分部）工程质量验收记录见表 9-40，地基与基础分部工程的验收应由施工、勘察、设计单位项目负责人和总监理工程师参加并签字；主体结构、节能分部工程的验收应由施工、设计单位项目负责人和总监理工程师参加并签字。

分部（子分部）工程质量验收记录　　**表 9-40**

编号

<table>
<tr><td colspan="3">单位（子单位）工程名称</td><td colspan="3"></td><td>子分部工程数量</td><td></td><td>分项工程数量</td><td></td></tr>
<tr><td colspan="3">施工单位</td><td colspan="3"></td><td>项目负责人</td><td></td><td>技术（质量）负责人</td><td></td></tr>
<tr><td colspan="3">分包单位</td><td colspan="3"></td><td>分包单位负责人</td><td></td><td>分包内容</td><td></td></tr>
<tr><td>序号</td><td colspan="2">子分部工程名称</td><td>分项工程名称</td><td colspan="2">检验批数量</td><td colspan="2">施工单位检查结果</td><td colspan="2">监理单位验收结论</td></tr>
<tr><td>1</td><td colspan="2"></td><td></td><td colspan="2"></td><td colspan="2"></td><td colspan="2"></td></tr>
<tr><td>2</td><td colspan="2"></td><td></td><td colspan="2"></td><td colspan="2"></td><td colspan="2"></td></tr>
<tr><td>3</td><td colspan="2"></td><td></td><td colspan="2"></td><td colspan="2"></td><td colspan="2"></td></tr>
<tr><td>4</td><td colspan="2"></td><td></td><td colspan="2"></td><td colspan="2"></td><td colspan="2"></td></tr>
<tr><td>5</td><td colspan="2"></td><td></td><td colspan="2"></td><td colspan="2"></td><td colspan="2"></td></tr>
<tr><td>6</td><td colspan="2"></td><td></td><td colspan="2"></td><td colspan="2"></td><td colspan="2"></td></tr>
<tr><td>7</td><td colspan="2"></td><td></td><td colspan="2"></td><td colspan="2"></td><td colspan="2"></td></tr>
<tr><td>8</td><td colspan="2"></td><td></td><td colspan="2"></td><td colspan="2"></td><td colspan="2"></td></tr>
<tr><td colspan="6">质量控制资料</td><td colspan="2"></td><td colspan="2"></td></tr>
<tr><td colspan="6">安全和功能检验结果</td><td colspan="2"></td><td colspan="2"></td></tr>
<tr><td colspan="6">观感质量检验结果</td><td colspan="2"></td><td colspan="2"></td></tr>
<tr><td colspan="2">综合验收结论</td><td colspan="8"></td></tr>
<tr><td colspan="3">施工单位
项目负责人：
年　月　日</td><td colspan="2">勘察单位
项目负责人：
年　月　日</td><td colspan="3">设计单位
项目负责人：
年　月　日</td><td colspan="2">监理单位
项目负责人：
年　月　日</td></tr>
</table>

2. 分部（子分部）工程质量验收记录表格填写

（1）分部（子分部）工程质量验收记录表编码

当分部工程中含有多个子分部工程时，我们常先整理子分部工程质量验收记录，再汇总为分部工程质量验收记录。子分部工程质量验收记录的编码是 4 位数字，前两位为分部代码，后两位为子分部代码。分部工程质量验收记录编码是 2 位数字，为分部工程代码。

（2）表头填写说明

分部工程、子分部工程质量验收记录表头在填写要求上同检验批质量验收记录表。子分部工程数量指本分部工程包含的实际发生的所有子分部工程的数量。分项工程数量指本分部工程包含的实际发生的所有分项工程的总数量。

（3）表格内容填写

质量控制资料，指截止到分部工程验收前的所有质量控制资料。分部工程质量验收时，常借用“单位（子单位）工程质量控制资料核查记录”对质量控制资料进行核查。质量控制资料核查记录包括建筑与结构、给水排水与采暖、通风与空调、建筑电气、智能建筑、建筑节能、电梯七个模块。填写分部工程质量验收记录时，各专业只需要检查该表内

对应于本专业相关的内容，不需要全部检查表内所列内容，也不需要在分部工程验收时填写该表。比如土建专业的分部工程，分部工程验收时只需要对建筑与结构项目中的相应资料进行检查核实。“单位（子单位）工程质量控制资料核查记录”见表9-47、表9-48。全部资料检查合格，施工单位需在检查结果中填写检查资料项数，是否齐全有效；监理单位需要给出是否合格的结论。

安全和功能检验，是指按规定或约定需要在竣工时进行抽样检测的项目。这些项目凡能在分部（子分部）工程验收时进行检测的，应在分部（子分部）工程验收时进行检测。具体检测项目可按“单位（子单位）工程安全和功能检验资料核查及主要功能抽查记录”中相关内容在开工之前加以确定。设计有要求或合同有约定的，按要求或约定执行。“单位（子单位）工程安全和功能检验资料核查及主要功能抽查记录”见表9-49。每个安全和功能检测项目都通过审查后，施工单位应给出检测项数及是否符合要求的结论，监理单位给出是否合格的结论。

观感质量验收此栏填写应符合工程的实际情况，只作定性评判，不再作量化打分。观感质量验收可参考单位工程观感质量验收相应表格，见表9-50。观感质量等级分为“好”“一般”“差”3档。“好”“一般”均为合格；“差”为不合格，需要修理或返工。

所有项目检查完成后，由总监理工程师与各方协商，取得一致意见后，给出该分部工程的综合验收结论。当出现意见不一致时，应由总监理工程师与各方协商，对存在的问题，提出处理意见或解决办法，待问题解决后再填表。参与验收的单位加盖公章，负责人签字，分部工程验收表具备有效性。

依据现行国家标准《建筑工程施工质量验收统一标准》GB 50300—2013，土建部分划分为地基基础、主体结构、装饰装修、屋面工程四个分部工程，相应的分部工程质量验收表填写范例见表9-41～表9-44。

地基与基础分部工程质量验收记录 **表9-41**

01

单位（子单位）工程名称		××教学楼——3号楼		子分部工程数量	5	分项工程数量	8
施工单位		××建筑公司		项目负责人	××	技术（质量）负责人	××
分包单位		××桩基公司		分包单位负责人	××	分包内容	桩基工程
序号	子分部工程名称	分项工程名称	检验批数量	施工单位检查结果		监理单位验收结论	
1	地基	素土、灰土地基	2	符合要求		合格	
2	地基	水泥土搅拌桩地基	7	符合要求		合格	
3	基础	筏形与箱形基础	20	符合要求		合格	
4	基坑支护	锚杆	5	符合要求		合格	
5	土方	土方开挖	1	符合要求		合格	
6	土方	土方回填	2	符合要求		合格	
7	地下防水	主体结构防水	4	符合要求		合格	
8	地下防水	细部构造防水	5	符合要求		合格	
质量控制资料				共30份，齐全有效		合格	
安全和功能检验结果				抽查5项，符合要求		合格	

续表

序号	子分部工程名称	分项工程名称	检验批数量	施工单位检查结果	监理单位验收结论
观感质量检验结果				好	好
综合验收结论	地基与基础分部工程验收合格				
施工单位 项目负责人：×× ××年×月×日		勘察单位 项目负责人：×× ××年×月×日		设计单位 项目负责人：×× ××年×月×日	监理单位 总监理工程师：×× ××年×月×日

注：1. 地基与基础分部工程的验收应由施工、勘察、设计单位项目负责人和总监理工程师参加并签字；

2. 主体结构、节能分部工程的验收应由施工、设计单位项目负责人和总监理工程师参加并签字。

主体结构分部工程质量验收记录　　表 9-42

02

单位（子单位）工程名称	××教学楼—3 号楼	子分部工程数量	2	分项工程数量	5
施工单位	××建筑公司	项目负责人	××	技术（质量）负责人	××
分包单位	/	分包单位负责人	/	分包内容	/

序号	子分部工程名称	分项工程名称	检验批数量	施工单位检查结果	监理单位验收结论
1	混凝土结构	模板	10	符合要求	合格
2	混凝土结构	钢筋	30	符合要求	合格
3	混凝土结构	混凝土	20	符合要求	合格
4	混凝土结构	现浇结构	20	符合要求	合格
5	砌体结构	填充墙砌体	10	符合要求	合格
质量控制资料				共 30 份，齐全有效	合格
安全和功能检验结果				抽查 5 项，符合要求	合格
观感质量检验结果				好	好
综合验收结论	主体结构分部工程验收合格				
施工单位 项目负责人：×× ××年×月×日		勘察单位 项目负责人：×× ××年×月×日		设计单位 项目负责人：×× ××年×月×日	监理单位 总监理工程师：×× ××年×月×日

注：1. 地基与基础分部工程的验收应由施工、勘察、设计单位项目负责人和总监理工程师参加并签字；

2. 主体结构、节能分部工程的验收应由施工、设计单位项目负责人和总监理工程师参加并签字。

装饰装修分部工程质量验收记录 **表 9-43**

03

<table>
<tr><td colspan="2">单位（子单位）工程名称</td><td colspan="2">××教学楼—3 号楼</td><td>子分部工程数量</td><td>4</td><td>分项工程数量</td><td>7</td></tr>
<tr><td colspan="2">施工单位</td><td colspan="2">××建筑公司</td><td>项目负责人</td><td>××</td><td>技术（质量）负责人</td><td>××</td></tr>
<tr><td colspan="2">分包单位</td><td colspan="2">/</td><td>分包单位负责人</td><td>/</td><td>分包内容</td><td>/</td></tr>
<tr><td>序号</td><td>子分部工程名称</td><td>分项工程名称</td><td>检验批数量</td><td colspan="2">施工单位检查结果</td><td colspan="2">监理单位验收结论</td></tr>
<tr><td>1</td><td>饰面砖</td><td>外墙饰面砖粘贴</td><td>4</td><td colspan="2">符合要求</td><td colspan="2">合格</td></tr>
<tr><td>2</td><td>饰面砖</td><td>内墙饰面砖粘贴</td><td>5</td><td colspan="2">符合要求</td><td colspan="2">合格</td></tr>
<tr><td>3</td><td>幕墙</td><td>玻璃幕墙</td><td>1</td><td colspan="2">符合要求</td><td colspan="2">合格</td></tr>
<tr><td>4</td><td>幕墙</td><td>石材幕墙</td><td>1</td><td colspan="2">符合要求</td><td colspan="2">合格</td></tr>
<tr><td>5</td><td>涂饰</td><td>水性涂料涂饰</td><td>5</td><td colspan="2">符合要求</td><td colspan="2">合格</td></tr>
<tr><td>6</td><td>细部</td><td>护栏与扶手制作与安装</td><td>5</td><td colspan="2">符合要求</td><td colspan="2">合格</td></tr>
<tr><td>7</td><td>细部</td><td>门窗套制作与安装</td><td>2</td><td colspan="2">符合要求</td><td colspan="2">合格</td></tr>
<tr><td colspan="4">质量控制资料</td><td colspan="2">共 30 份，齐全有效</td><td colspan="2">合格</td></tr>
<tr><td colspan="4">安全和功能检验结果</td><td colspan="2">抽查 5 项，符合要求</td><td colspan="2">合格</td></tr>
<tr><td colspan="4">观感质量检验结果</td><td colspan="2">好</td><td colspan="2">好</td></tr>
<tr><td>综合验收结论</td><td colspan="7">装饰装修分部工程验收合格</td></tr>
<tr><td colspan="2">施工单位
项目负责人：××
××年×月×日</td><td colspan="2">勘察单位
项目负责人：××
××年×月×日</td><td colspan="2">设计单位
项目负责人：××
××年×月×日</td><td colspan="2">监理单位
总监理工程师：××
××年×月×日</td></tr>
</table>

注：1. 地基与基础分部工程的验收应由施工、勘察、设计单位项目负责人和总监理工程师参加并签字；

2. 主体结构、节能分部工程的验收应由施工、设计单位项目负责人和总监理工程师参加并签字。

屋面分部工程质量验收记录 **表 9-44**

04

单位（子单位）工程名称	××教学楼—3 号楼	子分部工程数量	4	分项工程数量	7
施工单位	××建筑公司	项目负责人	××	技术（质量）负责人	××
分包单位	/	分包单位负责人	/	分包内容	/

序号	子分部工程名称	分项工程名称	检验批数量	施工单位检查结果	监理单位验收结论
1	基层与保护	找坡层	2	符合要求	合格
2	基层与保护	找平层	2	符合要求	合格
3	保温与隔热	板状材料保温层	2	符合要求	合格
4	防水与密封	卷材防水层	2	符合要求	合格
5	细部构造	檐口	2	符合要求	合格
6	细部构造	女儿墙和山墙	2	符合要求	合格
7	细部构造	水落口	4	符合要求	合格
质量控制资料				共 30 份，齐全有效	合格
安全和功能检验结果				抽查 5 项，符合要求	合格
观感质量检验结果				好	好
综合验收结论	屋面工程验收合格				

施工单位	勘察单位	设计单位	监理单位
项目负责人：×× ××年×月×日	项目负责人：×× ××年×月×日	项目负责人：×× ××年×月×日	总监理工程师：×× ××年×月×日

注：1. 地基与基础分部工程的验收应由施工、勘察、设计单位项目负责人和总监理工程师参加并签字；

2. 主体结构、节能分部工程的验收应由施工、设计单位项目负责人和总监理工程师参加并签字。

分部工程质量验收记录表

第九节 施工验收文件

一、施工验收文件的构成

依据现行国家标准《建设工程文件归档规范》GB/T 50328—2014（2019年版），施工验收文件主要由单位工程竣工预验收报验表、单位工程质量竣工验收记录、单位工程质量控制资料核查记录等7项组成，见表9-45。

施工验收文件 **表9-45**

类别	归档文件	保存单位				
		建设单位	设计单位	施工单位	监理单位	城建档案馆
C8	施工验收文件					
1	单位（子单位）工程竣工预验收报验表	▲		▲		▲
2	单位（子单位）工程质量竣工验收记录	▲	△	▲		▲
3	单位（子单位）工程质量控制资料核查记录	▲		▲		▲
4	单位（子单位）工程安全和功能检验资料核查及主要功能抽查记录	▲		▲		▲
5	单位（子单位）工程观感质量检查记录	▲		▲		▲
6	施工资料移交书	▲		▲		
7	其他施工验收文件					

二、单位工程质量竣工验收记录

1. 单位工程质量验收记录表式样

依据现行行业标准《建筑工程资料管理规程》JGJ/T 185—2009，单位工程质量竣工验收记录参照表9-46。表中的验收记录由施工单位填写，验收结论由监理单位填写。综合验收结论经参加验收各方共同商定，由建设单位填写，应对工程质量是否符合设计文件和相关标准的规定及总体质量水平做出评价。单位工程验收时，验收签字人员应由相应单位的法人代表书面授权。

2. 单位工程质量验收记录表填写

单位工程质量验收记录表头在填写要求上同检验批质量验收记录表。

单位工程质量竣工验收记录表中验收项目由分部工程验收、质量控制资料核查、安全和使用功能核查及抽查结果、观感质量验收四大部分组成，验收项目填写时分别依据分部工程质量验收记录、单位（子单位）工程质量控制资料核查记录、单位（子单位）工程安全和功能检查资料核查及主要功能抽查记录、单位（子单位）工程观感质量检查记录和单位（子单位）工程质量竣工验收记录进行填写。

分部工程验收根据各分部工程质量验收记录填写。单位工程验收时应由竣工验收组成员共同逐项核查其所含分部工程项目情况。如有异议，应对工程实体进行检查或测试。核查并确认合格后，应在验收记录表处写明共几个分部，几个分部符合规定。监理单位填写

“验收记录”和“ 验收结论”。

单位工程质量竣工验收记录 **表 9-46**

<table>
<tr><td>工程名称</td><td></td><td>结构类型</td><td></td><td>层数/建筑面积</td><td></td></tr>
<tr><td>施工单位</td><td></td><td>技术负责人</td><td></td><td>开工日期</td><td></td></tr>
<tr><td>项目负责人</td><td></td><td>项目技术负责人</td><td></td><td>完工日期</td><td></td></tr>
<tr><td>序号</td><td>项　目</td><td colspan="2">验收记录</td><td colspan="2">验收结论</td></tr>
<tr><td>1</td><td>分部工程验收</td><td colspan="2">共　分部，经查符合设计及标准规定　分部</td><td colspan="2"></td></tr>
<tr><td>2</td><td>质量控制资料核查</td><td colspan="2">共　项，经核查符合规定　项</td><td colspan="2"></td></tr>
<tr><td>3</td><td>安全和使用功能核查及抽查结果</td><td colspan="2">共核查　项，符合规定　项，
共抽查　项，符合规定　项，
经返工处理符合规定　　项</td><td colspan="2"></td></tr>
<tr><td>4</td><td>观感质量验收</td><td colspan="2">共抽查　项，达到“好”和“一般”的　项，
经返修处理符合要求的　项</td><td colspan="2"></td></tr>
<tr><td colspan="2">综合验收结论</td><td colspan="4"></td></tr>
</table>

<table>
<tr><td rowspan="2">参加验收单位</td><td>建设单位</td><td>监理单位</td><td>施工单位</td><td>设计单位</td><td>勘察单位</td></tr>
<tr><td>（公章）
项目负责人：
年　月　日</td><td>（公章）
总监理工程师：
年　月　日</td><td>（公章）
项目负责人：
年　月　日</td><td>（公章）
项目负责人：
年　月　日</td><td>（公章）
项目负责人：
年　月　日</td></tr>
</table>

质量控制资料核查项目主要依据单位（子单位）工程质量控制资料核查记录进行填写。建设单位组织由各方代表组成的验收组成员，或委托总监理工程师，按照单位（子单位）工程质量控制资料核查记录的内容，对资料进行逐项核查。确认符合要求后，填写检查资料项数及符合规定资料项数。单位（子单位）工程质量控制资料核查记录见表 9-47、表 9-48。

安全和使用功能核查及抽查项目依据单位（子单位）工程安全和功能检验资料核查及主要功能抽查记录填写。安全及使用功能核查及抽查完，应填写具体核查项数，并写明符合及返工后符合要求的项数。单位（子单位）工程安全和功能检验资料核查及主要功能抽查记录填写见表 9-49。

观感质量验收的结论依据单位（子单位）工程观感质量检查记录填写。观感质量验收是对工程的一个全面检查。观感质量验收也区分建筑与结构、给水排水与供暖等几个模块进行验收。单位工程的观感质量验收，分为“好”“一般”“差”三个等级。单位（子单位）工程观感质量检查记录填写见表 9-50。

四大项目填写完成后，综合验收结论应由参加验收各方共同商定，并由建设单位填写，主要对工程质量是否符合设计和规范要求及总体质量水平做出评价。最后，参加验收单位加盖公章、相应负责人签字。需要注意，单位工程验收，验收签字人员应由相应单位法人代表书面授权。

单位工程竣工
验收记录表

三、 单位工程质量控制资料核查记录

1. 单位工程质量控制资料核查记录表式样

依据现行国家标准《建筑工程施工质量验收统一标准》GB 50300—2013，单位工程质量控制资料核查记录包括建筑与结构、给水排水与供暖、通风与空调、建筑电气、智能建筑、建筑节能和电梯 7 项组成。建筑与结构质量控制资料核查记录表式样见表 9-47。

建筑与结构质量控制资料核查记录表式样　　表 9-47

工程名称			施工单位		
序号	项目	资料名称	份数	核查意见	核查人
1	建筑与结构	图纸会审、设计变更、洽商记录			
2		工程定位测量、放线记录			
3		原材料出厂合格证书及进厂检（试）验报告			
4		施工试验报告及见证检测报告			
5		隐蔽工程验收记录			
6		施工记录			
7		地基基础、主体结构检验及抽样检测资料			
8		分项、分部工程质量验收记录			
9		工程质量事故及事故调查处理资料			
10		新材料、新工艺施工记录			
结论： 施工单位项目负责人： 年 月 日			总监理工程师： 年 月 日		

进行质量控制资料核查时，应对资料逐项核对检查：

（1）核查资料是否齐全，有无遗漏；

（2）核查资料的内容有无不合格项；

（3）资料横向是否相互协调一致，有无矛盾；

（4）资料的分类整理是否符合要求，案卷目录、份数页数及装订等有无缺漏；

（5）各项资料签字是否齐全。

2. 单位工程质量控制资料核查记录表填写

单位（子单位）工程质量控制资料核查记录的作用是确保质量控制资料的齐全有效、合法合规。在填写分部工程质量验收记录时，各专业只需要检查单位（子单位）工程质量控制资料核查记录内对应于本专业的那部分相关内容。而在填写单位工程竣工验收记录时则需要全部检查表内所列内容，并进行最后验收结论等填写。单位（子单位）工程质量控制资料核查记录填写时应注意：

（1）质量控制资料核查应按工程所含有的项目进行检查。

（2）份数由施工单位填写。

（3）核查意见由总监理工程师组织专业监理工程师进行核查。填写“符合要求”或“不符合要求”。

（4）核查人由总监理工程师检查并签认。

（5）结论由总监理工程师（建设单位项目负责人）根据项目核查情况，填写“共核查×××项，其中符合要求×××项，不符合要求×××项”，结论写“符合要求”或“不

符合要求”。由施工（总承包）单位项目经理和总监理工程师签字，并加盖岗位资格章。建筑与结构质量控制资料核查记录填写范例见表 9-48。

建筑与结构质量控制资料核查记录 **表 9-48**

工程名称		××××教学楼		施工单位	×××建筑公司			
序号	项目	资料名称		份数	施工单位		监理单位	
					核查意见	核查人	核查意见	核查人
1	建筑与结构	图纸会审记录、设计变更通知单、工程洽商记录、竣工图		7	符合要求	×××	符合要求	×××
2		工程定位测量、放线记录		7	符合要求		符合要求	
3		原材料出厂合格证书及进场（试）报告	钢材出厂合格证、试验报告	12	符合要求		符合要求	
4			焊条（剂）出厂合格证	3	符合要求		符合要求	
5			水泥出厂合格证、试验报告	21	符合要求		符合要求	
6			砖、砌块出厂合格证、试验报告	7	符合要求		符合要求	
7			砂、石出厂合格证、试验报告	2	符合要求		符合要求	
8			防水材料、保温材料出厂合格证、试验报告	10	符合要求		符合要求	
9			饰面砖、涂料、外加剂出厂合格证、试验报告	131	符合要求		符合要求	
10								
11		施工试验报告及见证检测报告	混凝土、预拌混凝土试块试验报告	14	符合要求		符合要求	
12			砂浆试块试验报告	14	符合要求		符合要求	
13			焊接（接头）试验报告	7	符合要求		符合要求	
14			桩承载力、桩身质量检测报告	2	符合要求		符合要求	
15			回填土试验报告	2	符合要求		符合要求	
16			塑钢窗出厂合格证、进场检验报告	7	符合要求		符合要求	
17								
18		隐蔽工程验收记录		35	符合要求		符合要求	
19		施工记录	地基验槽记录	2	符合要求		符合要求	
20			桩施工记录	2	符合要求		符合要求	
21			混凝土施工记录	35	符合要求		符合要求	
22			结构安装记录	7	符合要求		符合要求	
23								
24		地基基础、主体结构检验及抽样检测资料		5	符合要求		符合要求	
25		分项、分部工程质量验收记录		140	符合要求		符合要求	
26		工程质量事故及事故调查处理资料						
27		新材料、新工艺施工记录						
结论：共核查 22 项，符合要求 22 项，符合要求。 施工单位项目负责人：××× ×年×月×日					总监理工程师：××× ×年×月×日			

质量控制资料核查记录必须先经施工单位自检，再送至监理单位核查，核查结果达到基本完整的要求后，经总监理工程师签名及签署意见，最后，由施工单位报质量监督机构。

四、 单位工程安全和功能检验资料核查及主要功能抽查记录

1. 单位工程安全和功能检验资料核查及主要功能抽查记录表式样

依据现行国家标准《建筑工程施工质量验收统一标准》GB 50300—2013，单位工程安全和功能检验资料核查及主要功能抽查记录包括建筑与结构、给水排水与供暖、通风与空调、建筑电气、智能建筑、建筑节能和电梯7项组成。建筑与结构安全和功能检验资料核查及主要功能抽查记录见表9-49，抽查项目由验收组协商确定。

建筑与结构安全和功能检验资料核查及主要功能抽查记录 **表9-49**

工程名称			施工单位				
序号	项目	安全与功能检查项目		份数	核查意见	抽查结果	核查（抽查）人
1	建筑与结构	地基承载力检验报告					
2		桩基承载力检验报告					
3		混凝土强度试验报告					
4		砂浆强度试验报告					
5		主体结构尺寸、位置抽查记录					
6		建筑物垂直度、标高、全高测量记录					
7		屋面淋水试验记录					
8		地下室渗漏水检测记录					
9		有防水要求的地面蓄水试验记录					
10		抽气（风）道检查记录					
11		外墙气密性、水密性、耐风压检测报告					
12		幕墙气密性、水密性、耐风压检测报告					
13		建筑物沉降观测记录					
14		节能、保温测试记录					
15		室内环境检测报告					
16		土壤氡气浓度检测报告					
结论： 施工单位项目负责人： 年 月 日					总监理工程师： 年 月 日		

2. 单位工程安全和功能检验资料核查及主要功能抽查记录表填写

工程安全和功能检验资料检查的目的是强调建筑结构、设备性能、使用功能、环境质量等方面的主要技术性能的检验。分部工程验收时，对按规定或约定需要在竣工时进行抽样检测的项目进行检验，并填写安全和功能检验结果。凡能在分部（子分部）工程验收时进行检测的，均在分部（子分部）工程验收时进行检测。单位工程竣工验收记录中要填写

的项目是安全和使用功能核查及抽查结果，重点在于核查及抽查。对于分部工程验收时已经进行了安全和功能检测的项目，单位工程验收时不再重复检测。但要核查分部工程在进行安全及使用功能检测时的全面性、程序方法的正确性等。

五、 单位工程观感质量检查记录

1. 单位工程观感质量检查记录表式样

依据现行国家标准《建筑工程施工质量验收统一标准》GB 50300—2013，单位工程观感质量检查记录包括建筑与结构、给水排水与供暖、通风与空调、建筑电气、智能建筑和电梯 6 项组成。建筑与结构观感质量检查记录见表 9-50。

建筑与结构观感质量检查记录 **表 9-50**

工程名称			施工单位	
序号	项目		抽查质量状况	质量评价
1	建筑与结构	主体结构外观	共检查 点，好 点，一般 点，差 点	
2		室外墙面	共检查 点，好 点，一般 点，差 点	
3		变形缝、雨水管	共检查 点，好 点，一般 点，差 点	
4		屋面	共检查 点，好 点，一般 点，差 点	
5		室内墙面	共检查 点，好 点，一般 点，差 点	
6		室内顶棚	共检查 点，好 点，一般 点，差 点	
7		室内地面	共检查 点，好 点，一般 点，差 点	
8		楼梯、踏步、护栏	共检查 点，好 点，一般 点，差 点	
9		门窗	共检查 点，好 点，一般 点，差 点	
10		雨罩、台阶、坡道、散水	共检查 点，好 点，一般 点，差 点	
观感质量综合评价				
结论： 施工单位项目负责人： 年 月 日			总监理工程师： 年 月 日	

2. 单位工程观感质量检查记录表填写

观感质量验收区分建筑与结构、给水排水与供暖等几个模块进行验收。根据现行国家标准《建筑工程施工质量验收统一标准》GB 50300—2013，单位工程的观感质量验收，分为“好”“一般”“差”三个等级。单位工程观感质量验收同分部工程观感质量检查的方法、程序和评判标准相同，不同的是单位工程观感质量验收检查项目更多，属于综合性验收。

参加观感质量验收的各方代表，在建设单位主持下，对观感质量抽查，共同做出质量评价。质量被评价为“差”，应进行修理。如果确难修理时，只要不影响结构安全和使用功能的，可采用协商解决的方法进行验收，并在验收表上注明。观感质量的评价规则可由各方现场协商，检查记录的填写、统计和评价方法可参考以下原则：

(1)“抽查质量状况”栏对抽查点的评定，填“好”或“一般”或“差”。

（2）“质量评价”栏对抽查项的评定，填“好”或“一般”或“差”。

（3）“观感质量综合评价”栏是对整个单位（子单位）工程总体观感质量评价，在通栏填写统计数据：共检评 N 项，其中“好” N 项，占检评总项数的 $N\%$；其中“一般” N 项，占检评总项数的 $N\%$；其中“差” N 项，占检评总项数的 $N\%$。在观感质量综合评价右栏填写“好”或“一般”或“差”；当总体评价为“好”或“一般”的，结论可填写“符合要求”，当总体评价为“差”的，结论可填写“不符合要求”。

（4）评价程序为：抽查点评价→抽查项评价→综合评价→总体观感评价评语→检查结论。

（5）从抽查项到总体观感评语填写可参考以下统计原则：

1）抽查点或抽查项中，评为“好”的占检评总数85%及以上，且其余为“一般”以上（即不出现“差”），可评定为“好”。

2）抽查点或抽查项中，评为“好”的占检评总数85%以下，且其余为“一般”以上（即不出现“差”），可评定为“一般”。

3）任一抽查栏中出现“差”，则整个单位（子单位）工程观感质量评价为“差”。

【本章小结】

本章详细介绍了施工文件的组成，并分小节介绍了施工管理文件、施工技术文件、进度造价文件、施工物资出厂质量证明及进场检测文件、施工记录文件、施工试验记录及检测文件、施工质量验收文件、施工验收文件等8类施工文件，对经常用到的比较重要的表格进行了样表填写，可以在实际工作中作为参考。表格的填写宗旨都是围绕标准和规范来填写的，希望同学们能够掌握相关标准和规范，参照给出的样本进行表格的填写编制。

【课后习题】

一、单项选择题

1. 依据《建设工程文件归档规范》GB/T 50328—2014（2019版），下列属于C1类文件的是（　　）。

A. 工程技术文件报审表　　B. 工程概况表

C. 技术交底记录　　D. 施工组织设计及施工方案

2. 依据《建设工程文件归档规范》GB/T 50328—2014（2019版），下列属于C2类文件的是（　　）。

A. 工程概况表　　B. 技术交底记录

C. 施工日志　　D. 企业资质证书

3. 依据《建设工程文件归档规范》GB/T 50328—2014（2019版），下面属于进度及造价文件的是（　　）。

A. 工程概况表　　B. 技术交底记录

C. 施工进度计划　　D. 企业资质证书

4. 依据《建设工程文件归档规范》GB/T 50328—2014（2019版），下面属于施工记录文件的是（　　）。

A. 工程概况表

B. 技术交底记录

C. 进场复试报告

D. 工程定位测量记录

5. 下列关于最小/实际抽样数量的描述中，属于全数检查项目描述方式的是(　　)。

A. 10/10

B. 10/5

C. 全/10

D. 10/20

6. 分项工程质量验收记录表编号一共有(　　)位。

A. 2

B. 4

C. 6

D. 11

二、多项选择题

1. 下面属于施工验收文件的是(　　)。

A. 检验批质量验收记录

B. 单位（子单位）工程质量竣工验收记录

C. 单位（子单位）工程观感质量检查记录

D. 单位（子单位）工程质量控制资料核查记录

E. 施工日志

2. 下列属于施工质量验收文件的是(　　)。

A. 检验批质量验收记录

B. 单位（子单位）工程质量竣工验收记录

C. 分项工程质量验收记录

D. 分部（子分部）工程质量验收记录

E. 电梯噪声测试记录

3. 下列与检验批最小抽样数量确定有关的有(　　)。

A.《建筑工程施工质量验收统一标准》

B. 实际抽样数量

C. 专业质量验收规范

D. 分项工程规模

E. 分部工程规模

4. 在进行地基基础分部工程质量验收时，应参加的单位有(　　)。

A. 施工

B. 勘察

C. 设计

D. 监理

E. 建设单位

二、简答题

1. 请简述施工文件的分类。

2. 请简述施工验收文件的分类。

第十章

建筑施工安全管理资料

第一节　施工现场安全资料管理职责

一、 建筑工程安全资料的基本规定

在工程建设过程中，安全资料是指参建各方从事有关安全生产和文明施工管理活动而形成的各种形式的信息记录，包括纸质和音像资料。建筑工程安全资料应遵循以下规定：

1. 工程项目的建设、施工、监理等参建单位应建立施工现场安全资料管理制度，落实岗位责任，对各自施工现场安全资料的真实性、完整性、有效性负责。

2. 工程项目各参建单位应配备人员负责施工现场安全资料的收集、整理、组卷、建档等工作。

3. 安全资料应随施工现场安全管理工作同步收集、整理，安全资料应字迹清晰，签字、盖章等手续齐全，并可追溯。不得涂改、伪造原始记录。

4. 施工现场安全资料应为原件。使用复印件的，应在复印件上加盖原件存放单位公章，并应有经办人签字及时间。

5. 安全资料必须由相关人员本人签署，不得代替签字或签名。

6. 施工现场安全资料应采用纸质、音像形式，可采用信息技术进行管理，并做好资料的收发记录。

7. 施工现场安全资料建档起止时限，应从工程准备阶段到工程竣工验收合格止。工程竣工后，应将安全资料档案交本单位档案室归档，档案保存期为 3 年。

二、 安全资料管理职责

1. 建设单位管理职责

(1) 建设单位应对本单位施工现场安全资料的管理负责，并应对施工、监理等参建单位现场安全资料的管理工作进行监督。建设单位对工程项目安全资料的管理负有全面责任，除做好本单位施工现场安全资料的管理工作外，还需要组织、监督和检查施工、监理

等参建单位的现场安全资料的形成、积累和立卷归档工作。

(2) 对于发包的两个及以上参建单位在同一时间、同一作业区域内进行施工活动的，建设单位应对相关单位安全资料管理工作予以协调。施工现场施工安全资料是以工程项目为单位进行整理和组卷，对于两个及以上参建单位在同一作业区域内同时进行施工活动的，建设单位需要在各参建单位有关资料的收集和归档等方面进行协调。另外，不同施工单位在同一施工现场使用多台塔式起重机作业时，也需要建设单位协调组织制定防止塔式起重机相互碰撞的安全措施。

(3) 建设单位应按规定向施工、监理等参建单位提供工程建设相关资料，并保证资料的真实、准确、完整。建设单位作为负责建设工程整体工作的一方，提供真实、准确、完整的建设工程所需的基础资料，是其基本的义务。这些资料特别是专业工程所需资料的来源主要有：

1) 由勘察、设计单位向建设单位提供；

2) 从工程毗邻的单位获取；

3) 建设单位本身已有的资料；

4) 建设单位向有关部门或者单位查询得来的资料。

(4) 建设单位应对施工、监理等参建单位报送的有关安全资料进行审核审验，并按规定进行签字确认和存档。

2. 监理单位管理职责

(1) 监理单位应对施工现场安全生产管理的监理资料负责，在监理规划中应明确安全生产管理的监理资料要求和职责分工。安全生产管理的监理文件资料是实施监理过程的真实反映，既是安全生产管理监理工作成效的体现，也是工程质量、生产安全事故责任划分的重要依据。

项目总监理工程师在主持编写监理规划时应根据所承担的工程项目特点，并结合施工现场的实际情况，明确安全生产管理的监理资料要求，确定施工现场专职或兼职安全监理资料管理人员和工作职责。

(2) 项目监理机构应按规定对施工单位报送的施工现场安全资料进行审查（核），并按规定进行签字确认和存档。工程项目或危险性较大的分部分项工程正式开工前，项目监理机构需要对施工单位报送的施工现场有关安全资料的完整性、签字有效性及报审程序进行审核、审验。

施工单位报送的安全资料主要有：

1) 施工单位的营业执照、资质证书、在有效期内的安全生产许可证以及施工单位项目负责人、专职安全生产管理人员和特种作业人员的资格证书复印件并加盖单位公章。

2) 施工组织设计/（专项）施工方案。如涉及超过一定规模的危险性较大的分部分项工程的还应有专家评审意见、专家的职称证书复印件以及根据专家意见修改后并经施工单位技术负责人审批的专项施工方案。

3) 安全生产管理体系。

4) 其他涉及安全生产管理的必备资料。

(3) 工程项目安全生产管理的监理资料应随监理工作同步形成，项目总监理工程师应及时组织编制、审查（核）、收集、签认，并整理组卷。

3. 施工单位管理职责

(1) 施工单位应对施工现场有关施工安全资料的管理负责，并应明确工程项目施工安全资料管理的要求和职责分工。施工单位是施工现场有关施工安全资料管理的责任主体，需要建立相关管理制度，将施工安全资料的形成和积累纳入工程施工管理的各个环节及有关人员的职责范围，使安全资料管理工作落到实处。

(2) 实行总承包的工程项目，总承包单位应督促检查各分包单位施工现场安全资料的管理。分包单位应服从总承包单位有关安全资料管理规定，负责各自分包范围内施工现场安全资料的形成、收集和整理工作，并按要求向总承包单位报送相关资料。总承包单位对工程项目的施工安全资料负总责。分包单位按照总承包单位有关安全资料管理的要求，除认真做好分包范围内施工安全资料的管理工作外，还需要及时将相关资料进行移交。

(3) 工程项目的安全技术措施或安全专项施工方案应遵循"先报审、后实施"的原则。实施前，施工单位应向建设、监理等单位报送有关安全生产的计划、措施、方案等资料，经审查认可签字后，方可实施。实施过程中，应执行安全技术交底、特种作业人员持证上岗、现场监督、施工验收等有关施工安全管理规定。"先报审、后实施"原则是指：安全技术措施或安全专项施工方案按程序和规范要求由施工单位编制后，需经内部程序审核签字盖章，报监理单位审查同意，或按规定报建设单位审批确认后，才能进行实施。

(4) 施工单位项目安全生产管理档案应由项目专职安全生产管理人员负责建立与管理。现行国家标准《施工企业安全生产管理规范》GB 50656—2011 规定，项目专职安全生产管理人员应履行的安全生产职责包括：应建立项目安全生产管理档案，并应定期向企业报告项目安全生产情况。

(5) 施工现场有关施工安全资料应随工程施工进度同步形成，并及时收集、整理、归档。施工安全资料与工程进度同步记录，能够及时、真实地反映施工现场安全管理工作状况。

4. 勘察、设计、租赁及其他有关单位管理职责

(1) 工程项目勘察、设计、设备设施租赁、检验检测、监测等有关单位对本单位施工现场安全资料的管理负责，并应明确安全资料管理的要求和职责分工。

(2) 勘察单位提供的勘察文件应当真实、准确、完整，并应保留勘察外业施工项目安全生产保证体系运行必需的安全生产记录。本条依据《建设工程安全生产管理条例》(国务院令第 393 号) 和现行国家标准《岩土工程勘察安全标准》GB/T 50585—2019 的规定制定。

(3) 设计单位在编制设计文件时，应当结合建设工程的具体特点和实际情况，考虑施工安全操作和防护的需要，为施工单位制定安全防护措施提供技术指导。施工单位作业前，设计单位需要将设计意图、设计文件向施工单位作出说明和技术交底，并对防范生产安全事故提出指导意见。

(4) 设备设施租赁单位应建立健全安全技术档案，做到"一机一档"。设备设施出租期间，租赁单位应及时将设备设施安装拆卸、定期检查、维护和保养记录等资料收集、整理、归档。"一机一档"是指每台设备必须建一个档案，每个档案必须有单独的目录，对于同类设备共用的资料，可以放在其中一个档案内，但需要在相关设备的档案目录的备注栏中注明"存放在××档案中"。

(5) 检验检测单位对检测合格的建筑起重机械，应当及时出具合格证明文件，并对检测结果负责。本条依据《建设工程安全生产管理条例》(国务院令第 393 号) 的规定制定。

（6）监测单位应及时处理、分析监测数据，并将监测结果和评价及时向建设单位及相关单位做信息反馈，当监测数据达到监测报警值时必须立即通报建设单位及相关单位。监测结束后，监测单位应按规定将有关监测资料提交建设单位。本条依据现行国家标准《建筑基坑工程监测技术标准》GB 50497—2019 的规定制定。监测单位提交的有关监测资料主要有：基坑工程监测方案，测点布设及验收记录，阶段性监测报告，监测总结报告。

第二节 施工现场安全资料的分类与组卷

一、 基本规定

1. 施工现场安全资料分为建设单位安全资料卷、监理单位安全资料卷、施工单位安全资料卷以及勘察、设计、租赁、检验检测、监测单位安全资料卷。

2. 建设单位安全资料为 1 卷，应按《河南省房屋建筑施工现场安全资料管理标准》DBJ41/J 228—2019 附录 A 整理组卷。

3. 监理单位安全资料分为 2 卷，卷宗名称分别为管理资料和工作记录，应按《河南省房屋建筑施工现场安全资料管理标准》DBJ41/J 228—2019 附录 B 整理组卷。

4. 施工单位安全资料分为 13 卷，应按《河南省房屋建筑施工现场安全资料管理标准》DBJ41/J 228—2019 附录 C 整理组卷。各卷宗名称如下：安全管理、安全教育培训、风险管控与隐患排查治理、文明施工、消防安全、基坑工程、模板工程及支撑体系、脚手架工程、高处作业、施工用电、建筑起重设备（包括起重吊装）、施工机具、其他专业工程。

施工单位安全资料归档目录中没有列出但需要留存的资料，如其他分部分项工程的施工方案或安全技术措施、安全技术交底、安全施工验收、进场查验等安全生产活动资料，以及有关法律法规和标准规范规定保存的其他相关资料等，都分别集中归入 13 卷“其他专业工程”中保存。

5. 施工单位和监理单位卷中的危险性较大的分部分项工程安全资料应分别集中归类建档。

按照《危险性较大的分部分项工程安全管理规定》（住房和城乡建设部令第 37 号）的规定：施工单位有关危大工程安全管理档案，包括专项施工方案及审核、专家论证、交底、现场检查、验收及整改等相关资料需集中整理建档。监理单位有关危大工程安全管理档案，包括监理实施细则、专项施工方案审查、专项巡视检查、验收及整改等相关资料需集中整理建档。其中施工单位危大工程安全管理相关资料主要有：危大工程清单及相应的安全管理措施；危大工程专项施工方案及审批手续；危大工程专项施工方案变更手续；专家论证相关资料；危大工程方案交底及安全技术交底；危大工程施工作业人员登记记录，项目负责人现场履职记录；危大工程现场监督记录；危大工程施工监测和安全巡视记录；危大工程验收记录。

6. 勘察、设计、租赁、检验检测、监测单位安全资料各为 1 卷，应按《河南省房屋建筑施工现场安全资料管理标准》DBJ41/J 228—2019 附录 D 整理组卷。

7. 采用纸质材料时，为方便档案管理和使用，案卷不宜过厚，可以按照每册内容相对集中、完整的原则，将同一案卷拆分为若干册，并注明相互间的对应关系。每册排列顺序为封面、目录、资料及封底。封面应标注工程名称、卷宗名称、编制单位、安全主管、共××册第××册等。案卷装具可采用卷盒、卷夹两种形式。每卷资料统一采用 A4 幅（297mm×210mm）尺寸［资料幅面较大的，需统一折叠成 A4 幅（297mm×210mm）尺寸；幅面小的，需粘贴或复印在 A4 幅（297mm×210mm）尺寸的纸上］，并应装帧整齐，便于保管和查阅。

8. 案卷页码的编写应以独立卷为单位顺序编写。案卷页码由内页目录起，从“1”开始编写，同一案卷页码不能间断。案卷拆分为多册的，册与册之间的页码需保持连续，每册页码不再从头编写。

9. 纸质档案与电子档案可配合使用。鼓励采用电子档案，实现施工现场安全资料信息化管理。

10. 施工现场安全资料应以项目为单位整理组卷，各单体工程安全资料宜分别集中整理。本条中的“项目”指的是一个施工许可证范围内的工程项目或一个独立标段的工程项目。

二、 各单位现场安全资料归档目录

建设、监理、施工单位现场安全资料归档目录见表 10-1～表 10-3，勘察、设计、租赁及其他有关单位现场安全资料归档目录见表 10-4。

建设单位现场安全资料归档目录 **表 10-1**

类别	条	资料名称	参考用表编号	备注
项目建设相关手续	5.0.1	建设工程施工许可证		
	5.0.2	建设单位项目负责人授权书		
	5.0.8	施工安全监督告知书		
安全管理工作资料	5.0.3	建设单位组织勘察、设计等单位在施工招标文件中列出的危大工程清单以及要求施工单位补充完善的危大工程清单		
	5.0.4	《地上、地下管线及毗邻建筑物、构筑物资料移交单》		
	5.0.5	施工、监理、勘察、设计等参建单位和有关人员资质资格证书、证明复印件		
	5.0.6	安全文明施工措施费和扬尘治理费支付计划及支付凭证		
	5.0.7	对施工企业有关项目安全生产标准化考评材料的审核记录		
	5.0.8	建设行政主管部门下发的安全隐患限期整改通知书		
		建设行政主管部门下发的安全隐患停工整改通知书及恢复施工通知书		如有被要求停工整改情形
	5.0.9	其他需要建设单位存档的有关安全管理活动资料		

注：《建设单位现场安全资料归档目录》第二列中的“条”是指所参考的标准《河南省房屋建筑施工现场安全资料管理标准》DBJ41/T 228—2019 中的条目。

监理单位现场安全资料归档目录 **表 10-2**

卷号	卷名	资料名称	参考用表编号	备注
第一卷	安全生产管理的监理资料	建设工程监理合同中有关安全生产管理的监理工作内容		
		安全生产管理的监理工作制度清单		详细内容可另行存放备查

续表

卷号	卷名	资料名称	参考用表编号	备注
第一卷	安全生产管理的监理资料	《总监理工程师任命书》及项目监理机构有关人员执业资格证书复印件		《总监理工程师任命书》可选用《建设工程监理规范》GB/T 50319—2013 中的附表
		监理规划（安全生产管理的监理工作专篇）		
		安全生产管理的监理实施细则		
第二卷	安全生产管理的监理工作记录	对总承包单位和人员资质资格以及现场安全生产保证体系、安全生产责任制、安全生产管理规章制度等相关资料审核记录	表2	
		对分包单位资格审查记录		对分包单位资格审查记录表格可选用《建设工程监理规范》GB/T 50319—2013 中的附表《分包单位资格报审表》
		施工单位和人员相关资质资格证书复印件		
		《施工组织设计/（专项）施工方案报审表》及施工组织设计/专项施工方案	表3	
		项目《危险性较大的分部分项工程清单》	表10	
		《工程开工报审表》及相关资料		《工程开工报审表》可选用《建设工程监理规范》GB/T 50319 中的附表
		《工程开工令》		《工程开工令》可选用《建设工程监理规范》GB/T 50319 中的附表
		施工机械设备、安全设施有关报审资料		有关报审资料表格可选用《建设工程监理规范》GB/T 50319 中的附表《工程材料、构配件、设备报审表》
		安全生产管理的《监理通知单》及《监理通知回复单》		《监理通知单》和《监理通知回复单》可选用《建设工程监理规范》GB/ T 50319 中的附表，并需对应收集归档

续表

卷号	卷名	资料名称	参考用表编号	备注
第二卷	安全生产管理的监理工作记录	因安全问题下发的《工程暂停令》及向建设单位的报告		如有责令暂停施工的情形，《工程暂停令》《工程复工报审表》和《工程复工令》可选用《建设工程监理规范》GB/T 50319 中相应的附表
		《工程复工报审表》		
		《工程复工令》		
		向工程建设行政主管部门报送的报告		如有重大安全隐患，施工单位拒不整改或者不停止施工的情形，报告格式可选用《建设工程监理规范》GB/ T 50319 中的附表《监理报告》
		危险性较大的分部分项工程专项巡视检查记录	表4	
		组织或参与危险性较大的分部分项工程施工验收记录		
		对施工企业有关项目安全生产标准化考评材料的审核记录		
		对有关行政主管部门安全检查中提出的有关监理问题的整改情况记录		
		有关安全生产管理的监理日志、监理月报、专题报告、监理工作总结等		
		其他需要存档的有关安全生产管理的监理资料		

施工单位现场安全资料归档目录 **表 10-3**

卷号	卷名	资料名称	参考用表编号	备注
第一卷	安全管理	建设工程施工合同		
		工程项目部安全生产风险管控与隐患治理双重预防体系建设领导机构名单及安全保证体系图		
		安全生产管理制度清单		详细内容可另行存放备查
		安全技术操作规程清单		详细内容可另行存放备查
		施工单位（含分包单位）资质证书、营业执照、安全生产许可证以及安全生产管理协议书		

续表

卷号	卷名	资料名称	参考用表编号	备注
第一卷	安全管理	经监理单位审批的施工组织设计中的安全技术措施或专项安全施工组织设计	表3	
		施工现场各层级、各岗位安全生产责任制清单		详细内容可另行存放备查
		施工单位主要负责人与项目负责人签订的项目安全管理目标责任书		
		管理人员安全管理目标责任书		主要为现场管理人员和班组长以及分包单位项目负责人
		安全生产责任制考核和奖惩有关资料		
		《工程项目安全管理人员和特种作业人员情况登记表》及相关人员执业、岗位证书	表5	
		项目《危险性较大的分部分项工程清单》	表10	
		安全文明施工和扬尘防治费用使用台账	表19	
		安全防护用品进场查验登记记录	表20	此部分资料主要为个人安全防护用品的验收、台账和发放记录，登记台账和发放记录所用表格可自行制定
		安全防护用品登记台账		
		安全防护用品发放记录		
		施工现场生产安全事故应急救援预案		
		应急救援组织机构或者应急救援人员名单		
		应急救援器材和设备清单		
		应急预案演练记录		所用记录表格可自行制定
		职工伤亡事故月报表		所用表格可自行制定
		事故调查处理情况		如项目发生生产安全事故
		项目安全生产标准化实施方案		
		项目安全生产标准化自评材料		包括施工单位安全生产管理机构定期对项目安全生产标准化工作进行监督检查的有关资料

续表

卷号	卷名	资料名称	参考用表编号	备注
第一卷	安全管理	项目工伤保险、安全责任险、意外伤害保险等缴费凭证		
		项目安全会议记录以及有关安全生产工作总结、报告		
		地上、地下管线及毗邻建筑物、构筑物资料移交单	表1	移交资料另行存放备查
		勘察、设计单位有关施工安全指导意见和措施建议		
第二卷	安全教育培训	新进场人员《三级安全教育登记表》	表6	
		现场管理人员和作业人员《安全教育培训记录表》	表7	此卷存档的培训记录主要有：年度安全教育培训，安全生产责任制教育培训，新工艺、新技术、新材料、新设备安全教育培训，待岗、转岗、换岗重新上岗前安全教育培训，季节性施工安全教育培训，节假日前后安全教育培训，事故警示教育培训，应急救援知识培训，双重预防体系培训、职业卫生培训，扬尘防治教育，消防安全教育等。有关双重预防体系教育培训记录、职业卫生培训、扬尘防治教育、消防安全教育培训记录分别在第三、四、五、六卷中存放
		班前安全活动记录	表8	本记录由班组长保存备查
		职工业余学校有关资料		
第三卷	风险管控与隐患排查治理	项目风险清单		包括《作业活动风险清单》和《设备设施风险清单》
		项目风险分级管控清单		包括《作业活动风险分级管控清单》和《设备设施风险分级管控清单》

续表

卷号	卷名	资料名称	参考用表编号	备注
第三卷	风险管控与隐患排查治理	施工现场安全风险四色分布图		
		施工现场作业安全风险比较图		
		项目《重大风险管控统计表》	表9	
		项目事故隐患排查清单		包括《基础管理类隐患排查清单》和《生产现场类隐患排查清单》
		隐患事故排查治理台账		隐患排查治理台账按有关规定整理
		安全员工作日志	表13	
		项目负责人带班记录表	表14	
		施工企业主要负责人或企业安全管理机构对项目《安全检查记录表》	表16	其他专项工程《安全检查记录表》存放在相关项工程卷宗。班组安全检查记录由班组长自行保存
		项目部日常和综合性《安全检查记录表》及检查情况通报		
		施工企业和项目部下发的《隐患整改通知书》及《隐患整改反馈单》	表17、表18	《隐患整改通知书》和《隐患整改反馈单》需《安全检查记录表》对应收集归档
		重大事故隐患治理方案		如有重大事故隐患
		行政主管部门下发的安全隐患限期整改通知书、安全隐患停工整改通知书及整改后报送的《隐患整改反馈单》	表18	《通知书(单)》和《反馈(回复)单》需对应收集归档
		监理单位有关安全生产管理的《监理通知单》及《监理通知回复单》		
		其他有关安全风险分级管控与隐患排查治理双重预防体系建设与运行的其他资料		按照有关规定进行收集归档

续表

卷号	卷名	资料名称	参考用表编号	备注
第四卷	文明施工	文明施工专项方案及其审批记录	表3	如单独编制文明施工专项方案
		施工现场总平面布置图		
		施工现场《活动房构配件进场验收记录》		《活动房构配件进场验收记录》可选用《施工现场临时建筑物技术规程》JGJ/T 188—2009中附表
		施工现场临时建筑施工安装验收有关资料		
		施工现场围挡搭设验收记录表	表22	
		施工现场门卫值班有关记录		
		施工现场安全标志和专用标志平面布置图		
		施工现场施工不扰民措施		
		夜间施工有关手续		如有夜间施工情形
		施工现场食堂卫生许可证和炊事人员健康证件（复印件）		
		食品、原料采购台账及原始采购单据		
		施工现场文明施工检查记录表	表24	
		施工单位项目部有关职业卫生档案和劳动者健康监护档案		项目部有关档案主要有：职业病防治责任制文件；职业卫生管理规章制度、操作规程；工作场所职业病危害因素种类清单、岗位分布以及作业人员接触情况等资料；职业病防护设施、应急救援设施基本信息，以及其配置、使用、维护、检修与更换等记录；工作场所职业病危害因素检测、评价报告与记录；职业病防护用品配备、发放、维护与更换等记录；主要负责人、职业卫生管理人员和职业病危害严重工作岗位的劳动者等相关人员职业卫生培训资料；职业病危害事故报告与应急处置记录；职业病危害项目申报等有关回执或者批复文件等。职业健康监护档案及其他有关职业卫生管理的资料或者文件可在单位存放备查

续表

卷号	卷名	资料名称	参考用表编号	备注
第四卷	文明施工	施工现场突发疫情情况记录		如项目发生突发疫情
		项目施工扬尘污染防治实施方案及其审批记录	表3	扬尘防治有关资料需集中整理归档。 有关扬尘防治岗位责任和管理制度的详细内容可另行存放备查
		各级管理人员扬尘防治岗位责任和管理制度清单		
		施工现场专职扬尘防治管理人员和专职保洁人员情况表	表21	
		扬尘防治教育培训档案		
		扬尘防治技术交底记录		
		施工现场扬尘防治设施平面布置图		
		建筑垃圾运输委托合同		
		建筑垃圾运输单位营业执照、车辆行驶证，驾驶人驾驶证、建筑垃圾处置运输证、建筑垃圾运输双向登记卡等复印件等		
		施工现场车辆进出冲洗记录	表23	
		施工现场扬尘预警响应预案		
		施工现场扬尘防治监测数据记录		
		施工现场扬尘防治有关检查及整改记录		
第五卷	消防安全	施工单位组建施工现场消防安全管理机构及聘任现场消防安全负责人和消防安全管理人文件		
		施工现场消防安全管理制度清单		详细内容可另行存放备查
		施工现场防火技术方案及其审批记录	表3	
		施工现场灭火及应急疏散预案及其审批记录	表3	
		施工现场灭火及应急疏散演练记录		

续表

卷号	卷名	资料名称	参考用表编号	备注
第五卷	消防安全	消防安全教育培训记录	表7	
		作业人员消防《安全技术交底表》	表12	
		消防设备、设施、器材进场验收记录	表20	验收记录表格使用《安全防护用品、设备设施、构配件进场查验登记表》
		易燃易爆危险品及消防设备、设施、器材登记台账		所用表格可自行制定
		《动火作业申请书》《动火许可证》	表25	《动火作业申请书》和《动火许可证》需对应收集归档
		施工现场消防安全相关检查记录		
		消防管理部门下发的消防安全问题或隐患整改通知书以及相关整改情况记录		
		施工现场火灾事故记录及火灾事故调查、处理报告		如项目发生火灾事故
第六卷	基坑工程	基坑工程专项施工方案及其审批记录	表3	
		基坑工程专项施工方案专家论证记录	表11	如基坑工程超过一定规模需要专家论证
		基坑工程专项施工方案交底记录及《安全技术交底表》	表12	方案交底记录用表可自行制定
		危险性较大的基坑工程有关施工作业人员登记记录		作业人员登记记录表可自行制定

续表

卷号	卷名	资料名称	参考用表编号	备注
第六卷	基坑工程	基坑工程《危险性较大分部分项工程施工监控任务书》	表15	
		基坑工程施工验收记录表	表26	
		《基坑工程日常巡视检查表》及有关检查整改记录	表27	
第七卷	模板工程及支撑体系	模板工程及支撑体系专项施工方案及其审批记录	表3	
		模板工程及支撑体系专项施工方案专家论证记录	表11	如模板支架超过一定规模需要专家论证
		模板工程及支撑体系构配件进场验收记录	表20	验收记录表格使用《安全防护用品、设备设施、构配件进场查验登记表》
		扣件抽样复试报告		
		旧钢管锈蚀抽样检查记录		
		模板工程及支撑体系专项施工方案交底记录及《安全技术交底表》	表12	方案交底记录用表可自行制定
		危险性较大的模板工程有关施工作业人员登记记录		作业人员登记记录表可自行制定
		模板工程及支撑体系《危险性较大分部分项工程施工监控任务书》	表15	
		需要处理或加固的地基、基础验收记录		如地基需要处理或加固

续表

卷号	卷名	资料名称	参考用表编号	备注
第七卷	模板工程及支撑体系	模板工程及支撑体系施工验收记录	表28	《承插式模板支架施工验收记录表》可选用《建筑施工承插型盘扣式钢管支架安全技术规程》JGJ 231—2010中的附表；《门式支撑架检查验收记录表》可选用《建筑施工门式钢管脚手架安全技术标准》JGJ/T 128中的附表
		模板工程及支撑体系日常检查整改记录		
		模板拆除申请表	表29	
第八卷	脚手架工程	钢管脚手架工程专项施工方案及其审批记录	表3	
		钢管脚手架工程专项施工方案专家论证记录	表11	如脚手架工程超过一定规模需要专家论证
		搭设脚手架的材料、构配件和设备进场验收记录	表20	验收记录表格使用《安全防护用品、设备设施、构配件进场查验登记表》
		扣件抽样复试报告		
		旧钢管锈蚀抽样检查记录		
		钢管脚手架工程专项施工方案交底记录及《安全技术交底表》	表12	方案交底记录用表可自行制定
		危险性较大的钢管脚手架工程有关施工作业人员登记记录		作业人员登记记录表可自行制定
		钢管脚手架《危险性较大分部分项工程施工监控任务书》	表15	

续表

卷号	卷名	资料名称	参考用表编号	备注
第八卷	脚手架工程	钢管脚手架工程《脚手架基础施工验收记录表》	表30	《碗扣式脚手架施工验收记录表》可选用《建筑施工碗扣式钢管脚手架安全技术规范》JGJ 166—2016中附表；《承插式双排外脚手架施工验收记录表》可选用《建筑施工承插型盘扣式钢管支架安全技术规程》JGJ 231—2010中附表；《门式作业脚手架检查验收记录表》可选用《建筑施工门式钢管脚手架安全技术标准》JGJ/T 128—2019中的附表，其他用表可自行制定
		钢管脚手架工程各阶段施工验收记录	表31～表33	
		钢管脚手架使用中有关定期检查和整改记录以及特殊情况检查记录		
		钢管脚手架拆除审批手续		
		附着式升降脚手架安装单位资质证书和安全生产许可证		方案交底记录用表可自行制定。《附着式升降脚手架安装检查验收表》《附着式升降脚手架提升、下降作业前检查验收表》以及《附着式升降脚手架提升或下降到位后，投入使用前检查验收表》可选用《建筑施工工具式脚手架安全技术规范》JGJ 202—2010中附表。附着式升降脚手架有关资料需集中整理归档
		附着式升降脚手架现场验收的技术资料		
		附着式升降脚手架施工相关管理人员和特种作业人员名单及岗位证书复印件		
		附着式升降脚手架工程专业施工合同及总分包单位安全生产管理协议书		
		附着式升降脚手架工程专项施工方案及其审批记录	表3	
		附着式升降脚手架工程专项施工方案专家论证记录	表11	
		附着式升降脚手架工程专项施工方案交底记录及《安全技术交底表》	表12	
		附着式升降脚手架工程有关施工作业人员登记记录		
		附着式升降脚手架《危险性较大分部分项工程施工监控任务书》	表15	

续表

卷号	卷名	资料名称	参考用表编号	备注
第八卷	脚手架工程	附着式升降脚手架首次安装检查验收表		方案交底记录用表可自行制定。《附着式升降脚手架安装检查验收表》《附着式升降脚手架提升、下降作业前检查验收表》以及《附着式升降脚手架提升或下降到位后，投入使用前检查验收表》可选用《建筑施工工具式脚手架安全技术规范》JGJ 202—2010 中附表。附着式升降脚手架有关资料需集中整理归档
		附着式升降脚手架提升、下降作业前检查验收表		
		附着式升降脚手架提升或下降到位后，投入使用前检查验收记录表		
		检验检测机构出具的附着式升降脚手架检测报告		
		附着式升降脚手架使用登记证复印件		
		附着式升降脚手架使用中有关定期检查和整改记录以及特殊情况检查记录		
		附着式升降脚手架拆除审批手续		
		吊篮安拆单位资质证书和安全生产许可证		方案交底记录用表可自行制定。《高处作业吊篮进场查验表》可选用《建筑施工工具式脚手架安全技术规范》JGJ 202—2010 中附表；《高处作业吊篮基础检验记录表》《高处作业吊篮安装检查验收表》《高处作业吊篮班前检查项目表》以及吊篮使用中有关定期检查和整改记录以及特殊情况检查记录可选用《高处作业吊篮安装、拆卸、使用技术规程》JB/T 11699—2013 中附表，高处作业吊篮有关资料需集中整理归档
		高处作业吊篮进场查验表		
		吊篮安拆相关管理人员和特种作业人员名单及岗位证书复印件		
		吊篮租赁及租赁双方安全生产管理协议书		
		安装合同及总分包单位安全生产管理协议书		
		吊篮专项施工方案及其审批记录	表3	
		吊篮专项施工方案交底记录及《安全技术交底表》	表12	
		吊篮安拆有关施工作业人员登记记录		
		吊篮安拆《危险性较大分部分项工程施工监控任务书》	表15	
		高处作业吊篮基础检验记录表		
		吊篮安装单位安装后自检记录		
		高处作业吊篮安装检查验收表		
		高处作业吊篮检验报告		
		吊篮操作人员岗前培训合格证明		
		高处作业吊篮班前检查项目表		
		吊篮安全锁标定证书		
		吊篮使用中有关定期检查和整改记录以及特殊情况检查记录		
		吊篮拆除审批手续		

续表

卷号	卷名	资料名称	参考用表编号	备注
第九卷	高处作业	高处作业安全技术措施		
		安全网及其他安全防护用品和设施进场验收记录和有关合格证	表20	验收记录表格使用《安全防护用品、设备设施、构配件进场查验登记表》
		高处作业人员《安全技术交底表》	表12	
		安全防护设施验收记录		有关记录用表可自行制定
		预埋件隐蔽验收记录		
		安全防护设施变更记录		
		安全防护设施检查、维修、保养记录		
		各类操作平台专项施工方案及其审批记录	表3	
		操作平台搭设（拆除）《安全技术交底表》	表12	
		操作平台搭设完毕或每次移位后验收记录		各类操作平台验收记录表格可自行制定
		操作平台使用中定期检查记录		各类操作平台检查记录用表可自行制定
第十卷	施工用电	临时用电组织设计或安全用电和电气防火措施及其审批记录	表3	包括修改用电组织设计的有关资料
		临时用电工程图纸		
		总、分包单位临时用电协议		
		临时用电安全技术交底	表12	
		主要配电装置、设施进场验收记录	表21	验收记录表格使用《安全防护用品、设备设施、构配件进场查验登记表》

续表

卷号	卷名	资料名称	参考用表编号	备注
第十卷	施工用电	临时用电工程验收记录表	表34	
		电气设备的测试、检验凭单和调试记录		
		临时用电工程定期检查记录及有关隐患整改记录		
		绝缘电阻测定记录表	表35	
		接地电阻测定记录表	表36	
		漏电保护器测定记录表	表37	
		电工安装、巡检、维修、拆除工作记录		由电工代管备查
第十一卷	建筑起重设备	安装（拆卸）单位资质证书和安全生产许可证		
		安装（拆卸）合同及总分包单位安全生产管理协议书		
		设备租赁合同及租赁双方安全生产管理协议书		
		起重设备产权备案证		
		起重设备安全技术档案及进场验收记录		
		相关特种作业人员和管理人员名单及岗位证书复印件		
		辅助起重机械的合格证明及操作人员资格证复印件		
		起重设备安装（拆卸）专项施工方案和安装（拆卸）工程生产安全事故应急救援预案及其审批记录	表3	
		起重设备专项施工方案专家论证记录	表11	如起重设备工程超过一定规模需要专家论证

续表

卷号	卷名	资料名称	参考用表编号	备注
第十一卷	建筑起重设备	起重设备专项施工方案交底记录及对安拆人员或起重设备操作人员《安全技术交底表》	表12	方案交底记录用表可自行制定
		起重设备安拆有关施工作业人员登记记录		作业人员登记记录表可自行制定
		起重设备安拆《危险性较大分部分项工程施工监控任务书》	表15	
		起重设备安装（拆卸）告知手续		
		建筑起重机械设备安装（拆卸）审核表	表38	
		起重设备安装前基础验收记录	表39、表40	基础验收记录表格可自行制定，其中《施工升降机基础验收记录表》可选用《建筑施工升降机安装、使用、拆卸安全技术规程》JGJ 215—2010中附表
		起重设备安装自检记录	表41	《塔式起重机安装自检表》可选用《建筑施工塔式起重机安装、使用、拆卸安全技术规程》JGJ 196—2010中附表，《施工升降机安装自检表》可选用《建筑施工升降机安装、使用、拆卸安全技术规程》JGJ 215—2010中附表
		检验检测机构出具的检验报告		
		监督检验中发现隐患和问题的整改记录		如监督检验中有需要整改的隐患和问题
		起重设备安装验收记录		《塔式起重机安装验收记录表》可选用《建筑施工塔式起重机安装、使用、拆卸安全技术规程》JGJ 196—2010中附表，《施工升降机安装验收记录表》可选用《建筑施工升降机安装、使用、拆卸安全技术规程》JGJ 215—2010中附表，《物料提升机安装验收记录表》可选用《龙门架及井架物料提升机安全技术规范》JGJ 88—2010中附表

续表

卷号	卷名	资料名称	参考用表编号	备注
		起重设备使用登记证		
		起重设备升节、附着后验收记录	表42、表43	升节和附着验收记录表格根据不同设备类型使用相应的《附着验收记录表》
		使用单位建筑起重机械生产安全事故应急救援预案		
		防止塔机相互碰撞的安全措施		如有多塔作业情形
		多班作业交接班手续		
		起重设备作业班前检查记录		班前检查记录表格可自行制定，其中施工升降机班前检查记录表格可选用《建筑施工升降机安装、使用、拆卸安全技术规程》JGJ 215—2010 中附表《施工升降机每日使用前检查表》
第十一卷	建筑起重设备	起重设备定期检查记录		定期检查记录表格可自行制定，其中施工升降机每月检查表可选用《建筑施工升降机安装、使用、拆卸安全技术规程》JGJ 215—2010 中附表
		塔式起重机周期检查表		如塔机使用周期超过一年。检查表可选用《建筑施工塔式起重机安装、使用、拆卸安全技术规程》JGJ 196—2010 中附表
		施工升降机 1.25 倍额定载重量超载试验记录		
		施工升降机额定载重量坠落试验记录		
		起重设备累计运转记录		
		起重设备维修保养记录		
		起重设备定期检验报告		
		起重吊装专项施工方案及其审批记录	表3	起重吊装有关资料需集中整理归档
		起重吊装专项施工方案专家论证记录	表11	

续表

卷号	卷名	资料名称	参考用表编号	备注
第十一卷	建筑起重设备	起重机操作人员、起重信号工、司索工等特种作业人员证书复印件		起重吊装有关资料需集中整理归档
		起重吊装作业人员《安全技术交底表》	表12	
		对危险性较大的吊装工程有关施工作业人员登记记录		
		起重吊装作业安全综合验收记录表	表44	
		起重吊装《危险性较大分部分项工程施工监控任务书》	表15	
		起重吊装试吊有关记录		
		吊具与索具定期检验记录		
第十二卷	施工机具	施工机具产品合格证		
		施工机具产品使用说明书		
		设备租赁合同及租赁双方安全生产管理协议书		
		施工机具安装验收记录	表45～表51	安装验收记录表格可使用通用的《________装验收记录表》，或根据不同施工机具类型使用相应的《安装验收记录表》
		施工机具操作人员《安全技术交底表》	表12	
		多班作业交接班手续		
		施工机具定期检查和维修保养记录		
		施工现场施工机具管理台账		管理台账格式可自行制定

续表

卷号	卷名	资料名称	参考用表编号	备注
第十三卷	其他专业工程	相关专业承包单位资质证书和安全生产许可证		未明确的其他专业工程的施工现场安全资料以及其他需要留存的相关安全资料，也在本卷中保存。相关专业工程方案交底记录用表和作业人员登记记录表可自行制定
		施工合同和安全生产管理协议		
		机械设备租赁合同及租赁双方安全生产管理协议		
		相关特种作业人员和管理人员名单及岗位证书复印件		
		拆除建筑物、构筑物及可能危及毗邻建筑的说明和堆放、清除废弃物的措施		
		施工组织设计、安全专项施工方案和生产安全事故应急预案及其审批记录	表3	
		专项施工方案专家论证记录	表11	
		有限空间作业审批手续		
		相关工程专项施工方案交底记录及对作业人员《安全技术交底表》	表12	
		危险性较大的专业工程有关施工作业人员登记记录		
		相关专业工程《危险性较大分部分项工程施工监控任务书》	表15	
		进场部品部件查验记录		
		相关专业工程施工过程中安全检查记录及有关隐患整改记录		
		其他需要留存的资料		

勘察、设计、租赁及其他有关单位现场安全资料归档目录　　表 10-4

类别	资料名称	参考用表编号	备注
勘察单位	工程勘察资质证书		
	安全生产规章制度清单		详细内容可另行存放备查
	勘察作业安全操作规程清单		详细内容可另行存放备查

续表

类别	资料名称	参考用表编号	备注
勘察单位	项目勘察负责人任命文件		
	勘察合同、勘察劳务分包合同及安全生产管理协议书		如合同中约定有各自的安全生产管理职责，可不签订专门的安全生产管理协议书
	现场安全生产事故应急救援预案		
	勘察作业人员有关作业资格证书复印件		
	勘察作业人员安全防护用品台账及有关合格证明		
	勘察纲要中有关安全生产方面的内容		
	勘察现场危险源辨识和评价以及制定相应安全生产防护措施有关资料		
	现场人员接受安全教育培训和安全技术交底记录	表7、表12	
	保证各类管线、设施和周边建筑物、构筑物的安全措施资料		
	勘察文件中有关工程风险说明及有关施工安全指导意见		
	参与专项施工方案论证及施工安全验收有关资料		
	其他有关安全生产记录（包括有关安全检查和整改资料、勘察现场有关临时设施、环境保护、消防、临时用电、机械设备、危险物品等方面的安全资料）		各项记录需分别集中归类建档
设计单位	设计单位项目负责人和现场设计代表授权书及相关资格证书复印件		
	设计文件中注明涉及危大工程的重点部位和环节		
	提出保障工程周边环境安全和工程施工安全的意见，必要时进行的专项设计		
	采用新结构、新材料、新工艺的建设工程和特殊结构的建设工程保障施工作业人员安全和预防生产安全事故的措施建议		
	参与危险性较大分部分项工程专项施工方案论证及施工安全验收有关资料		
	有关安全问题的处理意见和设计变更资料营业执照		

续表

类别	资料名称	参考用表编号	备注
租赁单位	租赁物维修保养标准、管理制度和作业规程清单		详细内容可另行存放备查
	租赁物使用现场管理负责人任命文件		
	租赁合同及安全生产管理协议书		如租赁合同中约定有各自的安全生产管理职责，可不签订专门的安全生产管理协议书
	租赁物台账		
	租赁物安全使用有关质量证明资料		
	租赁物交接手续		
	租赁物安全使用交底记录		
	租赁单位起重设备安拆资质及相关作业人员上岗资格证复印件		如租赁单位进行起重设备安拆作业
	参与租赁物安装验收记录		
	租赁物维护记录		
	出租机械设备定期检测手续		
检验检测单位	检验检测单位有关资格证明		
	安全生产规章制度清单		详细内容可另行存放备查
	检验检测作业安全操作规程清单		详细内容可另行存放备查
	检验检测设备仪器清单、合格证明、定期校验记录		
	现场检验检测负责人任命文件及相关人员资格证明复印件		
	检验检测合同及安全生产管理协议书		如检验检测合同中约定有各自的安全生产管理职责，可不签订专门的安全生产管理协议书
	检测人员安全防护用品台账及有关合格证明		
	现场检测人员接受安全教育培训和安全技术交底记录	表7、表12	
	现场检测有关影像资料		
	历次检测报告		
	检测不合格项的整改通知		
	向行政主管部门关于严重事故隐患的报告		如在检验检测中发现设备存在严重事故隐患

续表

类别	资料名称	参考用表编号	备注
监测单位	监测专业资质		
	安全生产规章制度清单		详细内容可另行存放备查
	监测作业安全操作规程清单		详细内容可另行存放备查
	监测设备仪器清单、合格证明、定期校验记录		
	现场监测负责人任命文件及相关人员资格证明		
	监测合同及安全生产管理协议书		如监测合同中约定有各自的安全生产管理职责，可不签订专门的安全生产管理协议书
	监测人员安全防护用品台账及有关合格证明		
	现场安全生产事故应急救援预案		
	监测方案及建设、设计、监理等单位认可记录		
	特殊基坑工程的监测方案论证		如有需要论证的特殊基坑工程
	现场监测人员接受安全生产教育培训和安全技术交底记录	表7、表12	
	监测点布置示意图		
	监测点验收记录		
	巡视检查日报表		可选用《建筑基坑工程监测技术标准》GB 50497—2019 中附表
	阶段性报告		
	总结报告		
	观测记录、计算资料和技术成果		有关用表可选用《建筑基坑工程监测技术标准》GB 50497—2019 中相应的表格

第三节 施工现场安全资料的编制与常用表格

一、 建设单位现场安全资料

工程施工前，建设单位应向施工单位提供下列有关施工现场及毗邻区域内地上和地下管线、气象和水文观测、相邻建筑物和构筑物、地下工程等资料，填写《地上、地下管线及毗邻建筑物、构筑物资料移交单》(表1)，办理移交手续：

(1) 基坑四周道路的距离及道路类别、承载情况；

(2) 施工现场内供水、排水、供电、供气、供热、通信、广播电视、古墓和人防等地上和地下工程的走向及其地下埋设深度情况；

(3) 现场周围和邻近地区地表水汇流、排泄情况、地下水管渗漏情况；

(4) 现场毗邻建筑物、构筑物结构及周边环境调查资料；

(5) 勘察单位有关施工项目岩土工程勘察资料等。

二、 监理单位现场安全资料

1. 施工单位和人员资质资格及安全保证体系审核记录表

项目监理机构应对施工总承包和分包单位资质、安全生产许可证、安管人员和特种作业人员资格证书以及安全生产保证体系、安全生产责任制、安全生产管理规章制度的建立和实施情况等进行审查（核），填写《施工单位和人员资质资格及安全保证体系审核记录表》(表2) 和分包单位资格审核记录。

2. 施工组织设计/（专项）施工方案报审表

项目监理机构应审查施工组织设计中的安全技术措施、专项施工方案和应急救援预案以及重大危险源识别等相关资料，并在《施工组织设计/（专项）施工方案报审表》(表3)、《危险性较大的分部分项工程清单》上签署意见。

3. 巡视检查记录

监理人员需重点对危险性较大的分部分项工程的施工过程进行巡视检查，监督施工单位严格按照批准的专项施工方案组织施工。同时，还应对施工单位组织进行的危大工程方案交底和安全技术交底、施工作业人员登记、项目负责人现场履职和项目专职安全生产管理人员现场监督情况进行监督检查。

项目监理机构应对危险性较大的分部分项工程施工实施专项巡视检查，并做好《巡视检查记录》(表4)。

三、 施工单位现场安全资料

1. 工程项目安全管理人员和特种作业人员情况登记表

项目部应对工程项目安全管理人员和特种作业人员（含分包单位）信息进行登记建档，填写《工程项目安全管理人员和特种作业人员情况登记表》(表5)，并留存有关证书复印件。

2. 三级安全教育登记表（表6）

三级安全教育包括企业、项目和班组。按照住房和城乡建设部办公厅关于贯彻落实《国务院安委会关于进一步加强安全培训工作的决定》的实施意见（建办质〔2013〕13号）的要求，建筑施工企业要严格落实三级教育培训制度，对新职工进行至少32学时的安全培训。

3. 安全教育培训记录表（表7）

培训内容主要包括：年度安全教育培训，安全生产责任制教育培训，新工艺、新技术、新材料、新设备安全教育培训，待岗、转岗、换岗重新上岗前安全教育培训，季节性施工安全教育培训，节假日前后安全教育培训，事故警示教育培训，应急救援知识培训，双重预防体系培训，职业卫生培训，扬尘防治教育，消防安全教育等。

4. 班组安全活动记录表（表 8）

5. 重大风险管控统计表

施工单位应对施工现场存在的风险点、危险源进行辨识分析和风险评价，确定风险等级，制定相应的控制措施，编制风险清单、风险分级管控清单，绘制施工现场安全风险四色分布图和作业安全风险比较图。对重大风险应登记造册，填写《重大风险管控统计表》（表 9），并在施工现场进行公告。

6. 危险性较大的分部分项工程清单（表 10）

施工现场存在重大施工危险的分部分项工程指住房和城乡建设部《关于实施〈危险性较大的分部分项工程安全管理规定〉有关问题的通知》（建办质〔2018〕31 号）中规定的危险性较大的分部分项工程。施工单位应当在施工现场显著位置公告危大工程名称、施工时间和具体责任人员等。

7. 危险性较大的分部分项工程专家论证表

对于超过一定规模危险性较大的分部分项工程，施工单位应组织专家进行论证，填写《危险性较大的分部分项工程专家论证表》（表 11），并按规定报审专项施工方案。

8. 安全技术交底表

施工单位应进行分级、分层次的安全技术交底。安全技术交底应有书面记录，《________安全技术交底表》（表 12）应有交底人、被交底人、专职安全员签字确认。在危险性较大的分部分项工程专项施工方案实施前，编制人员或者项目技术负责人应当向施工现场管理人员进行方案交底。施工现场管理人员应当向作业人员进行安全技术交底，并由双方和项目专职安全生产管理人员共同签字确认。

9. 安全员工作日志

项目专职安全生产管理人员应每天在施工现场开展安全检查，并将检查及处理情况填写在《安全员工作日志》（表 13）上，在危险性较大的分部分项工程施工时，应进行现场监督，并在《安全员工作日志》上做好记录。

10. 负责人带班记录表

项目负责人应按规定进行现场带班，填写《________负责人带班记录表》（表 14）。

11. 危险性较大分部分项工程施工监控任务书

在危险性较大的分部分项工程施工时，应安排专职安全生产管理人员等进行现场监督，填写《危险性较大分部分项工程施工监控任务书》（表 15），并组织对危大工程施工作业人员进行登记。

12. 安全检查记录表

施工单位法定代表人及其他相关负责人应按规定对工程项目进行带班检查和定期安全检查，《安全检查记录表》（表 16）应分别在企业和项目部存档。

建筑施工企业负责人要定期带班检查，每月检查时间不少于其工作日的 25%。并且，工程项目进行超过一定规模的危大工程施工和工程项目出现险情或发现重大隐患时，施工企业负责人应到施工现场进行带班检查。带班检查时，应认真做好检查记录，并分别在企业和工程项目存档备查。

13. 隐患整改通知书

施工单位和项目部对检查中发现的安全隐患应按规定签发《隐患整改通知书》（表17），明确整改时限和整改要求。《安全隐患整改通知书》应由带队检查负责人签发，由项目负责人签收。《安全隐患整改通知书》应一式两份，一份由企业安全管理机构存档，一份由项目部存档，并作为考核企业负责人带班检查工作的印证资料。

14. 隐患整改反馈单

施工单位和项目部应对《隐患整改反馈单》（表18）的整改情况进行复查，签署复查意见。

15. 安全文明施工和扬尘防治费用使用台账

施工单位应编制安全文明施工措施费用使用计划，建立《安全文明施工和扬尘防治费用使用台账》（表19），并按规定进行提取和使用。施工总承包单位应当将安全费用按比例直接支付分包单位并监督使用，分包单位不再重复提取。分包单位费用使用情况应报总承包单位进行记录。

16. 安全防护用品、设备设施、构配件进场查验登记表

施工单位采购、租赁的安全防护用具在进入施工现场前应进行查验，填写《安全防护用品、设备设施、构配件进场查验登记表》（表20），项目部应建立安全防护用品登记台账，由专人负责管理。安全防护用品的发放应有相关记录。

17. 施工现场专职扬尘防治管理人员和专职保洁人员情况表

施工单位项目负责人为项目扬尘防治的第一责任人，应制定扬尘污染防治管理制度，建立项目施工扬尘防治管理组织，组织填写《施工现场专职扬尘防治管理人员和专职保洁人员情况表》（表21），并开展扬尘防治教育培训和技术交底。

18. 施工现场围挡搭设验收记录表

施工现场应实行封闭管理，围挡使用前应经建设、施工、监理单位验收合格，填写《施工现场围挡搭设验收记录表》（表22）。

19. 施工现场车辆进出冲洗记录

施工现场车辆冲洗应建立台账 ，填写《施工现场车辆进出冲洗记录》（表23），并由相关责任人签字。

20. 施工现场文明施工检查记录表

项目部应定期组织开展施工现场文明施工情况检查，填写《施工现场文明施工检查记录表》（表24），做好扬尘防治检查记录。

21. 动火许可证

动火作业前，应由动火作业人申请，办理《动火许可证》（表25），并委派动火监护人进行现场监护。

22. 基坑工程验收记录表

基坑工程施工后，项目部应组织验收，填写《基坑工程验收记录表》（表26）。

23. 基坑工程日常巡视检查表

施工单位应按规定编制施工监测方案。在基坑工程施工过程中，每天应有专人进行巡视检查，并做好检查整改记录，填写《基坑工程日常巡视检查表》（表27）。

24. 模板工程及支撑体系施工验收记录表

模板工程及支撑体系搭设完毕后，项目部应按规定组织验收，填写《模板工程及支撑体系施工验收记录表》（表 28）或《承插式模板支架施工验收记录表》《门式支撑架检查验收记录表》等相关验收记录，并经责任人签字确认。

25. 模板拆除申请表

拆除模板工程及支撑体系前，应履行拆模审批手续，填写《模板拆除申请表》（表 29）。

26. 脚手架基础施工验收记录表

钢管脚手架施工过程中，项目部应根据不同架体类型，分别在下列阶段进行检查与验收，填写相应的《脚手架基础施工验收记录表》（表 30）或《落地式扣件钢管脚手架施工验收记录表》（表 31）、《碗扣式脚手架施工验收记录表》《承插式双排外脚手架施工验收记录表》《门式作业脚手架检查验收记录表》《满堂脚手架施工验收记录表》（表 32）、《悬挑式脚手架施工验收记录表》（表 33）等，确认合格后方可进行下道工序施工或阶段使用：

（1）基础完工后及脚手架搭设前；

（2）首层水平杆搭设安装后；

（3）作业层上施加荷载前；

（4）每搭设完 6～8m 高度后；

（5）达到设计高度后。

27. 落地式扣件钢管脚手架施工验收记录表

28. 满堂脚手架施工验收记录表

29. 悬挑式脚手架施工验收记录表

30. 临时用电工程验收记录表

临时用电工程应经编制、审核、批准部门和使用单位共同验收，填写《临时用电工程验收记录表》（表 34），合格后方可投入使用。

31. 绝缘电阻测定记录表

临时用电工程应按分部分项工程进行定期检查，对发现的安全隐患应及时处理，并履行复查验收手续。定期检查时，应复查接地电阻值和绝缘电阻值，填写《绝缘电阻测定记录表》（表 35）和《接地电阻测定记录表》（表 36）。

32. 接地电阻测定记录表

33. 漏电保护器测定记录表

对搁置已久、重新使用或连续使用的漏电保护器，应逐月进行特性检测，填写《漏电保护器测定记录表》（表 37）。

34. 建筑起重机械设备安装（拆卸）审核表

安装单位应在起重机械设备安装（拆卸）前 2 个工作日向工程所在地建设主管部门办理建筑起重机械安装（拆卸）告知手续。在办理建筑起重机械安装（拆卸）告知手续前，安装单位应将《建筑起重机械设备安装（拆卸）审核表》（表 38）及有关资料报施工总承包单位、项目监理机构审核。

35. 塔式起重机固定基础验收记录表

起重设备安装前，应进行基础验收，填写相应的《塔式起重机固定基础验收记录表》

（表 39）、《施工升降机基础验收记录表》《物料提升机基础验收记录表》（表 40）等。

36. 物料提升机基础验收记录表

37. 物料提升机安装自检表

起重设备安装完毕且经调试后，安装单位应按要求对安装质量进行自检，填写相应的《塔式起重机安装自检表》《施工升降机安装自检表》《物料提升机安装自检表》（表 41），并向使用单位进行安全使用说明。

38. 塔式起重机顶升附着验收记录表

起重设备在使用过程中需要升节、附着的，使用单位应委托原安装单位或者具有相应资质的安装单位按照专项施工方案实施，并按规定进行验收，填写相应的《塔式起重机顶升附着验收记录表》（表 42）、《施工升降机（物料提升机）加节附着验收记录表》（表 43）。

39. 施工升降机（物料提升机）加节附着验收记录表

40. 起重吊装作业安全综合验收记录表

起重吊装作业前，应进行起重吊装作业安全综合验收，填写《起重吊装作业安全综合验收记录表》（表 44）。

41. 安装验收记录表

施工机具使用前，应经验收合格，并有验收记录，填写相应的《安装验收记录表》（表 45～表 51）。

【本章小结】

本章依据《河南省房屋建筑施工现场安全资料管理标准》DBJ41/T 228—2019，主要介绍了建筑施工安全资料的管理职责、安全资料的分类与组卷、安全资料的编制等内容。通过本章内容的学习，希望同学们会进行施工现场安全资料的分类及组卷以及能够准确填写相关资料表格。

【课后习题】

一、单项选择题

1. 工程竣工后，应将安全资料档案交本单位档案室归档，档案保存期为（　　）年。

A. 1　　B. 2

C. 3　　D. 5

2. 对于发包的两个及以上参建单位在同一时间、同一作业区域内进行施工活动的，（　　）应对相关单位安全资料管理工作予以协调。

A. 建设单位　　B. 监理单位

C. 施工单位　　D. 设计单位

3. 工程项目或危险性较大的分部分项工程正式开工前，项目监理机构需要对（　　）报送的施工现场有关安全资料的完整性、签字有效性及报审程序进行审核、审验。

A. 建设单位　　B. 监理单位

C. 施工单位　　　　　　　　　　　　　　　　D. 设计单位

4. 施工单位作业前，(　　)需要将设计意图、设计文件向施工单位作出说明和技术交底，并对防范生产安全事故提出指导意见。

A. 建设单位　　　　　　　　　　　　　　　　B. 监理单位

C. 施工单位　　　　　　　　　　　　　　　　D. 设计单位

二、简答题

1. 建筑工程安全资料应遵循哪些规定？

2. 施工现场安全资料分为哪几卷？

第十一章

建筑工程资料管理软件及基本操作

第一节　建筑工程资料管理软件概况

一、建筑工程资料管理软件概况

计算机是20世纪最不可思议的科技发明，计算机作为一种信息工具，正以其广阔的应用领域而成为现今信息社会的主要支柱。在当今的信息社会中，如何用计算机的快速处理功能、较强的信息储存和逻辑判断能力及先进的人工智能技术取代千百年来原始且繁重的人工劳动来管理繁杂的建筑工程档案信息，更高层次地处理和开发档案信息资源，是所有从事建筑工程管理人员共同奋斗的目标。

运用计算机进行建筑工程资料管理，可以实现一次输入、多次享用，从而减轻劳动强度、提高工作质量和效率，还能实现检索多层次、查找多途径，从而提高资料档案的查全、查准率。

近几年，为了适应建筑业快速发展对资料管理提出的时效性要求，市面上出现了很多资料管理软件，例如品茗资料软件、恒智天成资料软件、智建云资料软件、那云资料软件等，这些软件公司大都针对不同的省份开发软件，借以适应不同省份对建筑行业的不同标准。

二、建筑工程资料管理软件的功能

（1）可完成工程项目建设各个阶段的工程资料的填写、收集、整理、查询组卷、打印等工作。

（2）具有丰富详实的资料库、工艺标准数据库。

（3）具有丰富具体的工程评语库，可以帮助用户填写资料。

（4）内嵌拥有自主版权的功能强大的控制流图（Control Flow Graph，CFG）图形平台，可随时编辑插入矢量图形（WMF格式），便于档案保存的归档组卷。

（5）支持电子签字并提供实时的帮助。

（6）可以独立设置单元格式。

（7）可以直接插入 CAD 图形。

（8）具有表格填写实例功能，可以从实例中增加新的参考资料。

（9）提供自动计算和自动评定的功能。

（10）具有角色设置及权限设置的功能。

（11）具有远程数据上传功能接口。

第二节　常用建筑工程资料管理软件的基本操作方法

建筑工程资料管理软件的版本非常多，每个省甚至每个地级市都有自己的建筑工程资料管理软件，为了说明软件的操作方法，本节以品茗资料软件为例演示基本操作方法（仅供参考）。

一、 品茗二代资料软件功能特点简介

（1）品茗二代施工资料软件包含土建、园林、安全、人防、节能、装饰、工业等多个专业，适用于房建工程、市政工程、园林工程等。同类专业下，可提供不同地市的资料表格，方便工程资料的编制，如图 11-1 所示。

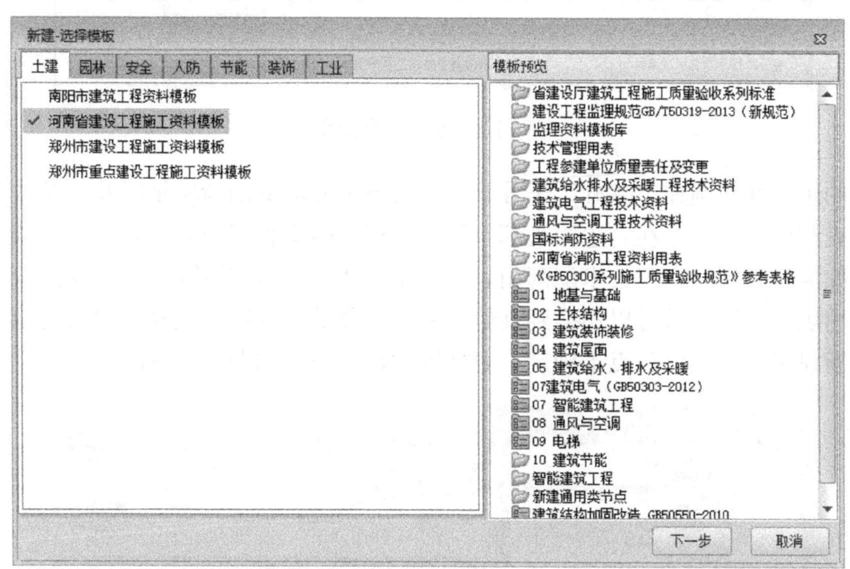

图 11-1　软件模块

（2）工程概况简易编辑。在新建工程选择完对应模板后，会弹出工程概况编辑界面，如图 11-2 所示。在信息框中可以编辑工程基本信息、各方单位、负责人等项目信息（可通过导出导入工程概况信息进行快速填写），在编制资料时将自动套用工程信息完成资料表格表头的填写，如图 11-3 所示。在工程概况下方可输入工程密码进行加密，密码长度为 6～15 个字符（区分大小写），可为空（即不设置加密）。

（3）智能新建检验批与创建关联表格。选择新建表格，在新建表格窗体中，我们先选

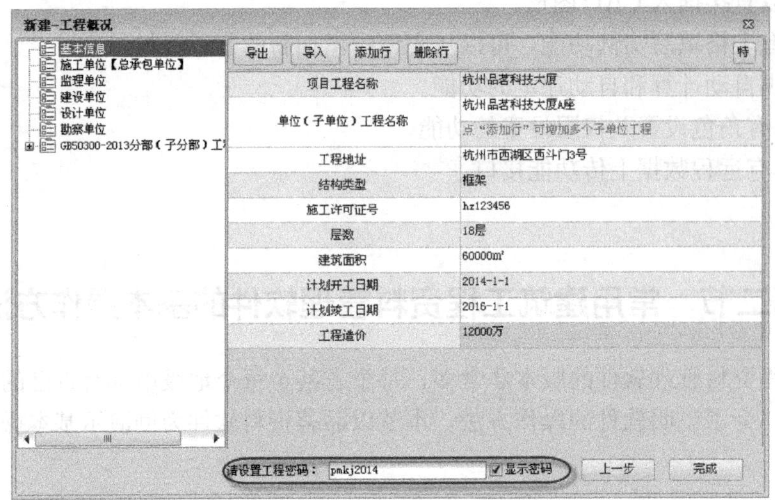

图 11-2　工程概况编辑

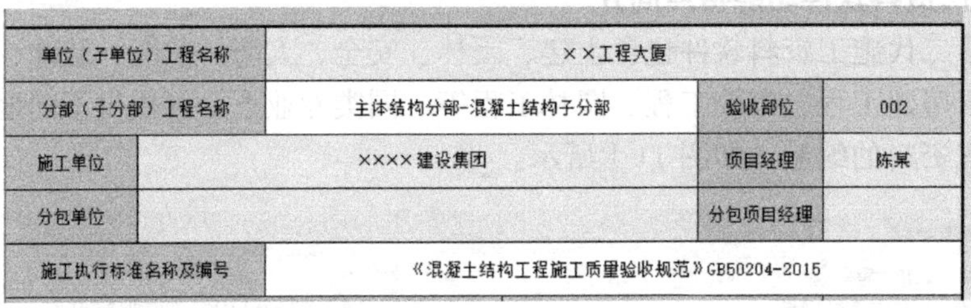

单位（子单位）工程名称	××工程大厦		
分部（子分部）工程名称	主体结构分部-混凝土结构子分部	验收部位	002
施工单位	××××建设集团	项目经理	陈某
分包单位		分包项目经理	
施工执行标准名称及编号	《混凝土结构工程施工质量验收规范》GB50204-2015		

图 11-3　表头信息套用

择要创建的子分部，例如“基础”子分部，这时该子分部下的检验批以及相关技术配套用表和报审表都已经列出，在右边验收部位框输入相关的验收部位名称，勾选要创建的检验批表格，如需同时创建施工技术配套用表，点击施工技术配套用表插页，输入表格名称，勾选技术用表后，输入后可以切换到其他分部、子分部、分项节点及其他的通用表格节点上，重复新建步骤，完成后点击确定，表格即创建完毕，如图 11-4 所示。

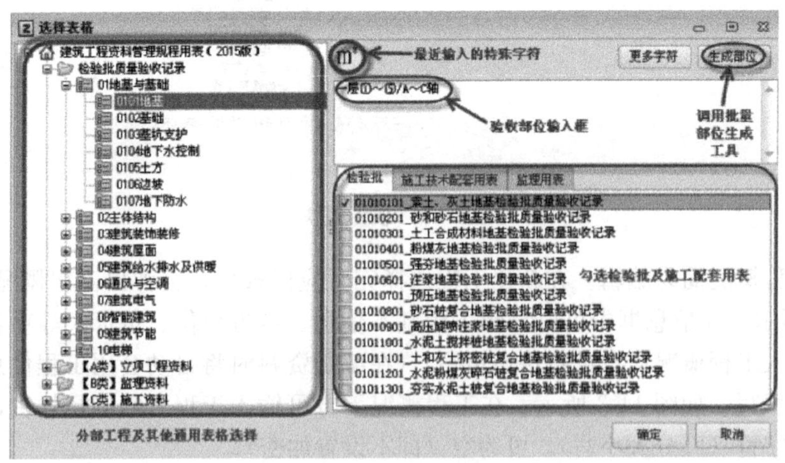

图 11-4　创建关联表格

（4）表格编辑。双击新建完成的表格，表格出现在右边编辑区域内，对表格的文字输入、学习数据生成、检验批评定，调整单元格等，都通过表格编辑栏的按钮操作即可，如图 11-5 所示。

也可以多张表格同时打开，选中要编辑的表格，一张张双击添加到右边的编辑框即可。

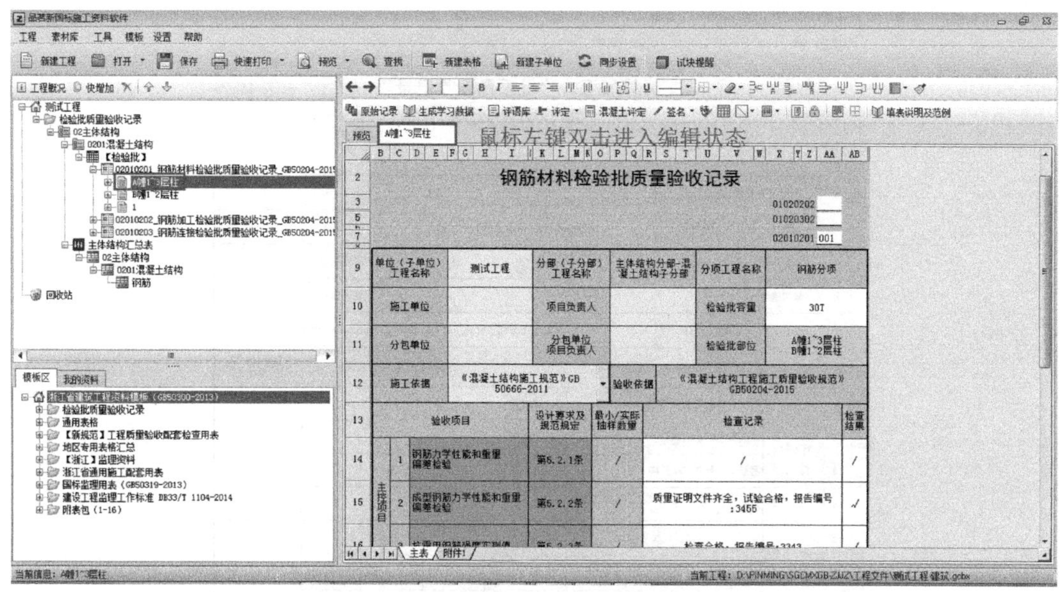

图 11-5　表格编辑

在检验批表格中，右键可以对单元格进行设置，如行高列框调整、复制粘贴、插入图片、编辑公式等，如图 11-6 所示。

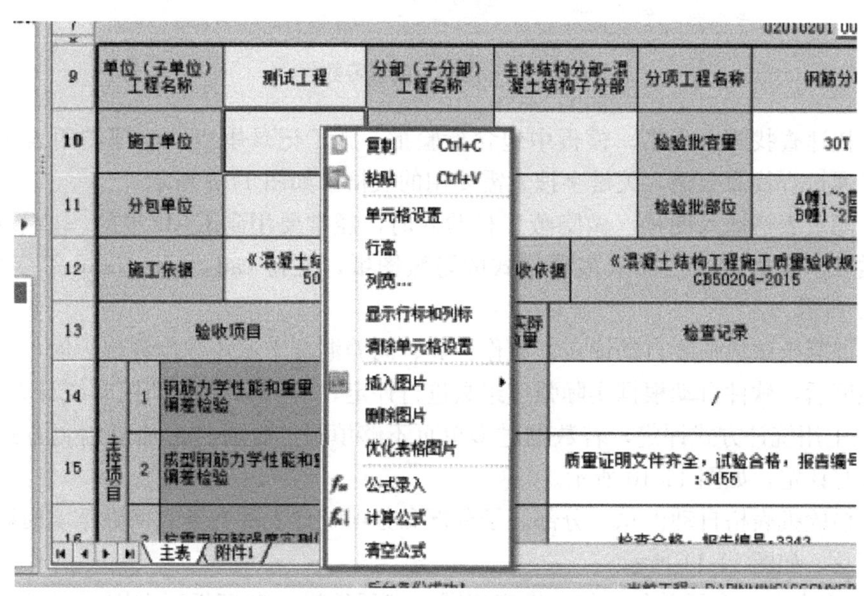

图 11-6　右键表格编辑

(5) 自动生成学习数据，结果评定。新建完成的表格其表头工程信息已经自动导入，无须手动填写。对于验收内容的实测项目，可以点击自动生成学习示例数据作为参考，如图 11-7 所示。编辑完成验收数据后，点击评定按钮可以对验收结果进行自动评定，针对不符合项目会自动打上超偏符号△。

钢筋加工检验批质量验收记录表

GB 50204-2015

单位（子单位）工程名称	33		
分部（子分部）工程名称	主体结构分部-混凝土结构子分部	验收部位	002
施工单位		项目经理	
分包单位		分包项目经理	
施工执行标准名称及编号	《混凝土结构工程施工质量验收规范》GB50204-2015		

施工质量验收规范的规定					施工单位检查评定记录										监理（建设）单位验收记录
主控项目	1	钢筋弯折的弯弧内直径		第5.3.1条											
	2	纵向受力钢筋的弯折		第5.3.2条											
	3	箍筋、拉筋的末端弯钩		第5.3.3条											
	4	盘卷钢筋调直后应进行力学性能和重量偏差检验		第5.3.4条											
一般项目	1	钢筋加工的形状、尺寸	受力钢筋沿长度方向的净尺寸（mm）	±10mm	△12	9	-9	-2	3	5	-8	5	7	7	
			弯起钢筋的弯折位置（mm）	±20mm	19	-5	-2	15	10	4	△21	-8	15	15	
			箍筋外廓尺寸（mm）	±5mm	0	-5	-2	3	3	0	3	3	4	4	

施工单位检查评定结果	专业工长(施工员)		施工班组长	
	合格			

图 11-7 自动生成学习数据

(6) 快速查找筛选表格。模板中包含检验批、施工记录用表、监理类用表等大量表格，可以通过查找命令输入关键字搜索需要用的表格，如图 11-8 所示。

(7) 隐蔽表格插入图片。做隐蔽工程验收时，经常要用到 CAD 中的一些节点详图，可通过插入图片的方式，插入多种格式的隐蔽图纸，支持 cad、jpg、bmp 等多种格式，如图 11-9 所示。

(8) 混凝土试块强度自动评定。制作标养、同养混凝土试块强度评标表时，填写混凝土试块强度后，软件自动根据实际强度组数进行评定，10 组以下自动用非统计方式评定，10 组及以上用统计方式评定，若数据过多单页不够填写，可通过追加复制页方式进行多页数据填写评定，如图 11-10 所示。

(9) 检验批表格自动汇总。分部、子分部和分项统计表等各类表格数据实时刷新，自动统计汇总，如图 11-11 所示。

(10) 多专业、多子单位表格能够实现同一工程编辑。在模板区右键可以导入其他专业模板表格进行使用，实现在一个工程项目里编制多专业资料，如图 11-12 所示。

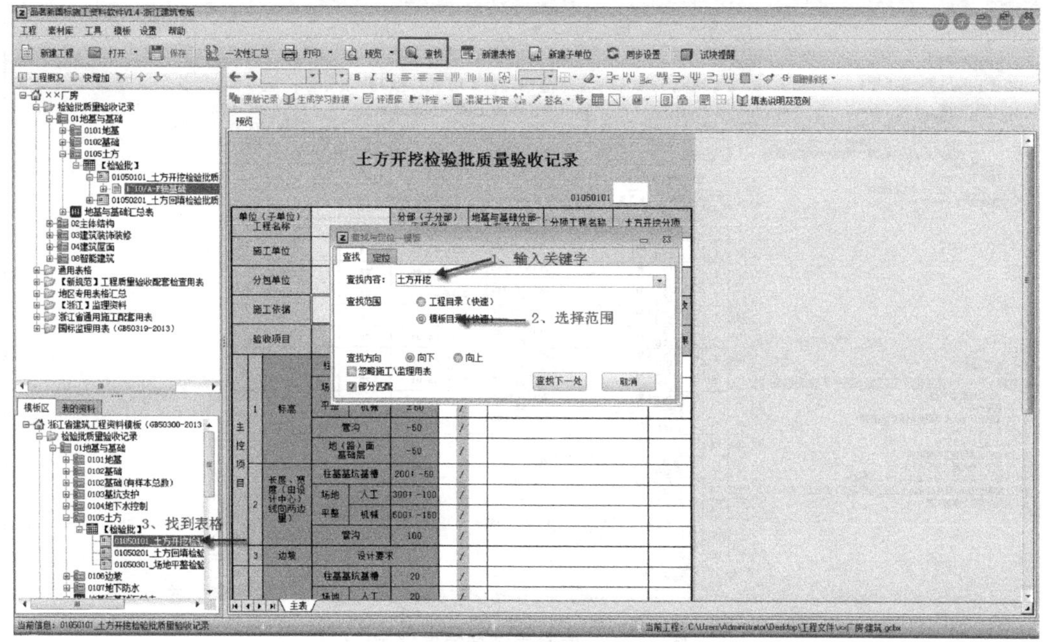

图 11-8　查找表格

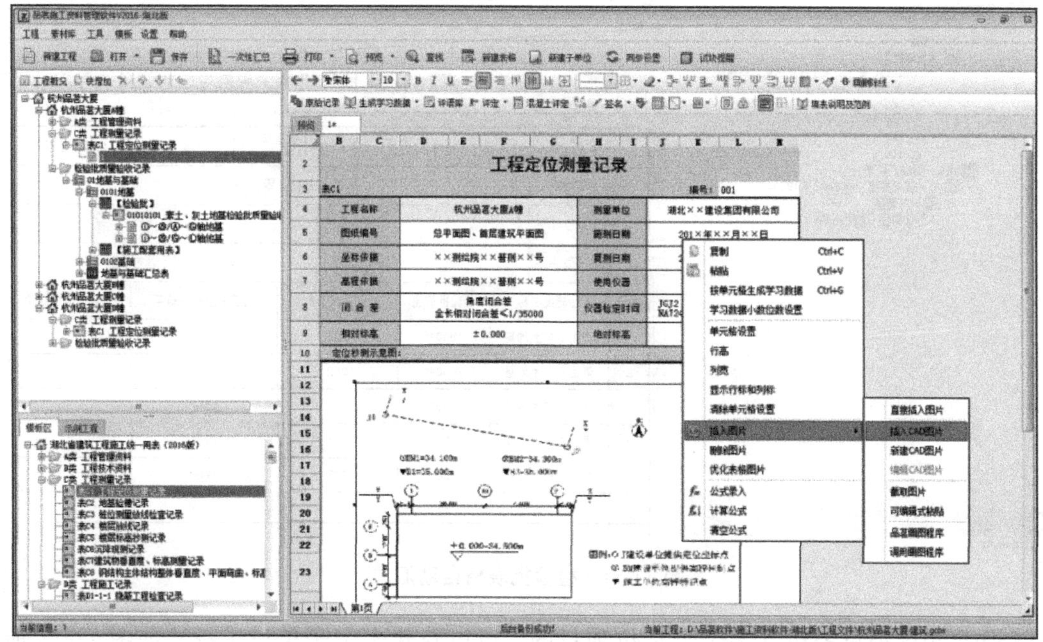

图 11-9　插入图片

标准养护混凝土试块强度评定表

编号：02-02 0 0 1

工程名称	××厂房	分部工程名称	主体结构	项目经理	×××
施工单位	浙江省××建筑工程有限公司	验收部位	1～10/A～L轴一到六层柱	混凝土设计强度等级(fc)	C30
施工执行标准名称及编号	《混凝土强度检验评定标准》GBT 50107-2010		混凝土配合比（水泥：水：石：砂：外加剂）		0.38：1:2.462：0.958

序号	部位	方量(m³)	试验报告编号	试块制作日期	龄期(d)	试块抗压强度(fcu)
1	1～10/A～F轴一层柱	-	2016-01085 X1	2016-03-06	28	44.7
2	1～10/G～L轴一层柱	-	2016-01085 X2	2016-03-06	28	40.5
3	1～10/A～F轴二层柱	-	2016-01085 X3	2016-03-25	28	39.7
4	1～10/G～L轴二层柱	-	2016-01085 X4	2016-03-25	28	36.4
5	1～10/A～F轴三层柱	-	2016-01085 X5	2016-04-08	28	40.5
6	1～10/G～L轴三层柱	-	2016-01085 X6	2016-04-08	28	36.5
7	1～10/A～F轴四层柱	-	2016-01085 X7	2016-05-01	28	34.7
8	1～10/G～L轴四层柱	-	2016-01085 X8	2016-05-01	28	41.6
9	1～10/A～F轴五层柱	-	2016-01085 X9	2016-05-18	28	40.8
10	1～10/G～L轴五层柱	-	2016-01095 X2	2016-05-18	28	38.9
11	1～10/A～F轴六层柱	-	2016-01095 X8	2016-05-31	28	36.8
12	1～10/G～L轴六层柱	-	2016-01095 X8	2016-05-31	28	42.3

mfcu= 39.45 ＞ fcu,k+λ₁ *Sfcu= 33.33　　mfcu= 39.45　Sfcu= 2.90

图 11-10 混凝土试块强度评定

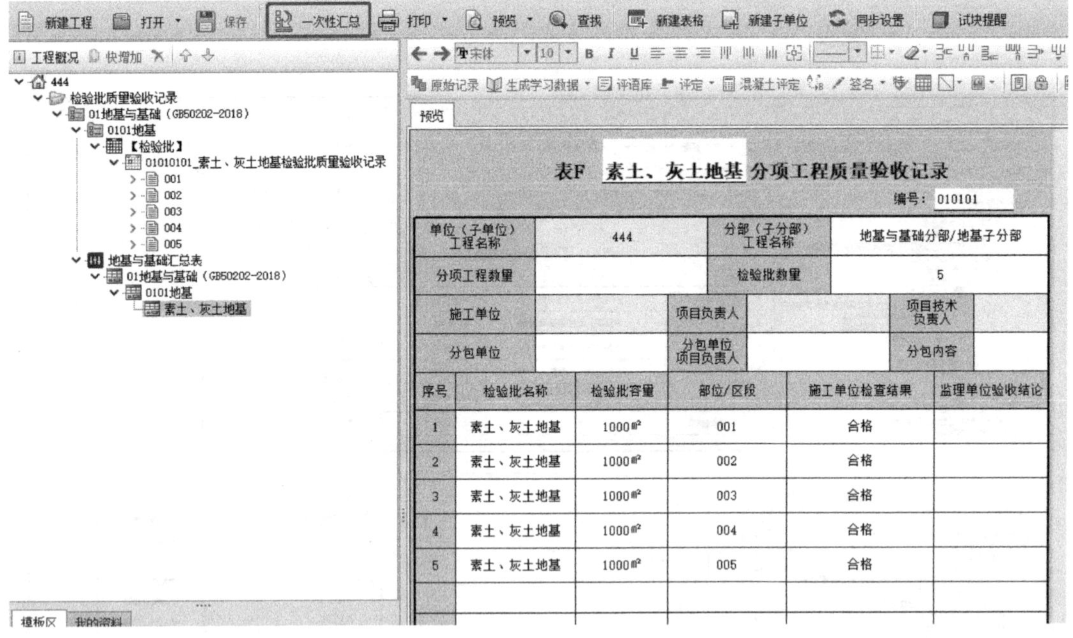

表F 素土、灰土地基 分项工程质量验收记录

编号：010101

单位（子单位）工程名称	444	分部（子分部）工程名称	地基与基础分部/地基子分部
分项工程数量		检验批数量	5
施工单位		项目负责人		项目技术负责人	
分包单位		分包单位项目负责人		分包内容	

序号	检验批名称	检验批容量	部位/区段	施工单位检查结果	监理单位验收结论
1	素土、灰土地基	1000m²	001	合格	
2	素土、灰土地基	1000m²	002	合格	
3	素土、灰土地基	1000m²	003	合格	
4	素土、灰土地基	1000m²	004	合格	
5	素土、灰土地基	1000m²	005	合格	

图 11-11 检验批表格自动汇总

如果小区项目等包含多个子单位项目的，可以新建多个子单位工程，如图 11-13 所示。新建子单位时可以选择复制，将复制原有子单位的所有验收表格，表格的表头信息根据工程概况自动更新，验收学习数据也会自动刷新。

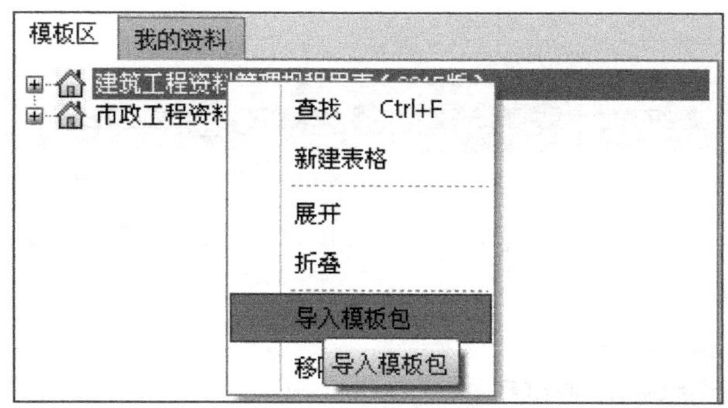

图 11-12 导入模板包

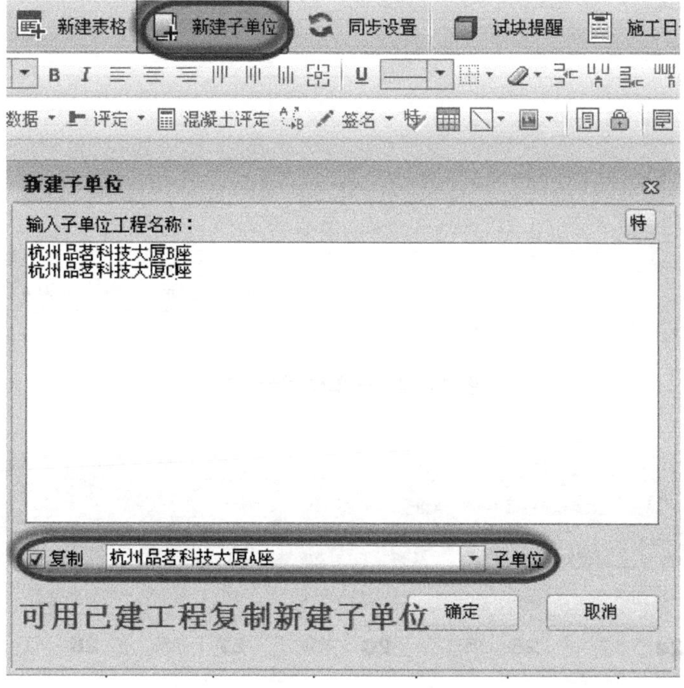

图 11-13 新建子单位

多个子单位可以通过同步编辑功能，勾选之后同时新建编制资料表格，如图 11-14 所示。

(11) 智能晴雨表。在工具栏里包含晴雨表，设置好项目所在地后，将联网自动获取当地气象、每日气温情况，如图 11-15 所示。

(12) 试块提醒功能。在工具栏里包含试块提醒功能，可以根据每日施工进度添加标养、同养混凝土试块。标养试块根据 28d 的送检要求，会在添加试块后的第 25 天起提醒试块送检，同养试块则会根据晴雨表自动累计每天累加温度，根据同养试块送检要求进行提醒，如图 11-16 所示。

(13) 素材库。在素材库中包含规范图集、表格示例、施工技术、交底文件等大量素材，如图 11-17 所示。

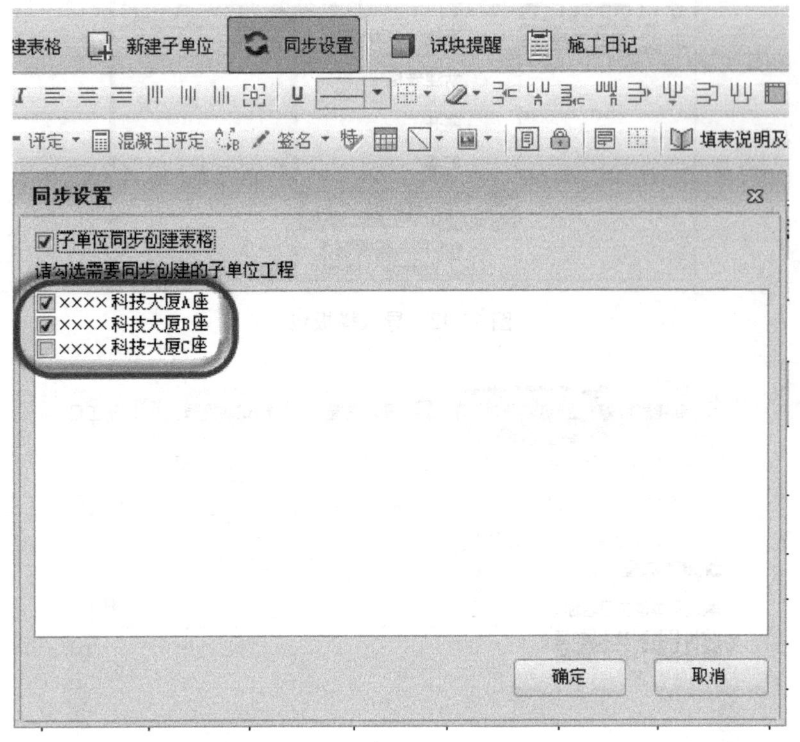

图 11-14 子单位同步设置

晴雨表

每天自动从遥遥网读取天气情况！ 当前地区：河南-郑州-郑州

2020年3月

星期日	星期一	星期二	星期三	星期四	星期五	星期六
23 二月	24 初二	25 初三	26 初四	27 初五	28 初六	29 初七
1 初八 A:多云 P:多云 H…	2 初九 A:多云 P:多云 H…	3 初十 A:阴 P:阴 H:1…	4 十一 A:小雨 P:小雨 H…	5 惊蛰 A:晴 P:晴 H:8…	6 十三 A:多云 P:多云 H…	7 十四 A:阴 P:阴 H:1…
8 十五 A:小雨 P:小雨 H…	9 十六 A:多云 P:多云 H…	10 十七 A:小雨 P:小雨 H…	11 十八 A:晴 P:晴 H:1…	12 十九 A:晴 P:晴 H:1…	13 二十 A:阴 P:阴 H:2…	14 廿一 A:小雨 P:小雨 H…
15 廿二 A:阴 P:阴 H:1…	16 廿三 A:多云 P:多云 H…	17 廿四 A:小雨 P:小雨 H…	18 廿五 A:小雨 P:小雨 H…	19 廿六 A:晴 P:晴 H:2…	20 春分 A:阴 P:阴 H:2…	21 廿八 A:多云 P:多云 H…
22 廿九 A:小雨 P:小雨 H…	23 三十 A:多云 P:多云 H…	24 三月 A:多云 P:多云 H…	25 初二 A:小雨 P:小雨 H…	26 初三 A:小雨 P:小雨 H…	27 初四 A:阴 P:阴 H:1…	28 初五 A:阴 P:阴 H:1…
29 初六 A:阴 P:阴 H:1…	30 初七 A:小雨 P:小雨 H…	31 初八 A:多云 P:多云 H…	1 初九	2 初十	3 十一	4 清明

导入气象 导出气象 获取当月气象 导出Word 设置地区 关闭

图 11-15 智能晴雨表

(14) 表格打印。建筑工程资料编制完成后，支持普通打印和批量打印两种输出方式。普通打印：在资料编制过程中，需要报审、检查、签字时打印单张表格的，可以选中该表

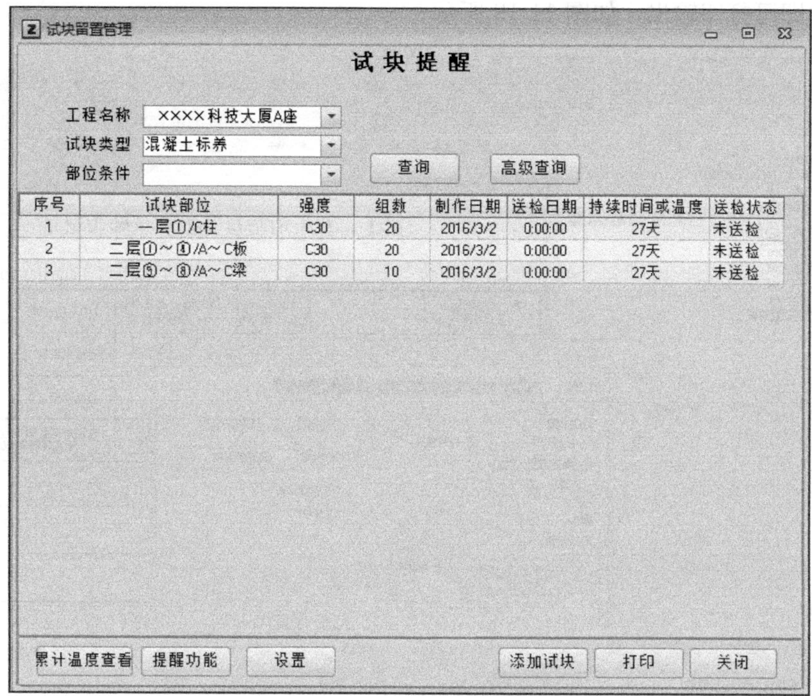

图 11-16 混凝土试块提醒

图 11-17 素材库

格点击打印即可打印输出，如图 11-18 所示。

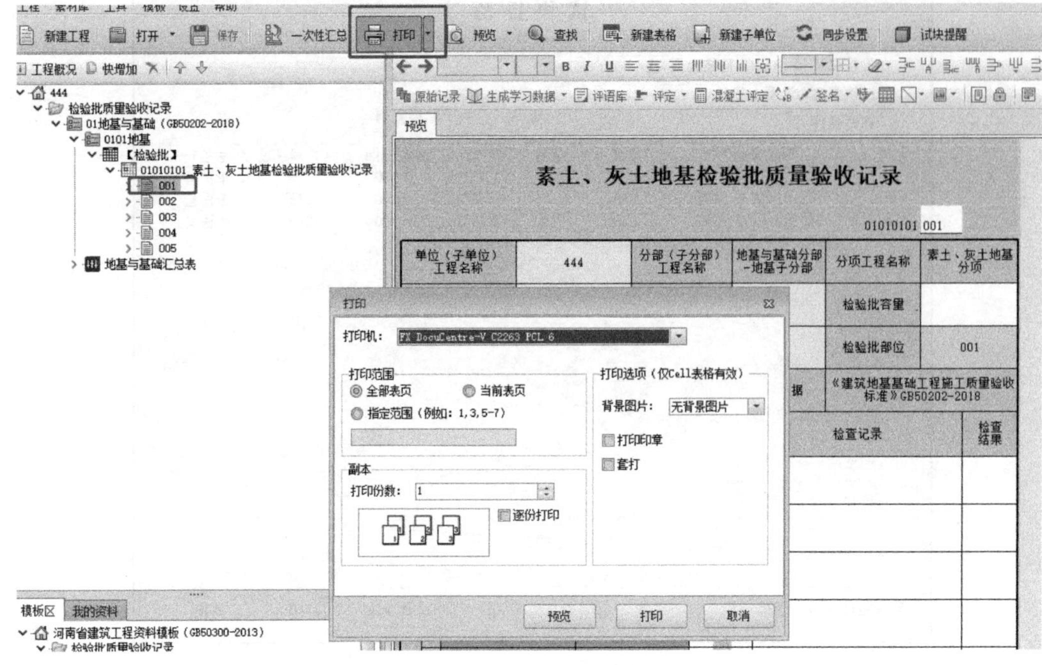

图 11-18 普通打印

批量打印：在资料编制完成或某个阶段分部子分部验收的时候，需要多表打印，可以选择要打印的节点，例如“混凝土结构”子分部，再点击操作工具栏上的快速打印下拉项“批量打印”，在弹出的“打印管理”中根据需要进行筛选，完成后点击“开始”，进行批量打印，如图 11-19 所示。

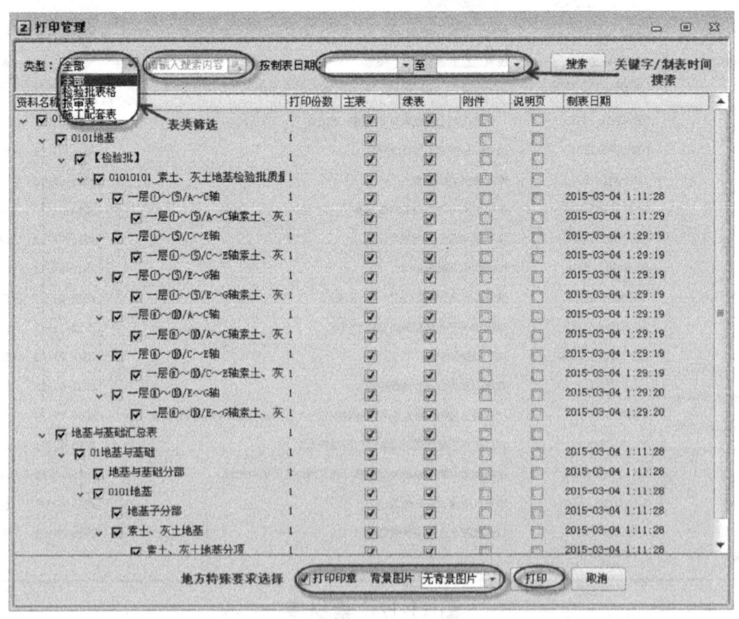

图 11-19 批量打印

（15）我的资料功能管理。软件中添加我的资料功能管理，可以将编制完成的资料表格或工程项目添加到我的资料栏内，在编制其他工程项目的资料表格时，可以直接套用。

添加至我的资料：选择需要的资料表格或分部子分部目录，右键选择“添加到我的资料”，可以将选中的内容添加至“我的资料”，如图 11-20 所示。

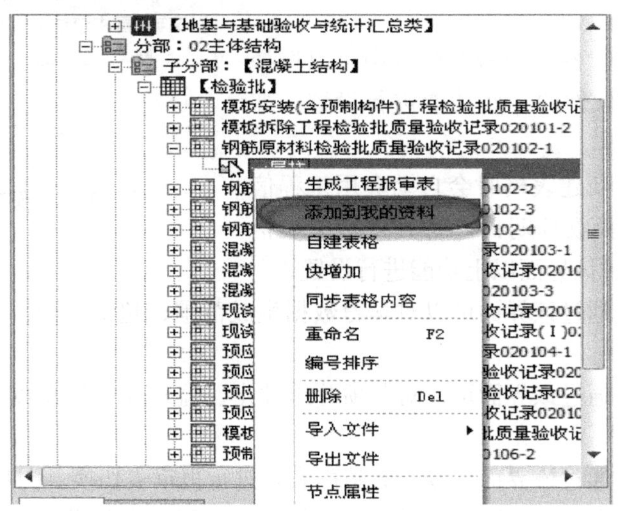

图 11-20 添加到我的资料

我的资料添加到工程：在工程分部分项中选择需要添加表格的节点，然后在“我的资料”找到需要添加的表格，右键选择“复制到工程”，选择复制为子节点，即可将我的资料内选中的表格添加至工程项目，如图 11-21 所示。

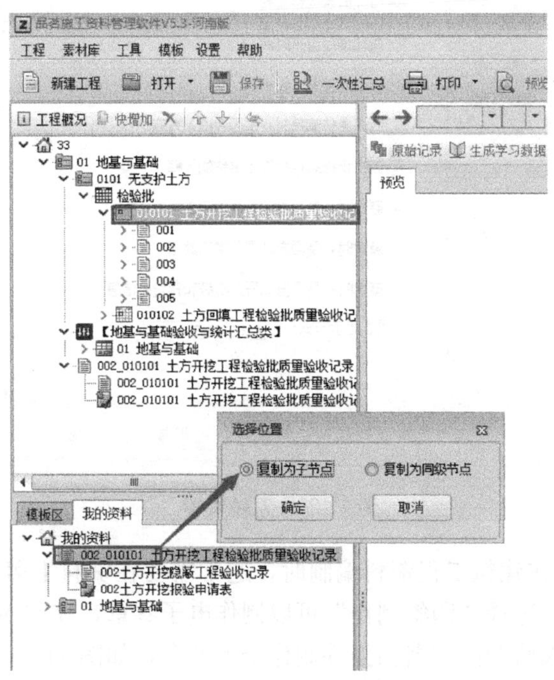

图 11-21 我的资料添加到工程

(16) 表格批量设置。在软件上方“设置”命令中可以选择表格批量设置功能，对所有编制的工程质量验收检验批表格内的字体进行批量设置，如字体字号、对齐方式、文字内容批量替换等，如图 11-22 所示。

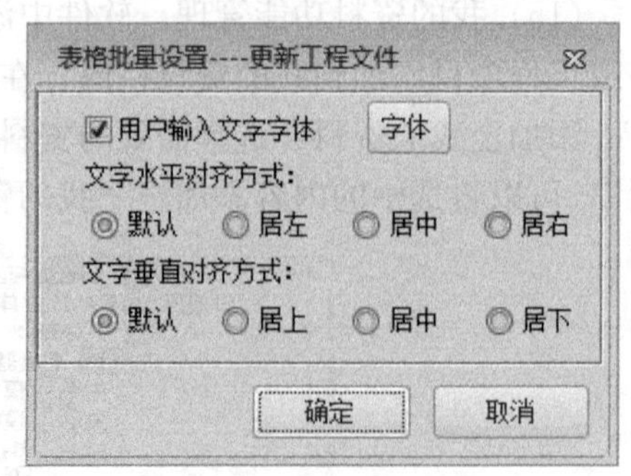

图 11-22 表格批量设置

(17) 系统设置。在“设置”命令中可以选择系统设置，对资料软件的一些功能进行设置，如图 11-23 所示。

1) 新建表格：新建表格时会自动套用工程信息、检验批部位、验收日期、自动关联相关表格等便捷功能，可通过该界面以上功能进行设置。

2) 学习数据：通过该界面可以对学习数据生成范围、超偏个数、变量控制、自动评定等功能进行设置。

3) 评定汇总：通过该界面可以对分项分组评定、监理评定汇总以及超偏数据标记方式等功能进行设置。

4) 功能限制：通过该界面可以开关晴雨表，进行报审表切换、同步表格内容等。

5) 备份压缩：通过该界面可以对工程资料编制过程按实际设置自动备份时长、路径等，防止意外。

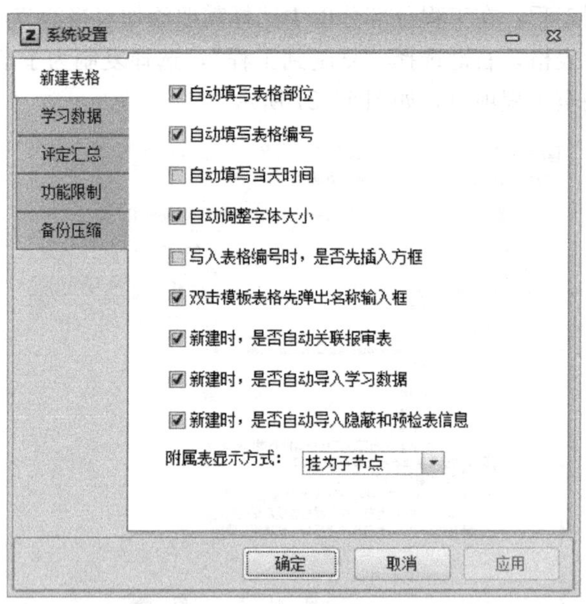

图 11-23 系统设置

(18) 电子签名。在建筑工程资料编制时，通常需要在资料上盖章或签名，通过表格上方的“签名”功能，选择“印签制作”可以制作电子签章，在印签制作时可以制作单位签章，也可以通过导入监理的签名扫描件制作个人签名，如图 11-24 所示。

(19) 表格编辑工具栏。软件提供的检验批质量验收记录表格都是标准的模板，一般

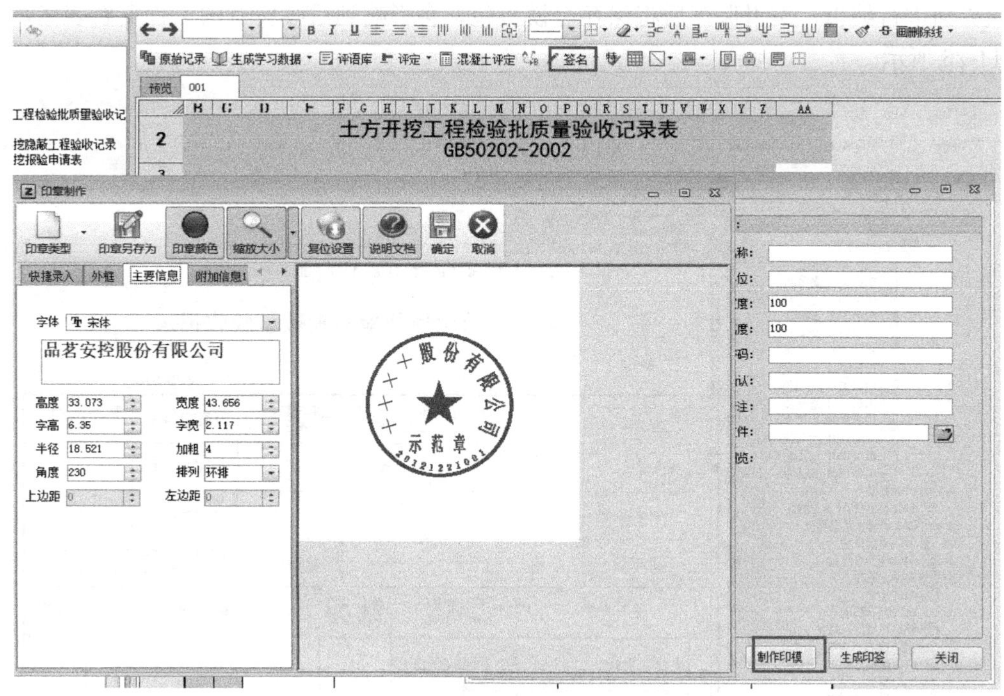

图 11-24　电子签名

不需要再编辑。但是如果需要对部分表格进行编辑或者自建表格，可以通过表格上方的编辑工具栏进行编辑，其编辑方式与 Excel 表格编辑类似，如图 11-25 所示。

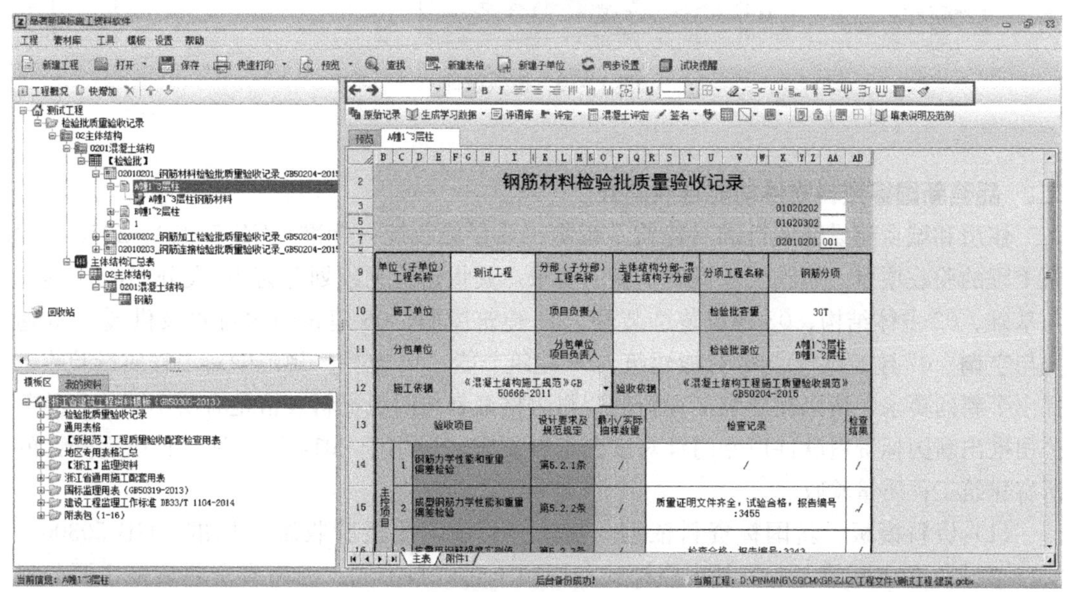

图 11-25　表格编辑工具栏

（20）模板设计。在“模板”命令里点击“模板设计”，会打开“模板设计”的界面窗口，通过该窗口可以对施工资料模板进行设计，如资料表格表样标记、表格内容配置等通过该界面进行编辑，编辑保存后将保存至模板包，会影响到后续所有的工程资料表格，如图 11-26 所示。

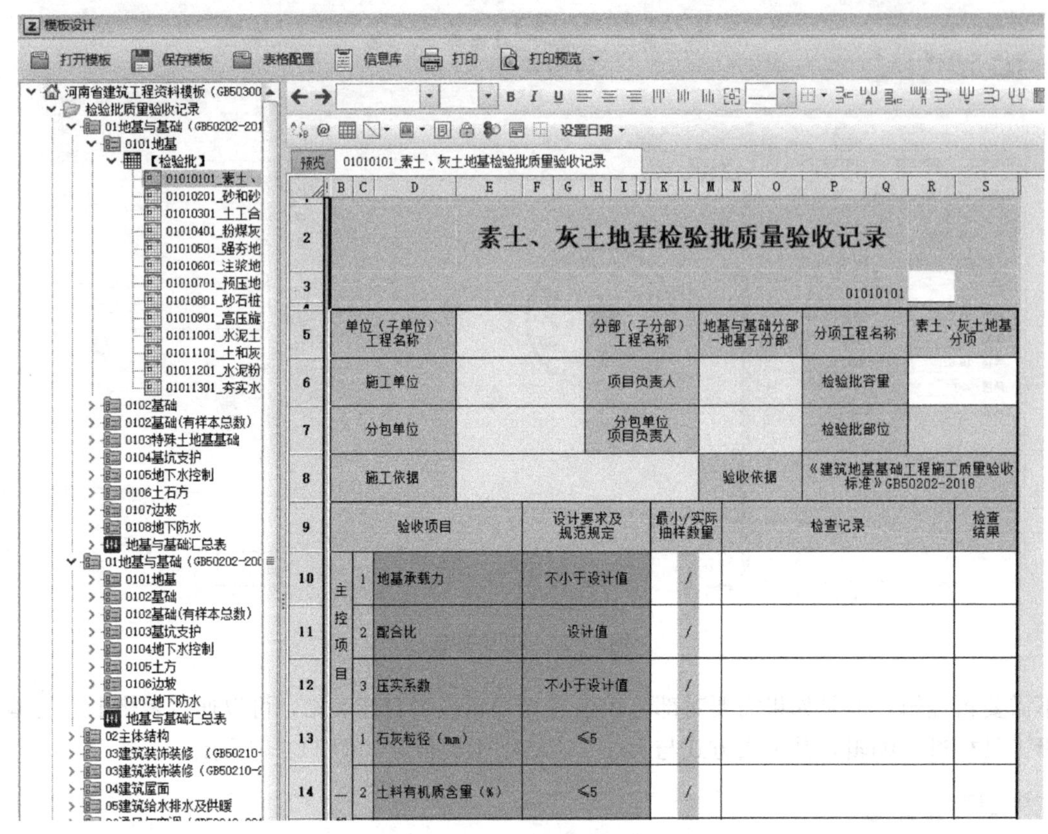

图 11-26 模板设计

二、 品茗新国标资料软件功能特点简介

住房和城乡建设部发行的《建筑工程施工质量验收统一标准》GB 50300—2013 对建筑工程的验收项目、验收要求提出了新的要求，其将建筑工程划分为 10 大分部：01 地基与基础、02 主体结构、03 建筑装饰装修、04 建筑屋面、05 建筑给水排水及供暖、06 通风与空调、07 建筑电气、08 智能建筑、09 建筑节能、10 电梯。规范中对工程质量验收也提出了新的要求，所以在建筑工程新的资料表格编制与旧版资料表格是有所不同的，品茗公司推出新国标资料软件以专门针对该套资料要求，适用于 2014 年 6 月 1 日以后开工的所有建筑工程质量验收。

（1）资料模板。新国标资料依据《建筑工程施工质量验收统一标准》GB 50300—2013 要求，包含建筑专业，其表格样式与旧版土建资料不同。河南省资料表格主要分河南省资料、郑州市资料、郑州市重点工程资料三套模板，如图 11-27 所示。

（2）检验批容量：检验批容量是验收项目的工程量，是按照质量验收规范规定的计量单位计算的验收实体的数量，其验收实体对象可能有多种，如土方开挖检验批的验收对象中涉及面积、长度、宽度、边坡等多种容量参数同时检查时，在软件中表格编辑时，可通

图 11-27　资料模板

过“选”按钮进入检验批容量界面进行自由选择填写，再根据该土方开挖检验批质量验收记录表格中验收部位内，土方开挖的面积、长度、宽度、边坡等数据进行统计后填写，如图 11-28 所示。

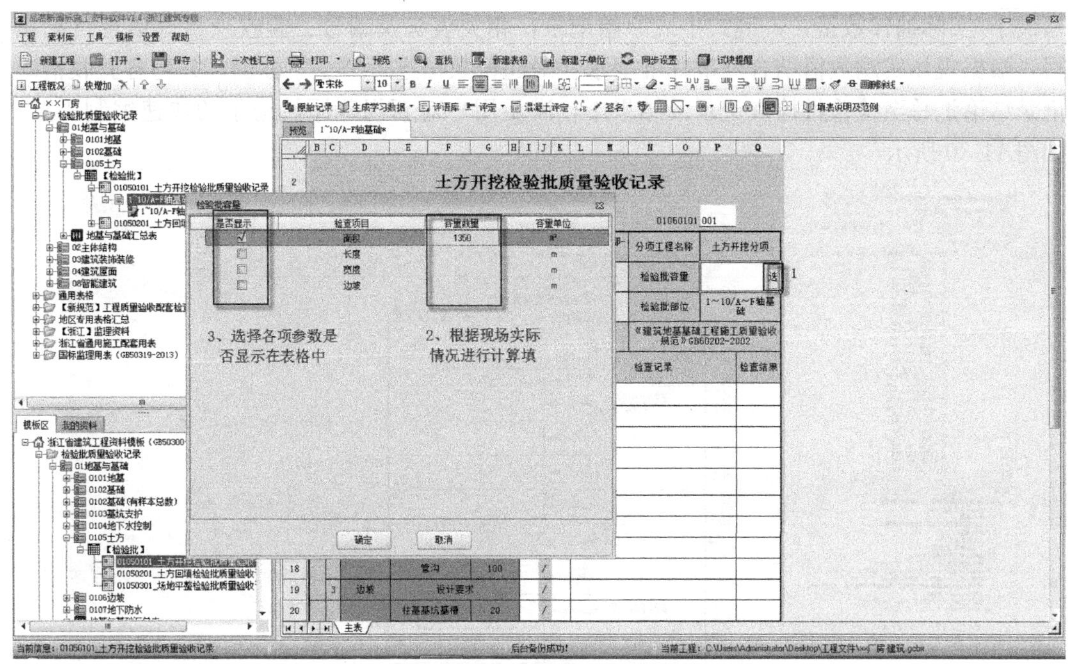

图 11-28　检验批容量

（3）抽样数量：抽样数量是根据质量验收规范规定的抽样要求进行计算所得。软件会自动进行最小抽样及实际抽样数量的计算，如图 11-29 所示。

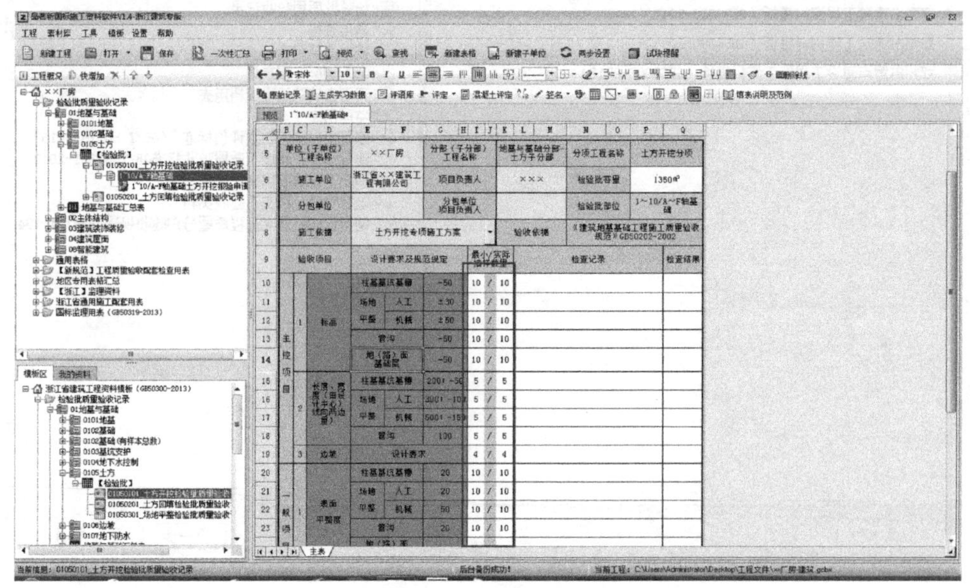

图 11-29 抽样数量

（4）原始记录：根据《建筑工程施工质量验收统一标准》GB 50300—2013 中要求，检验批验收应具有现场验收原始记录，最小抽样数量、实际抽样数量决定着原始记录的现场检查频率，原始记录与检验批记录是相辅相成的，常规软件中均设计根据检验批中所填写最小/实际抽样数量，一键式生成原始记录，相关表头及编号、验收项目等信息自动填写，根据现场实测数值结合规范标准要求，对超偏数据进行“△”标识，并将各验收情况记录结论汇总至检验批检查记录及结果中，满足用户对新规范原始记录的快速编制需要，如图 11-30 所示。

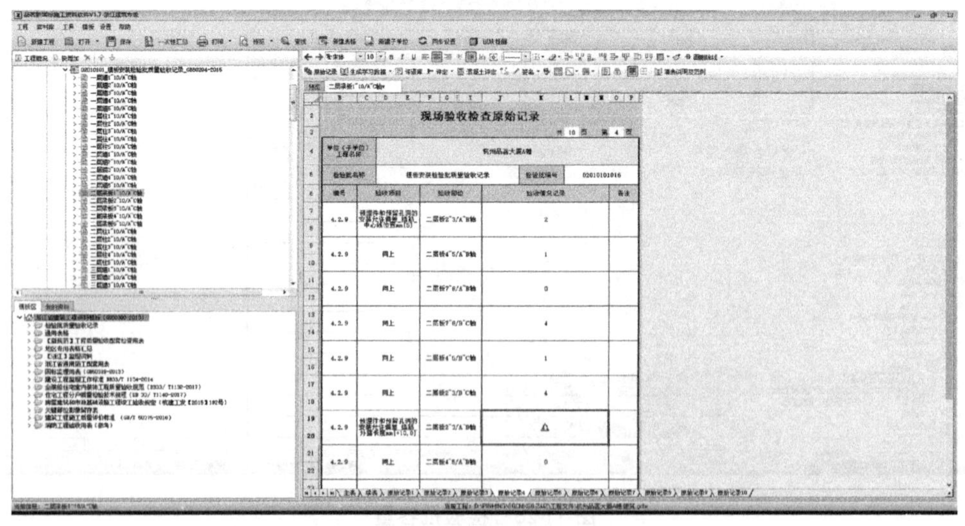

图 11-30 现场验收检查原始记录

（5）智能评定：在完成原始记录数据填写后，点击“评定”按钮将自动生成评定结论，评判是否合格，如图 11-31 所示。

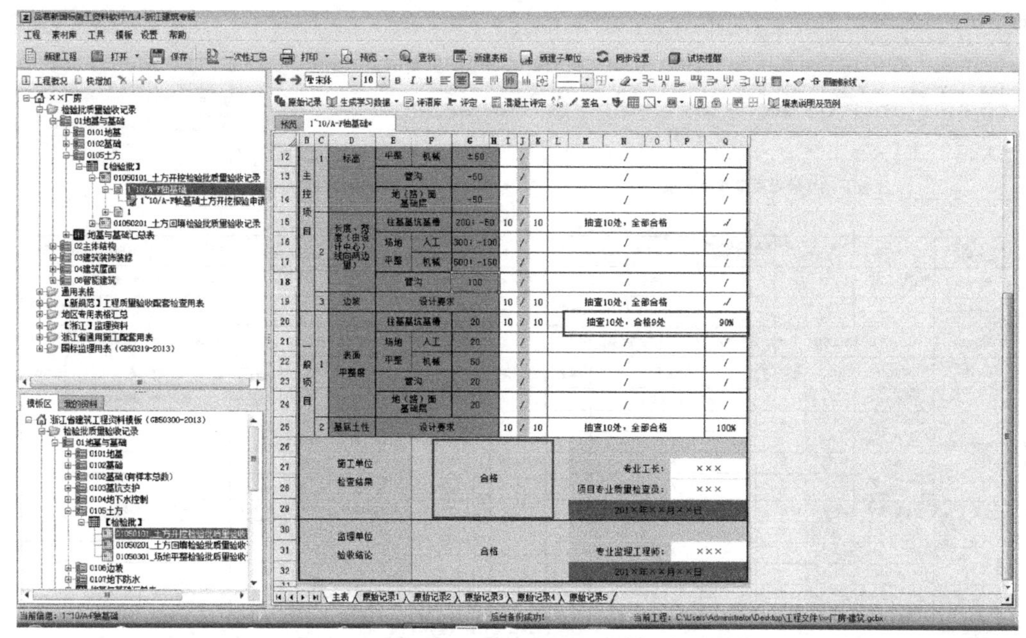

图 11-31　智能评定

（6）填表说明及范例：在软件中每个检验批都配套有其质量验收规范的条文，点击可以查看该检验批主控项目、一般项目的抽检对象、抽检要求，作为资料员制表时的填表说明，如图 11-32 所示。若查看填表说明后对容量、抽样数量等填写有疑问的，也可以点击

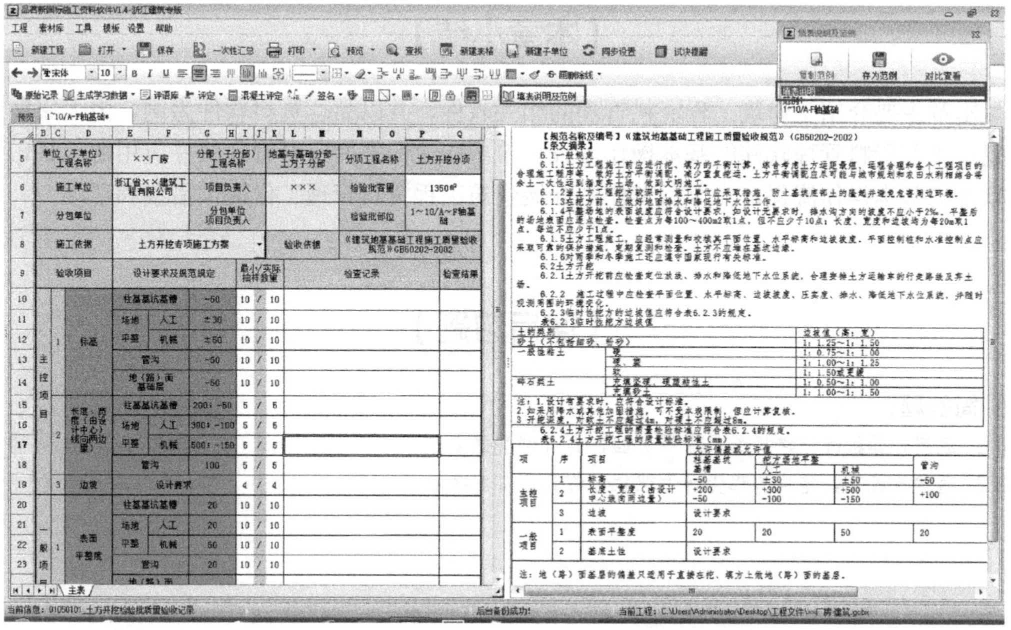

图 11-32　填表说明

查看范例，也支持将范例套用至项目，或将编制好的表格转存为范例作为以后使用，如图 11-33 所示。

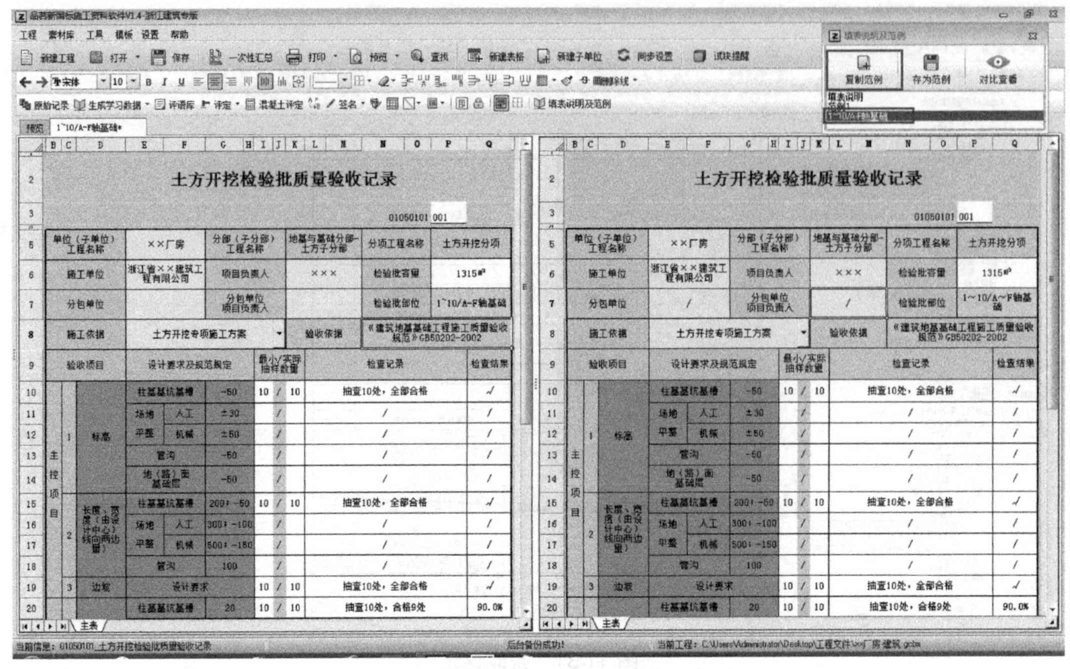

图 11-33 检验批范例

以上内容为新国标资料软件的功能特点，其余功能与品茗二代施工资料软件一致。

【本章小结】

本章主要介绍了建筑工程资料管理的相关软件，并以品茗资料软件为例，为大家展示了建筑工程资料管理软件的基本操作流程，希望同学们掌握资料管理软件应用的现状，熟悉软件的基本操作流程，为今后工作中开展建筑工程资料管理工作提供借鉴和帮助。

【课后习题】

简答题：

1. 运用计算机进行建筑工程资料管理，具有哪些优点？
2. 通常情况下，建筑工程资料管理软件都具备哪些功能？

课后习题参考答案

第一篇　建筑工程施工质量验收

第一章　建筑工程施工质量验收统一标准

一、 单项选择题

1. B；2. C；3. C；4. B；5. B

二、 简答题

1. 检验批验收合格应满足以下标准：

（1）主控项目的质量经抽样检验均应合格。

（2）一般项目的质量经抽样检验均应合格。当采用计数抽样时，合格点率应符合有关专业验收规范的规定，且不得存在严重缺陷。对于计数抽样的一般项目，正常检验一次、二次抽样可按《建筑工程施工质量验收统一标准》GB 50300—2013 附录 D 判定。

（3）具有完整的施工操作依据、质量检查记录。

2. 施工质量验收不合格的处理原则有：

（1）经返工重做或更换器具、设备的检验批应重新进行验收。

（2）经有资质的检测机构检测鉴定能够达到设计要求的检验批，应予以验收。

（3）经有资质的检测机构检测鉴定达不到设计要求，但经原设计单位核算认可能够满足安全和使用功能的检验批，可予以验收。

（4）经返修或加固处理的分项、分部工程，满足安全及使用功能要求时，可按技术处理方案和协商文件的要求予以验收。

第二章　建筑地基基础工程施工质量验收

一、 单项选择题

1. A；2. D；3. B；4. A；5. B；6. A；7. B；8. C；9. B；10. C

二、简答题

1. 地下防水工程检验批的划分规划有：

(1) 主体结构防水工程和细部构造防水工程应按结构层、变形缝或后浇带等施工段划分检验批；

(2) 特殊施工法结构防水工程应按隧道区间、变形缝等施工段划分检验批；

(3) 排水工程和注浆工程应各为一个检验批；

(4) 各检验批的抽样检验数量：细部构造应为全数检查，其他应按施工面积每 $100m^2$ 抽查 1 处，每处 $10m^2$，且不得少于 3 处。

2. 轻型井点降水施工质量验收标准见下表：

项目	序号	检查项目	允许值或允许偏差		检查方法
			单位	数值	
主控项目	1	出水量	不小于设计值		查看流量表
一般项目	1	成孔孔径	mm	±20	用钢尺量
	2	成孔深度	+1000 −200		测绳测量
	3	滤料回填量	不小于设计计算体积的 95%		测算滤料用量且测绳测量回填高度
	4	黏土封孔高度	mm	≥1000	用钢尺量
	5	井点管间距	m	0.6～0.8	用钢尺量

3. 基坑支护子分部一般可按照支护类型、桩号、轴线等划分检验批；检验批容量一般可依据支护结构（土钉墙、桩）根数等进行确定。

第三章　主体结构工程施工质量验收

一、单项选择题

1. C；　2. C；　3. D；　4. C；　5. B；　6. D；　7. B；
8. B；　9. C；　10. C；　11. A；　12. C；　13. A；　14. B

二、多项选择题

1. A、B、C、D；　2. A、D；　3. A、B、C；
4. B、C、D；　5. A、B、C、D、E；　6. A、B、C、D、E；
7. A、B、C、D；　8. A、B、C、D、E；　9. A、B、C、D、E；
10. A、B、C、D

三、简答题

1. 砖砌体检验批的主控项目有：砖和砂浆的强度等级，砂浆饱满度，转交、交接处，斜槎留置，直槎拉结钢筋及接槎处理。一般项目有：组砌方法，水平灰缝厚度，竖向灰缝宽度，轴线位移，基础、墙、柱顶面标高，墙面垂直度，表面平整度，水平灰缝平直度，门窗洞口高、宽，外墙上下窗口偏移，清水墙游丁走缝组成。

2. 用百格网检查砖底面与砂浆的粘结痕迹面积。每处检测 3 块砖，取其平均值。

3.（1）对不影响结构安全性的砌体裂缝，应予以验收，对明显影响使用功能和观感质量的裂缝，应进行处理。

（2）对有可能影响结构安全性的砌体裂缝，应由有资质的检测单位检测鉴定，需返修或加固处理的，待返修或加固处理满足使用要求后进行二次验收。

4. 钢管混凝土子分部工程质量验收合格标准应符合下列规定。

（1）子分部工程所含分项工程的质量均应验收合格；

（2）质量控制资料应完整；

（3）钢管混凝土子分部工程结构检验和抽样检测结果应符合有关规定；

（4）钢管混凝土子分部工程观感质量验收应符合要求。

5.（1）主控项目必须符合规范质量合格标准的要求；

（2）一般项目其检验结果应有 80%及以上的检查点（值）符合规范质量合格标准的要求，且最大值不应超过其允许偏差值的 1.2 倍。

6.（1）各分项工程质量均应符合质量合格标准；

（2）质量控制资料和文件应完整；

（3）有关安全及功能的检验和见证检测结果应符合规范相应质量合格标准的要求；

（4）有关观感质量应符合规范相应质量合格标准的要求。

7. 材料、构配件的质量控制应以一幢方木、原木结构房屋为一个检验批；构件制作安装质量控制应以整幢房屋的一楼层或变形缝间的一楼层为一个检验批。

8. 主体结构分部工程包括了混凝土结构、砌体结构、钢结构、钢管混凝土结构、型钢混凝土结构、铝结构、木结构共七个子分部工程。

第四章　建筑装饰装修工程质量验收

一、单项选择题

1. B；　2. C；　3. A；　4. C；　5. C；　6. B；　7. C；　8. A；　9. D；　10. C

二、简答题

1. 建筑地面工程施工质量的检验，应符合下列规定：

（1）基层（各构造层）和各类面层的分项工程的施工质量验收应按每一层次或每层施工段（或变形缝）划分检验批，高层建筑的标准层可按每三层（不足三层按三层计）划分检验批；

（2）每检验批应以各子分部工程的基层（各构造层）和各类面层所划分的分项工程按自然间（或标准间）检验，抽查数量应随机检验不应少于3间；不足3间，应全数检查；其中走廊（过道）应以10延长米为1间，工业厂房（按单跨计）、礼堂、门厅应以两个轴线为1间计算；

（3）有防水要求的建筑地面子分部工程的分项工程施工质量每检验批抽查数量应按其房间总数随机检验不应少于4间，不足4间，应全数检查。

2. 抹灰工程应对下列隐蔽工程项目进行验收：

（1）抹灰总厚度大于或等于35mm时的加强措施；

（2）不同材料基体交接处的加强措施。

3. 吊顶工程应按下列规定划分检验批：

（1）同一品种的吊顶工程每50间应划分为一个检验批，不足50间也应划分为一个检验批，大面积房间和走廊可按吊顶面积每30m计为1间；

（2）每个检验批应至少抽查10%，并不得少于3间，不足3间时应全数检查。

4. 饰面砖工程应对下列材料及其性能指标进行复验：

（1）室内用花岗石和瓷质饰面砖的放射性；

（2）水泥基粘结材料与所用外墙饰面砖的拉伸粘结强度；

（3）外墙陶瓷饰面砖的吸水率；

（4）严寒及寒冷地区外墙陶瓷饰面砖的抗冻性。

5. 建筑装饰装修分部工程共包含建筑地面、抹灰、外墙防水、门窗、吊顶、轻质隔墙、饰面板、饰面砖、幕墙、涂饰、裱糊与软包、细部12个子分部工程。

第五章　屋面工程质量验收

一、单项选择题

1. B；　2. C；　3. A；　4. C；　5. C

二、简答题

1. 屋面工程各分项工程宜按屋面面积每500～1000m² 划分为一个检验批，不足500m² 应按一个检验批。基层与保护工程各分项工程每个检验批的抽检数量，应按屋面面积每100m² 抽查一处，每处应为10m²，且不得少于3处。

2. 冷粘法铺贴卷材应符合以下规定：

（1）胶粘剂涂刷应均匀，不应露底，不应堆积；

（2）应控制胶粘剂涂刷与卷材铺贴的间隔时间；

（3）卷材下面的空气应排尽，并应辊压粘牢固；

（4）卷材铺贴应平整顺直，搭接尺寸应准确，不得扭曲、皱折；

（5）接缝口应用密封材料封严，宽度不应小于10mm。

3. 女儿墙和山墙检验批主控项目有：

(1) 女儿墙和山墙的防水构造应符合设计要求。

检验方法：观察检查。

(2) 女儿墙和山墙的压顶向内排水坡度不应小于5%，压顶内侧下端应做成鹰嘴或滴水槽。

检验方法：观察和坡度尺检查。

(3) 女儿墙和山墙的根部不得有渗漏和积水现象。

检验方法：雨后观察或淋水试验。

第六章 分 户 验 收

一、 单项选择题

1. B； 2. C； 3. A； 4. D； 5. D

二、 简答题

1. 由建设单位组织监理、施工单位实施，参加人员应为建设单位项目负责人、专业技术人员，监理单位总监理工程师、相关专业的技术人员，施工单位项目负责人、项目技术负责人、质量检查员、施工员等有关人员。已选定物业管理单位的，物业管理单位应当委派专业人员参加。

2. 分户验收的程序：

(1) 在分户验收前根据房屋情况确定检查部位和数量，并在施工图纸上注明。

(2) 按照国家有关规范要求的方法，对分户验收内容进行检查。

(3) 住宅工程质量分户验收不符合规程规定时，应按下列要求进行处理。

1) 施工单位制定处理方案报建设（监理）单位审核后，对不符合要求的部位进行返修或返工；

2) 处理完成后，应对返修或返工部位重新组织验收，直至全部符合要求。

(4) 填写检查记录，发现工程观感质量和使用功能不符合规范或设计文件要求的，书面责成施工单位整改并对整改情况进行复查。

(5) 分户验收合格后，必须按户出具由建设项目单位负责人、总监理工程师和施工单位负责人分别签字并加盖验收专用章的住宅工程质量分户验收表（表6-24），住宅工程交付使用时，住宅工程质量分户验收表应当作为住宅质量保证书的附件，一并交给业主。

第二篇 建筑工程资料管理

第七章 建筑工程资料概述

一、 单项选择题

1. D； 2. B； 3. D； 4. B； 5. A； 6. C； 7. B； 8. C

二、 简答题

1. 依据《建设工程文件归档规范》GB/T 50328—2014（2019年版），建设工程文件包括工程准备阶段文件、监理文件、施工文件、竣工图和竣工验收资料。依据《建筑工程资料管理规程》JGJ/T 185—2009，建筑工程资料包括工程准备阶段文件、监理资料、施工资料、竣工图和竣工验收资料。

2. 工程资料立卷的方法：

（1）工程准备阶段文件应按建设程序、形成单位等进行立卷；

（2）监理文件应按单位工程、分部工程或专业、阶段等进行立卷；

（3）施工文件应按单位工程、分部（分项）工程进行立卷；

（4）竣工图应按单位工程分专业进行立卷；

（5）竣工验收文件应按单位工程分专业进行立卷；

（6）声像资料应按建设工程各阶段立卷，重大事件及重要活动的声像资料应按专题立卷，声像档案与纸质档案应建立相应的标识关系。

工程资料立卷的要求：

（1）专业承（分）包施工的分部、子分部（分项）工程应分别单独立卷。

（2）室外工程应按室外建筑环境和室外安装工程单独立卷。

（3）当施工文件中部分内容不能按一个单位工程分类立卷时，可按建设工程立卷。

（4）图纸与案卷符合以下要求：

1）不同幅面的工程图纸，应统一折叠成A4幅面（297mm×210mm）；

2）案卷不宜过厚，文字材料卷厚度不宜超过20mm，图纸卷厚度不宜超过50mm；

3）案卷内不应有重份文件，印刷成册的工程文件宜保持原状。

第八章 监 理 文 件

一、 单项选择题

1. B； 2. A； 3. C； 4. A； 5. A

二、 简答题

1. 对监理文件档案资料进行有效的管理，其意义主要体现在以下几个方面：

（1）对监理文件档案资料进行科学管理，可以为建设工程监理工作的顺利开展创造良好的前提条件。

（2）对监理文件档案资料进行科学管理，可以极大地提高监理工作效率。

（3）对监理文件档案资料进行科学管理，可以为建设工程档案的归档提供可靠保证。

2. 依据 2019 年版《建设工程文件归档规范》GB/T 50328—2014，监理管理文件具体包含以下内容：监理规划、监理实施细则、监理月报、监理会议纪要、监理工作日志、监理工作总结、工作联系单、监理工程师通知、监理工程师通知回复单、工程暂停令、工程复工报审表。

3. 工程款支付证书是项目监理机构在收到施工单位的工程款支付申请表后，根据承包合同和有关规定审查复核后签署的，用于建设单位应向施工单位支付工程款的证明文件。它是项目监理机构向建设单位转呈的支付证明书。

第九章 施 工 文 件

一、 单项选择题

1. B； 2. B； 3. C； 4. D； 5. C； 6. C

二、 多项选择题

1. B、C、D； 2. A、C、D； 3. A、C； 4. A、B

三、 简答题

1. 依据《建设工程文件归档规范》GB/T 50328—2014（2019 版），施工管理文件为 C1 类资料，包括工程概况表、施工现场质量管理检查记录、企业资质证书及相关专业人员岗位证书、施工日志等资料。施工技术文件为 C2 类资料，包括工程技术文件报审表、施工组织设计及施工方案以及图纸会审、技术交底、设计变更等记录。进度造价文件为 C3 类资料，主要包括工程开、复工报审表、施工进度计划、工程款支付表等。施工物资出厂质量证明及进场检测文件为 C4 类资料，主要包括出厂质量证明文件及检测报告、进场检验通用表格、进场复试报告三大类。施工记录文件为 C5 类资料，主要包括隐蔽工程验收记录、工程定位测量记录、沉降观测记录、混凝土浇灌申请书等各种施工过程记录性文件。施工试验记录及检测文件为 C6 类资料，主要包括通用表格、建筑与结构工程、给水排水及供暖工程、建筑电气工程等。施工质量验收文件为 C7 类资料，共有 41 项，包括检验批质量验收记录、分项工程质量验收记录、分部（子分部）工程质量验收记录以及不同专业工程的质量验记录。施工验收文件为 C8 类资料，主要包括单位（子单位）工程竣工预验收报验表、单位（子单位）工程质量竣工验收记录、单位（子单位）工程质量控制资料核查记录、单位（子单位）工程安全和功能检验资料核查及主要功能抽查记录、单位（子单位）工程观感质量检查记录、施工资料移交书及其他施工验收文件。

2. 依据《建设工程文件归档规范》GB/T 50328—2014（2019 版），施工验收文件为 C8 类资料，主要包括单位（子单位）工程竣工预验收报验表、单位（子单位）工程质量竣工验收记录、单位（子单位）工程质量控制资料核查记录、单位（子单位）工程安全和功能检验资料核查及主要功能抽查记录、单位（子单位）工程观感质量检查记录、施工资料移交书及其他施工验收文件。

第十章　建筑施工安全管理资料

一、单项选择题

1. C；　2. A；　3. C；　4. D

二、简答题

1. 建筑工程安全资料应遵循以下规定：

（1）工程项目的建设、施工、监理等参建单位应建立施工现场安全资料管理制度，落实岗位责任，对各自施工现场安全资料的真实性、完整性、有效性负责。

（2）工程项目各参建单位应配备人员负责施工现场安全资料的收集、整理、组卷、建档等工作。

（3）安全资料应随施工现场安全管理工作同步收集、整理，安全资料应字迹清晰，签字、盖章等手续齐全，并可追溯。不得涂改、伪造原始记录。

（4）施工现场安全资料应为原件。使用复印件的，应在复印件上加盖原件存放单位公章，并应有经办人签字及时间。

（5）安全资料必须由相关人员本人签署，不得代替签字或签名。

（6）施工现场安全资料应采用纸质、音像形式，可采用信息技术进行管理，并做好资料的收发记录。

（7）施工现场安全资料建档起止时限，应从工程准备阶段到工程竣工验收合格止。工程竣工后，应将安全资料档案交本单位档案室归档，档案保存期为 3 年。

2. 施工现场安全资料分为建设单位安全资料卷、监理单位安全资料卷、施工单位安全资料卷以及勘察、设计、租赁、检验检测、监测单位安全资料卷。

第十一章　建筑工程资料管理软件及基本操作

简答题：

1. 运用计算机进行建筑工程资料管理，可以实现一次输入、多次享用，从而减轻劳动强度，提高工作质量和效率，还能实现检索多层次、查找多途径，从而提高资料档案的查全、查准率。

2. 建筑工程资料管理软件具备如下功能：

（1）可完成工程项目建设各个阶段的工程资料的填写、收集、整理、查询组卷、打印等工作；

（2）具有丰富详实的资料库、工艺标准数据库；

（3）具有丰富具体的工程评语库，可以帮助用户填写资料；

（4）内嵌拥有自主版权的功能强大的控制流图（Control Flow Graph，CFG）图形平台，可随时编辑插入矢量图形（WMF 格式），便于档案保存的归档组卷；

（5）支持电子签字并提供实时的帮助；

（6）可以独立设置单元格式；

（7）可以直接插入 CAD 图形；

（8）具有表格填写实例功能，可以从实例中增加新的参考资料；

（9）提供自动计算和自动评定的功能；

（10）具有角色设置及权限设置的功能；

（11）具有远程数据上传功能接口。